快適な動物診療

― 技術のアイデアと心のマネージメント ―

清水邦一　清水宏子

文永堂出版

表紙作品　作者
千村収一（岩倉市開業・千村どうぶつ病院）
「アニーとクリ」シリーズ

 金木犀の香り

 野良ネコ合唱団

 てるてる坊主

 コスモスの群れ咲く野にて

 小さいのによく食べるねェー

 桜の葉散る

著 者

清水邦一　清水宏子

清水動物病院

〒230-0061　横浜市鶴見区佃野町 3-3

清水動物病院ホームページ　http://homepage2.nifty.com/s-ah

清水動物病院　電話：045-583-3738　FAX：045-583-3594

- 立　地：横浜市鶴見区の商店街と住宅地に隣接。
- スタッフ：獣医師 2 名，認定動物看護師 2 名。
- 診療対象：犬，猫，ウサギ，ハムスター，モルモット，小鳥，フェレット，リスなど。
- 休診日：木曜の午後，日曜，祝日。
- 診察受付：時間予約制。午前 9:30 〜 11:30，午後 1:30 〜 5:30。
- 時間外急患：自宅の電話番号を診察券に記載。休診日は午前 7:30 に電話をもらい，午前 8:00 に診察。重態の場合は，携帯電話の番号および救急対応病院も伝えています。
- 日帰り手術：午前中手術。午後退院。まめに連絡。

左より邦一（院長），動物看護師の由紀さん，明日香さん，宏子

目　次

まえがき　vii

第1章　動物病院運営のアイデア

1．清水動物病院の基本的な柱　3
　1) 診療にあたっての基本方針　3
　2) 予約制　4
　3) 日帰り手術　7

2．施設の特徴　13
　1) 空調の工夫（清水動物病院の換気システム）　13
　2) 電気関係　13
　3) 戸　棚　14
　4) 床と壁に丸みを　14
　5) カーテンレール　14
　6) ブラインドはサンドイッチ　14
　7) 消臭剤　15
　8) 人用トイレ　15

3．文書のアイデア　16
　1) オリジナル手書きカルテ　17
　2) オリジナル計算書　20

4．薬価の合理的な決め方　23

5．数字を超えた病院経営　23
　1) コミュニケーション主義　23
　2) リピーター対策　24
　3) コンプライアンス向上策　26
　4) トラブル防止策　28
　5) 小さな積み重ねの経営学　30
　6) 9つのK　31
　7) ネットで買う人の対応　32

6．ハートビジネス　38
　1) 付箋（ペタメモ）大作戦　38
　2) ハガキ活用術　40
　3) 身の丈経営　40
　4) 新製品のお試しパック　40
　5) 院内展示の工夫　40
　6) オリジナリティ　40
　7) 好きなことを仕事に　40
　8) 連携プレイ，ネット作り　41
　9) 愛があれば，数字は後からついてくる　41

第2章　動物看護師さんとの関係

1．動物看護師さんのモチベーション　47
　1) 社会に出たら何が心配ですか？　48
　2) どんなことで役立ちたい？　49
　3) ストレス解消は？　49
　4) 言葉の宝物帳　50
　5) 動物病院でどんな心配りをしたいですか？　52

2．ベテランVTさんの悩み　54

3．ベテランVTさんへのQ＆A　62

4．動物看護師さん指導のポイント　69

5．動物看護師さんの仕事　72

第3章　飼い主さんにできること

1．飼い主さんに喜ばれる病院経営　77
　1) 飼い主さん重視の診療とは？　77
　2) 診療の具体例　77
　3) 飼い主さん重視の必要性　77
　4) 飼い主さんの求める診療　78
　5) 動物病院　昔と今　79
　6) 喜ばれる診療をするための工夫　79
　7) 飼い主さんの求める診療への対応　80
　8) コミュニティの絆を作る　80
　9) ネットワーク　82
　10) 院長に必要な資質　83
　11) 魅力を引き出すためのアイデア　83

2．飼い主さんの要望　84
　1) 時間外診療のアイデア　84
　2) 抜歯のトラブル　85

3．飼い主さんとのコミュニケーション　86
　1) コミュニケーションツール　86
　2) ダイレクトメールの工夫　87
　3) 行動学　92
　4) 人獣共通感染症 Zoonosis　94

5）喜ばれる資料－年齢方程式－　95
6）これから求められる診療　95
7）カルテはドラマをつくる　95
4．飼い主さんのモチベーションを引き出す　98
5．大震災を経て　101
6．子ども達と身近かな動物　106

第4章　終末期とペットロス

1．終末期医療　117
  1）終末期医療にあたって　117
  2）最期の場所の選択　117
  3）薬剤の選択　117
  4）言葉のやりとり　117
  5）終末期の現象の理解　119
  6）時間外診療・緊急連絡　119
  7）看取り　119
2．安楽死　121
3．ペットロス　123
  1）ペットロス・エッセイ コンテストより　123
  2）ペットロスの手紙　125
  3）ペットロスの情報　126
  4）ペットロスのフォロー　127
  5）ペットロスの軽減サポート　127

第5章　診断・治療・手技のアイデア

1．待合室周辺　131
  1）動物病院の外周りをクリーンアップ　131
  2）リード掛けの利用　131
  3）待合室の便利な備品　131
2．診察室　133
  1）診察台　133
  2）診察台のオリジナル備品　136
3．検査室　137
  1）心電図検査での工夫　137
  2）X線検査での工夫　138
  3）超音波検査での工夫　142
4．診察と検査の工夫　142
  1）ファスナー付き布製袋の利用　142
  2）ペットシーツの応用　144
  3）動物に優しい体温測定　144
  4）超小型聴診器　144
  5）静脈穿刺のコツ　144
  6）採血のテクニックの工夫　147
  7）尿を採取する工夫　149
  8）心電図の測定　151
  9）吸引しない細針生検（FNB）　151
  10）塗抹の手順（カバーグラス擦り合わせ法）　153
  11）快適な染色の方法　153
5．処置と手技の工夫　153
  1）温かい診療　153
  2）耳・爪処置のコツ　157
  3）輸　液　160
  4）自家製カテーテル　162
  5）上手な注射とアンプルの利用　164
6．歯科処置のすぐれ物　167
  1）針綿棒　167
  2）歯石除去鉗子　167
  3）超音波スケーラー用・W型万能チップ　167
  4）エレベータを使いやすく　168
  5）ウサギの切歯の切削の工夫　168
  6）ウサギ臼歯切削の工夫　169
  7）ウサギの歯科器具の工夫　170
7．麻酔の工夫　173
  1）生体モニターのポンプ機能を利用した超低流量麻酔　173
  2）視認性を高める麻酔器の表示　177
8．生体モニター利用の裏ワザ　179
9．外科の工夫　182
  1）外科手術をスマートに　182
  2）縫合材料のアイデア　185
  3）凍結外科の工夫　187
  3）高周波メス利用の工夫　188
10．薬投与の工夫　191
  1）使いやすい粉薬　191
  2）用量計算に便利な電卓の繰り返し機能　193
  3）大型犬は体表面積に比例した薬用量　193
  4）ジアゼパム注射液と他剤混合による白濁　193
  5）人での薬の服用アイデア　194
  6）薬価の決め方　194

11. 治療の工夫　195
   1) 糖尿病管理の工夫　195
   2) 便秘症でのお勧め　200
   3) 逆くしゃみと咳を止めるツボ　201
   4) 注射剤でつくる内服用シロップ　202
12. ケアの工夫　202
   1) 食育へのこだわり　202
   2) 食育のアイデア　204
   2) 快適トイレ　208
   3) 動物にやさしい美容　210
13. エキゾチックペットの診療　212
   1) ウサギの診察の工夫　212
   2) 内服のポイント　216
   3) 点眼瓶用の調剤のコツ　218
   4) ウサギの吸入麻酔の工夫　218
   5) ウサギの手術　223
14. 文具の活用　226
   1) オリジナル型の消しゴム　226
   2) X線フィルム記入用に白色顔料系マーカー　227
   3) X線カセッテの情報　227
   4) ポリプロピレン製粘着テープ　227

第6章　コミュニケーション力

1. 心にひびく魔法の言葉　231
   1) 院長をやる気にさせる魔法の言葉　231
   2) MRさんを喜ばせる魔法の言葉　234
   3) スタッフと仲よくなれる魔法の言葉　239
   4) 飼い主さんの心を開く魔法の言葉　242
   5) 家族を育てる魔法の言葉　250
   6) 自分を元気にさせる魔法の言葉　252
2. アサーション　255
3. ブログ・フェイスブック　255
   1) ブログでコミュニケーションup　255
   2) フェイスブックも始めました　258
4. 自分のモチベーションを上げるには　261
   1) 3つの仕事　261
   2) 目標設定のアイデア　261
5. 書くことは真剣に生きること　268
   1) 連載記事　268
   2) 書　籍　268

   3) 本に登場　269
   4) 出版や連載のきっかけ　269
   5) 本を出版したい人への私からのミニアドバイス　270
   6) 出版の醍醐味　271
   7) 本作りへの日頃の心がけ　271
6. トークを磨くアイデア　272
   1) 準備について　272
   2) セミナー当日に向けて　273
7. パーソナリティのつぶやき　276
   1) きっかけ　276
   2) ラジオ　276
   3) ラジオから見えるもの　277
   4) 思いがけない収録のエピソード　278
8. 未来アルバム　279
9. 絵心を添えて　283
   1) 過去の実績　283
   2) イラストの効用　283
   3) イラスト付き五行歌　285
10. 就職先（実習先）の選び方　286
   1) 就職・実習の面接の前に　286
   2) 面接の当日　287
   3) 非喫煙者になる　288

第7章　生活の輝き

1. 楽しく生きる7つのポイント　293
   1) 家族化　293
   2) Give and Give　293
   3) 3つシリーズ　293
   4) 10年継続　293
   5) 1日1ミリ　297
   6) 等身大弱　297
   7) どまん中に愛　297
2. アンチ・エージング　298
3. 与え好きになろう　300
   1)「与え好き」― Give and Give ―　300
   2) 私の与え好き　実例案　301
4. 子育てのアイデア　301
   1) 子育てミニコミ誌を作ろう　301
   2) 極貧子育てを楽しむアイデア　303

5．寄り道，回り道 —子育て余談— 304
  1）回り道も気付きになる—長女の骨肉腫事件— 304
  2）寄り道も心の財産—長男のタバコ事件— 306
  3）世界へ飛び出そう：次女の国際結婚 308
6．老後の見積書 309
  1）どんな財産があるか？ 310
  2）エンディング 311
7．資産・貯蓄の管理簿をつくろう 312
  1）資産の統括表 313
  2）有価証券 313
  3）ローン備忘録 313
  4）自動引き落としのワナ 314
  5）年　金 314

第8章　海外学会への参加

1．海外学会参加にあたって 319
  1）効　能 319
  2）準　備 319
  3）航空機利用の裏ワザ 320
  4）時差ボケ対策 320
2．世界の獣医師とアイデアで会話 320
  1）資金の秘密 321
  2）文化を調べる 321
  3）持ち物 321
  4）世界の獣医師向けのおみやげグッズ 322
  5）一般の方へのお礼セット 322
  6）写真の記録 322
  7）海外学会のメリット 322
3．英国のペット事情 326
4．ニュージーランドのペット事情 332
  1）出入国 332
  2）ニュージーランドってどんな国 333
  3）ニュージーランドのペット事情 333
  4）WSAVAプログラム 335
  5）まとめ 338
5．カナダのペット事情 339
  1）ペットの入手法 339
  2）ペットを店頭で売らない運動 339
  3）住宅事情 339
  4）ペットの飼育 340
  5）犬専用の公園とビーチ 340
  6）マナー 342
  7）イベント 343
  8）カナダのペットに関する法律 343
  9）まとめ 344

まとめの言葉 345
索引 346
謝辞 356

五行歌 & Essay

待合室はペット自慢　2
力を合わせて　46
卒業証書　76
もう1つの誕生日　116
痛点　130
居場所　230
成長の土台　293
マイ・ロード　318

コラム

1-1　清水動物病院のある日のひとこま—日常を切り取ってお届けします—　43
2-1　1年後の自分へのメッセージ　68
2-2　手があいたときのリスト表　73
2-3　ビジネスマナーの達人　74
5-1　人が咬まれたら　148
5-2　採血でのお勧め　149
5-3　電池切れの応急処置　156
5-4　爪切りの達人をめざす　159
5-5　外耳炎　211
5-6　投薬のトレーニング　218
6-1　カキクケコ人生訓　261
6-2　どんな動物病院，どんな先生が好き？　266
6-3　めざせ！お金持ちより時間持ち　時間とお金の粋な使い方　267

6-4　リフレイミング（視点を変える）の達人になろう
　　　267
6-5　社会人基礎力　289
7-1　幸せの創造10か条　309
7-2　償却資産の調査について　315

パンフレット等

麻酔＆手術の安全性を高めるために　7
麻酔時のご注意　8, 9
手術後及麻酔後の注意事項　11
血液検査結果　12
心電図ってなあに　12
長生きの10のポイント　26
カンピロバクター　27
カプノサイトファーガ感染症　27
インタードッグ記録表　27
病状・検査・治療等の同意書　28
「ぽちゃっとしてかわいい」は危険です　35
多頭飼育　36
不況を乗り切る＆清貧を楽しむコツ　37
パワーパートナーをみつけよう　42
言葉の宝物帳　50

ヒューマンチェーンMap　71
狂犬病の予防は大雪　87
ウサギの躾のポイント　88
健康診断のおすすめコース　89
エコー検査ドッグ　90
薬用シャンプーの上手な使用法　91
小鳥の飼育で気を付けること　92
犬も猫も歯みがきをしよう　93
震災特集号　104
防災のポイント　105
緩和ケアについて　118
フードを病院で手に入れると　207
マイクロチップを入れましょう　237
心臓病　ハートの日をつくろう　238
清水動物病院の楽しいお役立ち　257
ブームは自分で創ろう　262
今, Topは何をすべきか　263
マーケティングは道しるべ　264
意識と行動を継続させるために　265
未来アルバムをつくろう　280
楽しく生きる！7つのポイント　294
3つシリーズ　295
あなたの良い習慣, 悪い習慣＆新しい習慣は　296
1本の小さな木の10年後　300

まえがき
－ホスピタルはホスピタリティ－

　日曜大工が好きで発明家になりたかった獣医師と，書くこととおしゃべりが好きで伝えることが生きがいの獣医師が「1＋1＝3」で小さな動物病院を運営して，いつの間にか38年になりました。

　わずか11坪（約35平方メートル）でスタッフ4名ですが，夢と理想は大きく持って，獣医学の進歩を学ぶと共に診療を充実させる喜びもたくさん味あわさせてもらっています。

　日常の獣医療現場の中で，動物の気持ち，人のこころ，そして医療器具への愛着など臨床へのこだわりを高めてきました。2人のシナジー（相乗）効果は，未来アルバムにも希望をつめこんでいます。安心と安全を心がけ，使い勝手と手早さへのアイデアは，安定して確実な環境や快適な動物病院を創ります。

　この本では私たちが学んだり，情報を取り入れたり，工夫してきたことをご紹介し，臨床の醍醐味と心技体（精神面・技術面・健康面）それに社会との接点も添えてお伝えします。

　ちょっとした診療の隠し味でも，飼い主さん，スタッフ，みんなの心の栄養になります。動物たちをとりまく環境は，みんなで一丸となってチーム作りをしていく必要があります。

　チームは生きものと同じで日々変化します。人間形成をベースにした動物医療業界の発展向上のひとかけらになり，病院に関わるみんなが人間力を向上させて強くしなやかなメンタルと行動力を身につけられると，うれしく思います。

　動物の医療現場の快適化や活性化とともに，温もりや癒しのスペースになることを思いながら，心を込めて書きました。

　JVMの特集が始まった2008年頃から，全国各地の専門学校，大学，獣医師会で，動物看護師さんや獣医師の先生方から，清水動物病院のハード面とソフト面で講演を頼まれるようになりました。開業したての若い先生から真剣で真摯な質問が来たり，中堅の先生からはスタッフの育て方・まとめ方，熟年の先生からはマンネリ化防止対策などが出ます。どこの会場も，質問やアンケートからわかることは，どの年代になってもこの仕事は，苦悩や改善と向かい合いながらの毎日だということです。

　娘や息子達ぐらいの年代の先生方と話していると昔の自分達を思い出します。獣医師という目標を決めて，やりたいことに向かってエンジンをかけた青春時代。開業という夢の準備に燃えて，歩きはじめ走り続けた日々。その後，バブルの崩壊，リーマンショック，ドバイショックなど，不況の荒波が次々と押し寄せるなかで，どんなにがんばっている人も，将来への不安は計り知れないものがあります。そして，東日本大震災。飼育頭数が減ったり診療件数や診療報酬が伸び悩んだりしても例外ではありません。

　でも，こんな時こそ原点を見つめてみると，そこに心の灯をつけたあの日々が甦ってきます。好きなこと，やりたいこと，伝えたいこと，青春をもう一度探してみると，まだまだやれること，挑戦したい光芒の芽がきっと見つかります。

　今を大切に自分らしいリズムでコツコツ走りながら考えてみると…。逆に，じっくりゆっくりていねいに仕事ができるという考えもできます。飼育頭数を増やす多頭飼育への取組みや，飼育頭数を減らさない長寿のポイントをアピールしたりすることで，動物との暮らしはさらにハッピーになり業界も潤います。

　本物が残る時代です。動物たちがもたらしてくれる人の心と体の健康を目の当たりにしている私たちは，動物たちに代わって動物効果・動物の力を世の中に伝える係です。この時代だからこそ動物を飼うことの意味，有用性を一人一人の獣医師が，生き生きと楽しく伝えましょう。

　自分の可能性を見つけたり広げたりするのは自分です。周りに目標に向かってコツコツ歩く刺激的な方がいると，自分も見習ってがんばろうという気になります。自分もスタッフも飼い主さんも「あの人みたいにできたら嬉しい」とか「一生懸命やってみたら違ってきた」という実感があると，小さな成功体験が大きくいろいろな形に広がってき

ます。ひとつひとつの小さなことにも，その場その場でいつも全霊を込めて毎日を過ごせたらよいなと思います。

また，私達に幸せをもたらしてくれる動物の診療に携わることは，大きな緊張を伴います。その中で，飼い主さんが「動物を飼って良かった」「つらいことも人生を豊かにしてくれて濃い思い出として心に残った」と感じる方向に私達が支えることができれば，充実感が残ります。そして時には，海外学会の参加を通じて新しい価値観を見つけたり，異業種の方たちとの交流を深めたり，文化の違いを肌で感じたりすることができれば，限られた人生を豊かにしてくれます。

プロとは，同じ世界にいる人にも影響や発展を与える人で，プロとして長く生きるには，多面的になることが必要だそうです。いつか本物のプロになれるように楽しく臨床を続けていきたいです。

たとえば，作家だったら原稿用紙というフィールドで，役者だったら舞台で，野球やサッカー選手だったらグラウンドで，どんな物語を紡ぐか？ 私たち獣医師は臨床や研究というフィールドでどんな物語を自分らしく紡ぐか？ なのかなぁと思います。人と競争ではなく，小さなハッピーを大切に，自分との約束を守って，オリジナリティのある物語をつくっていけたらいいですネ。

私たちの小さな活動が，獣医療への提言につながって，皆様の動物の医療現場がさらに発展し，元気で楽しくなり，今以上に生きがいのある職場になれば幸いです。そして飼い主さんへ大切なホスピタリティが伝わることを祈って…。

2015 年 1 月 22 日

清水邦一　清水宏子

本書は月刊誌 JVM（獣医畜産新報）の 2008 ～ 2012 年の 5 年にわたって毎年 8 月号に掲載された特集「清水邦一・清水宏子の小動物臨床のアイデア」および海外学会報告記を再構成し，加筆・訂正したものです。

第1章　動物病院運営のアイデア

1. 清水動物病院の基本的な柱
2. 施設の特徴
3. 文書のアイデア
4. 薬価の合理的な決め方
5. 数字を超えた経営学
6. ハートビジネス

待合室はペット自慢

　動物はスゴイ！！と思うことが，待合室での飼い主さん同士の会話から，しばしばあるのです。ちょっと聞いてネ！

　「ぼくの犬は，恋人だったり，子どもになったり，時には話を聴いてくれる母にもなる！！」「我家の猫は太陽。みんなの心を平等にあっためてくれる」「うちのハムスターは，文字通りスター！　家族の注目の的」「ピーコは空から降りてきた天使かも，って思っちゃう」

　私なんぞ妻も母もしていない日もあるし，ましてや恋人なんて遠い過去…。

　考えてみると動物たちって，過去も未来も見向きもしないで100％今に，愛も心も体力も注いで，飼い主さんに尽くしてくれます。少し見習わなくちゃ！と思うのは，私だけかしら？！

**なかよしに
なれば
なるほど
だまって
すごせる**

1．清水動物病院の基本的な柱

1) 診療にあたっての基本方針

(1) スタッフの心得

　動物病院のスタッフとして常に気をつけることを表にしておき，いつも思い出してもらうようにします（図1-1）。トイレにも貼っておきます。動物病院に実習できた人たちにも，一時的にスタッフの一員になりますので，必ず渡して手短に説明して気をつけてもらいます。

(2) 診療の工夫

§ 見せる診療

　基本的には，診察，検査および治療には，飼い主さんが見ている「飼い主さん参加型」で行っています。飼い主さんの不安を少なくすることができ，病状や病気について理解が得られます。

　正しく動物の状態，診断の現状および予後を伝えます。

スタッフ一人一人の心がけ
ときどき次のことを思い出すようにしてください。

第一印象が大切
○病院内・外の整理整頓・清潔
　1．雑誌（新しいものを）
　2．受付室のイスの毛・ホコリ
　3．窓・ドアの手アカ
　4．ブラインド・棚のホコリ
　5．外回りのゴミ
○飼い主さんの来院時，笑顔で迎える。
○電話での応対
　1．すぐに出る（3回くらいまでに）
　　なかなか出ないと不安になる。
　　私的な電話は受付時間外に。
　2．気持ちよく。快活に。
　　①清水動物病院です。
　　②挨拶（相手が名前を告げたら）
　　③・今日はどのようなことで？
　　　・どうしましたでしょうか？
　　　　（専門的な質問に対しては，院長に代わります）
　　④診察券番号を聞いてカルテを出す。
　3．「少々お待ちください」→ 45秒以内に出る。
　　　＊出られないとき→具体的な理由で
　　「治療中で・採血中で・レントゲン検査中のため…手が離せませんので」
　　→「少々お待ちください」（45秒以内に出られるとき）
　　→「恐れいりますが，10分後にもう一度電話を入れていただけますでしょうか」
○受付での待ち時間が長いとき
　「急患があって遅れています。もう少しお待ちください」
　＊1人1人にていねいに応対する。

消　毒
・診察台の使用後すみやかに
・動物を触ったら
・イスがよごれていたら

事故の防止
・台からの転落・逃亡：<u>動物からはなれない</u>。
・動物が逃げたら，すぐ<u>玄関の鍵</u>を締める。
・<u>ケージのロック</u>。
・犬を外に出すとき：引き綱2本

在庫管理
　薬，フード：在庫を考えながら用意。

食餌指導をしている動物看護師（由紀ちゃん）

図1-1　スタッフの心得（スタッフ，実習生，見学者に最初に渡すシートです）

使わない方がよい言葉は「手おくれです」「内臓がボロボロです」「すぐよくなりますよ」「あと何日です」「もうあきらめなさい」「絶対…です」。

X 線や血液を調べれば，すべてが分かると思っている方もいますので，検査に限界があることや検査の目的も伝えます。

§ Yes, Yes, No の法則で

飼い主さんと同じ立場になることを心がけます。すぐ否定する言葉は受け入れ難いからです。

例えば，「高い薬ですね」…「そうなんです，もう少し安いといいのですけれど」(Yes ＝肯定します)

…「親の介護やお子さんにも学費がかかりますから，大変ですね」(もう一度 Yes で受けます)

…「高い薬ですが，効果がよいのでなるべく負担が少ないようにしますね」(最後にこちらの言いたいことを)

「よく効く薬ですのでしょうがないですよ！」なんて言ってしまうと聞く耳を持たなくなり，受け入れてもらえないかもしれません。

§ 専門病院を紹介する

動物の医療も専門性が高くなった時代になりました。高度医療のできる獣医師や病院のリストを作って紹介できるようにします。

§ どんな飼い主さんも大切に

早期発見・早期治療に基づいて，病気の初期に動物を連れてくる優良な飼い主さんはたくさんいます。それとは逆に，病気がたいへん進んだ状態や，手がつけられないくらいに悪い状態で来院する方もいます。「どうしてもっと早く…」と私たちが感じることがあっても，決して飼い主さんを責めたり叱ったりしないほうがよいと思われます。その飼い主さんとしては，一生懸命連れてきたわけです。国によって法律や文化が違うように，みんな環境も文化も事情も違うので，動物との距離やものさしも異なります。その人自身が自分を責めているかもしれません。その人の心をケアもしてあげなくてはいけないくらいのこともあります。どんな状況でもていねいに対応し，その人に最も適している治療法を選択するようにしています。獣医師は治療だけでなく，飼い主さんの心のケアも同じくらい大切かもしれません。

2）予約制

私達に子供が生まれ，動物病院で育児と仕事を両立させる事がきっかけで，時間予約制をスタートさせました。すでに 30 年以上になります。はじめは，予約制にすることに不安がありましたが，歯医者さんが行っているのだからきっとできるはずと感じ，「いつも電話をしてから来てください」と伝えることから移行していきました。

時間予約制では，電話の応答が増えることになりますが，利点を考えるとたいへん小さな問題でしかありませんでした。

(1) スムーズな予約制のためのツール

予約表（図 1-2）は 15 分刻みです（獣医師 2 人，看護師 2 人)。午前は 9:00 ～ 11:30，午後は 1:30 ～ 2:30 と，休憩を入れた後の 3:30 ～ 5:30 を設定しています。

		NAME	No.	内容		NAME	No.	内容
9	(00)				15			
	30				45			
10	00				15			
	30				45			
11	00				15			
	30				(45)			
12								
		NAME	No.	内容		NAME	No.	内容
1	(00)				(15)			
	30				45			
2	00				15			
	30				(45)			
3	(00)				(15)			
	30				45			
4	00				15			
	30				45			
5	00				15			
	30				(45)			

NAME　　FT（　　）次回　(検便結果の問い合せ用)
NAME　　FT（　　）次回
予定　ABC：　(ABC は薬の注文などの優先順位)
予定　ABC：
月　日　曜日

図 1-2　1 日ごとの予約表（A5 用紙）
（　）のついているところは，予備の時間です。

利点

時間の有効利用
- ひまな時間帯，忙しい時間帯の差がなくなります。
- 雨でもがんばって来てくれます。
- 飼い主さんが多く重なってしまった時，気がせいて，診察が落ち着かなくなることを防ぎます。
- 長い時間を必要とする診察に対しては，計画的に適切な時間を割り当てることができます。
- 前もって必要な器材，薬剤を準備しておくことができます。
- 飼い主さんの貴重な時間を大切にすることができます。実際に，私達が患者として病院などに行った時，待ち時間が長いと，多くの支障をきたします。

スムーズな診療
- ウイルス感染症や疥癬症などの伝染性疾患の動物との接触を避けることができます。
- 犬，猫，ウサギなどが重なって興奮してしまうことを防げます。
- 急患で手が放せなくなった時，時間をずらしてもらうことができます。
- 安楽死の相談，金銭的な悩みや質問など，飼い主さんの心のケアを必要とする時に他の飼い主さんと重なることを避けることができます。
- 病気や所用のためスタッフが少ない時などにも，対応しやすくなります。
- 飼い主さんが時間を守るようになるので，診療の終了が遅くなってしまうことがなくなります。私達の病院では，12:00ピッタリに昼食をとり，午後は6:00にほとんど終了できます。子供が小学生の時は必ず家族揃って夕食をとることができました。その大切な時間に希望される飼い主さんは，時間外治療として，午後8:30に診るようにしました。

マイナス面

- 予約のための電話が多くなります。診察券№，飼い主さん名，来院目的をスタッフが手際よく聞いて，予約表に記入します。

図1-3　予約制の利点とマイナス面

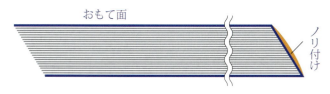

図1-4　予約ノートの作成法

1か月分をまとめ，めくりやすいように斜めにそろえて，クリップで仮固定します。背の部分に事務用ノリを塗って，乾燥させればオリジナル予約ノートの完成です。用紙を斜めに製本することにより，紙のめくりが容易になります。

（2）予約なしで来院した人への対応

基本的には，予約した方を優先に，その合い間に見るようにします。ただし，新患のワクチン接種のように急を要せず，説明に時間を要する飼い主さんもあります。近くから連れてこられている場合は，時間を切り詰めて診るより，予約して再来院をしていただきます。飼い主さんや動物にとってより良い診療を提供できます。

（3）急患の来院時

急患が来院した時，他の飼い主さん方から順番を譲ってくださることが多く見受けられます。診察券には「急患の方には時間をお貸し下さい」を一言入れておくことで，理解がスムーズに得られます（図1-5）。

（4）予約の受け方のコツ

- 予約時間の5分前に病院に入って頂くように伝えます。
- 必ず遅れてくる方がいます。その時は見込んで早めの時間に決めるか，他の予約と重複した時間とします。たまたま指定の時刻でこられたら「今日は早めに来て頂いて助かります」と感謝の気持ちを伝えます。理想的な飼い主さんに育てます。
- 予約制を知っていながら急に来院する人に対しても，明

るく迎え，次回からの予約をお願いします。
- ワクチン接種の動物，特に初診や幼若の動物では，できるだけ朝早めの時間帯に予約を入れます。接種後に十分観察でき，副反応など何か問題が起きた時は，すぐに病院に連れて来ることができます。

（5）休日の予約

診察券（図1-5）の中の緊急の電話番号は，自宅の電話番号です。休日も診察治療が必要な動物は，早朝7:30までに電話して頂き，午前8時台に時間を決めて診ます。その日の昼間を有効に使うことができます。

＊緊急用は自宅の電話です。午前8:30位に診察し，1日を有効に使えるようにします。

図1-5 診察券の裏側に救急患者に対する説明を入れる

利点

術前の待ち時間がない 入院手続きを済ませたらその場で前投与を行います。飼い主さんがいなくなると，興奮したり気が荒くなってしまう犬や猫では，飼い主さんの目の前で静脈内に麻酔導入剤を投与します。子犬，子猫のように落ち着きのない動物では，鎮静剤を先に投与してから麻酔導入します。

術後，歩行可能になれば退院 麻酔から覚醒し，真直ぐに歩行できるくらいになれば退院可能になります。動物が不安を感じたり，ケージから出たがって暴れたりすることを防ぐことができます。午後1:30頃にはお返しします。家に帰っているほうが早く食餌をきちんととるので，回復が早くなります。退院後の注意事項（図1-10，11頁）を渡して飼い主さんと連絡がとれるようにします。

退院後の経過報告 夕方に経過報告をして頂きます。状態が心配な動物や不安のある飼い主さんには，夜間でも電話をもらいます。所用で不在になる場合は携帯電話の番号を伝えておきます。コミュニケーションの機会が多くなり，飼い主さんも安心しますので信頼関係が深まります。

治療および看護に飼い主さんが参加する この方法をとることによって，飼い主さんの病気に対する理解が深まります。飼い主さんは常に動物に接することができ，最高の看護師になってくれます。

飼い主さんの安心 伴侶動物が家を離れることに対して，不安を持つ飼い主さんは多いと思われます。病院に一切任せて安心する飼い主さんもいますが，家にいる方が動物に不安がないこと，小さいことでも携帯電話に連絡を入れてかまわないなど，十分な説明をすることで，納得し安心される飼い主さんがほとんどです。

病院スタッフのストレス減少 病気，動物そして飼い主さんに対してたいへん気を遣い，体力もかなり必要とする職業です。スタッフは夜間に動物を預かっていることの労力と精神面のストレスから解放されます。

マイナス面

忙しい飼い主さん 忙しくて動物に付いていることができない飼い主さんが中にはいます。仕事を休んで動物の看護が必要になることもあります。しかし，そこまでしてでも頑張る方は多くいらして，動物のために愛情を注ぐことができる，とプラスに受け入れたりもします。

入院していないと不安がる飼い主さん 帰ってきたら心配，自分は何もできないという飼い主さんがいます。しかし，連絡をいつ入れても構わないことを伝え，治療や看護の方法を丁寧に指導すれば問題はないと思われます。有能な飼い主さんになってもらいます。

病院の収入が減る？ 病院にとって入院による収入が減ってしまうことになりますが，スタッフの人件費も減ることになります。スタッフの肉体的，精神的な負担も軽減され健康管理および生活の向上に役立ちます。日々診療費が清算されますので飼い主さんの負担も減少し，適切な技術料を算入できます。病気の経過も理解され，信頼関係が生まれやすくなります。

病状の変化を直接観察できない 治療の反応を目の前で観察できないので，飼い主さんから症状の変化を上手に聞き出す必要があります。まめに連絡を入れてもらったり，通院してもらうと良いでしょう。

図1-6 日帰り手術の利点とマイナス面

3）日帰り手術

人の医療において医療費の軽減や多忙な人のために，一部の病院で日帰り手術が行われています。私達の病院では，開業して10数年間は，「入院したほうが，飼い主さんが安心でき動物にとっても最良のことができる」という認識のもとで，病気が落ち着くまで入院させていました。

ところが，入院することで食餌をとらなかったり，さみしがって吠え続けるなど，いろいろな問題を起こしたりすることがよくありました。早く家に帰った方がストレスが少なく，回復も早く，入院によるマイナス面もないことを感じるようになりました。多くの動物病院のように午後に手術を行っていましたが，朝に手術することで，術後に十分な観察ができることも分かりました。これも日帰り手術をするきっかけになりました。

飼い主さんも，入院中動物がどうしているか不安を感じる方も多いとともに，通院で治療することで動物病院とのコミュニケーションの機会が増え病状をよく理解して，信頼関係も生まれやすくなりました（図1-6）。

吸入麻酔薬イソフルランの登場（1990年）で麻酔の安全性が向上し適度に速い覚醒となり，日帰り手術をスムーズにしました。選択的にCOXⅡ（シクロオキシゲナーゼⅡ）を抑制する非ステロイド系抗炎症剤（NSAID）も使えるようになり，ペインコントロールの医学も大きく進歩し，日帰り手術を後押ししました。

（1）日帰り手術の工夫の実際
§術前の健康診断

身体一般検査を行いワクチン接種が必要な動物はできるだけ行います。出血が起きやすい手術は，血液凝固能が低下しやすい接種後3〜10日を可能であれば避けます[1]。高齢や基礎疾患があるような動物は，血液検査や心電図検査を事前に行います。

§インフォームド・コンセント

麻酔および処置・治療に関して，リスクについて十分に説明し安全性を高めるために行っている方法（麻酔方法・モニター）およびペインコントロールについてもお話し，パンフレットもお渡しします（図1-7）。同意書を当日までに記入してもらいます（図1-8）。

具体的には，説明が病院側の都合や守りの体制に片寄っ

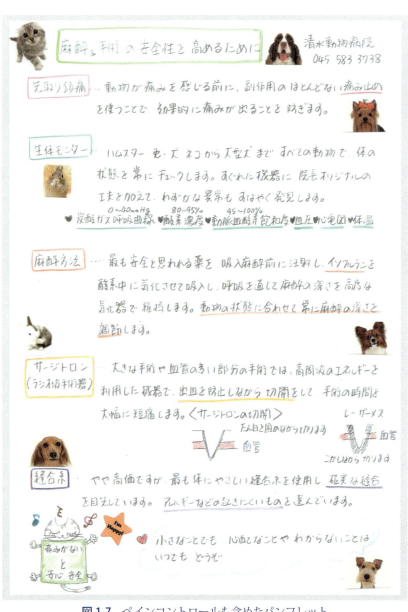

図1-7　ペインコントロールも含めたパンフレット

麻酔時のご注意

_____ちゃん　　_____月_____日　朝（9：10）にお連れください。
□ 予定日の前診療日（　月　日）朝9時10分に確認の電話を入れてください。

[費用について]
およそ（　～　）万円の予定です。
　状態や処置などにより，変わることがあります。
　入院時に内金として半分ほどお持ちください。

[麻酔前の準備]　麻酔時に吐くことを避けるために胃を空にします。
［前日］
　食物：夜8時までに済ませます。
　　　　いつもの消化のよい食事にしてごちそうを与えないでください。
　　水：夜11時以降，飲めないようにしてください。
［当日］
　食事，水は与えないでください。
　できるだけ排尿・排便をすましてお連れください。

＊ゴミ箱をあさったり，ほかの人が食べ物を与えてしまったりすることがないように十分お気をつけ下さい。
＊絶食ができなかった時はご連絡下さい。
＊ご来院できないときは，できるだけ早めにご連絡ください。
＊急患のために日程を変更させていただくこともありますのでご了承ください。

麻酔時の同意書

麻酔時の方法および危険度につきまして十分説明を受けました。私たちはそのことをよく理解した上で，麻酔などの処置をお願いいたします。
　内金は，_____円入金いたします。
　　　年　　月　　日
住所：　　　　　　区
サイン：_____　電話：
緊急の連絡先：

清水動物病院　（045）583-3738
　緊急　時間外　（045）583-●●●●
　　　　院長　　070-6659-●●●●
　　　　宏子　　070-5557-●●●●

ご希望がございましたらご記入ください

図1-8　犬猫用の同意書（A5用紙）

たり，病気のおどしになったりしないようにします。相手の立場になって，飼い主さんの理解に役立つ説明にします。専門用語は威圧的に感じたり，難しくなります。やさしい言葉で病気について丁寧に説明します。苦手なタイプの人にこそ，声のトーンをワントーン上げて，温かくお話しします。

§午前9:10に来院
■方法1．鎮静の注射
子犬，子猫など，落ちつきのない動物には0.05%硫酸アトロピン注とドロレプタン®注をオリジナル投与表（表1-1）に基づいた量で混ぜて皮下投与します。犬の場合はすぐ入院室に入れると飼い主さんがまだいると思って鳴き続

ウサギ麻酔・手術の実際

　前投与薬として1％アルファキサロン0.1mL＜1mg＞/kg（または5％塩酸ケタミン0.1mL＜5mg＞/kg），0.5％ブトルファノール0.05mL＜0.25mg＞/kg，0.5％ミダゾラム0.05mL＜0.25mg＞/kg，0.25％ドロペリドール0.05mL＜0.125mg＞/kg，0.05％硫酸アトロピン0.05mL＜0.025mg＞/kg（アトロピン分解酵素により効果が期待できない可能性がありますが，使用するときは低用量で）を混ぜて皮下注，10分後にマスクにて低濃度からイソフルランにて導入（高濃度にすると呼吸を止めてしまうウサギが多いため）（第5章220頁参照）。

麻酔時のご注意（ウサギ）

麻酔の予定日
　_____ちゃん　____月____日　朝9時10分にお連れください。
□予定日の前診療日（　月　日）朝9時10分に確認の電話を入れてください。

費用について
おおよそ（　　～　　）万円の予定です。
　状態や処置などにより，さらに変わることがあります。
　入院時に，内金として半分くらいお持ちください。

麻酔前の準備
食物・水の与え方
　当日，朝7時までに済ませます。
　平常時に1回で食べる量の3分の2にします。

麻酔後について
・午後（　：　）に状態の経過を電話してください。
・いつでも食べられるように，また水を飲めるようにしてかまいません。食べ過ぎないように，気をつけてください。
・皮下輸液をしていますので，胸の脇からお腹側にかけて，ふくらんでいますが1日くらいでなくなります。
・翌日になっても食欲や元気がない場合には，様子を見ないで必ず連絡を入れてください。

麻酔時の同意書

　麻酔時の方法および危険度につきまして十分説明を受けました。私たちはそのことをよく理解した上で，麻酔などの処置をお願いいたします。
　内金は，_____円入金いたします。
　　　年　　月　　日
住所：　　　　　　区
サイン：_____　電話：
緊急の連絡先：

清水動物病院　　（045）583-3738
緊急　時間外　（045）583-●●●●
　　　院長　　070-6659-●●●●
　　　宏子　　070-5557-●●●●

ご希望がございましたらご記入ください

図1-9　ウサギ用の同意書（A5用紙）

表1-1 オリジナル投与量（犬・猫）

実際の体重(kg)	計算上の体重[*1]	0.1mL/kg アルファキサン注 5%塩酸ケタミン注	0.05mL/kg ドロレプタン注 0.5%ミダゾラム注 ベトルファール注	0.08mL/kg 硫酸アトロピン注[*2]
1	1	0.1	0.05	0.1
2	2	0.2	0.1	0.2
5	5	0.5	0.25	0.4
6	6	0.6	0.3	0.5
7	7	0.7	0.35	0.6
8	8	0.8	0.4	0.65
9	9	0.9	0.45	0.7
10	10	1.0	0.5	0.8
13	12	1.2	0.6	0.95
16	14	1.4	0.7	1.1
20	16	1.6	0.8	1.3
24	18	1.8	0.9	1.4
28	20	2.0	1.0	1.6
32	22	2.2	1.1	1.8
36	24	2.4	1.2	1.9
41	26	2.6	1.3	2.1
46	28	2.8	1.4	2.25
51	30	3.0	1.5	2.4

[*1] 10kg以上は体表面積に対応して計算しています。
[*2] 硫酸アトロピンは過剰投与にならないように10kgで0.8mLを基準にし，心疾患のある動物およびウサギはさらに半量にしています。

けることがありますので，飼い主さんが帰るところを犬に見させるようにします。猫はアニマルサポートバッグ（212頁）に入れて入院ケージに入れます。

10分後にアルファキサン注（または5%塩酸ケタミン注），0.5%ミダゾラム注，ベトルファール注（0.5%ブトルファノール）を混ぜて静脈内投与します（表1-1）。ミダゾラム注の代わりにジアゼパム注を使う場合は混和によりジアゼパムを溶解させているプロピレングリコールが薄まると混濁しますが，血液に注入されるとすぐ再溶解しますので，血管内にも投与は可能です（193頁）。袋に入った猫では，静注する足だけ出すと静かなことが多いです。

■**方法2．飼い主さんの前で麻酔 導入剤の静脈内注射**
落ちついている動物，飼い主さんがいなくなると怒り出して急変するような猫など。前投与の薬剤と導入時の薬剤を同じ用量ですべて混和し静注します。ただし，夏場に歩いて来院し，パンティングが起きている動物ではすぐ麻酔をかけると高体温になる危険性がありますので，少し落ちついたところで麻酔に入るようにします。

§気管内挿管後
■**生体モニターなどをセット**
回路内の酸素濃度，カプノグラフ（二酸化炭素濃度），麻酔ガス濃度，パルスオキシメーター，血圧，心電図，体温

■**薬剤投与**
①COX II選択性のNSAID（メロキシカム，オンシオールなど），②抗生剤，③皮下輸液：乳酸リンゲル，等張の維持液。ただし状態が悪い動物，不測の事態が起こり得る動物は静脈を確保して投与，④その他必要な薬剤（抗プラスミン剤，H_2ブロッカー，ビタミン剤，など）。

■**血液検査**
麻酔前が理想ですが，リスクがほとんどない動物では，動物が少しでもいやがらないよう導入後に採血します。ただし赤血球容積（ヘマトクリット値）および総蛋白は，使用しているイソフルラン吸入などの麻酔剤の影響により，2割ほど少ない数値になる傾向があります（例：40%→32%）。

§皮膚切開の縫合後
外科用接着剤を皮膚の縫合後，傷が空気に触れないように薄く塗布します（図5-166，184頁参照）。動物が傷を舐めることが減少するとともに，皮膚の接合面がずれることを防ぎます。抜糸後の傷は非常にきれいになります。

§退　院
順調に麻酔が覚醒すれば午後1:15～1:30に退院させます。退院後の注意書きをわたします（図1-10）。飼い主さんに話をよく理解してもらえるように，説明と事務手続きがすべて終了してから，入院室より動物を出します。

§飼い主さんからの連絡
退院の2～3時間後，午後4時頃に電話をしてもらいます。動物の状態をお聞きします。動き，咳，嘔吐，呼吸，粘膜の色，必要に応じてCRT（毛細血管再充満時間）など，異常がないかを確認します。

その時点で不安や心配があるときは状態により来院してもらったり，再度連絡をいただくようにします。順調でも

手術後及麻酔後の注意事項

1. **退院後**
   皮下輸液をしていますので、胸の脇からお腹にかけて、ふくらんでいますが、一日くらいでなくなります。
   保温に注意し、静かにそっとしておきます。よく観察して、小さい事でも気なることがあったら、すぐに連絡してください。
   夕方4:00頃に、状態を連絡してください。

2. **行動**
   いつもと比べて眠そうだったり、よだれが多かったりすることがあります。興奮気味で落ち着かずにウロウロしたり、吠えたりすることもあります。よく観察しますが，相手にしないようにし，そっと見守るだけにします。
   →翌日も普段の状態にもどらない場合は、連絡を入れてください。

3. **水**
   午後3:00頃になったら1くちだけ飲める状態にします。飲んだ時は、吐かないことを確かめて30分後に、また1くち飲めるようにします。30分おきに少しずつ与えてください。

4. **食事**
   上記のように水をあげて吐かなかったら、午後5:00以降に消化の良いバランスのとれた食事（退院サポートなど）を、いつもの量の1/3～2/3ほど与えて下さい。肉や魚等ごちそうはあげないで下さい。食べなかった時は無理に食べさせたり、おいしくしたりしないようにします。翌朝普通に食べれば心配ないでしょう。

5. **緊急の時**
   歯ぐきが真っ白または真っ青、極端に元気がなく呼んでも反応がない、せきが出る、吐く、など気になる時は、すぐご連絡下さい。　(045)583-3738
   　　　時間外は： (045) 585-●●●● （自宅）
   　　　070-6659-●●●●（邦一）　　070-5557-●●●●（宏子）

6. **薬**
   お渡しした薬は、夜から指示通りきちんと確実に飲ませましょう。うまく飲まない時はご連絡下さい。指先大のマヨネーズ、マーガリン、生クリームなどで練って、唇のすきま（歯ぐき）につける方法がお勧めです。

抜糸予定日　　　月　　　日

清水動物病院　(045)583-3738

図 1-10　退院時に渡す注意書き（A5用紙）

翌日連絡をいただいて経過をカルテに記録し，次回に役立てます。間接的ではありますが，獣医師の経験を深めます。
　飼い主さんと一緒に治療する意識を高めることで，飼い主さんも病気に対する理解が深まります。動物病院側から自分の動物のことを常に気にかけてもらえている，という意識をもってもらいやすくなると思われます。

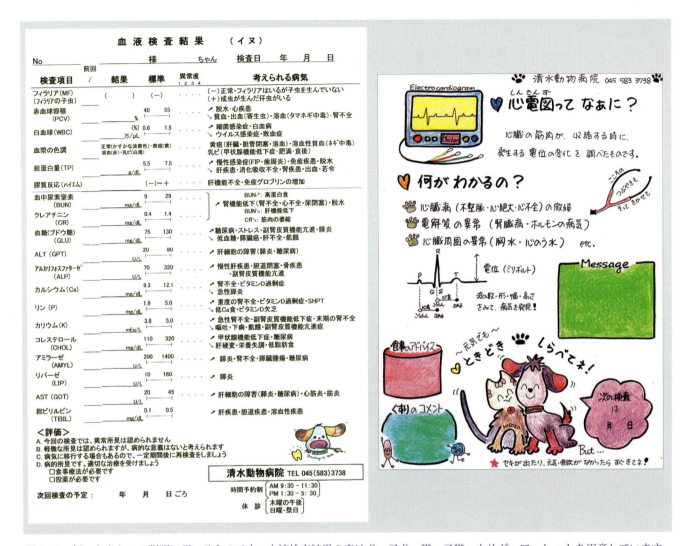

図 1-11 飼い主さんへの説明に用いるものです。血液検査結果の表は犬，子犬，猫，子猫，ウサギ，フェレットを用意しています。

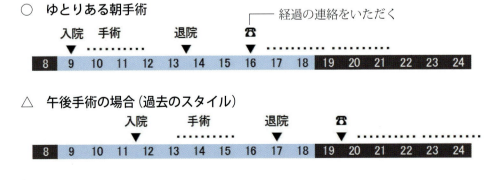

図 1-12 日帰り手術の1日

2．施設の特徴

1）空調の工夫（清水動物病院の換気システム）

（1）熱交換式の換気扇

動物病院内の空気を新鮮に保つためには，適切な換気装置または換気扇が必要になります。基本的には常時作動させて，臭いがこもらないようにします。しかし夏場や冬場にエアコンで適温にしても，空気とともにどんどんエネルギーを放出してしまいます。

熱交換のシステムは，排出する室内の空気で外からの空気を室温に近づけて取り入れますのでかなりの省エネになり，エコにつながります（図1-13）。

（2）入院室の臭気が他の部屋に漏れないダクト配管の工夫

入院室の戸の機密性が高くても臭いは低減しますが，ゼロにはなりません。わずかなドアの隙間から，そして人の出入りで臭気が他の部屋に漏れることになり，動物病院特有の不快な臭いを発することになります。建物が立派でも動物病院のイメージが半減してしまいます。

その対策への工夫は，熱交換換気のダクトです（図1-13）。

①常に入院室の臭いのある空気を建物外に排出します。
②入院室の空気の取り入れは，診察室などを通じた通気孔です。
③外から熱交換されて入ってきた新鮮な空気は診察室のエアコンのところに入ってくるようにします。

入院室の空気が常に陰圧になりますので，扉など隙間における空気は入院室へ向かうことになり，入院室の臭いが他の部屋に漏れなくなります。

2）電気関係

（1）アース付きの3Pコンセント

ほとんどの医療用機器には，安全のためにアース式3Pプラグが採用されています（図1-14）。

（2）配線ダクト（レール式コンセント）

どの部分からでも電源をとれますので，入院室，検査室，手術室などにあると便利です（図1-15）。

（3）コールドミラー付きスポットライト

光量も多く，熱線が前方に出にくいライトが店舗用に市販されています。85Wミニハロゲンランプは熱線を40%カットし，ビーム用10°のコールドミラー付きアダプター

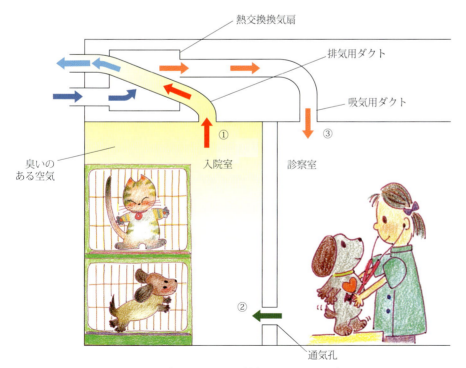

図1-13　臭いが出にくい換気システムの工夫

図1-14　3Pコンセント

図1-15　レール式コンセント

でさらに90%カットします。2方向から照明すれば、無影灯として十分機能します（図1-16）。

最近普及してきたLEDの無影灯は、色調が改善され、消エネルギーと低い熱線で魅力です。

3）戸　棚

短い奥行きの戸棚にして、埃が溜まらないよう天井と隙間がないようにします。物は必ず増えることと整理しやすいことから、戸棚をできるだけ多く設置します（図1-17）。

4）床と壁に丸みを

待合室や入院室のように、汚れやすかったり犬が尿をす

図1-18　床と壁は丸みをつけて連続に

る可能性がある場所は、床と壁に丸みをつけて一体化させます。汚れが隅に溜まりにくく、衛生的で清掃も楽になります（図1-18）。

5）カーテンレール

物を吊り下げるために、カーテンレールを天井に取り付けます。自由に適切な場所から吊り下げることができます。診察台、処置用台、手術台などの上方の天井につけます。輸液、バリカンのコード、電気メスのコード、心電計のコード、超音波歯石除去器のコード、歯科用ドリルのコード、吸入麻酔の蛇腹などを吊るすことができます。メリットとして、コードなどが邪魔になりにくいこと、ハンドピース、滅菌された電気メスのコードなどが床に落下することを防ぐことなどが期待できます（図1-19）。心電計のコードの場合は、動物のクリップが引っぱられてはずれたり、動物が不快感を感じたりするのを防ぎます（図1-20）。

6）ブラインドはサンドイッチ

ブラインドは、外からの光を適切に調整できます。ただし、ほこりが付きやすく、掃除もたいへんです。そこでお勧めは、二重のガラスにしてその間にブラインドを挟み込んだ形にします（図1-21）。電動で調整できるものにするか、羽根の角度を調整する棒を通す穴をガラスに開けます。この加工を断られましたので、私が歯科用ドリルで斜めに穴を開けました。

ブラインドの保護以外に、断熱性と遮音性の効果も得ら

図1-16　2灯による無影照明

図1-17　戸袋

図1-19　カーテンレールと吊り下げフック

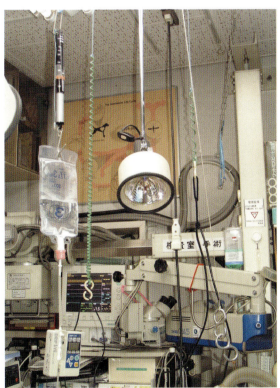

図1-20　便利な吊り下げ法

図1-21　ガラスでサンドイッチしたブラインド

れました。

7）消臭剤

　不快臭のない動物病院作りは，清潔感を与え快適性を維持するために大切です。入院室の臭いが漏れない換気システム（図1-13）や拭き取り式の入院ケージの採用などで，臭いを出さないようにします。診療中に急に発生した臭い，例えば緊張した動物の便や尿，肛門分泌物，化膿による分泌物などは，臭いを中和するグッズが便利です。植物性抽出物の消臭剤，N-118（株式会社アイ・スペシャル　Tel 0120-09-1134）や二酸化塩素製剤のバイオウィル（グットウィル株式会社）などは，瞬時に悪臭が消えて，快適空間になります。

8）人用トイレ

　人においてもトイレを清潔で快適な空間にすることは，重要です。利用者が病院をイメージし，判断する1つの

図 1-22　パコマL溶液を入れたスプレー容器

要素になります。どんなにデザインが優れ，機能的であっても，日常のメンテナンスが大切です。

（1）利用毎にトイレを拭く習慣

どんなにきれいに利用しても，水が流れない部分に小さな汚れが必ず付着します。使用後はトイレットペーパーで拭くようにします。界面活性作用のある消毒薬（パコマL溶液）などをスプレー容器に入れて常備しておくと，清潔感もあり拭き取りが苦になりません（図1-22）。自分の家も，外出先のレストランなども皆できれいにすれば，美しい日本がグレードアップします。さてここでディズニーランドのポリシーをご紹介します。その真髄は，人と人との繋がりを大切にし，来園する方も，スタッフも全てがハッピーになること，それら全ては楽しませるショーであることとしています。トイレの清掃も赤ちゃんに接するように，心を込めて「今きれいにしてあげるからネ」と。赤ちゃんがハイハイしても平気な位，ピカピカにします（「ディズニー式サービスの教え」小松田 勝 著，宝島新書）。

（2）汚れにくいトイレ

汚れが進まないうちにきれいにすることで，簡単に汚れを取り除くことができ，汚れも付きにくくなります。水分が蒸発して水の中の成分が析出した水垢は，台所用クレンザーで除去できます。さらに，便器用の汚れ防止剤，撥水剤入りウインドウォッシャー液，ウインド撥水剤などを塗れば，汚れ防止に役立ちます。消毒薬のパコマL溶液をかけても，小さな撥水性がでて汚れ防止に役立ちます。

（3）付加価値トイレ

① ホッとする空間：写真，絵，花，かわいい小物などで演出します。
② ひらめきの空間：中国の言葉に「馬上，厠上，枕上」とあり，乗り物，トイレ，寝室でひらめきが生まれやすいのです。シャボン玉のようにすぐ消えるひらめきは，メモにすぐキャッチします。宏子は「話のネタ」ボックス，邦一は「アイデアの泉」袋をトイレに置いてあり，メモ，鉛筆を常備しています。友人は，新聞の切り抜き用の「一時保存用ミニラック」を置いています。
③ カレンダー：日付のチェックに必要です。
④ 明るい照明：書斎並みの明るさにして，本を読んだり字を書いたりできる快適空間になります。清潔なトイレに保つためにも大切です。筆記のための棚またはバインダーもあるとベストです。ただし次の人が困らないよう，あまり滞在時間が長過ぎないように気を付けます。

3．文書のアイデア

動物病院の形態に合わせたオーダーメードのカルテや診療明細書を利用して，一目で動物のことが分かるようにし，納得の計算書になるようにしています。印刷の増刷の度に，時代の変化に対応した項目でバージョンアップをしてきました。手書きですが，どんな小さい情報も速やかに記入でき，直感的に多くのデータを認識できるようにしています。電子化の進む中で，停電やシステムの不具合の心配もなく，

図 1-23　快適トイレ空間

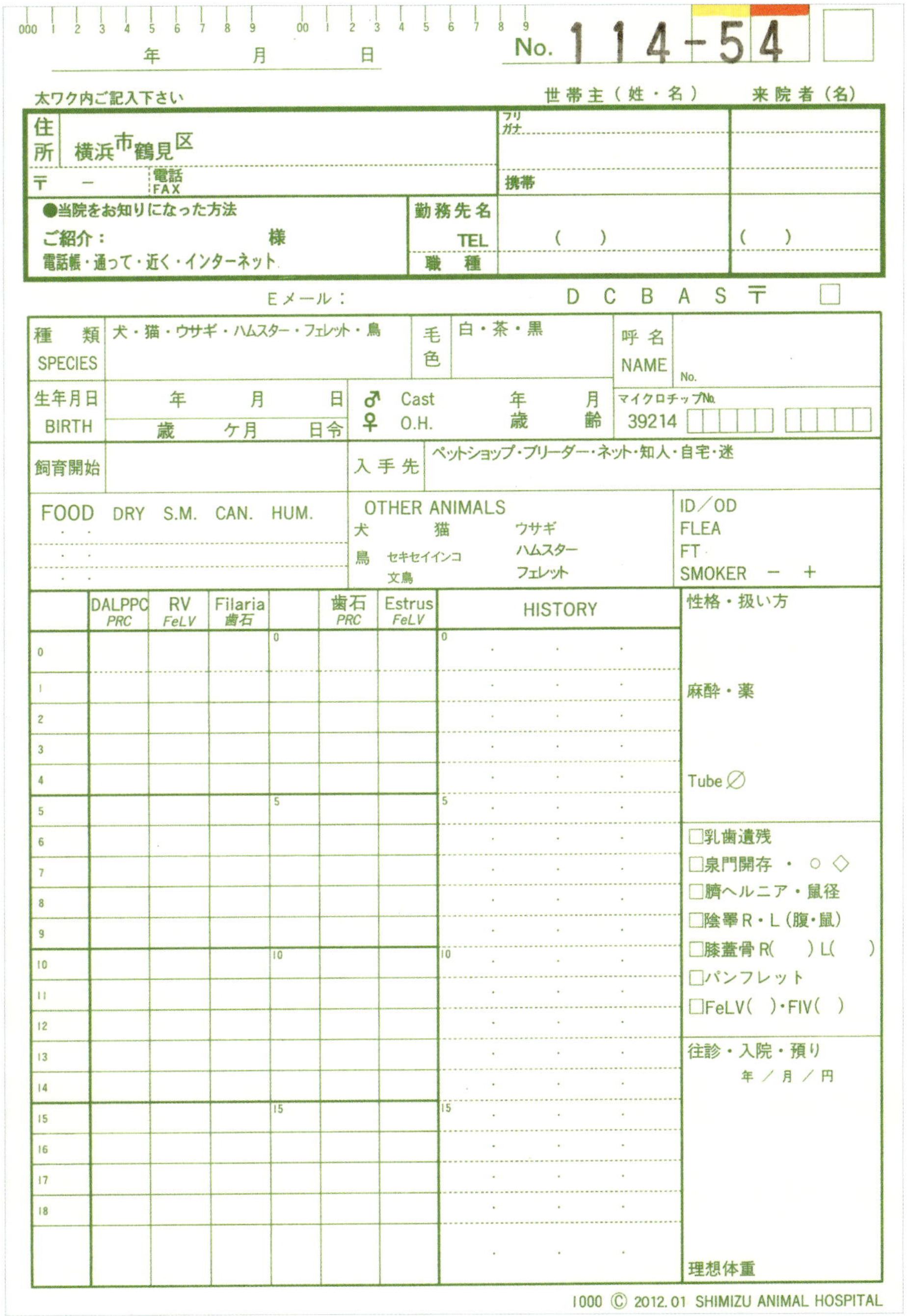
年　月　日　No. 114-54

太ワク内ご記入下さい　世帯主（姓・名）　来院者（名）

住所　横浜市鶴見区
〒　－　電話 FAX
フリガナ
携帯
●当院をお知りになった方法
ご紹介：　様
電話帳・通って・近く・インターネット
勤務先名　TEL　（　）　（　）
職種

Eメール：　D C B A S 〒

種類 SPECIES　犬・猫・ウサギ・ハムスター・フェレット・鳥　毛色　白・茶・黒　呼名 NAME　No.
生年月日 BIRTH　年　月　日　歳　ケ月　日令　♂ Cast　♀ O.H.　年　月　歳　齢　マイクロチップNo. 39214
飼育開始　入手先　ペットショップ・ブリーダー・ネット・知人・自宅・迷
FOOD　DRY　S.M.　CAN.　HUM.　OTHER ANIMALS　犬　猫　ウサギ　鳥　セキセイインコ　ハムスター　文鳥　フェレット　ID／OD　FLEA　FT　SMOKER　－　＋

DALPPC PRC　RV FeLV　Filaria 歯石　歯石 PRC　Estrus FeLV　HISTORY
0　1　2　3　4　5　6　7　8　9　10　11　12　13　14　15　16　17　18

性格・扱い方
麻酔・薬
Tube ∅
□乳歯遺残
□泉門開存　・　○　◇
□臍ヘルニア・鼠径
□陰睾R・L（腹・鼠）
□膝蓋骨R（　）L（　）
□パンフレット
□FeLV（　）・FIV（　）
往診・入院・預り　年／月／円
理想体重

1000 © 2012.01 SHIMIZU ANIMAL HOSPITAL

図 1-24　オリジナルカルテおもて面

誰でも扱えるので，手書きも手放せない私達です。

1）オリジナル手書きカルテ

(1) おもて面

カルテは診療していく上で，大切な記録簿であるとともに，診断のための情報源になります。なるべくコンパクトなものにし，ほとんど全てのことを集約しています。

予防の記録の一覧は，適切に行われているかが分かり，その表から現在何歳かもすぐ分かるようになっています。病気の発生に関係する喫煙者がいるかの項目や，理想体重

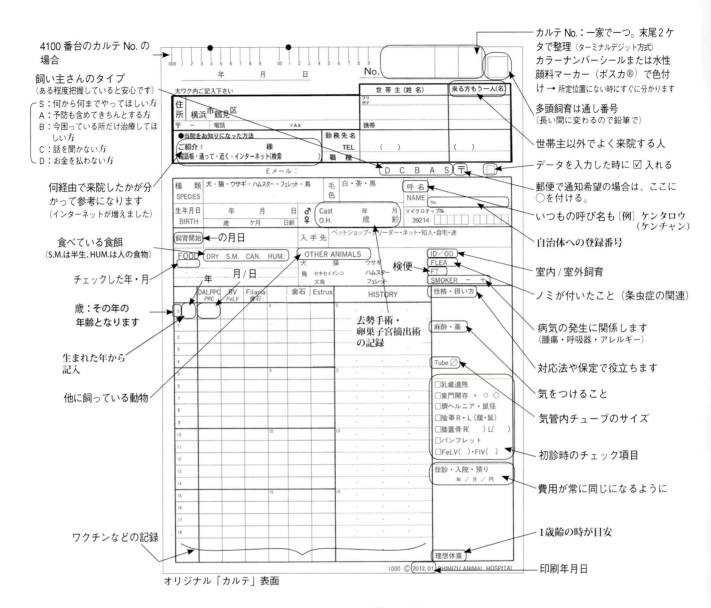

図 1-25　カルテ（表）の説明

の記入欄もあります（図 1-24，1-25）。

（2）うら面および補充用カルテの印刷面

うら面は，診察や治療の記録となります（図 1-26，1-27）。POMR（問題指向型医療記録）のスタイルで記入するようにします。補充用カルテも同じデザインですが，重複する Name と No. の部分は切り落としてあります。図 1-27 Ⓐの位置に事務用のりで貼り付けます（図 1-28）。

（3）活用法

動物の一生分を 1 つのカルテに集約・保存します。

§ カルテの用紙について

用紙：1 枚目カルテは腰のある富士フイルムの台紙「PHO225kg」。補充用カルテは厚みの少ない同メーカー「PHO90kg」。

色：用紙は目にやさしく温かみのある淡黄色，インクは緑色でボールペンの黒と区別できます。

§ データおよび資料の貼付けのポイント

・心電図，超音波検査，血液検査，生体モニターの記録などは，全てカルテに貼ります。文書等は縮小コピーで小

NAME　No.114-54

CM HT DT	DATE 年 月 日	SUB- & OBJECTIVE DATA T. P. R. APPETITE FECES BW(%) VIGOUR URINE	TREATMENT PLAN PRESCRIPTION	DIAGNOSIS 〈PROGNOSIS〉 NEXT

図 1-26　オリジナルカルテうら面

さくして貼ります。

・貼る場所は，1 枚カルテのⒷのエリア（図 1-27）に補充用カルテでは裏面に時系列で貼ります。

・貼る向きは，データの印字面を保護するように裏を向けて，資料の上が下になるように貼ります（図 1-28）。記録を確認する時に上下が正しくなります。補充用カルテの裏に貼る時も同じ向きになるようにします。

・資料の裏には，すぐ日付が分かるように記入しておきます。

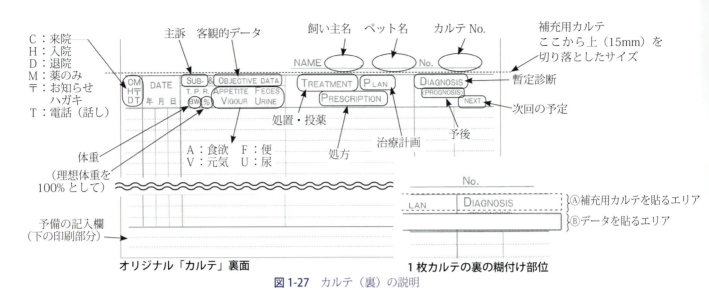

図 1-27 カルテ（裏）の説明

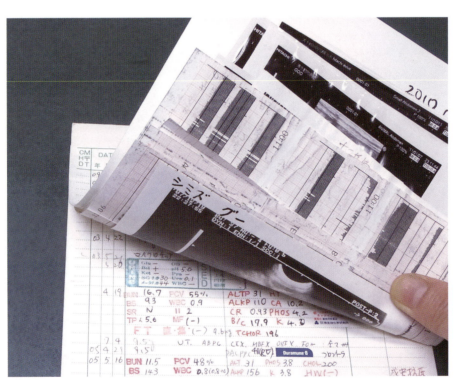

図 1-28 データ・資料の貼り付ける向き

§カルテの収納法：ターミナルデジット方式

下2ケタの数字で分類して収納します。00～99まで100に分かれます。00の区画では0100，0200，0300…となります。常に均等の数で分類されることになります。

2）オリジナル計算書

コンピューターの利用により，瞬時に計算が行えるようになりましたが，一般の動物病院管理ソフトでは，かかった費用項目のみプリントされます。それに対しオリジナル

計算書（図1-29，1-30）は，各項目の詳細が表記されていますので，動物病院で行われている，他の検査や治療のアピールやアドバイスの記入ができます。また各項目に順に記入していくことで，請求が抜けることを防ぎます。

(1) 特　徴
- 各費用は内税にし，端数が出ない料金設定にしています。
- フォントの色は，さわやかなスカイブルーです。
- 手術時などの見積りの作製にも使用し，費用のトラブルを防ぎます。
- コメント欄には，家族に伝えたいことや，次回の予約などを何でも記入します。
- 小計は消費税事業区分用に分けています。小計①はサービス業部分，小計②は小売業部分となります。レジスターはその区分で入力して集計できるように設定します。

図 1-29　オリジナル計算書（見積り）

第 1 章 動物病院運営のアイデア

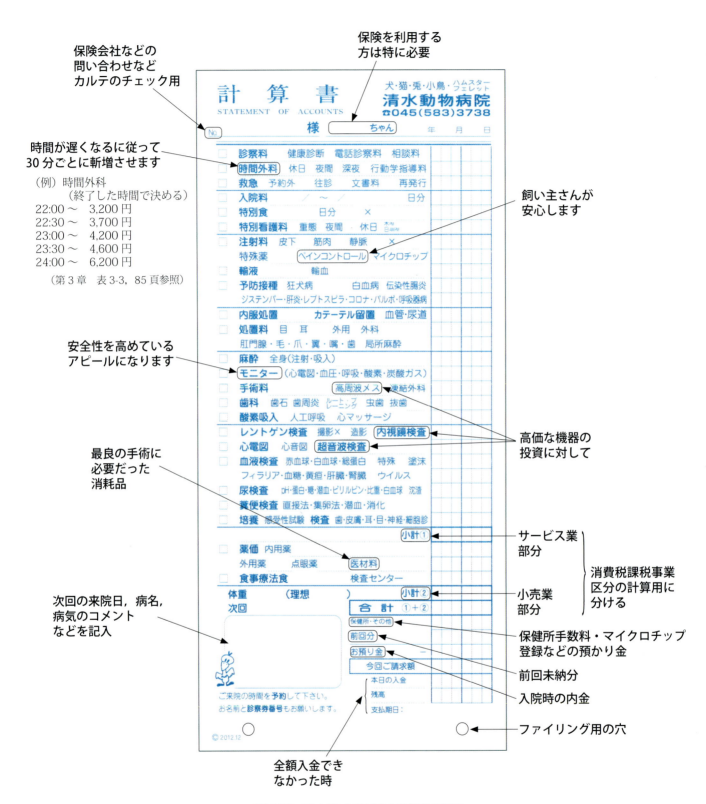

図 1-30 図 1-29 オリジナル計算書の説明

4．薬価の合理的な決め方

　動物病院における診療は，愛情と技術と知識を提供して報酬をいただく職業です。1回，または1日当たりの処方料を基本として，薬の仕入価には少なめの率を掛けたものをプラスし，薬の費用や注射料を決めるようにしますと，小さい動物から大型の動物まで同等の技術料をいただくことが可能です。

　「健全な経営には仕入価の3倍」という目安がありますが，単純に係数を掛けてしまうと小型犬では安すぎるし，大型犬では飼い主さんの負担が非常に大きくなってしまいます。

　例えば，プレドニゾロン錠などでは仕入価はたいへん小さいですが，使用法やさじ加減はとても重要で，大切な技術です。「1日当たり350円の処方料に，1錠につき20円を加える」（例）というような決め方です。

　糖尿病の長期管理では，注入器専用の注射針またはインスリン用シリンジの費用に，1日当たりの指導管理料をプラスして費用をいただいています。

5．数字を超えた病院経営

　商い＝あきないの中で，飽きない自分，いつも新しい自分になって，マンネリ化しないで継続していこうと心がけています。

　ベースになるのは何といっても4つの健康。「心」，「体」，「頭」，「お金」の健康です。心が病んだり，体が病気になったり，頭を変な方向に利用したりの他，お金も健康的な使い方をしないと全て腐敗してきます。

　自分だけでなく，家族，スタッフ，クライアント，飼い主さんの4者の健康から，動物病院の健全な運営が成り立ちます。

　数字にこだわり数字で評価することも重要ですが，数字だけに頼らない方がうまくいくこともあるように思います。すぐに数字に出なくても，こつこつ続けているうちにいつの間にか基盤だけは崩れずに固まっていくこともあります。

　好きなことを続けて世界に1つの自分のブランドを創ります。毎日がプレゼンテーションと思って，ていねいに付加価値を伸ばし，老舗の良さを大切に育てていきましょう。「肩書きよりも個人名」で生き残れると数字を超えた楽しみになります。

　数字を超えるための対策は次の7つです。
　①コミュニケーション主義
　②リピーター対策
　③コンプライアンス向上策
　④トラブル防止策
　⑤小さな積み重ねの経営学
　⑥9つのK
　⑦ネットで買う人の対応
順に記していきます。

1）コミュニケーション主義

（1）動物と

　十匹十色で対応しましょう。飼い主さんがそばにいる方が安心する動物，離れている方が扱いやすい動物，白衣が苦手で普段着だと落ち着く動物，その動物に合わせたスタイルで対応するようにし，カルテに必ず記入しておきます。

（2）飼い主さんと

　年齢，職業，家族，ライフスタイルによって，考え方やポリシーもさまざまです。説明の方法も違ってきます。そのときの精神環境で同じ人でも受け止め方が異なる場合もあります。その都度，適切な対応ができるように心がけます。その積み重ねで少しずつ信頼感が生まれます。

（3）同業者と

　同じライセンスをもつ仲間として大切にすることで，自分の職種の社会的なレベルも向上します。共に協調し磨き合えると，紹介し合ったり，得意分野で助け合うこともできます。動物大好き同士が力を合わせ，世の中を元気にできるとよいですね。

（4）業者さんと

　MRさん，ペットショップさん，トリマーさんなど，動物に携わる仕事の方々も，情報交換ができたり，生活を快適にしてくれたりする大切な仲間です。協力して双方向性に伸びていけると，ペット業界は単なるブームで終わらないで，揺るがない生活

産業の1つになれると思います。

（5）スタッフと

スタッフは，どんな高価な機械・器具より宝物です。感謝の心で育てることで，家族以上の運命共同体になり，一緒に夢を叶えてくれます。ありがとうの気持ちがあっても，上手に表現しないと伝わっていないこともあります。心を込めて「ありがとう」を発信します。忙しいと対応がおろそかになったり，言葉が足りなくなったりします。自分がスタッフだったら？ と立場を換えて考えましょう。

（6）先輩・先生と

先に生まれた人は全て人生の先輩です。尊敬の念で接することでうまくいきます。仕事から離れている人も教わることはたくさんあります。「我以外皆師」の気持ちをいつも心にもち続けましょう。

（7）異業種と

自分の仕事と関係ないグループの人たちとのコミュニケーションも必要です。自分の分野を広く伝えることができるからです。また，つい動物好きの人ばかりに囲まれていると気づかないことも教えてくれます。動物に関するマナーやしつけの苦情など，動物が苦手な人の意見を拾うことで，仕事に幅，深さ，そして濃さが出てきます。

コミュニケーションの達人になると，数字以上の生きがいや楽しさがさらに広がり，みんなの期待に添えるよう仕事や勉強にも精が出ます。

2）リピーター対策

（1）口コミで

いろいろな宣伝方法がありますが，口コミで来る方は，病院に一度来た方と似たようなポリシーや価値観をもっているので，ブレが少なくて安心して仕事ができます。紹介してくださった方には必ずお礼をハガキで出します（図1-31）。

（2）ブログコミで

開業当初の38年前には考えられなかったことですが，2002年頃から急速に広まったブログ。作ってみるとブログの中で紹介されていらっしゃる方も増えました。インターネットを通じて，病院のホームページやブログをチェックされる方は，病院の内容も理解して来られるため来院されたときに助かります。ブログはホームページを作るよ

図1-31　紹介してくださった方へのお礼のハガキ

り簡単なので双方向性があり，また別の層のファンができます。

（3）フェイスブックで

2013年1月より，フェイスブック（FB）を始めました。友だちの獣医さんや異業種交流会の友だちに，1年くらい口説かれて!? よく調べてからと思ったのですが，習うより慣れろ！でまずやってみました。

自己紹介，好きな言葉，出身校，住んでいたところなどを入れましたが，他の細かい情報はまだ入れていません。おいおい少しずつ充実させていく予定です。本名にはしましたが，顔写真の代わりにイラストにしました。自信がないのと，必要もないと思ったので。

始めてみると次々お友だちがつながってきて，数か月で100人を優に超え，この本が出る頃はどのくらいか想像できません。有名人ともお友だちになれるのと，アポを取りたいときちょっと相手のFBをのぞいてスケジュールを

確認したりができます。あと，この人はどんな人かな？と思ったときもFBの友だちリストをみると，この人がどんな人と友だちなのかが分かります。患者さんでFBをやっている人とも次々つながっていきます。

また，調べたいことがあったとき，例えばウインドウズ7と8とどっちが使いやすいか？とFBで皆に聞くとさっと答えが集まります。義母が使う予定の抗がん剤の副作用など，実際に使ったことのある人の声が聞けたりもしました。

自分のセミナーの集客や友だちの講演会の告知なども伝えることができます。クエスチョン機能でアンケートや質問の回答をもらうこともできるようなので，少しずつ勉強していこうと思っています。

ポイントは，毎日コツコツかなあと思うので，毎日更新しているブログとリンクさせました。FBとブログ2つを同じように行うのは無理だからです。

FBもブログもそうですが，写真や動画を入れると楽しいので，これが今年の目標，今後の課題です。

フェイスブック関係のおすすめの本は，『Face book 基本ワザ＆便利ワザ』東 弘子著（マイナビ㈱）です。

（4）感動で

病院に来院されたとき，「満足」までで終わらないで「感動」にまでもっていけると，その方はオピニオンリーダーになって，動物の大好きな友達を紹介してくださります。宣伝費のかからない強力な広告塔として威力を発揮し，仕事をさらに活気づけてくれます。

（5）ホームページで

現在多くの病院で作っているホームページ。一味違ったオリジナリティいっぱいの形にすると，来院時に説明しきれない情報や病院の夢も載せることができ，共感した人が来てくれます。

（6）ミニコミ誌で（ニュースレター）

定期的に病院の新聞，ミニコミ誌を発行し，病院の外に吊るして自由に取れるようにします（図1-32）。自分の病院に来ない人にも，ペットのしつけ，病気，新製品などの情報を提供できます。世の中全体の動物環境のレベルアップに多少貢献できます。ミニコミ誌を手に取った方が1人でも来てくれたら一石二鳥です。

（7）ハガキ・手紙で

お知らせ，検査結果，お悔やみ，里親探しなどを，ハガ

図1-32　病院発行のミニコミ誌

キや手紙に手書きの文字で一言。さり気ない言葉や心（ex. 暑さで体調を崩す動物が増えています。ex. その後，皮膚の方は落ち着きましたか？　など）を添えて出します。1年後にハガキを持って来院したり，その方は来院しなくても，近所の方が「ここに行ったら？」とハガキをもらってきたりします。すぐに結果が出なくても，あきらめずに一度病院の扉を開いた方には，1～2回は健康管理の情報を動物たちのために発信してみましょう。

（8）フードで

医食同源，食べることは毎日必ずついて回り大切です。フードや栄養学を勉強することで，学術的にその動物に適したフードを自信をもって説明できます。タイミングよくお勧めすることで，定期的なリピーターになります。各メーカーさんが病院に来て，ミニセミナーを行ってくれます。お互いの情報交換を兼ねて，定期的に勉強しましょう。

図 1-33 オリジナルのパンフレット（長生きの 10 のポイント）

（9）「ザイアンスの法則」で

人は会えば会うほど心が開いて仲良くできます，というアメリカの心理学者の考え方を活かします。「様子をみて」と言わずに「次は〇〇頃」と次回の約束を決めて，まめに来ていただくようにします。本音を聞き出すこともできるし，何より動物たちがなついてくれ，仕事がさらにハッピーにできます。

（10）オリジナリティで

好きなことを少し掘り下げて挑戦すると，その人らしい診療ができます。病院がたくさんできても，各々の持ち味を活かすことでニーズに合った方がリピーターになります。うちの病院は，エキゾチックアニマルや緩和ケアにも力を入れて取り組んでいます。

（11）家族化で

親身になって診療することで，家族のような大切な存在になります。38 年の間には，動物たちのために先生が病気にならないようにと週 2，3 回夕食を届けてくださる方がいたり，3 人年子の保育やお風呂役をしてくださったり，急患で不在のパパ代わりに，運動会の綱引きに出てくれた人もいました。子育てと仕事を両立してこられたのは，飼い主さんたちが助けてくれたおかげです。家族化した方は，そばにいてくださるので，携帯電話の教えっこをしてお互いにわがままが言える間柄のリピーターになります。

3）コンプライアンス向上策

（1）ていねいにゆっくり話す

専門用語（業界用語）は，自分たちは分かりきって使い

図 1-34　病気のわかりやすいオリジナルプリント

慣れているため，さらっと日常スピードで流しがちです。飼い主さんにしてみると，頭に入りにくい初めて聞く言葉のオンパレードで，BGM になってしまいます。それでなくても緊張して理解しにくくなっていることが多いので，できるだけゆっくりソフトに対応すると伝わりやすくなります。

(2) 言葉を変えて話す

次に，同じことを別の言い回しで話します。同じ言葉で何回も話すより，新しい気持ちで耳に入るので効果的です。はじめ理解できなかったことがあった場合も，分かってもらえます。たとえば「外耳炎があるので」「耳が炎症をおこしているので」と，ひとこと添えます。

(3) 1 人だけでなく家族にも話す

少し手間と時間がかかりますが，動物の命に関わる仕事のひとつなので，家族全員に理解してもらえると後がスムーズです。家族の一員なんだという意識にもつながります。

(4) メモを渡す

話したときにうなずいていても理解しているとは限りません。メモに書いて渡すことで家族全員に伝わります。また，話したことの証拠にもなります。

(5) 手紙を出す

検査結果などは，手元に確実に届くように手紙で出します。今度来院したときと思ってカルテにつけておいたつもりが取れたり埋もれたり…といった不確実さがなくなります。

(6) 約束を交わす

コンプライアンス（法令順守）は一言でいうと約束事です。守ろうと思う気持ちにならないと向上しません。褒めたりごほうびをあげたりして，約束を交わしましょう。

(7) 自己中心でなく相手の心に近づく

「ちゃんと○○してくれれば！」とつい自分の都合で考えがちです。コンプライアンスがよくなかったときは，それなりの理由があることもあります。うまくできなかった理由を聞いてあげて相手の心に近づくと，別の提案が浮かんできます。動物たちのために一肌脱ぐ努力をしましょう。

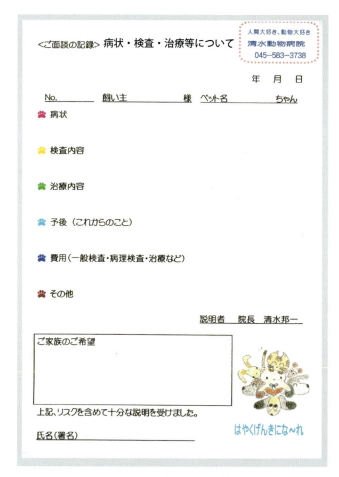

図 1-35 飼い主さんへの説明書

4) トラブル防止策

(1) 見積りは幅と理由をつけて

普段の治療も手術もなるべく見積りを伝えます。その際，あらゆる場合を想定して幅と内容を説明します。例えば「手術は 10 〜 15 万円です。とりやすい腫瘍で麻酔の時間が少ない場合と，大きな血管や神経を巻き込んでいたり癒着があって取るのに時間がかかった場合とで違ってきます」と具体的な例をあげてお伝えしておきます。見積書の計算に手間がかかるようでも，後で計算書を作るときに役立ちます。

(2) データを添えて説明

ただ話すだけでなく，メモやデータを添えてゆっくり，飼い主さんの理解度を確認しながら説明します。例えば，去勢後のスプレー行為に対する改善率だったら，専門書の

問題行動のページをお見せします。

(3) 認めてスタート

相手の苦労や不満を十分にお聞きし，同じ気持ちを分かってあげて初めてスタート地点です。その後にこちら側の説明を行います。

「それは大変ですね」「このたびはたいへん申し訳なかったです」認めてもらうことで相手の方は初めて聞く耳をもったり，心を開いたりします。

(4) 復唱と複数で再確認

フード，薬などは，電話の場合も再来院時も復唱して確認します。また用意したときも2人以上の複数でチェックします。さらに，来院時に飼い主さんと一緒に見せながら手渡します。

(5) 選択肢を増やす

飼い主さんを追い詰めないようにいくつかの選択肢を作ります。プライドを傷つけないような形（例えば「自然に任せる」や「そういう方もいらっしゃいますよ」など）を入れて，あらゆるパターンを考えて提示しましょう。

(6) 再発防止に努める

こちら側に大きなミスがなくても，不快な思いをさせたり余計な手間や時間をかけたことになるので，どんな小さなトラブルも再発防止に努めます。そして，そのことをお伝えします。

(7) トラブルレターの書き方

相手にもよりますし，各々の考え方があるので決まりはありませんが，マニュアル通りの事務的なものは心が伝わりません。言い訳や自分の主張を書き並べたものはかえって相手の心情を逆なでし，溝を深くします。心を穏やかに開いていただける文面にして，解決の糸口につながるようにします。

清水動物病院 御中

診療支払の残金につきまして，下記の条件で___回に分けて，1か月に1回お支払いいたします。

事務手数料として，月1回の処理につき
100円 ＋ 1日につき 残金× 0.0002 円 が発生します。

支払予定日が過ぎた場合は，2倍の手数料を支払いいたします。

（署名）住所：

氏名：　　　　　　　　　　電話：

勤務先名：　　　　　　　　電話：

支払いの記録

	年	月	日	日数	前回分a	今回手数料b	本日分c	今回請求額 a＋b＋c＝d	本日支払額e	残金 d－e
1	2012	6	4	27	25,000	235	0	25,235	2300	22,935
2	2012	7	3	29	22,935	233	0	23,168	2300	20,868
3	2012	8	2	30	20,868	225	0	21,093	2300	18,793
4	2012	9	4	33	18,793	224	0	19,017	2300	16,717
5	2012	10	4	30	16,717	200	0	16,918	2300	14,618
6	2012	11	2	29	14,618	185	0	14,802	2300	12,502
7	2012	12	7	34	12,502	185	0	12,687	2300	10,387
8	2013	1	8	32	10,387	166	0	10,554	2300	8,254
9	2013	2	5	28	8,254	146	0	8,400	2300	6,100
10	2013	3	14	37	6,100	145	0	6,245	2300	3,945
11	2013	4	10	36	3,945	128	0	4,074	2300	1,774
12	2013	5	10	30	1,774	111	0	1,884	1884	0

図1-36　分割支払い確認書の例

A. まず，おわびをていねいに述べます。
B. 次に，自分の生い立ち，小さい頃から動物が好きでこの道を選んだことを伝えます。
C. そして本論，トラブルになった原因を解明します。
D. さらに再発防止策を述べ，スタッフ全員出席の会議で取り上げ，個人の問題でなく病院全体の課題として真摯に受け止めていることを伝えます。
E. 終わりの言葉は，みんなで考えるきっかけになったことを伝え，お詫びと感謝の気持ちを添えて締めます。もちろん相手の健康，時節柄は必須・常識フレーズです。

5）小さな積み重ねの経営学

（1）未収金対策

A. 予防，治療，手術，入院など全て，かかる費用をあらかじめお話しておきます。
B. 3日分の薬が必要でも持ち合わせがないときは1日分にし，翌日追加の薬を取りに来ていただきます。
C. 飼い主さんのできる範囲の選択肢をいくつか提案し，プライドを傷つけずにかつ無理のない形をみんなで考えます。
D. 足りなかった残金は当日持ってきていただきます。「次回に」というのは曖昧で，お互いに忘れてしまい，ありがたみも薄れます。
E. いつもニコニコ現金払いを原則にしますが，止むを得ない事情で分割の場合は，2回か3回の少ない回数にします。無理なときは勤務先を含めた分割払いの書類を書いていただきます。分割払いでは，毎回，利息を含めた事務手数料を入れて，入金を確実にしていただきます。郵便振替えの口座を持っていると，飼い主さんの送金の負担が少なくなります。入金のたび電話を入れていただきます（図1-36）。分割が使えることは特別であることを説明し内緒にしてもらいます。
F. 代金を未納にする人は，他の病院，ペットホテル，美容院などでも同じことをしていることが多いので，地域で情報交換をして予防対策が必要なこともあります。
G. 入院の場合は，内金の後，

図1-37　請求書の例

1週間毎に入金していただくとお互いに安心です。
H. 未納の集金の際には，動物たちのために設備や運営費がかかることをご説明し，あなたの残金が動物たちの必要経費であることをお話しします。
I. 郵便振替の用紙を入れ，お手紙で請求書（図1-37）を出します。どうしても回収できなかった場合は，未収金対策の授業料，ボランティアに参加した，と頭を切り替えて過ごし，心の片隅にしまいます。日帰り主体の治療，見積りの提示，インフォームドコンセントに心掛けて，この10年間未収金0でした。

（2）身の丈経営

我が家は自己資金ゼロ，育英資金の返済，公庫からの融資の返済…と，マイナスからのスタート。家も病院も1から，毎年少しずつ器材を揃えてきました。今年は心電計，来年は超音波診断装置，次は内視鏡…と，目標を1つ1つ作るのも楽しいものです。30年経って家も病院もやっとローンが終わり，3人の子どもたちも大きくなりました。

開業当初からの中小企業退職金事業団の積み立て，獣医師会の企業年金，社会保険・民間介護保険の加入などで，少しは気持ちにゆとりができます。

（3）ポリシーを軸

病院のポリシー，社風みたいなものがあるとどんな時代が来ても揺れない経営ができます。病院の仕事の他，地域や社会にも何かできるとよいですね。

（4）心と技術を磨く

自分に投資し，異業種交流会や専門分野のセミナーなどに参加しましょう。ジェネラリストとスペシャリスト（得意分野）の両方を磨く努力をすることで，他の分野の人たちとのコミュニケーションができ，経営学も教えてもらえます。

（5）自分でマネージメント

全て人任せにしないで，少し経理の一部をかじっていると分析ができます。今年は研究費がいつもの年よりも多かったのはコレだなとか，福利厚生費が少なかったかなとか。心当たりが分かっていると，売上げや経費の数字だけに左右されずにブレない心でいられます。全くタッチしていないと，小さなことで心配になったり，周りに振り回されたりして不安が膨らんでいきます。ちょっとでも数字やパーセントが見えていると，提案や工夫を自ら考えることにつながります。

（6）心とお金のゆとり貯蓄

自分に投資してパーソナルキャピタル（自分資産）を作って，心とお金のゆとりを貯蓄します。返せるときにはお金を，人へは恩返しをしておくと落ち着いた気持ちで仕事ができます。

（7）どまん中に愛

獣医療は愛情業！動物力は宝物で，人間力をさらにアップさせてくれます。ど真ん中に数字ではなく愛を置いた経営は，自分も周りも暖かくなります。

6）9つのK

（1）顧客満足

自分が満足するのではなく，まず飼い主さんが満足して感動してもらえる仕事を，目指します。

（2）継続は力

小学校の頃から言われ続けている言葉ですが，これを人生後半になるとつくづく感じます。何でもそうですが，始めるにもそれなりのエネルギーが必要ですが，続けるのはそれ以上に大変です。我が家は工夫，発明，書くこと，描くこと，伝えること…小学校のときから続けていたら…本，ラジオ，新聞，講演，ブログで実になりました。まだまだ続けていけたら大きな喜びです。

（3）向上心

現状に満足すると成長はストップします。絶えず目標をもっている人は伸びていきます。いくつになってももち続けたい心です。

（4）好奇心

いつもワクワクドキドキ，いろいろなことに感動できて挑戦する気持ちがある人は，万年青年。いつでも青春で好奇心があると，人生10倍！どのステージでも楽しめます。

（5）向学心

学習する気持ち，一度やってきたことも学び直し。学ぶことがこの世の中で一番ぜいたくなように思います。大切にしたい時間です。

（6）研究心

本に書いてあったことでも，自分で試して研究することは大切です。小さなことでもたゆまなく研究し続けていると役立つデータになっていきます。

（7）貢献力

自分のためだけでなく，相手や地域や世の中にお返しできることも考えてみると，やりがいになります。そのために自分の力を磨くことにもなります。「与え好き」（第7章300頁参照）になってみんなに尽くしましょう。

（8）行動力

本をたくさん読んで知識を十二分につけても，行動を伴わないと説得力や実力につながりません。フットワークをよくしてまず1歩，自分の足や手を動かしてアクティブな人になりましょう。

（9）健　康

何はともあれ健康第一。バランスのとれた食事と生活で長生きできる心がけをお勧めしましょう。

以上9つのKは，自分たちは元より子どもたちやスタッフにも持っていて欲しいものです。これに「感謝の心」をふりかけて10のKです。時には「苦労」や「恋」もし

て「気力」で生きるキラキラ人生。かつての3K（危険・汚い・きつい）の職場にもめげず，希望あふれるKを次々考えていきましょう。

7) ネットで買う人の対応

長年出入りしている問屋さんやメーカーさんから，ときどきいろいろな相談を受けます。「この商品，どうアピールしたら売れますか？」「先生は，どんなときにどんなふうに使っていますか？」ゴムの歯ブラシだったり，新商品のフードだったり，消臭剤だったり。

こちらも勉強になるので，詳しい資料や説明書やポスターを持ってきていただいて，一緒にあれこれ考えます。会わずにパソコンのメールでやりとりしても，ポイントが簡単に伝わって便利なようですが，会って話しているとそこから新しい案が浮かんだり，頭が働いて脳が活性化してきます。

先日の相談はこんな内容でした。フードの注文が減った先生から「フードを頼みたいんだけど，ネットで買う患者さんが多くて困っているんだよ。『そんなことしていたらもう診ないよ』って言ってみようかなあ。他の先生はそういう人にどうしているんだろう。聞いてみてよ」と言われたそうです。

そこで私たちの病院での考え方をお伝えしました。

①「先生に勧められたフード，ネットで買いました！」と言う人は正直な飼い主さんだと思うので，まず認めてあげます。「買いに来る時間もいらないし，なかには安かったりもするから便利ですよね！」

② 次に，「こんな話も聞くので念のため注意してくださいね」と以下の事例を伝えます。

・業者さんによっては，管理経費を減らして，フードや商品の保管場所の倉庫が日に当たって温度が上がっていたり，湿気があったりして品質が落ちたり，酸化が早くなっていたりする心配がある。

・病院から買う物に比べて賞味期限がやけに短かったり，袋がヨレヨレしていたり，その商品になってから食べっぷりが悪くなったり，便がゆるくなっ

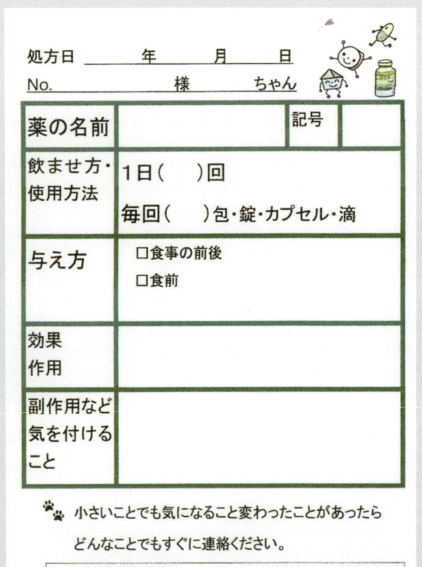

図 1-38　飼い主さんに渡す薬の説明書

たりした例がある。
・与え始めたときに比べると，動物の症状や年齢や状態が変わってきていたのに，同じ物を与え続けていた。いつの間にか適正な食餌が変化していた（肥満症が心臓病や腎臓病も併発してきていたなど）。

「そんなわけなので，ネットで購入してもいいけれど，使っていてちょっとでも気になることがあったら，すぐ相談してくださいね」とか「ときどき検診や検査をしておくと安心ですよ」と他の形でつなぎます。

③「ネットで買った人はもう診ないよ」なんて飼い主さんをおどしても，動物病院は昔と違ってあふれるほどたくさんあります。"性格の悪い嫌な先生"というレッテルを貼られてさっさと他に転院されるのが関の山です。それより恋人のキープと同じで，自分を磨いて魅力的な先生になったり，付加価値のある病院にしていくことです。会うと元気が出る，病院に行くと楽しい，先生と仲良くなるとお得！という雰囲気作りを心がけます。

例えば，次のようなアイデアはどうでしょう。
・毎月または隔月で動物病院のニュースレターを出して，新商品，新情報，介護のアイデアなどを入れる。
・動物病院での購入を勧めるポスターを掲示する（図5-22，207頁参照）。フードの収益が，病院設備の充実と医療の向上につながることも伝えています。
・サンプルフード・サンプル商品を小分けにし，使い方や使い勝手を添えて心をくすぐる。
・病院にいる犬や猫の特技を見せたり，家で飼っているペットのプチ自慢をしたり，病院の犬・猫の名刺を作って見せたり（図1-39），飼い主さんと同じ視点に立って無駄なようで心豊かな時間にする。

④ 売上げや来院数の減少を世の中や時代，動物病院の増加や景気のせいにしないで，自らの来院頭数だけでなく，世の中の飼育頭数を増やす工夫やアイデアを考え対策を立て，こまめに働きかける。
・「多頭飼育は楽しいよ」ポスター・チラシを飼い主さんだけでなく，自分のサークル仲間や小・中・高校の同窓会など，あちこちで配布する（図1-41）。
・長寿も飼育頭数を増加させるので，「長生きの10のポイント」を飼い主さんだけでなく世の中に普及・啓発する。
・恋人と同じで，まめに連絡をするリピートハガキは，誰にでもできる小さなラッキーチャンス。

⑤「物が売れないときは事を売る」の気持ちで，この時代を楽しみ乗り越えます。嬉しいこと，楽しいこと，お得なこと，役立つことを提案すれば，たとえお金がなくても心は豊かになります。

⑥ 深呼吸をして利幅を考えます。よくよく考えると，フードや商品の利益率は少ないので，ネット購入に目くじらを立てず，技術を磨いて技術料で勝負に出ます。

検索して「与え好き」（原 克之さん）の小冊子をダウンロード（無料）して読んでみると，いつでもどこでも相手に全霊を尽くすことで人生が楽しくなります。相手の立場に立つと，多少のことは許せます。そして許すことから新しい一歩が始まるように思います。

⑦ ネットより飼い主さんが安心な理由

病院にフードを買いに来ると，そのフードがメーカーさん事情や世界状況（例えば湾岸戦争，テロ，火山の噴火など）で品薄や欠品になりそうなとき，早めに伝えることができます。

また，その場合の対策（同社の別サイズの物や他社の類似品の紹介やストックの買いだめなど）を親身になって相談にのることができます。

食餌の切り替えが必要になったり，食べなくなってしまったとき，不幸にして亡くなったりしたときなどは，袋が空いていない物や期限が著しく異なっていない物だと返品できることもあります。

フードを買いに行くたびに先生やスタッフと会話ができるので，コミュニケーションが増し，病気の薬や治療法など，絶えず変化する獣医療の新しい情報をお届けすることができます。

まめに連絡を頂くことで，お互いの気持ちや状態を細かく伝えることができるので安心です。特に高齢で介護をしているときなどは，グチも聞いて差し上げることで心が楽になるかもしれません。動物のためにみんなで話し合うことで介護のアイデアや解決策が生まれることもあります。ネットに比べて一味違う，人と人との絆の温かさを，さり気なく感じてもらいましょう。

図 1-39　犬・猫の名刺（企画制作 / 株式会社　北北西）

さり気なく
　与え好きに
　　なれたらいいな

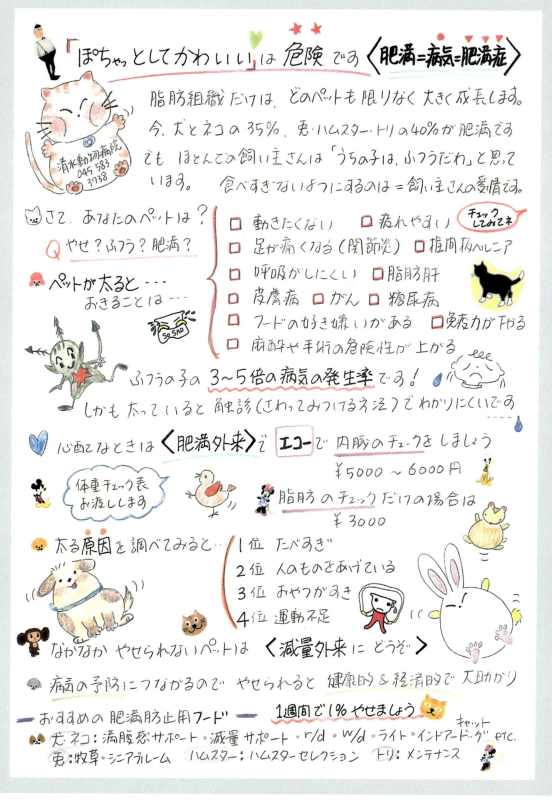

図 1-40　肥満に注意

図1-41　多頭飼育のお勧めプリント

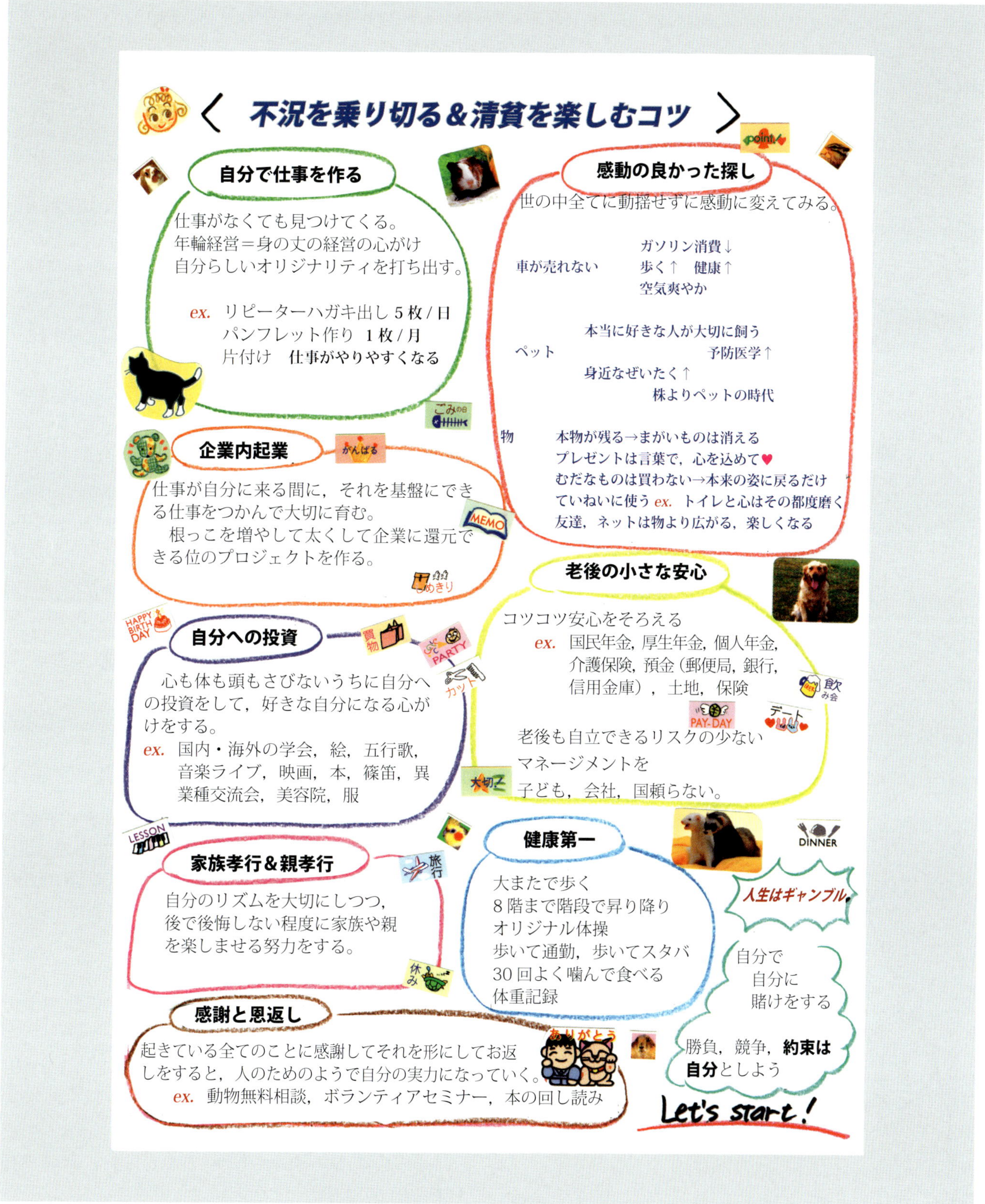

図 1-42　不況を乗り切る＆清貧を楽しむコツ

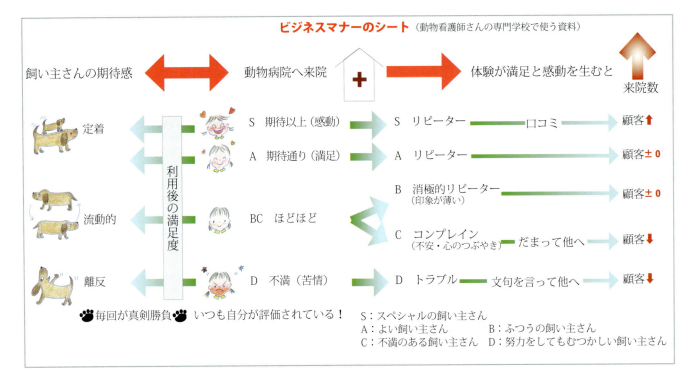

図1-43 来院数を増やすには

6. ハートビジネス

どんな時代が来ても元気に過ごせるハートビジネスをお伝えします。

経費がかかるコンサルタントに頼らずにセルフコミュニケーション。考え方の幅，深さ，柔軟性，アイデアで勝負。最低限の経理は自分でやると，赤字でも黒字でも理由がわかっていれば不安にならず安心経営ができます。お金が仕事を回すのではなく，ハートで勝負，心が回すのです。

1) 付箋（ペタメモ）大作戦

Q. メーカーさんからよくいただく付箋の活用法を教えてください。

A. 付箋（ペタメモ）はとっても便利です。さっとはがせるので紙が汚れません。その割にはしっかりついているので簡単には落ちません。

うちの病院では「たかが付箋，されど付箋」でこんな使い方をしています。

ちょっとハンコを押したり，カラーの線を引くだけでミ

スポットライトは
　相手に
　　当てよう

ニレターにもなります。

① 次回の予定を書いて「カレンダーに貼っておいてね！」
ex.

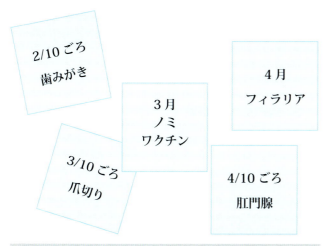

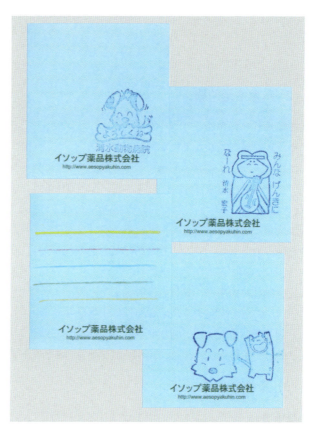

図1-44　ペタメモ

② これから順番にやったほうがよいこと「お休みもらえて処置ができそうな日わかったら電話してね！」
ex.

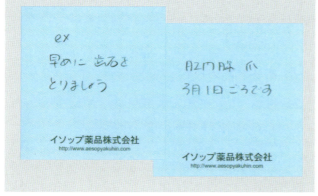

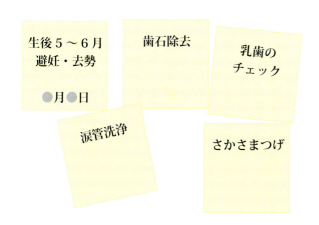

③ 今ある病気をペタメモに書いて家の人に伝えます。
④ 作っておいてほしい薬品名と数を書いて、スタッフの机に。
⑤ 自宅・携帯の電話番号を書いて、深刻な状態の患者さんに「お財布に貼っといて」と渡すと、特別のVIP扱いのように思って喜ばれます。
⑥ 手帳に挟んでおくと急にメモ用紙が欲しい時や、その日のページがいっぱいになった時に大助かり。
⑦ お休みのスタッフにお菓子など「犬のSさんより差し入れ」とくっつけておくと次回にスタッフからお礼を言うことができます。
⑧ 仕事の優先順位を貼っておく。
　気がついた人にやってもらえます。

⑨ 専門書にペタメモでしおりにし飼い主さんの説明に。
⑩ 急いで解決しなければならないメモは，レジなど誰でも目につく定位置に。

2）ハガキ活用術

お知らせハガキ⇨　リコール率UPにつながります。特に来院数が減る秋から冬にかけて，ワクチン，乳歯・歯石，マイクロチップ，避妊・去勢などやり残している方をピックアップして出します。これを続けていると，10年・20年・30年経つと秋から冬もなだらかな曲線になります。1年中平均化します。

お悔みカード⇨　すぐ出してあげると心が穏やかになり2匹目の動物につながります。

紹介お礼ハガキ⇨　類は友を呼ぶので，同じようなポリシーの方が来院するため安心して仕事ができます。

お誕生日，命日 etc. ハガキ⇨　家族のように親しみを感じ信頼関係が生まれ，お得意様（ファン）になります。

3）身の丈経営

駐車場⇨　駐車場がなければドライブスルー対応にします。薬やフードだけの方や，血糖値のチェックなど，採血のみというような場合はあらかじめ用意しておいてドライブスルーのようにすぐ済ませられるようにします。カルテには「Dマーク」を記入しておきます。

来院数⇨　少ない日はいつもよりさらにじっくり診療できます。ていねいに1匹の一生を継続して診られることは，嬉しい限りです。来院数だけでなく，毎日，収入÷来院数を出すと1人当たりの平均がわかります。毎月，毎年，それが下がっていないようにすることも大切です。

小さい病院⇨　その分小回りがききます。小さな企画変更や挑戦がすぐにできます。

宣伝方法⇨　経費のかからない，口コミ，HP，ブログ，フェイスブックを通じてコミュニティに発展します。じわじわ根付いていきます。

4）新製品のお試しパック

プレゼント感覚，または購入しやすい価格の極小包装のお試しパックを作っておきます。例えば，フード（犬，猫，鳥，ハムスター用），各種牧草（ウサギ，モルモット用），シャンプー，外用薬，薬，消毒薬，消臭剤。納得して製品を購入されることになるので，はじめは手がかかっても，後からは安定したリピーターになります。

5）院内展示の工夫

こだわりの推薦品，お気に入りの製品は，院内で手に取ったり試せるようにします。また実際の使い方を説明して実演すると納得してお持ち帰りになります。

例：ノミ・ダニの薬，軟らかシリコーンの被毛ブラシ，歯ブラシ・歯みがきなどのデンタル製品，薬用シャンプー，消臭剤，消毒液など。

6）オリジナリティ

予約制⇨　一人ひとりとゆったり向き合う空間や相談・質問の時間を作れます。

日帰り手術⇨　家族と過ごす時間を増やすことにつながります。毎日通院で飼い主さんとの会話が増えます。

携帯電話⇨　緊急であれば，いつでもどこでも小さなことでも相談を受けます。

ミニ院内セミナー⇨　ささいな質問もていねいに教えてもらえ，疑問の解決，勉強，活用につながります。

出張セミナー⇨　ウサギ専門店（らびっとわあるど）さんでのウサギ塾やうさフェスなどの催しで，正しい飼い方，主な病気などをお伝えすると長寿につながります。

各種パンフレット⇨　来院できない飼い主さんとのコミュニケーションツールにもなります。

例：麻酔の方法，心臓病，肛門腺，マイクロチップ，歯石をとろう，寄生虫，食餌の切り替え方などの説明。

7）好きなことを仕事に

好きなことを仕事に生かすと，経済的な余裕があまりなくても大らかに過ごせます。目標や夢の幅を少し広げて「人

と動物の橋渡し」にすると，全部のことを広い視野で考えられて，仕事につなげることができます。

<邦一>
物創り⇒　創意工夫，アイデアの連載，オリジナルの書類（カルテ・計算書・承諾書など）。
好きな科目⇒　エキゾチックアニマル・歯科・眼科・小外科⇒　セミナーへの参加，講演。

<宏子>
コラム，エッセイ⇒　新聞・本に。
おしゃべり，セミナー⇒　ラジオのパーソナリティ実現。
ペットロス⇒　メンタルケア⇒　お悔みカード商品化。

8) 連携プレイ，ネット作り

好きなことを続けていると同業者同士の紹介が増えてきます。例えば，ウサギ，ハムスターなど，エキゾチックアニマルの診療は近隣の先生からの紹介で来院数が増えました。また，ウサギの手術などは少し遠方の先生方の紹介で来ます。夜間救急病院からも，翌日はこちらへとコメント付きでエキゾチックアニマル（ウサギ，ハムスター，鳥など）が来院します。

獣医師からの紹介の場合，来られる方も初診の方より信頼感を抱いて来ることと，はじめの病院（一時診療）である程度の基礎知識を身に付けて来られているので診療がスムーズです。

逆に，緊急手術が必要な椎間板ヘルニアや緑内障，爬虫類・サルなどの野生動物は，専門医と日頃から仲良くしておき，その都度紹介しています。

連携プレイの友達がいるとパワーパートナーになります。心強く楽しく安心して仕事ができます。目，歯，骨，神経，腎臓，心臓 … 興味をもった分野があれば勉強も仕事も意欲的になり，紹介を受けることでさらに症例数が増えて経験も増し，データができてきます。何か得意分野を磨きましょう。オリジナリティにもつながります。

9) 愛があれば，数字は後からついてくる

財産はスタッフと人との絆。仕事も愛も同じで，毎日がスタートで継続は力になります。誰にでもできる小さなことを，おっくうがらずに積み重ねていくと，仕事プラスαのあるホームドクターになれます。忙しいときもいつもコンスタントに親身になって接しましょう。気まぐれ・気まま・わがままは，長いお付き合いにはつながりません。

小さなことは，歯みがき指導，肛門腺のチェック，ウェイトコントロール，しつけや問題行動の相談や指導，リコールハガキ，目に毛が入りにくい健康カットなどです。ペットショップと一味違う出来栄えにすると，「シミド（清水動物病院）カットでお願いします」と好評です。

種々の指導は，はじめの5年で浸透し，次の10年で手ごたえが出てきて，15年経つと子どもの世代が動物を飼って連れて来ます。30年経つと孫も一緒に来る病院になります。「シミド（シミズドウブツビョウイン）」という愛称もついていたりします。

10年・20年・30年，ポリシーをもって時代の波や風を見ながら，かつ揺れない自分との対話を継続し力にしていくと，いつの間にか家族化しファンに囲まれた生活ができます。

いつでもどこでもハートを添えて歩こう

図1-45　パワーパートナーを書き出すプリント

> コラム 1-1

清水動物病院のある日のひとこま
― 日常を切り取ってお届けします ―

6:30〜6:45 NHK ラジオ英会話がめざまし（万年初中級レベル）。犬の散歩とストレッチ。朝食前の30分にメール，ブログ記入。依頼原稿着手。

6:50〜7:30 宏子が作る！朝ごはん，皆で食べる。

8:00 1人暮らしの母におかず1品届ける（家から病院までの通り道）。

8:30 家から徒歩2分，11坪の病院（来院者30分以内，半径1km以内全面禁煙推奨）へ出勤。ゴミおじさん街を行くで，院長が向こう三軒両隣を掃除。

9:00 VT2名出勤（25年目の由紀ちゃん，11年目の長女：明日香）5分間ミーティングで，予約表からカルテを出しながら1日の予定と優先順位を確認。

9:15〜11:30 麻酔を必要とする，手術・歯石・検査など。手術時以外は並行して午前の診療。予約制のため，何で来院するかがわかるので，ワクチンの証明書や薬をあらかじめ用意する。

12:00 病院スタッフ全員で手術台にテーブルクロスを敷いて昼食，ランチミーティング。

12:45 午後の予定を予約表でチェックしながら準備。薬BOXの確認，フードの在庫，お知らせハガキ，カルテ整理。

13:30 午後の診療開始。午後は2台の診療台で診療。

15:00 病院スタッフ全員でティータイムミーティング。院長は，煎りたての豆を使ってネルドリップで淹れるおいしい珈琲係。

15:30 夕方の診療開始。

17:30 病院は18:00までですが，予約のラストは30分前です。スタッフのアフター6は，健康管理のためと，セミナー，おけいこ事，趣味，デートができるシステム。

17:45 VT2名で掃除，モップがけ，レジ・カルテ整理。

18:00 イブニング・ミーティングで明日の病院のスケジュールと各自の予定を報告連絡相談。

18:10 スタッフは特別な急患など，よっぽどのことがなければ業務終了。私たち獣医師2人が各々診た患者さんについて，報告，確認，意見交換，討論会。次回にどちらが診ても分かるように，同じ対応ができるように，説明や見解も統一してトラブルや不安がないようにします。

19:00 院長，または私が夕食作り。清水動物病院ファンクラブ（？）の飼い主さんからの一品混じえて食事。犬の散歩をしながら母におかず1品届ける。

20:00 病院で残務処理または夜しか来れない人を診たり調べものなど残業。

22:00 病院か空気のおいしいスタバ（スターバックス）で，連載の原稿，イラスト，読書など，お楽しみタイム。

24:00 2人でバス・ミーティング。今日1日の反省会と翌日の予定を確認。

0:30〜1:00 就眠前30分のメール，ブログ，読書，寝る前ストレッチでリラックス。2人とも1分で眠れる特技をもつ。

開業以来守っていること

① 3人年子の子育て中は，朝晩の食事だけは家族そろって済ませ，急患・残務整理は夕食後に。

② なるべく6時間は睡眠をとり，健康な心と体にし，自分のための時間と人のための時間を少しとる心がけ。

③ スタッフに長く気持ちよく勤めてもらうために，感謝の言葉（ありがとう，助かってる！おかげさま，お疲れさま）を忘れずに。感謝は形にします（頂き物は分けっこなど）。

④ スタッフの毎月の給料袋には，ミニレターを入れる。手書きで一言，今月のお礼と来月の予定を伝え，面と向かっては言いにくい感謝の心をしたためて…230通になりました。感謝の言葉は魔法の言葉です。

⑤ 時間のあるときは「手があいたときのリスト表」（73頁コラム2-2）を見て，できる人がHPの更新などやれることをチョコチョコ，短い時間をパッチワークのように1つ1つこなします。全員がいつも仕事を見つけて働いています。

⑥ 小さくても効率よく，全体がまとまって動いている雰囲気を全員が心がけて働く約束。主役は動物たち♪

第 2 章　動物看護師さんとの関係

1. 動物看護師さんのモチベーション
2. ベテラン VT さんの悩み
3. ベテラン VT さんへの Q&A
4. 動物看護師さん指導のポイント
5. 動物看護師さんの仕事

力を合わせて

　小動物の開業という臨床獣医師の仕事は，自営業。会社や組織に属していないので，ともすると，独り善がりで何でも思い通りに押し進めがちです。

　でも，よくよく考えると，スタッフがさりげなくフォローしてくれたり，MRさんに情報をもらったり，飼い主さんが協力してくれたり… そんな周りの人と力を合わせるから，楽しく仕事ができるのです。

　そして，そんな仲間がいるから，仕事が生きがいにつながっていくのかなと歳を重ねるごとに思います。仕事って実力も大切だけど，もしかすると人が与えてくれるのかもしれません。

仕事は
力を合わせるから
おもしろい
仲間がいるから
生きがいになる

1. 動物看護師さんのモチベーション

いつも一緒に病院で働いてくれている動物看護師さん達は，どんな夢をもって専門学校に入り，なぜこの職種を選び，どんな目標をもって毎日を過ごし，どんな悩みやストレスを抱えているのでしょうか？

今というのは現在だけではなく，過去が作られ未来へ続いています。だから，今を一生懸命生きることが大事なこと，そして現場で自分が育っていく仕事だということを，伝えましょう。時には，獣医師は仕事に向き合うことと同じくらい動物看護師さんと向き合って，話を聞いたり気持ちを汲んであげることも大切です。

専門学校の講師をして12年，動物看護師セミナーなど全国20数か所で10年間，そこで集めた動物看護師さんの声のアンケートをまとめてみました。

アンケートを読むと，こんな動物看護師さんになりたい，どんな気持ちでこの仕事を選んだなどが分かります。もしかしたらうちの動物看護師さんもこんな悩みやストレスがあるのでは？と思ったりします。動物看護師さんは病院の大切な財産です。ちょっと立ち止まって心を見つめてみませんか？そして「こうしたら悩みが解消できて喜ぶかも」とか「こんな言葉が心に届いて宝物になるかも」と気

図2-1　アンケート

づきます。ジェネレーション・ギャップを越えて，動物看護師さんをいろいろな角度から掘り下げて理解し，モチベーションを上げるきっかけができたらと思います。

今回は10代，20代の動物の仕事に関係する若い人達が書いてくれた「社会に出たら何が心配？」「どんなことで役に立ちたい？」「ストレス解消は？」「言葉の宝物帳」，「動物病院でどんな心配りをしたいですか？」「1年後の自分へのメッセージ」などをご紹介します。

1）社会に出たら何が心配ですか？

① 職場の人間関係 …………………………………… 32%
② 業務スキル・技術 ………………………………… 14%
③ 収入・税金・保険・職場の福利厚生など …… 12%
④ 仕事を継続できるか ……………………………… 10%
⑤ コミュニケーション力 ……………………………9%

その他，仕事と生活の両立，社会にとけこめるか，全てが不安などの解答でした。

♥これを知っていると，採用・面接のとき逆にこちらから
① 職場の人間関係で困ったら言ってくださいね。
② 仕事は少しずつ覚えていけばプロになれますよ。
③ うちは（社会保険・国民健康保険），ボーナスは（あり・なし），有給休暇は（　　）日です。

表2-1　専門学校の生徒さんへのアンケート（学校法人 シモゾノ学園 卒後セミナー）

【社会に出たら，何が一番心配ですか？】	人数
職場の人間関係	150
業務スキル・技術	64
収入・税金・保険・職場の福利厚生など	55
仕事を継続できるか	48
コミュニケーション力	44
社会にとけこめるか	37
仕事と私生活の両立・自立	33
全てが不安	18
健康	6
なし	5
震災・災害	4
その他	4
合計	468

【どんなことで役に立ちたいか】	人数
飼い主さん（人）の役に立ちたい	144
動物の役に立ちたい	84
スキル・技術で職場の役に立ちたい	53
自分にできることで役に立ちたい（できることなら何でも）	38
動物保護・動物業界・動物施設に関するボランティアなどで役に立ちたい	35
自分自身の存在で役に立ちたい（この人がいて良かった）	25
自分の気配り・笑顔で役に立ちたい	23
さまざまな分野で頼られる存在になって役に立ちたい	16
動物についてアドバイスできる存在になって役に立ちたい	13
同僚を思いやれる存在として役に立ちたい	12
困っている方の役に立ちたい	12
なし	4
世界情勢・環境問題に貢献して役に立ちたい	2
自分の家族の役に立ちたい	1
海外で活動して役に立ちたい	1
地域に貢献して役に立ちたい	1
合計	464

【ストレス解消法】	人数
カラオケ・声を出す・歌う	93
寝る	88
お出かけ・遊ぶ	59
音楽を聞く	57
ペットなど動物と遊ぶ，触れ合う	48
買い物	47
友達や家族とおしゃべりする	46
スポーツなど運動する	39
食べる	33
ゲームをする	18
笑う	16
映画・DVD鑑賞	15
読書	14
泣く	11
コンサート・ライブ	9
テレビ鑑賞	7
絵を描く	5
お風呂に入る	5
書く	5
趣味に時間を使う	4
なし	4
楽器を弾く	3
散歩	3
物にあたる・殴る	3
ダーツ	1
大切な人と過ごす	1
旅行	1
釣り	1
景色を眺める	1
手芸	1
アロマ	1
ネット・ブログ	1
合計	640

④ 結婚・出産しても働いている人はいますよ。
⑤ コミュニケーションは練習すれば大丈夫，誰でも得意になれますよ。

と，こちら側の条件をあらかじめ提示して差しあげると，分からないから生じる不安はなくなり，納得し安心できて，信頼関係の初めの1歩もできるように思います。

2）どんなことで役立ちたい？

① 飼い主さんの役に立ちたい ……………31%
② 動物の役に立ちたい ……………………18%
③ スキル・技術で職場の役に立ちたい …………11%
④ 自分にできることで役に立ちたい …… 8%
⑤ 動物保護・動物業界・動物施設に関する
　ボランティアなどで役に立ちたい …… 8%

♥これらをもとに私達獣医師が配慮できることは
① 飼い主さんと接する時間を作ってあげる。
② セミナーなどに参加させてあげて，動物に関する知識をさらにつけてもらう。
③ 小さな気づきなど，何でもほめてあげてその人の存在感や居場所を作る。
④ 保定・検査などの技術をていねいに伝え，セミナー参加の機会を多くする。
⑤ 病院の仕事以外の活動〔ex. 災害ボランティア，動物介在活動（AAA），盲導犬のチャリティ・コンサートなど〕にも参加できるような体制や時間作りをする。

病院の仕事がマンネリ化した，行き詰った，嫌なことがあったなどのときに，自分の役立つ場所が他にもあると，モチベーションが下がらずに，乗り越える力になるかもしれません。

3）ストレス解消は？

ストレスは人間関係がうまくいかなかったり，仕事でミスをしたりなど，マイナスのことだけで起きるのではないそうです。結婚・出産など，はたからみるとうらやましいようなプラスのイメージのことでも起きることが知られています。

〈みんなのストレス解消法は？〉　　　　　　　　　　　　　国際ペット総合専門学校1年生

- バイトで貯金してショッピング，欲しいものを買う　15
- 友達（特定の友達，素の出せる友達，中・高の友達，同じ趣味の人）と遊ぶ，おしゃべり　12
- おいしいもの，甘いものを食べる　12　●寝る（犬やカメと）　11　●カラオケ　9　●音楽を聞く　8　●散歩　7
- TV（クイズ番組）を見る　6　●本やマンガ，雑誌を読む　5　●犬と遊ぶ　5　●思いっきり笑う　5　●絵を描く　4
- 一人旅（森）　4　●髪型や色を変える　3　●ストレスを友達に聞いてもらう　3　●大声を出す，叫ぶ　3
- ペットと遊ぶ　3　●愛猫と遊びまくる　3　●ジョギング，ウォーキングなどで汗をかく　2
- サッカー，卓球，運動をする　2　●歌う　2　●電話をする　2　●昼寝　2　●映画，DVDを借りてみる　2
- 旅行　2　●部屋の掃除　2　●ゲームをする　2　●お菓子作り　2　●自転車でサイクリング　●スキー　●ボーリング
- YouTube　●スタバ　●テニスをする　●ストレッチをする　●猫グッズを見る　●弓を引きに道場へ　●全力で走る
- 韓国ドラマを見る　●動画を見て笑う　●好きなものを集める（時計，アクセサリー）　●ドライブ
- 嫌だったことをおもしろく日記に書く　●物（本とか）を投げる　●大声で泣く　●図書館や本屋　●きれいな風景を見る
- アロマの香りでリラックス　●水族館，動物園　●空気中で組手，パンチ，キック　●おふろで寝る　●おふろでマッサージ
- 鳥と遊ぶ　●熱帯魚を眺める　●犬と一緒に遠吠え　●ウサギとたわむれる　●猫カフェに行く　●ペットショップに行く
- 細かいちまちまとした作業をする（ぎょうざ作り，マスコット作り）　●サンマをさばいて内臓を観察，頭もいじくる
- ライブに行く　●いたずらをする　●ボーっとする　●紙を破く　●GLAYの音楽を聴く　●EXILEのTVやCD
- 好きな歌手の歌を聴く　●夜のブランコ　●遠いところへ家族と出かける　●森林浴　●星や月を眺める
- おこづかい帳を書く　●料理をする　●魚釣り，川で遊ぶ　●人間観察　●玉ねぎを刻む　●家族と話す　2
- バイト先の人と話す　●何でもよいから人が喜ぶことをする　●部屋の引出しにあるものを全部捨てる
- ウイニングイレブン（ゲーム）

図 2-2　専門学校の生徒さんに聞いたストレス解消法

ストレスを数字で評価する方法があって，さまざまなストレスの数値の合計が300点以上になると，80％の人がその翌年にうつになったりします。

自分の職場や身近な人が心の病気になることはとても辛いことです。できることなら，何かの縁で一緒に仕事をすることになった人を，守ってあげられるとよいですね。そして，たくましい人になってもらえるとよいですね。

若い専門学校の生徒さん達に聞いたストレス解消法は，
① カラオケ・声を出す・歌う …………15％
② 寝る ……………………………………14％
③ お出かけ・遊ぶ …………………………9％
④ 音楽を聞く ………………………………9％
⑤ ペットなど動物と遊ぶ，触れ合う ……8％
⑥ 買い物 ……………………………………7％
⑦ 友達や家族とおしゃべりする …………7％
⑧ スポーツなど運動する …………………6％
⑨ 食べる ……………………………………5％

その他，玉ねぎを刻む，ぎょうざを作る，掃除をするなどでした。

♥この結果を汲んで，福利厚生費はカラオケ大会，アウトレットの旅，食事会などを企画すると，仕事は少しハードでも思いっきりはじける日があるとスタッフ同士仲良くなれたり，ストレスが少し楽しみに変わるかもしれません。

4）言葉の宝物帳

私達が感動・感銘を受けた言葉（例えば「満足すると人の成長は止まります」「好奇心があると人生10倍」「実力のない分は人脈で生きていけ」「我以外皆師」）とは少し違った言葉があります。

10代・20代の方々の言葉の宝物帳（図2-3, 2-4）をのぞいてみると，「それは弱さじゃなくて生きている意味」「辛くてもそれを乗り越える力が人にはあると思う」「ちょっとしたことに対しての笑顔つきのありがとう」「死ぬ気で進んだ夢は追いかけたことにこそ意味がある」「大丈夫」「愛だけじゃ生きられない，愛なしじゃ生きる意味がない」

テレビの人気者のセリフやマンガの主人公の言葉だったりするので，逆に若い人の好む人気番組はちょっと知っているとジェネレーション・ギャップが少し埋まるかもしれません。

図2-3 「言葉の宝物帳」のアンケート用紙

〈言葉の宝物帳〉　　　　　　　　　　　　　　　　　　　　　国際ペット総合専門学校1年生

みんなからのMessage
たくさん書いてくれてありがとう♥

- やってないのにあきらめてんじゃねえ！！
- 世界にとらわれるな，自分の世界を作れ！
- 辛いときこそ笑顔で
- お前はやればできる
- 人生は旅
- 結果は後からついてくる
- 本当の友達だけは大切にしろ
- 夢はあきらめたら終わり
- 出会えて親友になれて良かった
- がんばれば夢は叶う
- 死ぬ気で進んだ夢は追いかけたことこそに意味がある
- 何事もやってみないと分からない
- 幸せは自分の心が決める
- 人に優しくしてあげると自分も相手も幸せになる
- やる前から考えても仕方ないからやるだけやってみな！
- ちょっとしたことに対しての笑顔つきの「ありがとう」
- 道は自分で作る，道は自分でひらく，人の作ったものは自分の道にはならない
- 笑った数だけ幸せが来る
- 努力の分だけ報われる
- 夢は見るものじゃなく叶えるもの
- ピンチをチャンスに変えてみせる
- 元気なことが一番の宝物
- 「ありがとう」と素直に言えるのはすばらしいことだ
- ○○ちゃんと友達で良かったと親友に言われたとき
- バイトでお客さんに「ありがとう」と言われたとき
- 一度あったことは忘れないものさ，思い出せないだけで
- 辛かったとき親友に言われた「大丈夫？」の一言，この言葉にはいろいろな意味が入っていると思いました。付き合いが長いからこそその一言だと思います。
- 愛だけじゃ生きられない，愛なしじゃ生きる意味がない
- 自分で限界決めてんじゃねえ！
- 次に生まれるときも自分がいい
- ありがとう，何気ない感謝の言葉
- 人生は山はあっても谷はなし
- 人の気持ちは季節と一緒でうつろい変わるもの，でも変わらないものも必ずある
- 誰も皆強くはない
- 辛くてもそれを乗り越える力が人にはあると思う
- 良いことをされたら100倍にして返せ，その代わり嫌なことをされたら100分の1にして返せ
- 知っていて損はない
- ねえ，空は雲模様だから今できることをやるしかないね
- 夢は大きくなければつまらないだろう？
- つかいみたい夢・願いの狭間で，自問自答に埋もれていくばかり
- 一生の中で大切なものわずかだけど，心に刻む夜
- 見知らぬ未来たちが待っていようといつか迷わずに戻って来られるように
- 天にツバを吐きかけるな
- 今が踏ん張りどころだ，もう少しがんばってみよう
- 誰にだって失敗はあるさ，人間だもの
- 教えとは教わること
- 人は愛され愛すように1人では何もできない，それは弱さじゃなくて生きている意味
- 「字がきれいだね」相手の目を見て「ありがとう」ほめる・認めるはお互いに
- 温かい言葉が1日を幸せに
- 「分かった」ということは「説明ができる」ということ
- 「ありがとう」，「ごめんね」と言われて嫌な思いをする人はいない
- ○○さんだから頼めた
- 失敗したときに友人が笑顔で「大丈夫！次，失敗しないようにね」と言ってくれた
- 人を愛し人をキズつけ，人に愛されキズつけられて，やがて人は大きくなって海よりもやさしくなれる
- 本当に大切なものは，目に見えない
- 人生の答えは1つじゃない
- 人の庭荒らす暇があったら，てめえの花咲かせろや！（マンガ「NANA」より）
- 険しい道でも行き着くところは私次第
- 辛くたって笑っていようよ。その気持ちが無くなって消えてしまうくらいさ。
- 保健の先生に「苦しい時はいっぱい泣いて，いっぱいため息ついた方がよい」と
- 高校の部活で部長をやっていたのに，訳あってしばらく部活に出られなかったのに，引退式のとき，顧問や仲間に「やっぱり部長はあなたしかいないね。今まで続けてくれてありがとう。お疲れさま」と言われた時
- わからなくても，わかろうとする努力はやめたくない
- 友だちに「一緒にいて落ち着く」と言われてうれしかった
- 性格美人
- これをのりこえて幸せになろう

図 2-4　専門学校の生徒さんからのメッセージ

5）動物病院でどんな心配りをしたいですか？

これに目を通すと，獣医師が動物達のためにがんばりたいというピュアな気持ちや優しい心があふれています。家族のように本気で育てて，長く一緒に仕事ができて，お互いに成長し合える環境にしていかなくっちゃ！と思います（図2-5）。

- 飼い主さんとのコミュニケーションを大切にしたい。
- 動物達の小さな異変に気づけるVTになりたい。
- いつも笑顔で皆（先生，仲間，動物）に明るく接したい。
- 飼い主さんに分かりやすく理解してもらえる説明をしたい。
- 獣医師の先生や飼い主さんに頼まれたことだけでなくプラスαの手伝いがしたい。
- スタッフ，動物，飼い主さんが安心できる環境を提供できるようになりたい。
- 飼い主さんが不安にならないような言葉で話したい。
- 飼い主さんとだけでなく，ゴミを拾うなど小さなことも心配りできたらよいです。
- 獣医さんや先輩に言われる前に行動に移したい。
- いつも先のことを考えて必要としていることや物を用意できるようになりたい。
- 飼い主さんが安心できる心のサポートを受付のときにできたらよいなあと思います。
- 先生の考えていることを即理解して，次の行動のサポートができるようになりたい。
- 必要な準備を前もってできる人になりたい。
- 飼い主さんやペットの不安が少しでも減るように「大丈夫ですよ」など積極的に優しい声をかけてあげたい。
- 飼い主さんの悩みに答えられるようにがんばりたい。
- 先生に言われていないことも自分で気づいて飼い主さんにアドバイスできるようにしたい。

図2-5　心配りのアンケート用紙

- いつも病院をきれいにしておいて皆に喜んでもらいたい。
- 質問がありそうな場合にはこちらから積極的に伺ってみる。分かるものはすぐ答えて分からないときは調べておく。
- 言われなくてもできることを探して実行する。
- 動物を大切に扱って飼い主さんに喜んでもらいたい。
- 気が利いて仕事が早くて役に立つVTになりたい。
- 飼い主さん，動物，先生，スタッフの気持ちが考えられるVT
- 縁の下の力持ちのようなさり気ない気配り，目配り，手配りをしたい。
- 飼い主さんが安心して相談できるようなVTになりたい。
- 飼い主さんに病気の予防や説明を分かるまでていねいに説明できる人になりたい。
- 具体的なやり方はまだ分からないけれど，飼い主さんとペットの両方の不安をやわらげられる心配りをしたい。
- 自分のほうから話しかけて飼い主さんの心をほぐしてあげたい。
- できるだけ飼い主さんが不快にならない言葉を使いたい。
- 病気で苦しんでいる動物を連れてきた飼い主さんに，不安が取れるような言葉をかけてあげたい。
- 挨拶を積極的にして，靴やスリッパを揃えたり，病院のためになることはささいなことも大事にしたい。
- 頼られる人材になれるようにがんばりたい。
- 飼い主さんや動物の名前を覚えて相談しやすい雰囲気作りを心がけたい。
- 動物，飼い主さん，先生に感謝されるような人になりたい。
- 飼い主さんが望んでいる思いを汲みとってやってあげたい。
- 先生と飼い主さんとのやりとりを聞きながら，先を読んだ行動ができるようになりたい。
- お年寄りや子どもが来たときは重いフードを持ってあげる。
- 飼い主さん，先生，スタッフ，相手の立場になって自分がされて嫌なことはどんなにイライラしても顔や態度に出さない。
- 飼い主さん，先生が困っていたら声をかけて聞いて手伝う。
- 空気を読んで先の先を読んで，ちょっとしたことを1つずつこなしたい。

「真っ白なキャンバスにこれからどんな絵を描こうかな」という10代の生徒さん達1人1人の言葉です。VTをVetに替えて読んでも，ともに動物大好きが出発点の私達に参考になったり，初心に返って病院の扉を開けようという気持ちになります。

動物看護師さん向けのセミナーをすると，「一生懸命やればやるほど飼い主さんへの接し方や説明のとき，獣医師と動物看護師の職域やその線引きが難しい」というベテラン看護師さんの悩みを聞くこともあります。原点・出発点は同じなので，ケースバイケースで先生とお互いに話し合いながら，飼い主さんと動物達に喜んでもらえ「動物病院に行くと元気をもらえる」そんな風にできたらよいですね。

2. ベテランVTさんの悩み

　動物看護師統一認定機構の「全国統一試験」に伴い，ポイント取得のためのe-ラーニングやポイントセミナーを頼まれることが多くなりました．5年，10年，15年，20年レベルのVTさんたちにアンケートをいただく機会も増えました．

　獣医師の友だちと話すと「なぜか途中で辞めちゃうんだよ」「長続きしなくて困るんだ」という声もよく聞きます．そこで，VTさんの悩みを集めてみました．

　アンケートを読ませていただくと，仕事は大好きなのにベテランVTならではの悩みや，先生と飼い主さん，先生とスタッフ同士の間を取りもつ苦労がみえてきます．ベテランVT長続きの秘訣は，この辺の解決策を上手に乗り越えることでは？と思います．

　各種学会や講演の中に，悩みのQ＆Aを皆で交換できる企画や，同じような悩みを共有できるスペースや「〇〇先生 or ベテランVTさんと悩み相談コーナー」や「こんなときどうしたらいいのQ＆A」みたいなプログラムも作ってみたら，さらに楽しい仕事場づくりの一助になるかもしれないと考えます．

Q. 勤め始めて10年以上になります．最近，院長とのコミュニケーションがうまくできなくなってきている気がします．私が変わったのか？　院長が変わってしまったのか？　スタッフの入れ替わりもありましたが，年々他のスタッフとの交流も悪くなり，働きにくさを感じてしまっています．こんな悩みで申し訳ありません．仕事はとても好きです!!　今年結婚しました．楽しい結婚生活を送る秘訣があったら教えてください．

A. 仕事はとても好き！って書いてあって，ほっ．うれしくなりました．院長先生とのコミュニケーションですが，勤続10年以上は大ベテランで，きっと院長先生はもしかしたら安心していて，積極的に自分の方からコミュニケーションをとらなくても大丈夫と思っているのかもしれません．それか，ちょっと忙しかったりちょっぴりさびしかったり，何か悩みがあって自分の心にゆとりがないのかもしれません．「与え好き」（原　克之さん）のウェブサイトを見て，気持ちを切りかえて実行してみましょう．

　例えば，病院の誕生日，院長の誕生日，院長が学会で症例発表する日とか何でもよいので，わざとイベントにかこつけてささやかな贈り物（きれいな写真，ノート，新製品の歯ブラシ，ボールペン，消しゴム，パソコンケースなど，手ごろな費用で必ず使いそうなもの）をプレゼント．短い手紙も「長く病院の仕事を一緒に隣で見てきているけれど，尊敬できる先生のもとで大好きな仕事が続けられて幸せです．これからもよろしく」と添えてみます．本来なら，院長先生の方から先にコンタクトやコミュニケーションをとって仲良くなるきっかけを作ってほしいけれど…．院長ってうちもそうだけど，一国一城の主でプライドが邪魔して，気持ちはあってもなかなかそういうことが自分からできないと思うので，逆バージョンでほろっとさせましょう．

　もし他のスタッフとの交流関係の向上でしたら，旅先のおみやげとか，めずらしいおやつとか，新発売のまだ食べていない有名ブランドのアイスクリームなどで心をちょこっとくすぐっちゃいましょう．小さな1歩が心の鍵を開けてくれて，温かい風が吹き始めると病院全体が変わってくるかも!?　そんなムードメーカーになってもらえたらうれしいです．

　楽しい結婚生活の秘訣は…結婚って異文化の交じり合いかもしれないので，考え方や価値観が違って当たり前，お互いの幅が広がっておもしろい！と思いましょう．恋愛は両目でしっかり見つめ合って歩くものだとしたら，結婚は片目でよいところだけ見て横に並んで歩くものかも．

　子育ても仕事に比べて無駄な時間みたいに思う人もいるけれど，他の誰にもできないビッグイベントです．思い通りにならないことや想定外の方向に行くことがあった時，大変でも自分の成長につながったり，キャパシティが広くなったり，許せることが多くなったりする絶好の機会です．子育ても仕事も欲張ってね！　今しかできないチャンスと考えるとよいですね．

Q. 人手不足で病院はぐちゃぐちゃで，DMも事務的で最低限のレベルのものになっています．すごく忙しくて，外来も待ち時間が長くなっています．オペの準備もバタバタで，連日オペが入ると滅菌を回すのもギリギリになってしまいます．院長の「動物のためにできることはしてあげたい」という気持ちは分かるのですが，限界を越えていると思います．スタッフのストレスも多くなるし…どうしたら

この悪循環を改善できるのか，私が一生懸命考えても答えが出ません。

A. うちの病院も11坪で，そこに3～4人なので実はちょっとぐちゃぐちゃです。でも電話をかけていただいて予約にしているので，ワクチンの説明書をあらかじめ書いておいたり，注射液を前もって準備しておいたり，薬は取りに来る前日までに種類と数をFAXしてもらうことにしているので，仕事の合間をみて手の空いた人が作っておきます。

病院が忙しいのは今のこの時代とてもありがたいことなので，予約制にするのが難しかったら電話を必ず入れてもらうだけでも小さな準備ができて，気持ちが少し違ってゆとりができるかも!?です。うちの病院ではよく出る薬（抗生剤，整腸剤，点眼薬，点耳薬など）は大中小など体重別に薬箱に作って用意してあります。少なくなったところに＜薬カード＞が出てくるしくみで，そのカードには薬の名前と容量が記入してあります。それが所定の台の上に出ていたらできる人が合間をみて作り，薬箱が空っぽにならないようにしています。

オペの準備も，よく使うものはあらかじめ「避妊用」「去勢用」「歯周病用」「尿石症用」などと分けておいてあります。そのセットを1つ使ったら1つ補充します。

病院の外の扉と受付のところにはかわいいポスターがあります。「たてこむ日もあるので，薬やフードは前もって電話・FAXで申し込んでいただけるとお待たせしないで済みますのでよろしく」とイラストや動物の写真やシールを貼ったものです。ポスターの書き方のコツは，威圧的な硬い感じにならないよう，命令的な上から目線ではないお願い型にすることです。そして，電話やFAXをくださったときにたくさんほめます。「お電話ありがとうございます。助かりました！」「FAX届いておりますのでお薬用意してあります」と，周りの方にも聞こえるように言うと，その人もちょっと鼻高々，聞こえた人も今度は自分もその方法にしようと気づいてくれます。

上から指示される仕事が多いと，気忙しさが残ります。自ら積極的に自分でできる「仕事探し」，これが自分を気楽にさせることにつながります。

いろいろ小さなこと1つ1つから工夫してみて，院長先生のこと助けてあげてね！　きっと看護師さんをとても頼りにして任せられると信頼しているから，次々がんばって仕事を入れてこなしているのではと思います。それでもやっぱり辛かったりきつかったら，看護師さんでも事務の人でも，常勤は無理ならパートの方でも，手伝ってくれるスタッフを増やしてもらうことを相談してみましょう。

Q. 15年以上VTをしています。新人の獣医師の先生との接し方に難しさを感じることがあります。その先生の性格を考えながら言葉を選んでいるつもりでも，うまく伝わらないことが多くあります。具体的には，先生のやり方が病院の方針からずれているときや，飼い主さんに不安を与える表現や態度などを指摘しなければならない場面です。伝わらないとか理解できないのではなく，聞きたくないのかな？と感じます。何度も同じことをVTの私から言うのも…と思いますが，病院にとって大切なことなので言葉や言い方に気をつけながら何度も繰り返しています。ちなみに，治療時以外でのコミュニケーションは悪くないように感じています。

A. どこの病院でも，ベテランVTさんと新人の獣医師では社会で働いている経験や年数が異なるので，特に飼い主さんとの対応やコミュニケーションの部分で違いが出ます。獣医師は6年間勉強し国家試験も合格しているので，学問的な知識やプライドがあるので，VTさんにとっては言いにくくてとまどうこともよくあります。

うちの病院では，新人の獣医師が研修や実習に来たときは初めに，ライセンスはあってもこの病院での経験は浅いので，長くいるVTのゆきちゃんに何でも聞いて「郷に入れば郷に従え」で，病院の信用を壊さないような行動で仕事を覚えてほしいという旨を伝えます。

たとえ職域や分野が違っても，伝えたいことや必要なことはライセンスや年齢の有無ではないので，ホメホメサンドやサンキューカード（第6章図6-5，240頁）を利用しています。ホメホメサンドは前後にほめるフレーズを入れます。

「先生は6年間いろいろなことを勉強して努力されましたね」とホメホメしてから，「うちの病院では飼い主さんによって説明の仕方が違って難しいので，院長に確認してから伝え方を考えています」とか「本当のことでも言うタイミングもあるので…」と真ん中に言うべきことを入れて最後に「先生のやり方も次に勉強したいので教えてくださいね」と，先生をたててヨイショしてほめます。病院の方

針に合っていたときは「今日は飼い主さんに分かりやすく説明していただいて飼い主さんもほっとしていたのが分かって，先生のおかげで助かりました」と感謝の言葉を述べます。サンキューカードに書いて帰り際に渡します。伝えにくいことがあったときは，溜め込まないで院長に相談するか，忙しそうだったら具体的な事例をメモしておいて伝えましょう。病院のことを本当に考えてくれているんだなあと分かって，院長も協力してくださると思います。

Q. 飼い主さんにどんな声かけをしたらよいのか分からない場面があって悩むときがあります。人間それぞれ違うので，その人それぞれと対応が難しいです。笑顔も得意な方ではないので，ついつい時間がなくて挨拶だけになってしまったり…。何かよい方法やコツがあったら教えてください。

A. 飼い主さんに限らず，初対面の人と仲良くなれるヒントを書きますね。

話題作りのコツは，日頃からネタを用意しておくことです。例えば，
  ①流行していること…人気の商品などの情報や天気のことなど。
  ②仕事のこと…しつけ教室，うさぎ塾，季節のワンポイントアドバイスなど。
  ③家庭のこと…犬を飼っている，猫を飼いたいなど。
  ④趣味…料理，スポーツ，音楽，本など。
用意したネタの引出しの中から相手に合わせたものを取り出して話のきっかけにしたり，つなぎにしたり，帰り際の一言にします。

避けた方が無難なことは次のことです。動物病院だけでなく，友だちとの会話でも参考にしてください。
  ①ぐち，不平，不満は相手を考えてこぼしましょう。
  ②自慢話。失敗談の方が共感を得て仲良くなれます。もし自慢話をしたいときはプチ自慢にしましょう。
  ③政治，宗教，下ネタの話も避けましょう。
  ④男女の相談。当人しか分からないことも多いので，首をつっこむとややこしくなります。
  ⑤お金の貸し借りの話。たとえゆとりがあってもお金を貸すことは相手にとってもよくないのと，今までの関係が崩れることがよくあります。まだローンが残っているとか介護の親戚がいて費用がかかるなど，うそで

も理由をつけて上手に断りましょう。我家で作っているルールを図7-6（312頁）に紹介しています。
  ⑥人の噂話や悪口には無関心でいたいものです。誰の耳より自分の耳に一番に入ってきます。すぐに脳に届いて，心に悪い影響が知らず知らずたまっていきます。その時間を自分を磨いて世の中に役立つことを探しましょう。動物病院でよくあるのは「○○先生は△△なんですよ」と他の病院やペットショップの悪口を聞かされるときです。その言葉通りに「そうなんですよ」と認めることも「そんなことないです」と否定するのもおすすめできません。「そうなんですか」と相手の言葉をやんわり受け止めてから「あの先生は小さいときから猫大好きなんですよ」，「一生懸命がんばっているお店なんですよ」と別の話にさらっともっていって流しましょう。

Q. 飼い主さんが当院の先生への苦情（文句）をこっそり話されました。この場合どのような対応をしたらよいでしょうか？　飼い主さんは「聞いてほしい」という気持ちが強いように思うので「そうですね」とばかり言うべきか「いいえ，先生はこういうつもりでのことと思います」など，病院側の気持ちをさらりと伝えた方がよいのでしょうか？
また飼い主さんから聞いたことをその先生に伝えた方がよいのでしょうか？

A. 動物看護師さんのことを信頼しているので，先生のことを話してくださったんだと思います。まず「そうなんですか」と飼い主さんの気持ちを受け止めてあげて，話を全部最後までよく聞いてあげます。それから，「もしかしたら，先生はこういうつもりかもしれないけれど，言い方が良くなかったのかもしれませんね。嫌な思いをさせてすみませんでした」と飼い主さんの味方になって，本音をまた聞き出せる環境を作りましょう。先生は敷居が高くていろいろなことを言いにくいと思っている飼い主さんもいます。飼い主さんの不平や不満がたまらないようにしましょう。担当の先生には具体的な氏名を出さずにある飼い主さんの声ということにして，飼い主さんの苦情を少しやわらかく変換して伝えることで，病院と飼い主さんの関係が良くなると思うので，苦情はヒントにして活用しましょう。

Q. 年下のVTさんで経験年数は同じくらいの人がいます。

周囲が反対の意見を言ったりすると態度に出てプイッとすることがあり，職場のムードが悪くなることがあります。そんなとき，どんな対応をしたらよいのでしょうか。
A. 飼い主さんや他の人がいる場ではなく，きちんと時間をとって前向きの話合いができるとよいですね。あるいは，ミーティングの場で「モラルアップ，モチベーションアップの提案」という話にもっていくのもよいと思います。できればホメホメサンドで，そのVTさんの良いところをはじめにほめてから直してほしい部分を伝えて，最後はまた一番若いのにしっかりしているから助かるわとホメてあげましょう。ムードメーカーになってがんばってね。

Q. 院内のスタッフが仲良くありません。各々の人たちは良い人たちなのに，ボタンの掛け違いでスタッフ間での良いコミュニケーションがとれていません。それがとても残念です。
A. まず，グループ化しない雰囲気作りを心掛けます。定期的においしいケーキ屋さんや喫茶店などでお茶会をしたり，皆でカラオケに行ったり，映画やディズニーランドなど，リラックスできるお楽しみを作るように院長先生に相談しましょう。何気ないおしゃべりでお互いを理解できたり，小さな仕草で良いところが見つかったりして仲良くなるきっかけができるかもしれません。病院の中だけだと，心のゆとりがなくてライバル意識の方が働いてしまったり，良いところよりアラ探しをしてしまう傾向があるかもしれないからです。

1回目のお楽しみ会はちょっとぎこちなくても，何回か続けていると少しずつ心が開いてお互いに打ち解けあえます。いつの日かその会がヒューマンボンドになって手放せない人生の相談相手作りのきっかけになったらよいですね。できれば，自主的に順番性で実行させると仕事への取組みに生きてきます。経営者側はあまり首をつっこまずに，時間や経費を配慮する程度にします。

スタッフが仲良しだと病院の仕事はチーム医療なので，院長先生も安心して仕事に力を注ぐことができて，さらに良い獣医療ができると思います。

Q. 薄給であること。獣医師2名（夫婦），看護師1名の病院です。自分の性格も原因だと思いますが，残業手当やセミナー代などを請求することができません。スタッフ増員の希望も言い出せません。手術の準備，受付，診療補助，入院の管理，カルテ整理，DM作成，在庫管理，トリミングなど，全て1人で行うのは今29歳，体力的にもかなり厳しくなってきました。
A. 一度3人でミーティング，話合いの場をもち，「頼りにしていただいてうれしいのですが，1人で全部こなすのが大変なんです」と伝えてみましょう。常勤でなくても週2～3回のパートさんでも，スタッフの増員をお願いしてみましょう。その場合，もしスタッフが増えたらこんなこともしたいと，例えば肥満外来のパンフレット作りや行動学相談コーナー（しつけ教室）など，具体的な病院のための夢や希望も伝えましょう。

話し合っても難しいときは優先順位をメモしてこなし，疲れそうだったら院長と奥様先生に上手に頼んで手伝ってもらいましょう。「すみません，私の仕事なのに」「ありがとうございます」と，さり気なくヨイショして一緒に巻き込んで，皆セットで楽しくがんばりましょう。

薄給に関しては，労働基準局 労働条件政策課 賃金時間室 最低賃金係などに，最低賃金の規定や労働時間の決まりや有給の約束事などを自分なりに調べてみましょう。仕事の内容や従業員の人数や病院の形態によって異なるからです。それから病院に相談して交渉しましょう。

Q. スタッフが多い動物病院で働いています。決定事項の共有がなかなかできないことと，問題が起きてしまったときに相互協力ができないことが悩みです。
A. スタッフが多いと団結力があると強いパワーになりますが，各々の能力が優れていても方向性が違ってくると力が分散してしまいます。モーニングミーティングやランチミーティングなど，皆で情報交換できる時間をとれるとよいですね。それが難しいときもあると思うので，ミーティングボードのようなものを作ってホワイトボードを活用したり，提案BOXのような気が付いたことをメモして投函できる箱を設けて，定期的にその意見を皆で共有できるとさらにバージョンアップした病院になると思います。

Q. 仕事もある程度覚えて慣れてくると仕事を作業として行ってしまうことが多く，飼い主さんや動物のことを考えての言動や行動がないがしろになることがあります。
A. 仕事の中身や自分のことをよく見つめている看護師さ

んですね。忙しいと頭や心では分かっていても，目の前の作業をこなすことに追われて気配りを忘れてしまうこと，私たち獣医師も気をつけないといけないことと思います。微笑をお届けできるように人と動物の役に立てるように仕事を選んだことや初心を振り返るなどして，忙しくても心のゆとりだけはもち続けたいですね。飼い主さんとの絆を深くできるように，検査結果をお伝えするときでも「がんばっていますね」「○○ちゃんはかわいがってもらえて幸せですね」と小さな一言を添えましょう。また，帰るときに見送ってあげたり，それが無理なときは目だけ合わせたり，「何か気になることがあったら電話してくださいね」のメモを作っておいてさっと渡してあげるとか，ゆっくり速く1つ1つ落ち着いてこなしましょう。もしかすると，VTさん，スタッフさんの腕の見せどころかもですね！

Q. 畜産学科を卒業し，獣医師と結婚し，嫁の立場で家族経営の動物病院の手伝いをしています。姑も獣医師です。保定や助手などいろいろなことを覚えてもケースbyケースで難しく，戦力になっていないのではと思ってしまう毎日です。

A. 病院のことを真剣にとらえて，まじめで優しいお嫁さんが来て，立派な戦力，動物たちの味方＋1になっていると思います。保定も助手も獣医師のライセンスがあるから上手にできるとは限りません。毎回の試行錯誤で経験を積んで技術になっていくと思います。温かい気持ちとホスピタリティが行間にあふれているので，プロ意識たっぷりと思います。毎日の小さなことの積み重ねによって微差が大差を生むので，楽しく前向きでがんばってくださいね。

Q. 小さな病院で院長1名，スタッフは私を含めて2名です。ここ数年，小型犬と猫が増えて，首輪やリードをつけずに"抱っこで待合室"のパターンが多くヒヤヒヤします。けんかをしたり逃げたりが心配で，優しくお声かけをするのですが効果がありません。

A. 飼い主さんに「うちの子は大丈夫です」とか「いつもこうしているので」と言われてしまうと，それ以上言いにくくなってしまいます。うちの病院では入口と待合室にポスター（図2-6）を作って貼ってあります。

　犬の方へ：必ずリード（綱）をつけて短く持ってくださいね。

図2-6　入口・待合室のポスター

　猫の方へ：ケージから出さないでお待ちください。

　思わぬトラブルが生じないためにも，少しでも予約制にすると動物が重なりにくくなって安心です。

　待合室では動物同士のけんかなどのトラブルも心配ですが，飼い主さんがよその犬や猫に咬まれたりひっかかれたりしてけがをするのも大変です。なかには，けがをした人が仕事を休むことになって所得補償など，話が思いもよらぬ方向に発展していくこともあるからです。

Q. 院長がよく出張に出ていて，そんなときに限って急患が来ることがあります。

A. 院長先生が出かけるときに連絡先や携帯を教えてもらったり，困ったときに紹介する先生や救急センターを聞いておくと安心です。いつ急患が来るか分からないので，危機管理でさっそく今聞いて，メモしておきましょう。

Q. 6年のブランクがありましたが，3週間前に採用が決まり復職します。個人病院ではないのでシステムに慣れることができるか，若い人とやっていけるか，不安がいっぱいです。

A. 再就職おめでとうございます。行間にやる気や希望もみえて応援したい気持ちです。充電期間中経験した良かったことに自信をもって，新しい環境については謙虚な気持ちで接して覚えることを楽しみましょう。動物大好き同士の仕事場だから，若い方とも目的は同じだと思います。焦らずに1歩ずつできることから丁寧にこなしていけば，いつの間にか自分の力になったり，励みになったり，病院でも頼りになるスタッフの一員になると思います。

Q. 未収金が多かったり，犬・猫を置いていかれたり，里親募集が増えてきたり，気が重いことが多く悩んでいます。

A. 未収金は大きくならないうちにこまめにいただいておきましょう。「今日は○○くらいかかりますが，どこまで調べましょうか」とお聞きして「今日は○○を検査して明日△△を検査して，ご予算に合わせて少しずつ調べましょう」など，お互いに話し合って毎回予算内で済ませるか，残金はその日に持ってきていただくと安心です。

犬・猫を置いていけないように，マイクロチップを普及させましょう。逆に置いていかれる前に「飼えない動物がいるときは相談してください」という形で愛護センターや保護団体を紹介しましょう。

里親の悩みは，避妊去勢のおすすめを日頃からコツコツ継続していると数年すると変わってきて，きちんと飼う方が増えてきます。あきらめないで取り組みましょう。

Q. 飼い主さんへの話し方，敬語の使い方で悩むときもあります。

A. 敬語の使い分けが完璧でなくても丁寧に心を添えてお話しすると，一生懸命伝えようとしていることは分かっていただけると思います。他の人の話し方を意識して聞くのも参考になります。学生言葉は使わないように気を付けましょう。

（例）それで，だから，あっちなど（表2-2）。

Q. 妊娠中の飼い主さんに，何か気を付けていることはありますか。

A. 妊婦の方にイスを用意します。動物は検便をおすすめしています。放し飼いはやめるようにお話しします。回虫，トキソプラズマ，オウム病など，人獣共通感染症のパンフレットをお渡しし，むやみに心配しないで知識をつけて予防するようにお話しします。動物だけでなく，生の豚肉やタバコ，アルコールの危険性についても一言添えます。

Q. ファンを増やそうといろいろ工夫などしていますが，来院数はどんどん下がっていきます。リピーターになってもらうポイントを教えてください。

A. 最初が肝心なので，初診時に15秒で自己紹介をして心を開いてもらいます。「この病院に来て良かった♥」と思えるように，飼い方の分かりやすいパンフレットやサンプルフードなど，おみやげを渡します。次の約束（次回の診察日）を計算書に記入します。病院のオリジナリティを紹介する病院案内のほか，お知らせハガキなどをまめに出し，理解納得して継続してもらえるとよいですね（詳しくは第3章86～92頁）。たくさんの新患の飼い主さんに来院してもらうことは必要ですが，逆に絞り込んだ飼い主さんに何回も来ていただくのも，同じくらいの経済効果と安心感があるので，リピーターを大切にしましょう。

Q. 動物が亡くなったとき何か言葉をかけたいのですが，何と声をかけたら気持ちが楽になっていただくことができるか，何年この仕事をしていても悩みです。

A. 初診の動物が亡くなることもあるし，飼い主さんの年代や飼い方も環境も考え方も様々で，対応には気を使いますね。いつもは冷静な方も，感情的になってしまっていることもあります。「どんな子でしたか？」「いい子でしたね」「○○さんのおうちの子になって幸せでしたね」と聞いてあげて，分かってあげて，ほめてあげて，飼い主さんと同じ気持ちになれるとよいですね。

Q. 後輩の指導で悩んでいます。

A. 自分の仕事もこなしながら後輩に仕事を任せたり見守ったりしないといけないので，後輩の指導をするのは大変です。

①良いことをしたときは，小さなことでもその場ですぐほめてあげましょう。（例）「ゴミを捨ててくれてありがとう」

表2-2 病院，ペットショップ，美容院でよく使う言葉（動物看護師さんの専門学校で使う資料）

普通の言葉	丁寧な言葉
だれですか	どちらさまでしょうか
どんな用ですか	どのようなご用でしょうか
カルテは何番ですか	何番かお分かりになりますか
どれにする？	どちらになさいますか
どうですか	いかがですか
～してもらえますか	～していただくことは，できますでしょうか
もう一度	あらためて
この間	先日
いくらですか	いかほどですか
えっ？何ですか	もう一度おっしゃっていただけますか
知っていますか	ご存知ですか
はい分かりました	申し訳ありませんでした。今後気をつけます
たった	わずか
すごく	とても，たいへん
また（あとで）電話してください	のちほど電話していただいてよろしいでしょうか？
いません	席をはずしております
他のフードを見せます	他のフードをお見せします
そのフードは今ないんです	申し訳ありませんが，そのフードはただいま切らしております
買う	購入する
ちょっと確かめます	すぐ確認いたします
知りません，わかりません	存じません
行けません	伺うことができません
どうもすみません	申し訳ありません
忙しいのに悪いけど	お忙しいところすみませんが
すみませんが	恐れ入りますが，お手数ですが
さっき	さきほど
こっち	こちら
あっち	あちら
ちょっと	少し，少々
すぐ，今	ただいま
この前	前回
出かけています	外出しております
休んでいます	休暇をとっております
会いたい	お目にかかりたい
わかってもらえましたか	おわかりいただけましたでしょうか
まちがい	不手際
だから	ですから
じゃあ	それでは
わりと	比較的
書いてください	ご記入ください
やめる	避ける
もう一度来てください	再度ご足労願えませんでしょうか
来てください	お越しください，おいでください
言っておきます	伝えておきます
こっちから行きます	こちらからお伺いいたします
1週間くらいかかります	1週間くらいお待ちいただくと思います
こっちのほうが安いです	こちらのほうがお得でございます
待っています	お待ちしています。気をつけてお来しください
手術や治療の値段・商品の値段	手術や治療の費用・商品の価格

正しい敬語より，たくさんの心がこもっている方がステキ

②少しでも進歩があったらすぐほめてあげましょう。（例）「保定，上手になりましたね。あともう少しでばっちりだね」

③言いにくいこと，直してほしいこと，病院の方針と合わないことはホメホメサンドで伝えましょう。
ex.「いつもありがとう！この病院で働いてくれてよかった」とホメ。「あ，そうそう診察台の消毒だけど，端っこに少し毛が残っていたのでよろしくね」で伝えたい一言，「忙しいのに疲れた顔しないでやってくれているので大助かり」でホメ。ホメることとホメることの間に言いたいことをはさんでサンドイッチにします。

④連絡ノート，交換日記のようなかわいいノートを作り，そこに困っていることや分からないこと，言いにくいことは残るので，お返事は言葉を選んで丁寧に書きましょう。1年経って読み返してもなつかしくて楽しいし，質問は案外同じことも多いので，次に入った後輩に受け継いでいくこともできて便利です。返事を書くとき，自ら調べることも出てくるので，自分自身の成長にもつながります。

Q. 院長とVTの2人でがんばっています。先生の職業人としての意識レベル，勉学的向上心や衛生管理や仕事全てのモチベーションの低さに悩んでいます。私は一生懸命飼い主さんに良いケアやサービスや思いやりの気持ちを提供しようと日々努力しているのですが，院長とは大きな温度差があります。でも，再来院されたときには「○○ちゃん，あれからどうしているかな？って先生と一緒に心配していたんですよ。いかがですか？」と優しくたずねるようにしています。飼い主さんは，気にかけてもらっていたんだと分かるとうれしそうにしてくださいます。もっと勉強ができて成長できる職場がほしいです。ずっと悩んでいたので書いてスッキリしました。

A. 病院がスムーズに運営できているのは，VTの底力と温かいフォローがあるからだと思います。先生も本当は動物が好きでこの仕事を選んだのだと思うので，ホメホメサンドを使って少しずつ"良かった探し"をして全てのモチベーションが上がるようにしましょう。「○○してみていいですか？」と提案型でレベルアップしていけたらよいですね。また他の病院のすばらしい事例を「これ，まねしてみませんか？」と，ともに参考にしていく雰囲気作りもよいと思います。

Q. 中間層（3～5年目）のスタッフが辞めてしまって困っています。原因は考えてみて思い当たることはあるのですが，上司のことなので伝えることができません。どうしたら中間層が続く職場作りができるでしょうか。

A. とても頼りになる中間層のスタッフが辞めてしまうとまとまりにくくなるので大変ですね。お茶を飲みながら何気なく伝えてみたり，レクリエーションや慰安旅行などを利用してリラックスしているときにリクエストBOXみたいなものを作って匿名で職場の改善を求めてみたり，新しい工夫をするとよいですね。気になる上司を変えるのは難しそうですが，ホメホメサンドで真ん中にちょこっと言いたいこと，本音をはさみこむのはどうでしょう？『リッツカールトン至高のホスピタリティ』（角川書店）などもおすすめの1冊です。

Q. 今2年目のVTです。専門学校では犬を中心に勉強，実習をしていたので就職して初めて猫を扱うようになって慣れるまでに時間がかかり，今でも猫の世話や保定が苦手で正直怖いです。良い方法やコツを教えてください。

A. 猫は気まぐれでわがままでマイペースでプライドも高い動物です。でもそこがかわいいので，ほめてしつける方がうまくいくかもしれません。うちの病院では，

①どんな動物（犬，猫，ウサギなど）もおでこをなでられるのが好きなので，いい子いい子となでて仲良くなります。

②体全体を包み込むように支え，動けるスペースを作らないのがコツで，リラックスして抱っこして動いたときだけ瞬時に短時間だけぎゅっと押さえます。

③フェリウェイがフェロモンで仲良くする薬です。とても怖がりな猫のときはその薬を自分の手にかけておくと少しさわりやすくなるかもしれません。

④怖がりの猫やウサギは，院長が考案したアニマルサポートバッグ（安心袋，図5-230）に入れます。隠れている気分になって落ち着くこともあります。

⑤おさえればおさえるほど凶暴になる猫もいて，手におえなくなることもあります。「人がけがをしない＆動物にけがをさせない」が大切ですから，難しいときは

注射などのように保定しないとできないことはやめて内服薬にするのも1つの方法です。
⑥猫のことを理解できるように，猫を飼ってみましょう。

Q. 院長1人で先輩の看護師さんがいない病院に就職しました。トリマーの学校を出てトリマーとして働いていたので，病院でどうしたらよいのか分からず，先生に聞いても「そんなことも知らないの？」とバカにされたり，見下されたり，八つ当たりされて，自分の居場所がありません。2人きりの病院なので仲良くやっていきたいのですが，先生の気分で診療したり，してくれなかったり，感情が激しくて困っています。

A. わがままな先生で，子どもみたいで困りましたね。きっと忍耐力がたくさんついて人間力がついて成長していきますね。先生のこと許してあげてクッション言葉を使って「先生に怒られるかもしれないけれど，まだ習ったことがなくてごめんなさい」とか「忙しいところすみませんが，教えていただいてもいいですか」「早く一人前になって先生の役に立ちたいのでよろしく」と控えめな姿勢で少しずつ"トリマー＋VT＋α"の力をつけていったら先生も少しずつ頼りにしてくれるようになると思います。

その日わからないことがあったら，先生にお手紙（メモ）しておいて，診察終了時にゆっくり教えてもらいましょう。自分でも家に帰って，ネットや本や友だちや他の先生（うちはいつでもOKですよ）に教えてもらって実力をつけましょう。動物たちに教わっていると思うと元気が出るかも！ 先生も手伝ってもらえることが少しずつ増えて気持ちにゆとりができると，良い先生に変身してくるかもしれないのでがんばりましょう。

原 克之さんの「与え好きの法則」のサイトを開いてみると，今は自分が成長しているチャンスの時間を先生にもらっているのかも？と，辛い視点の角度を少し変えることができると思います。無料なのでのぞいてみてくださいね。

> 勤務体制や時間，退職金，セクハラなど，相談して努力しても納得できないときは，各地の労働基準監督所に相談するとよいでしょう。

3. ベテランVTさんへのQ&A

VTの専門学校の生徒さんの質問に，ベテランから新米の動物看護師さんが答えてくれたものをメインに，一部補っています。

Q. VTになろうとしたきっかけは？
A. 小さいときから動物が好きで雑種の犬を飼っていて，動物と関わる仕事したいと思っていた。
A. 獣医師を支える看護師の仕事がステキだと思ったから。
A. 人やペットなどとのコミュニケーションが好きだから。

Q. VTになろうと決めてその夢を叶えるまで，不安なことや悩みはありましたか？
A. 特に不安はなかったのですが，高校で進路を決めるとき周りに同じ進路に進む人が1人もいなかった。

Q. VTになるために努力していたことは何ですか？
A. いろいろな動物と触れ合い，その特徴や習性を知識だけでなく，飼ったり触ったりして実際に知る。
A. 学校で基礎を身につける。

Q. VTの試験は難しいですか？
A. ずいぶん前なので今は分かりませんが，ちゃんと勉強していれば大丈夫でした。

Q. 私は頭が良いほうではないのですが，がんばればVTになれますか？
A. 初めは覚えることが多いけれど，皆スタートは同じなので努力すれば大丈夫だと思います。

Q. VTになって良かったと思いますか？
A. 動物好きの人に役に立てていること。
A. かわいい動物と接することができ，ありがとうの言葉を直接聞くことができること。

Q. 動物看護師さんに向いている性格や必要な考え方はありますか？
A. 人間が好き，人とお話しができる人，もちろん動物が好きな人。たとえ「向いていないかも!?」と思っても「向いている！」と思ってがんばれる人。
A. 特にないと思います。自分で向くように考えていける人。

Q. VTの仕事をするうえで心がけていること，大切なことは何ですか？
A. 健康管理。
A. 遅刻をしない。
A. ケガをしない，させない。
A. その場その場での適応力。

Q. 病院で働き始めたばかりの頃に心がけていたことは何ですか？
A. 自分の健康管理，挨拶，遅刻をしない。
A. 分からないことはすぐ聞く，メモする。

Q. 飼い主さんや病院のスタッフさん達と仲良くやっていくコツ
A. ランチのときやお茶のときになるべく話をすること，仕事の話だけでなくごくごく普通の話でもOK
A. 少し自分を控え目にしておくとうまくいきます。好きな食べ物，好きなお店，趣味など，お互いの共通点を見つけてみましょう。
A. お話を最後まで聞いてあげる。

Q. VTとして動物病院でうまくやっていけるコツは？
A. いろいろな話（仕事以外の楽しかったこと，うれしかったことなど）をする。
A. 自分の役割を見つける。

Q. VTの仕事をしてみてやりがいを感じるのは？
A. 病気や老衰で亡くなったとしても「ありがとう」と言ってもらえること。
A. 飼い主さんが喜んでくれるとき。
A. 動物がなついて喜んでくれるところ。
A. 重症の動物が元気になっていくこと。
A. 仕事をしながら自分のできることや役割が増えること。

Q. ストレスをためずに仕事と日常生活をやっていくために，どのように時間を配分していますか？
A. 忙しかった日や疲れたときは，自分の好きなもの（ケーキや本など）を買って自分にごほうびをあげる。ごはんは毎日作っているが，無理せず手がかからないものでリラックスする日も作る。
A. 力を抜くとき（オフの日）はしっかり休んで，仕事のときはしっかり一生懸命働いて，けじめをつけます。

Q. ストレス解消法は何ですか？
A. 愛犬と出かける。
A. 好きなものを食べる。
A. 欲しいものを買う。
A. 友達と過ごす時間を作る。
A. 玉ねぎを刻んで冷凍。
A. 違う仕事の人と話す。
A. 49頁の〈みんなのストレス解消法は？〉参照。

Q. 仕事を続ける自信がなくなったときはどうしたらよいですか？
A. 自分を信じる。
A. 友達，先輩，パワーパートナー，先生，親に相談する。

Q. 仕事をしていて大変なとき，悲しいとき，辛いときは？
A. 小さいときから来院していた動物が，病気になったり亡くなったりしたとき。
A. 飼い主さんの都合で，治療を受けずに病気が悪化するとき。
A. 飼い主さんが少し工夫することで，動物が快適な生活ができたり，治療をすれば元気になったりするのに，あきらめてしまうとき。
A. 自分としては一生懸命やっているのに，評価が認めてもらえないときや誤解されたとき。

Q. 仕事を長く続けるにはどうしたらよいですか？
A. 楽しく仕事ができるように，毎日心も体も元気に楽しくの生活を自分から心がける。
A. 毎日違う楽しみを見つける。
A. 小さな目標を作って達成感を味わうようにする。
A. そりが合わないときは自分からそりを合わせ，疎（うと）まないように心がける。

Q. 明るくすることが苦手なのですが，何か改善方法はありますか？
A. 普段の声よりワントーン高く話す。鏡を見て笑顔の特訓をする。
A. 良かった探しノートを作り，小さなことでも書き留めてみる。

Q. 人と話しているなかで，自分の主張をどうしても譲れないときはどうしたらよいですか？
A. 一度は相手の話を聞いてから自分の主張ではなく，意見や提案の形にして伝える。
A. 一歩引いてみて，その考えもありかな，と認める。
A. 自分の枠が広がったと思って，相手の話との折衷案を考える。

Q. なぜその病院に就職しようと思いましたか？
A. 獣医師の先生と話してみて優しそうだった。
A. いろいろなことを教えてくれそうだった。
A. 通勤できる範囲だった。
A. 先生の人柄や動物に対する考えや価値観が，自分と近かったから。

Q. 自分に合った病院の見つけ方のコツは？ どこにするか迷いましたか？（就職するときに大変だったこと）
A. いくつかの病院を見学させてもらったり，実習させてもらう。
A. その後働きたい病院があったら手紙を書いたり，また見学に行ったり，手伝いに行って自分をアピールする。
A. 見学に行くときも履歴書や名刺を作ってお渡しし，病院側からも連絡がとれる体制にしておく。
A. 行く前にホームページ，ブログなどでどんな病院かチェックをし，その後もまめにコミュニケーションをとり，病院の外面内面全てを少しずつ知り理解を深める。

Q. 実習に行くのですが，最低限知っておいたほうがよいことは何ですか？
A. その病院に必要なことを聞いてみる。分からないことがあったらメモしておいて，先生の手が空いているときに聞く。することがないときは看護師さんに「何かすることはないですか？」と自分のほうから聞く。

Q. VTの仕事で社会保険はありますか？ お給料は？ 昇給しますか？
A. 社会保険のある病院とない病院があります。
A. 初任給は病院によって異なります。時間も休日も異なります。
A. 昇給は病院，人，実力によって違ってくると思いますが，うちの病院では年2回昇給で2回ボーナスが2か月分ずつ出ます。
A. 給料は17万円からスタートし，仕事を覚えてできるようになると24〜27万円くらいです。

Q. どんな資格をもっていますか？ もちたいですか？
A. JAHAの看護師の認定資格2級。
A. JAHAの看護師の認定資格3級。
A. 車の免許。
A. しつけの資格（インストラクター）
＊動物看護師の統一認定試験が開始されています。

Q. どのくらいで一通りの仕事を覚えられますか？
A. 季節によって仕事が変わるので，1年の流れを覚えるには1年以上かかります。春：狂犬病やノミ，マダニの予防，初夏：フィラリア，季節の変わり目にウサギの胃停滞，冬：猫の上気道感染症や尿路疾患など。

Q. 仕事を効率よく行うために工夫していることは？
A. 忙しいときはちょっと開き直ってゆっくり確実にやる。慌てると間違えたりしてかえって遅くなることも。
A. 好きなものから始める。
A. メモをとる。
A. チェックを入れながらこなす。

Q. 薬品や専門用語，犬の骨格や体の部位などを効率よく覚えるにはどのような方法がありますか？ どうやって勉強していましたか？
A. 毎日の仕事の中で繰り返すことで自然に身につく。
A. 分からないときは聞いて，名前だけでなく理解して関連することを一緒に知識として身につけると覚えやすい。
A. ごろ合わせ（表2-3）など工夫して楽しく覚える。
A. 友達と一緒に勉強する。
A. イラスト，図，記号などを使って頭からだけでなく視覚からも覚える。

表2-3 ゴロ合わせの工夫

a/d	あっというまに元気ドンドン a/d缶	術後 etc. 食欲不振
c/d	シーシーシーおしこ出そう c/dで	結石（ストロバイト，シュウ酸カルシウム）
d/d	どうしたのかゆいときにはd/dで	皮膚炎
g/d	ジーさんになっても元気だg/d	高齢用
h/d	ドキドキ heart で勝負 h/d	心臓用
i/d	iモード愛があふれて消化不良はi/d	消化器用
k/d	きみの腎臓ずっとずっと守ってく k/dで	腎臓用
l/d	肝臓がLサイズ 病気になったらl/d	肝臓用
n/d	がんなんて no thank you n/dで	がん用
p/d	ピーピーと赤ちゃん泣いてる p/d	高タンパク（母・子）
r/d	ルンルンルンたべすぎちゃって太ったときはr/d	肥満用
s/d	サラサラとおしっこに砂出たときはs/dさ	結石（ストロバイトのSクラス）
t/d	テカテカピカピカ歯がきれい t/dだから	歯垢，歯石，歯肉炎
u/d	うれしいな尿毒症でも気分壮快u/dで	尿石症，尿毒症
w/d	ウエストにくびれができてかっこよくなる w/d	ウエイトコントロール
z/d	アレルギーならぜーんぶおまかせ	アレルギー（皮膚，消化器）

もっとたのしい，さらにわかりやすいゴロ合わせ！みんなも考えてね。つくった人は教えて下さい。

Q. 結婚や出産をしても続けられますか？
A. 続けられると思います。私は続けています。
A. パートタイムになったり曜日を決める，保育園にお願いするなど，病院と話し合って勤務体制を整えて続ける。
A. プロジェクトチームを作り，求心力で応援団を集めて皆に協力してもらう。
A. 結婚・出産しても大切な人材といわれるだけの実力をつけ，いつまでも仕事をもらえる関係を今から築いておく。

Q. 上手に保定する方法
A.
① 動物がリラックスした姿勢を保つ。
② 人が動物の方に近寄って包み込むようにしてそっと固める（動く余地を作らない）。
③ 動きそうになったら 0.5 秒以内にグッと固定して，じっとしたらすぐゆるめる。　　　　（図 5-38 参照）

Q. 暴れてしまった動物を落ちつかせる方法は？
A. こちらは慌てず，静かになったら，ほめたり話しかけたりする。

Q. 診療時のケガの回数は？
A. ちょっとかまれたり，引っかかれたりの回数は覚えていませんが，私がお医者さんに行ったのは 1 回です。

Q. 一番苦労する検査は？
A. あばれんぼうウサギを，採血する時の保定。

Q. 動物が亡くなったとき，飼い主さんとどう接したらよいですか？
A. たくさんかわいがって幸せな一生だったことを伝える。
A. 自分を責めてしまう人もいるので，今までのこと全部大切だったということを伝えてあげる。
① 聞いてあげる。（例）どんな子でしたか？
② 分かってあげる。（例）がんばり屋さんでしたね。
③ ほめてあげる。（例）○○さんちの子になって幸せでしたね。

Q. 飼い主さんと上手に会話をつなぐコツは？
A. 分かりやすい言葉で話し，聞き上手になり最後まで聞く。
A. 連れてきている動物のことを話す。
A. 自分の飼っている（いた）動物のことも話す。
A. 何を目的にしているかをきちんと分かってあげて，その内容を解決してあげる。

Q. TPR（体温・脈拍・呼吸）を取るときに気をつけることはありますか？
A.
〔T〕＝体温
① 正確な体温は直腸温です。
・動物が嫌がらないように，飼い主さんなどが気をそらせます。
・体温計が肛門に入りやすいように，流動パラフィン，サラダオイル，パコマＬ消毒液などを塗ってから入れます。
・力を抜いて，入りやすい方向に，ゆっくり少しずつ入れます。
・体温計を人肌近くに温めておきます。冷たくないし，早く計れます。
② 耳で，赤外線式の体温計で計る方法もあります。
・耳介を引っ張り気味にして外耳道を真っ直ぐにし，鼓膜をねらって「測定ボタン」を押します。
③ 触診でおおまかに計ります。
・お腹，耳介の根元，頬の裏側などを触ると体温が下がっているか，熱があるか分かります。
〔P〕＝脈拍
10 秒計って 6 倍に，12 秒計って 5 倍に，15 秒計って 4 倍に。無理なときは 6 秒計って 10 倍に，ケースバイケース，臨機応変で計ります。
〔R〕＝呼吸
よく診て呼吸の数だけでなく，浅い深いなど，呼吸の様子も観察します。

良い習慣

- 挨拶（ただいま，行ってきます，お帰り，行ってらっしゃい）7
- 早寝・早起き 7
- ペットの世話・掃除 6
- 節電 5
- バイト 3
- 自転車通学 2
- 片づけ・掃除 2
- 筋トレ 2
- 弁当を朝作る 2
- 料理・ご飯の手伝い 2
- 思いついたらすぐ行動 2
- 家族そろっての食事 2
- メモをとる
- 節約
- 毎日日記
- 禁酒
- 禁煙
- 読書
- 散歩
- たくさん笑う
- 3度のご飯
- 自分で通学
- 早めにバイト先に行く
- 授業で寝ない
- 映画
- 肉食よりも野菜中心で音楽
- ニュースをチェック
- エコドライブ
- 手書き
- 朝牛乳
- 5分前行動
- 21時以降は食べない
- 次の日の準備は前の日に
- 趣味でストレス解消
- 遅くなるときは連絡
- お風呂あがりの腹筋
- 飲み物はウーロン茶かお茶か水
- 月2，3回スポーツ
- 気になることはすぐ調べる
- 夜2回歯磨き
- 駅から学校まで歩く
- ジュースではなく水を飲む
- エレベーターをやめて階段
- 母とスーパーへ買い物
- ご飯の手伝い
- 洗濯物の取込み

悪い習慣

- 夜更かし 9
- 朝寝坊 7
- 携帯ゲーム 5
- コンビニでの買い食い 3
- 面倒くさがり屋 3
- 設定時間ぎりぎりになる 3
- 携帯いじりすぎ 2
- 朝起こしてもらう 2
- テレビばかり見る 2
- 二度寝 2
- 食べ過ぎ 2
- 忘れ物 2
- 掃除をしない 2
- 暗がりでパソコン
- 電気のつけっぱなし
- 置きっぱなし
- 居眠り
- マイペース
- 服とかの大量買い
- 時間にルーズ
- ネガティブ
- やる気が出にくい
- 掃除をしてもすぐちらかる
- 鞄の中が汚い
- 寝起きが悪い
- すぐ髪をいじる
- トリミングの時間に座り込む
- ティッシュの無駄遣い
- 間食（ご飯前・寝る前）
- 家にいるとダラダラしてしまう
- ボーっとしている
- 寄り道
- 整理整頓が苦手
- 体をあまり動かさない
- 長トイレ
- 早食い
- 眠いと動きが遅くなる
- 計画性がない
- バイト中にため息
- 後回しにしてしまう
- 無駄遣い
- 運動不足
- 歩かない
- エコなし生活

忘れる習慣

ときには「忘れる習慣」も大切で，たのしく生きている人は，うまくいかなかったことを上手に忘れて，次に気持ちを切りかえています。

新しい習慣

- 運動（筋トレ）5
- 早起き 2
- 自分で起きる 2
- 新聞・ニュースのチェック 2
- 日記 2
- 夜更かしをやめる 2
- 読書 2
- 10分前行動，5分前行動 2
- 勉強
- 料理を作る
- 二度寝はしない
- 食事の改善
- 笑顔を心がける
- 健康面に気を使う
- 早寝
- 家で朝ご飯を食べる
- まめに掃除をする
- 半身浴

図 2-7　動物看護師の専門学校の生徒さんにたずねた習慣（数字は複数回答数，そのアンケート用紙は図7-2に示しています）

コラム 2-1

◆1年後の自分へのメッセージ◆

- 社会人1年目として，辛いことも楽しいことも全て受け止めて，日々成長していってください。
- 今の自分より1つでも新しい財産を身につけてください。
- 努力すればいつか結果はでる!! だからがんばれ。
- 社会人としてしっかりがんばって，くじけないで。
- まだまだ目標は先に，これからも楽しく目標へ向かって輝こう。
- 辛いことがあっても逃げないで，がんばっていますか。
- 満足するにはまだ早い。
- 多分ちょっとしたことで悩んだり，嫌になったり，くじけたり。そんなときでもありがとうとごめんなさいを忘れないでください。
- 努力とは，継続して初めて形になる。3日坊主は努力とはいわない。
- 仕事場（動物病院）を辞めないようにがんばってください。
- しっかり社会についていってください。
- 何があっても負けないで笑顔でがんばってください。
- 仕事に慣れず苦労するのは当たり前，がんばるしかない。
- 自分から積極的にコミュニケーションをとってがんばって。
- いつも笑顔で何かに挑戦していてください。
- 何か1つ自分の強みになるものを見つけていますか。
- 今よりも成長できていますか。少しでも人として大きな人になれていたらよいな。

国際ペット総合専門学校の生徒さんの書いた，自分自身へのメッセージ

4. 動物看護師さん指導のポイント

Q. 動物看護師さんの指導法，コミュニケーション，セクハラとパワハラの線引き，長くいるスタッフと新人の勤務獣医師の先生との対応，スタッフが仲良くなるアイデアがあったら教えてください。

A. 私達が学生の頃は，大学の講義でスタッフの対応については教えてもらっていません。アルバイトなどを通して，スタッフとのコミュニケーションを学べるほどのたっぷりした自由時間もありませんでした。

全国数か所の先生方のアンケートを読むと「動物看護師さんが怖くて今まで使えなかった」「スタッフの勉強会やミーティングはどうしていますか？」「スタッフが長く居着いてくれません。良いアイデアを教えてください」など，スタッフとの対応で憂い悩んでいる先生が多いです。そうは言っても一人でがんばるには難しい仕事です。

「今の若い人は～」と諦めたり，逆に「自分のやり方に問題があるのか…」と深く落ち込んだりする前に，スタッフがどんな気持ちでこの仕事につき，どんな夢があってがんばっているのかを上手に聞き出してみましょう。

仲間がいると乗り越えられることもいっぱいあります。勉強会の機会を与え，セミナー代や交通費だけでなく，その日はそこで知り合ったり一緒になった友達とお茶できる程度の出張旅費をもたせて気持ち良く外勤に出してあげましょう。同じ立場の動物看護師仲間ができるとともに，励まし合いながら長続きするように思います。私達の病院でのスタッフ対応をお話しします。

感謝の心

私達の病院のスタッフの動物看護師は，1989年からの由紀ちゃんと，2003年からの長女がいます。小さな病院なので特に指導法などもありませんが，心掛けていることは朝は笑顔で「おはよう」のあいさつを先に言うこと。

診察中に綿棒などもってきてもらったら「ありがとう」，小さなこと一つ一つに感謝をすること。院長の手伝いをしたのに，説明中で話さなかった時などは，代わりに私が言うこともあります。当たり前のことを積み重ねていくようにしています。なお，「ありがとう」の反対語は「あたりまえ」です。

スタッフが喜ぶ言葉，嫌われる言葉は，第6章239-241頁に出ていますので参考にしてください。

スタッフミーティング

コミュニケーションは朝礼で夜間の診察があった時はその報告と当日の予定を，昼はランチミーティングでスタッフみんなで昼食をとりながらたわいのない話を，終礼で明日の午前の予定の確認をしてなるべく全てのことを全員が把握するようにしています。ハガキを出す時も2名以上でチェックするので，亡くなった動物にリコールのハガキを知らずに出してしまうことは皆無です。小さい病院だからできることかもしれませんが，何でも共有することにしています。

セクハラとパワハラの防止

スタッフの教育に一生懸命まじめに取り組んでいるつもりが，違うとらえ方をされることは双方にとって寂しい結果になります。こういう時代なので，企業に勤める友人は部下やスタッフ，特に女性を呼んで意見や提案を言う時は，部屋の扉をあえて開けたままにしています。やましいことは何ひとつなく，さわったりもしていないのに「キャー」と悲鳴とともに部屋を飛び出し，セクハラの訴えを起こす人がいたり，叱り方が悪くてうつになったと診断書を出し続ける人がいたり，雇う側に不利になる行動に出る人もいるそうです。「がんばってね」と右手で肩をポンとさわったことで裁判ざたになった会社勤めの友達もいます。普通ではあり得ないことですが，そういう例も頭の隅に置いてスタッフの指導にあたることを，セミナーなどでは話しています。ホテルマンの友達は，満員電車では両手で吊り革を持つよう部下に指導するほど世の中は変化しています。誤解を招きやすい態度は要注意ですね。

パワハラでは，正論で責めないよう，それに近い現場を

見かけた時はみんなでフォローします。
　セクハラ，パワハラ禁止宣言を明確にし，ルール作りと違反規程を設けましょう。

スタッフ同士のコミュニケーション

　長くいるスタッフと新人の代診の先生との対応は，どの病院でも抱えている悩みのようです。現に，私達の病院でも実習や見学などで獣医師のライセンスをもった先生が来ることがあります。勉強や知識は十分もっていてもまだ上手にそれを生かすことができないので，検査や保定など実践は長くいる動物看護師にかないません。はじめにそのことを説明し，由紀ちゃんに何でも聞いてもらって，ひと通りさまざまな仕事を覚えてもらいます。職域もありますが，まず病院のシステムをつかんでもらってから，次に獣医師としての活躍の場を与えるようにしています。ライセンスも重要ですが，一番大切なことはスタッフとしての人間力なので，それが磨ける人を育てて一緒に仕事ができたらと思います。勉強したい獣医師の先生が時々そんな形で不定期に来ていますが，和気あいあいで上手にやってくれていて助かります。

ヒューマンチェーンMap

　スタッフが仲良くなるアイデアはヒューマンチェーンMap（図2-8）です。これを院長も含めて記入してもらって貼りだします，どこかに1つは共通点や意外性の魅力が見つかって，親しみを感じます。恋人にしたい人と記入するのもおすすめです。接点が見つかるからです。

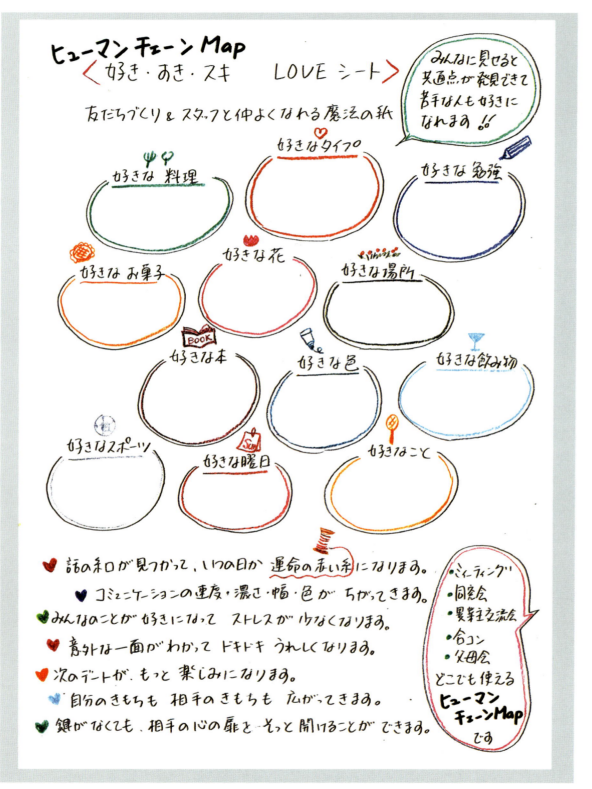

図2-8 ヒューマンチェーンMap

5. 動物看護師さんの仕事
人と動物の橋渡し
ヒューマンアニマルボンド

自分のできること，得意なこと探して，他の人の仕事も手伝える人になってネ

主な仕事 〜職域を広げよう〜
- ペットの選び方
- 飼い方の指導（行動学）（しつけ教室）
- 健康診断のポイント・お知らせ
- 栄養学の指導
- ワクチンなど予防のプログラム
- 肥満の対策
- 歯みがき指導
- ペットホテル，入院の世話・管理，術後のケア
- 高齢動物のケア
- ペットロスのサポート
- 社会との交わり（動物介在活動，盲導犬…etc）
- 受付，電話
- 薬，フードの在庫管理
- 各種検査（尿，便，血液…etc）
- 保定・手術の用意，麻酔の用意
- 学校動物，野生動物
- 病院と両隣と道路のそうじ
- トイレ（人・動物）のチェック
- その他…

人として
- スマイルパワーふりまいて
- 明るいあいさつ自分から
- さわやかな身だしなみ
- 時間と約束を守る（自分と）
- ていねいな言葉で心を込めて
- 決め手で勝負（気配り・目配り・手配り）
- 心と体の健康第一
- 思いやり
- 責任感，協調性
- 前向きに。前のめりはだめ。
- 好奇心，積極性
- 整理整頓（物と頭と心）
- いつもホウレンソウ（報告・連絡・相談）
- はい，ありがとう，ごめんなさい。
- 元気に，素直に，楽しく一生懸命
- 社会にお返しができる人に
- にっこりアイコンタクト

持ち物
- 名刺・名札
- 筆記用具（メモ帳，ペン2本）
- 聴診器
- ハンカチ，ティッシュペーパー

Heart に Melody

身だしなみ
- 薄化粧
- 髪型すっきりたばねる，色注意
- 香水控え目
- 爪は色・アートなし，短く
- 白衣，ズボンは清潔感
- ピアス・指輪はずす

その病院に合わせた仕事，身だしなみ，持ち物にして，かけがえのない宝物のスタッフになりましょう。微差は大差を生みます。コツコツ，1日1ミリでね。

> コラム 2-2
> **手があいたときのリスト表**
>
> スタッフ用　（　）月（　）日

通知ハガキの作成	：お知らせ（ワクチン，歯石，去勢・避妊，検査 etc）・エキゾチックアニマルの健康診断
洗浄・消毒	：食器・器具・スライドグラス・タオル
そうじ	：屋外・待合室のイス・書籍・パンフレット・ガラス窓・棚・ドアの取っ手・機器類・換気口とエアコンのフィルター・ブラインド・トイレ・流し
ほこり・汚れ	：棚・イス・手術用ライト・レントゲン装置・ビデオモニター・レジスター・トイレの窓・湯沸し器
薬の在庫	：薬の分包（整腸剤・関節の薬・抗生剤・ウサギの薬・フィラリア予防薬）外用薬（点眼びんや軟膏つぼに小分け）・シャンプーの小分け・点眼びんのセット
尿処理用紙オムツ	：1/2 カット・吸収面を表になるようにたたみ直したもの・新聞紙（1 枚セット・3 枚セット）
衛生材料	：脱脂綿入れ・綿棒入れのチェック
検査の在庫	：遠心管・スライドグラス・検便容器・竹串 1/2 カット・尿検容器・ストローのカット（スポイト代り）
注射針	：個別にバラしてトレーに補充
フードの在庫	：療法食・小分けセット（ハムスターセレクション・鳥メンテナンスフード 100g・200g）
手術セット（滅菌）	：器具・ガーゼ（1・2・4 枚セット）・ドレープ・電気メスコード
パンフレット	：犬用セット・猫用セット・ウサギ用セット・ハムスター用セット・フェレット用セット・etc
ハンコ押し	：証明書・封筒・書類（同意書 etc）
整理	：伝票・計算書・領収書
計算	：現金出納帳・仕入帳・通帳記帳 & 入出金
買物	：両替・記帳・切手・消耗品（ティッシュ・トイレットペーパー・ペーパータオル・ビニール袋）
文具	：整理袋ファイルの作製
データ	：病理組織など外注検査結果の整理
カルテ	：新カルテおよび診察券にナンバリング・初診パンフレットセット・使用したカルテをしまう
コピー印刷	：各種パンフレット・ハガキ・病院案内・駐車場地図・ニュースレター（コンパニオンアニマル）
パソコン	：ホームページ更新・メールチェック・ブログコメントチェック・フェイスブックのチェック
実習生用資料	：病院のポリシー・おみやげセット
その他	：エリザベスカラー作成（セキセイ・ボタンインコ用・etc）

コラム 2-3

ビジネスマナーの達人
(動物看護師さんの専門学校で使う資料)

普通の人（VT）（Vet）	かけがえのない人（VT）（Vet）
うそをつく（過去）	ホラを吹く（未来）（夢がある）
思い出に浸るだけ	思い出を残しそれを礎にステップアップ
出る杭は打たれる	出すぎる杭は打たれない
よくしゃべる人	成果をあげる人（有言実行）
あとからついていき，まねだけが得意	人に向いていただく極意がある
わかる・知ってる・頭だけ	できる・やってる・心を添える
私なりのやり方があると，ひとりよがり	私には目標や夢に向かってよい所を学ぶ気持ちがある
人の短所を責める	人の長所を見つける
おとなしくてよい子（音なし）	あるがままで波にのる子
ただ年齢を重ねる	1つ1つ年輪を重ねる
成功の反対は失敗	失敗は成功へのステップ
勉強だけで理解	トレーニングで能力を反復
現状で満足	テーマをもって歩く
目標がない，3日坊主	目標を紙と心に書き留める。1日1ミリ
目上にペコペコ，目下に横柄	目上に堂々，目下に配慮
エリートの壁	人望の石段
目標が低くプライドが高い	志が高く腰が低い
浪費・消費だけを繰り返す	価値ある投資で自分を育てる
すぐ信じる，すぐに疑う	まず自分で調べて確かめる
十中八九無理とあきらめる	10回に1回の成功に挑戦
間も余白も埋め尽くし窮屈にする	間と余白の美で心を伝える
マニュアル通りの指示待ち人間	スタートボタンは自分から
失敗を恐れる	挑戦（ストレス）を楽しむ
ビニールハウス育ち，そこそこの味	野生育ちの充実した濃い味
人に負けない	自分に負けない
自分を大事にする	自分も人も大切にする

＊1つ2つ，自分で作ってみよう！

第3章　飼い主さんにできること

1. 飼い主さんに喜ばれる病院経営
2. 飼い主さんの要望
3. 飼い主さんとのコミュニケーション
4. 飼い主さんのモチベーションを引き出す
5. 大震災を経て
6. 子ども達と身近な動物

五行歌 & Essay

卒業証書

　いろんな卒業証書があるけれど，こんな卒業証書はいかが？
　私たちの病院では，糖尿病のネコの飼い主さんに，インスリンの注射が上手にできるようになったら，『○○さんは〜〜ちゃんのために注射法を立派にマスターしました。これからも，糖尿病の管理とコントロールをがんばってください。応援しています。動物病院スタッフ一同』　発行年月日と友だちが彫ってくれたかっこいい印の入った証書です。サプライズでこれを渡すと，皆思いがけないので大喜び。「えっ，卒業！？」って，うれしさと使命感の混じった顔でくしゃくしゃになります。
　ともすると，注射の度に後ろめたさのある飼い主さんが多いので，"命の滴で長生きのお手伝い感覚"に盛り上げるのも治療の１つかもって思います。

空が
大きい日は
心が
笑っている日
なんだって

1. 飼い主さんに喜ばれる病院経営

この頃，公務員や大動物や会社にいた同級生が，「小動物に転向しようかなあ」と相談されることが多くなりました。

小さな病院ですが，38年余大きなトラブルもなく過ごせたこと，温かい飼い主さんや動物たちに囲まれて育ててもらったこと，経営学のセミナーも昔は少なかったので，友達と中小企業退職事業団の情報を集めたり，税法が変わると教えっこしたりしたことなどがあります。開業という仕事は獣医学だけにとどまらず，スタッフの育成など勉強することがたくさんあるなあと，つくづく思っています。

友達からの質問に，私達の病院の場合こんなふうにしているという答えを書きました。

1）飼い主さん重視の診療とは？

Q. 飼い主さん重視（本位）の診療を心掛けたいと思っていますが，どんなことがあるでしょうか。

選択肢

A. 飼い主さんの顔色だけをみて希望通りにする，言いなりになることが飼い主さん重視ではないので，正しい情報，エビデンス（調査研究に基づいた診療）を病院側から提示して，その中からセレクトしていただくことがベストだと思います。

費用，労力，治癒率，治る時間の予想・予後，動物への負担，介護の度合いなどを丁寧に説明し納得していただき，そのうえで選択していただき，一緒に協力し合えるような形にもっていけたらと思います。

説明時は過去のデータ，専門書の中身，インターネットからの情報，オリジナル資料などを提示して，できればメモなどに書いてお渡しします。

2）診療の具体例

Q. どのようにしたら飼い主さん重視の診療ができますか？

説 明

A. 飼い主さんには，病気の治療は3つの力が必要なことをお話します。3つとは①動物の力，②飼い主さんの力，③獣医療スタッフの力です。②と③の双方で努力し助け合いながら動物の治癒力を引き出せるようにすること。獣医師は可能な限り治る手助けはしますが，治ることが難しいこともあること。

入院の場合：入院の看護記録を差し上げたり，FAXで毎日連絡を入れたり，電話だけでなく経過を視覚的に記録するなど，コミュニケーションを密にします。

通院の場合：まめに病院に来ていただき，飼い主さんの顔を見ながら直接対話をする。忙しくても院長が1回でも目を合わせてあげると飼い主さんはうれしい気持ちになります。「会えば会うほど好きになる」というロバート・ザイアンスさんの『ザイアンスの法則』を，仕事にも人生にも家族にも活用します。

おもいやりの気持ち

この飼い主さんが「もし家族だったら」「もし親友だったら」「自分がこの動物の飼い主だったら」と立場を置き換えてみると，あらゆる情報や知識を積極的に取り組むことになり，ベストな方法を提示できます。

次の約束

毎回少額な時でも計算書や領収書を必ず発行し，そこに次回の予定を書きます。仕事も人生も次の約束ができない人とは，長続きしません。次の約束の日が過ぎても来院されなかった時は，頃合いをみてハガキをお出しします。「あれから足の痛みはどうですか？」「そろそろワクチンをしましょう」封書ではなくハガキで出すと開封する手間が省ける他，本人だけでなく家族の目につくので，先生がうちの動物のことを気にかけてくれているということが，家族全員に伝わります。

3）飼い主さん重視の必要性

Q. なぜ飼い主さん重視の診療が必要とされるのでしょう。

A.

心の満足

① 獣医師やスタッフが満足しても，飼い主さんが不満や不安が残る診療は，動物を飼う楽しさが半減します。
② たとえ治らなくても，飼い主さんが満足して良かったと思う診療が大切です。治っても飼い主さんが満足してい

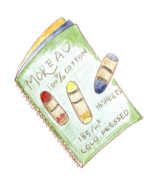

なければ，医療サービスとしての意味が少なくなります。
③ 飼い主さんが満足して感動すると，その人はリピーターになるだけでなく，オピニオンリーダーやロイヤリティ（親密感，信頼感）につながります。宣伝費をかけずにその病院に合った飼い主さんが，いつの間にか増えることになります。
④ 順番待ちの時間が長いと，具合の悪くなる動物が出たり，不安を募らせる動物がいたりします。飼い主さんの気持ちと動物の心は鏡のようなので，不安・嫌な気持ち・心配がさらにふくらむことがあります。診療にも影響が出ますので基本的に予約制を取り入れるなど，待ち時間を少なくする工夫をしましょう。
⑤ 判で押したような常套句「お大事に」のフレーズは，毎回1本調子だと，飼い主さんに伝わらないこともあります。そんなつもりはなくても短い言葉なので，冷たく言われたと受け取る人もいます。言葉には必ず心を添えてその場，その方に合わせます。
　例 「暑いので帰り道は，日陰を選んでくださいね」
　　　「雨が降ってきているので，気を付けてくださいね」
　　　「少しずつ元気になるといいですね」
　　　「介護に疲れないように○○さん，お家の方もお大事になさってくださいね」
⑥ 診療以外のところでも，飼い主さんサイドの満足感が変わります。スタッフとのやり取り，電話の対応，会計，面会にいらした時の態度，MRさんとの会話，外でばったりすれ違った時のあいさつなどにも絶えず気配りをしましょう。上から目線で話をしないで，獣医師や動物看護師としてのイメージを壊さないよう，逆にイメージアップにつながるようなふるまいを大切にします。

4）飼い主さんの求める診療

Q. 飼い主さんはどのような診療を求めていると思いますか。

A. アンケート：飼い主さん，異業種交流会の友達，小・中・高の同級生に聞いてみました。
① 担当の先生や看護師さんと対話のある診療。
② 何でも質問できる空気や環境。
③ 飼い主さんが納得・理解して治療を進めていく形。
④ 病気の治療以外で困っていることを聞いてくれる雰囲気や時間がある。

　例 介護のグチ，家族の非協力などへのアドバイス。
⑤ 専門用語でなくわかりやすい言葉を使ってのフォロー。
⑥ 分からないと決めつけずに専門用語も教えてほしい。
⑦ 場合によってはメモ用紙に書いたり簡単なイラストを描いてほしい。
⑧ 忙しそうな素振りや早口は謹んでいただきたい。
⑨ 待ち時間がどの程度か，おおよその表示があるとうれしい。
⑩ 空いている曜日や時間帯をあらかじめ教えてもらえるとありがたい。

ラジオで多い質問

ラジオのパーソナリティを10年やっていました。獣医師に聞きにくい質問が，リスナーさんから寄せられます。
　例 糖尿病は，いつになったら治りますか。
　例 「尿をもってきてください」と言われましたが，具体的なとり方の説明はありませんでした。どうやってとったらよいですか？
　例 薬，目薬，点耳薬をもらいましたが，病院と家では動物の態度が違ってうまくできません。上手にできない時の裏技を教えてください。
　例 チワワを飼いはじめました。「水頭症に気をつけて」と言われました。病名だけ伝えられ，原因，具体的な症状，予防法などは教えてもらえなかったので，不安だけが残りました。どんな症状でどうしたら病気にならないで済みますか？

他にも，例 キャバリアを飼い始めました。「心臓病になりやすい犬です」と言われました。例 ミニチュア・ダックスをワクチンに連れていったら「椎間板ヘルニアを起こしやすいので気を付けて」と言われました。…などがあります。

分かりきっているよくある病気だったり，立て込んでゆっくりお話しする時間がとれないと，手を抜いたつもりはないのに飼い主さんにとっては中途半端な説明になり，心配や消化不良や不満につながります。

いつも帰り際に「何か分からないことはありますか」「心配なことがあったら言ってくださいね」と必ず一言，獣医師か看

護師が言葉をかけましょう。

5）動物病院　昔と今

Q. 開業した頃の30数年前（1976年）と，現在で飼い主さんの求める診療の変化と，不況時や災害時に気を付けることを教えてください。

A.

コンパニオンアニマル

30年前は犬も猫も多くは外で飼っていて，番犬なので予防は狂犬病だけで完璧と思い込んでいたり，ただ飼っていて最期に1回だけ診てもらうという人もいました。治療をすれば助かりそうでも「自然に任せたい」という方も多くいました。

もちろん大事に飼って，できることは全部してほしい方もいました。そういう方は30年経っても，昔も今も変わらずに，動物が変わっても幸せな飼い方を続けています。

ここ20年くらいでペットをコンパニオンアニマルと呼ぶようになり，動物たちを取り巻く環境の変化は著しく変化しているように思います。

癒しが過剰になり，一緒に寝ている人，朝キスをしてから出勤する人，なかには雄犬に不憫（ふびん）だからと性行為もどきの異常なマッサージをして，ペニスから出血させてくる人もいます。

家族の一員はもとより家族以上の存在になり，一緒にキャンプ，ホテル，レストランに連れて行ったり，躾教室で友達をつくって来られる人も増えました。

動物に関する本やインターネットで，さまざまな情報が得られる時代になりました。予防に力を注いでくださる人が増えて「今，この時代に生まれた動物たちは幸せね」と飼い主さんたちも喜んでいます。

不況時，災害時

予防・治療を思う存分やってあげたい気持ちがあっても，会社の倒産や取引先の事情などで動物にかける時間やお金が足りなくなってくることもあります。飼い主さんのプライドを傷つけないように選択肢を取りそろえ，その中でベストな方法をご紹介します。動物を飼っていて良かったと

思えるようなお手伝いをしましょう。不況や災害の時こそ，動物たちの力が必要なこともあります。状況，外観，マニュアル，言葉だけで勝手に判断せずに，飼い主さんの本音を汲んでアイデアや工夫を盛り込んで，動物たちにとってハッピーな提案ができるとよいですね。つい獣医師の視点だけでフィルターをかけて判断してしまいがちです。予防をきちんとしていなくても，動物をかわいがって大切にしている人もいます。"動物大好き"という仲間だ，という大きな枠でとらえて，平等に公平にアドバイスを差し上げたいですね。

6）喜ばれる診療をするための工夫

Q. 飼い主さんに喜ばれる診療をするために，どんな工夫をしていますか。

A.

① 病気や治療や手術の説明をした後，確認書や同意書などで理解度や要望や希望を聞く。
② 手術の希望の有無など，その場で答えを求めずに一度帰宅させて家族と相談できる時間を与え，質問や心配を用紙に書き出していただく（第1章26-29頁参照）。
③ なるべくまめに来院していただき，コミュニケーションを密にして仲良くなり，何でも相談しやすい関係を作る。
④ 病院としての付加価値を高めるために，プラスアルファの小さなサービス（思いやり）の提供を心掛ける。
　例　お役立ちの本の回し読みができる貸出文庫，寒い時期はペットボトルにお湯を入れて保温湯たんぽや保温剤，保冷剤を利用し温めた保温材，貸し傘，ポケットティッシュ，超音波やX線の画像のプレゼントなど。インターネット購入では手に入らない"病院に来るお得感"を出す。
⑤ ハガキ活用術で，常套句ではなく一人一人へ一言，手書きの文や絵を添えて心に届くメッセージを（第6章283-286頁参照）。
　例　お悔みカード，ご紹介カード，お知らせカード
⑥ 亡くなった動物にカルテの写しではなく分かりやすい『健康記録』を，思い出に作って差し上げる（95-97頁参照）。
⑦ 言葉には無限の可能性があり，ほんの10秒で人を傷つけたり喜ばせたりするので，一言一言を大切に選び，飼い主さんの心を開く言葉を選ぶ（第6章243頁参照）。
⑧ 難しい言葉（専門用語）はやさしく，やさしい言葉は前向きに伝える（第6章表6-2，244-245頁参照）。

表 3-1 病院や自分の SWOT 分析
ちょっと考えてみると，できることはいっぱいあります♥

Strength（強み）：得意	Opportunity（機会）：チャンス
エキゾも診ます（1.5 次診療） 家族的な診療（アットホーム） 少人数のスタッフ（コミュニケーションばっちり） 手書きの魅力で勝負（カルテ，ハガキにこだわりの一言） 11 坪でコンパクト（全体が把握できる） 創意工夫でアイデアいっぱい快適診療 商業地域，下町人情の街（夕食が届くありがたさ）	セミナー講師（アイデアを他の獣医師や企業に広める） 国内外のセミナー学会への参加 少子化（ペットを兄弟に） 団塊・定年世代を巻き込む（夫婦でスタート） ストレス社会（ペットで癒し効果） 獣医師会，動物看護師の会，市民向け講演 →業界の大同団結 株よりペット，預金よりペット（目減りしない財産） 眼科，歯科，肥満外来，ペットロスコミュニティ相談窓口開催
Weakness（弱み）：苦手	**Threat（脅威）：マイナス要因**
11 坪で手狭，整理しにくい 駐車場がない（近くのコインパーキング使用） 動物病院ソフトのカルテ計算書の導入をしていない 保険の取扱いがない（飼い主さんが申請） 英語，翻訳ができない 高度医療（MRI，CT）設備はない 都会で集合住宅が多く，小型化が進む	経済不況　→本物は残る 飼育頭数の減少　→来院数を増やす，丁寧にみて単価を上げる 動物病院の乱立　→オリジナリティ，専門分野を磨く Zoonosis　→知るワクチンで知識をつけて予防 後継者対策　→日本，世界に後継者，アイデアの伝達 人口の減少　→多頭飼育のすすめ ジェネレーションギャップ　→自分が変わる，若返る

☆弱みを認めると強くなれます。☆若いときは苦手を克服することに力を注ぎ，歳を重ねたら得意を伸ばすのもよいかもしれません。

⑨ 獣医師としての仕事の他に少し社会活動など，世の中に役立つお手伝いにも参加することで，異分野・異業種との交流コミュニケーション能力も磨く。

例　町内会，父母会，本，新聞，ラジオ，PTA，講演など，好きなこと，できることで世の中の流れや声や風を，自分の仕事にフィードバックさせる。

7）飼い主さんの求める診療への対応

Q. 先生の病院では飼い主さんの求める診療にどのように対応していますか？
A.
①予約制にして待ち時間を少なくし，費用の相談や安楽死の相談などがしやすくなります。
②理解しにくい病気や治りにくい病気の説明や治療の方針は，紙に書いたりパンフレットを作ってお渡しします。
③日帰り手術にし，飼い主さんと過ごす時間を少しでも多くできるようにし，携帯電話を院長，副院長，自宅の番号，Fax などで絶えず連絡がとれるシステムにしています。
④自宅で看取りたい方の場合は，輸液のやり方をご指導したり酸素の貸出をして，家族の希望を取り入れた診療体制にしています。

⑤緩和医療や代替医療などを望んでいる飼い主さんには，メリット・デメリットの他，動物病院側の治療との組合せも含めてよく話し合い，希望を取り入れながら動物と家族にとってのベストな選択を考えます。
⑥フードや療法食の購入方法，保険，駐車場など，飼い主さんの希望に対応できるようにすることも，これからの課題です。

8）コミュニティの絆を作る

セミナーを聞きに行った時は，感想文を書いて，それをお礼にすることが好きです。その日に忘れないうちに書くと，自分の中でインプットとアウトプットが同時にできて，頭と心に残るからです。

この特集を執筆するにあたって，友達の M さんが「コンプライアンスの向上のために飼い主さんとのコミュニケーションを考える」「自分を客観的に評価してみる」「動物病院の現状は？」というタイトル資料をプレゼントしてくれました。

飼い主さんが動物病院で何を知りたいか，それが伝わっているか，コミュニケーションのツール，病院の強みや弱みの分析（表 3-1），他業種との経営収支の比較，ロイヤ

リティの育み方，料金や利益率，スタッフ分析など，幅広い資料でした。

　資料の内容と私達の現状をお伝えすることで，各々の病院の好きなやり方を考えるきっかけになれば幸いです（Mさんの元資料が欲しい動物病院はご連絡ください。ご担当の方から郵送させていただきます）。

病院スタッフ紹介

　私達の病院では，新患のカルテを記入した後，その動物の病状にもよりますが，診療を始める前に自己紹介をします。カルテ作成で相手のことを聞き出しているのですから，一方通行にならないためです。

　当院の楽しいホームページや，寝ころがって読める毎日更新して8年目になるブログもあるので，こちらの情報は得て来られる方はいます。でも，パソコン環境のない方や忙しくて見られない方もいますので，「夫婦で獣医師です」「25年，私達の病院で動物看護師をしてくれている躾が得意な由紀ちゃんです」「長女で動物看護師11年目の明日香です」「どうぞよろしく」「この4人なので誰が電話に出ても，Kさんのミルクちゃんのこと分かります」って一言添えると「こちらこそよろしくお願いします」とはじめて来院して緊張気味の方もほわっと安心した笑顔になります。

　この自己紹介なら約15秒，ちょっと奥にいて診察室に出てきて会釈をしたとしても約10秒で済むことです。こちらはカルテをとる時にだいたいこんな仕事をしている人でこういう家族構成なんだとある程度分かっていますが，飼い主さんはこの4人の関係は"なんじゃらほい？"と思って，誰に病気の相談しようかしらと不安に悩んでいるかもしれません。

参加型で絆作り

参加型：診察や治療の時に動物と飼い主さんが離れ離れになる病院もありますが，私達の病院の場合はスタッフも飼い主さんも参加型。一緒に押さえていただいたり，ウサギの歯なども二方向から見えるスコープ（側視鏡付きニューマチック型耳鏡）またはビデオシステムで一緒にのぞいてもらいます。その動物がちょっぴり暴れん坊だったり良い子だったり，性格と病気も現実を共に把握してもらうことで理解が深まるからです。

適応型：私達獣医師，動物看護師の考え方を説明すると共に飼い主さんの意見をよく聞いて，飼い主さん各々の考えを理解するようにします。

同意型：飼い主さん各々の目的・関心事・心配事を話し合って，みんなで共有します。

連携型：「聴く・書く・話す」で，分かりやすいイラスト付きのパンフレットなども使って，みんなとつながります。

絆　型：みんなが共通の考え，同じ目的に向かって安心して歩けるように「聴いてあげる・分かってあげる・褒めてあげる」の3原則を働きかけて，絆を強くします。

コミュニティ作り

　動物はみんなの心を育ててくれます。家族の悩み（育児・介護・共働き・夫婦関係・老いなど）も，豊かに楽しく乗り越えられるお手伝いをしてくれます。動物病院は動物が心にまいてくれた種をみんなで共有，伝達できるコミュニティを作る原点になれます。

　社会への情報発信コミュニティはもとより，地域コミュニティ，病院コミュニティ，犬仲間のコミュニティ，猫仲間やウサギ仲間と，各々みんながもっている課題を共有できるサロンの中心になれます。例えば，ドッグラン，猫カフェ，ウサギショップなどの情報交換ができます。

　病院のホームページやブログを使ってコミュニティを強化したり，お役立ちを発信できます。人生の春，開業という種まきをしたら，情熱の夏にポリシーを育てて，人生の秋にそれを収穫する時期も作りたいですね。野生動物の保護などいつも次の目標や次のステージを考えて生きると，マンネリ化せずにわくわく活気のある病院になります。

　それにはただ日々の仕事に追われるだけでなく，経営理念をもって病院を経営していくほうが，時代や社会や景気にまどわされずに，自分の軸がぶれなくてやりがいのある仕事につながります。

交流会

　月1回，誰でも参加できる異業種交流会，サクセスクラブに所属しています。第2木曜日の夜7:00〜9:00，都内の会議室で会費1,000円，二次会は9:00〜駅前の居酒屋さんで割り勘です。

　そこには，富士通，IBM，ソニー，製薬会社，雪印，三井不動産，エビス食品，保険会社…さまざまな会社の人やレストランの経営者，画家，ソプラノ歌手などが参加しているため，各々の会社の経営理念やポリシーの他の生き方を教わることができます。

私達も日々動物医療の向上に努め，人と動物の橋渡しの現場の声や動物たちの心のつぶやきを，本，新聞，ラジオ，ミニコミ誌などで伝えていきたいなあと思っています。

　具体例：①犬・猫以外のエキゾチック（ウサギ，ハムスター，フェレット，モルモット，リス，鳥など）の勉強もがんばる　②友達ネットワークで専門医との連携　③製薬会社さんやフード会社さんと仲良くすることで調べてもらいたい資料の入手　④動物の予防・治療だけでなく，ペットが亡くなった時のお悔みカードなどで飼い主さんのメンタルケア．

　自分なりのポリシーや経営理念を持って何十年も仕事を続けているうちに，自分たちはもちろんのこと，スタッフや飼い主さんのモチベーションアップにつながっていきます．また同じ目標をもっている人たちと知り合えるチャンスが増えます．そしていつの間にか1.5次診療のスタイルになって他の病院からのエキゾチックの紹介が増えたり，ロイヤリティの高い飼い主さんがついてくれたり，経営理念が病院の強みに育っていきます．

現状と将来像

　がんばっている日もあれば，落ち込んでいる日もあるのが人生です．どんな日が来てもしっかりしたポリシーと，ある程度自分で経理・経営の分析ができると，迷わないで仕事に専念できるように思います．

　私達はある意味ではスペシャリスト，専門家なので，利潤のみを求めて経営に走ると，良い仕事はできないかもしれません．でも，経理や福利厚生のことを全く知らないと大変危険でスタッフも不安になります．

　ある経営者Aさんは，売上が全て自分の実力で自分のものと思い込みました．売上＝収益ではなく，そこに経費の家賃も光熱費も人件費も仕入もあることをおざなりにして投資をし，事業を維持できなくなりました．

　またBさんは「スタッフは研修の身，勉強させてあげている」という考えで人並みの給与を支払わなかったために，スタッフ全員がある日突然，職場を去っていきました．

　開業したばかりの時，青色申告会の青色教室で一通り経理を教わり，棚卸の意味，給料やボーナスの計算，社会保険の算定基礎届の書き方など指導してもらいました．そこでスタッフを育てることや守ることも経営のうちだということも教わりました．ある程度分かって税理士さんやコンサルタント会社にお願いするのと，何も知らずにお任せするのとでは大違い．経営上，黒になっても赤になっても自分なりの分析ができるので理由も明確です．今は私達が開業した頃と違って，経営コンサルタントや産業カウンセラーに相談することもできる時代ですが，まず自分でも少し病院の強み・弱み，経営方針などを考えてみましょう．

9）ネットワーク

Q. 先生のところでは，どういう時にどこに紹介をしたり，アドバイスをもらったりしていますか？

A. 難病や高度医療が必要な時，ネットワークを作っておくと便利です（表3-1）．飼い主さんの引っ越し，旅行などの時は，困った時は△△地域なら○○先生に連絡をとっ

表3-2　いざという時ネットワーク（例）

リハビリテーション，理学療法	同級生の山下眞理子先生（学校法人シモゾノ学園）
行動学，躾	笹部圭以さん（トレーナー）（横浜市・しつけ教室バディアップ）
	中・高の後輩の五十嵐和恵先生（NY在住）
眼科	動物医療発明研究会で一緒の齋藤陽彦先生（東京都・トライアングル動物眼科診療室）
	梅田裕祥先生（横浜市・横浜どうぶつ眼科）
歯科	網本昭輝先生（宇部市・アミカペットクリニック）
	幅田　功先生（東京都・センターヴィル動物病院）
	藤田桂一先生（上尾市・フジタ動物病院）
エキゾチック	霍野晋吉先生（相模原市・エキゾチックペットクリニック）
腫瘍，高度医療	小林哲也先生（埼玉県・日本小動物医療センター）
椎間板ヘルニア	相川　武先生（東京都・相川動物医療センター）
時間外診療	DVMs 動物医療センター横浜
人獣共通感染症	同級生の荒島康友先生（日本大学医学部板橋病院）

て，近くの先生を紹介してもらうようにお話します。何かのご縁で来院した飼い主さんが安心できるお手伝いができるとうれしいものです。

私達が海外の学会に行く時は，休診にしますが，犬・猫は□□先生，エキゾチックは☆☆先生と，近くの先生と連携を組んでおくとお互いに安心です。事前に連絡し合って休診日をなるべくずらして，動物たちのために対応しています。

他院の診療の結果を必ずいただき，カルテにすべての経過を残します。当院・飼い主さん・動物にとって，必要不可欠なことです。

10）院長に必要な資質

Q. これからの院長に必要な資質について，どう思われますか？

A.

① 一国一城の主，王様，殿様にならない。自分のやり方を押し付けたり，自分を認めてもらいたいからといって，自分のアピールばかりしない。他の病院もフォローする。
② スポットライトを相手に当てられる人。飼い主さんの話をよく聴いて，分かって褒めてあげる。スタッフの希望や意見を受け入れる。
③ 飼い主さんと動物のためなら何回も丁寧に説明する。感情的になったりしない。
④ 職場環境の改善を心掛け，スタッフを信頼する。スタッフをメールで叱らない。相手は何回も繰り返し読むため，自分が思っている以上に傷つく。
⑤ 正論で相手（飼い主さん，スタッフ，家族）を責めない。
⑥ 異（他）業種との交流，近所とのお付き合いなどを通して幅広い社会性を身につけ，自分の分野を社会・地域に理解してもらえるように人間として成長する。
⑦ 院長は心・技・体ともに世の中の手本になれる人間性を磨き，スペシャリストになるだけでなく，ジェネラリスト，哲学者をめざし，飼い主さんやスタッフに「さすが，獣医さんは一味違うね」と言われるような人になる。
⑧ キャパシティーを広げ，魅力を引き出すためのアイデアを考える（下記）。

11）魅力を引き出すためのアイデア

自分自身，スタッフ，家族，みんなの魅力を引き出せるようになるには，いくつかのポイントがあります。下表の中のAとBでどちらの傾向が強いかチェックしてみると，年齢，性別，職種，国籍にかかわらず，魅力的な人はAの傾向が強いように思います。そして実力のある人は，いつの間にか人脈や本物の友達が周りに集まって応援してくれます。

A	B
積極的に参加し前向きな発言	傍観に徹し文句だけ言う
与え好き	求めすぎ
挑戦	保守
心，情熱	数字，損得勘定
相手に興味	相手を批評
あこがれ	ねたみ
自己アピール	引っ込み思案
チームプレイ	個人プレイ
周囲を巻き込む	排他的思考
問題提起	問題意識の欠如
プラス思考	マイナス思考
博愛主義	独り占め
相手をほめる	自分の自慢話ばかり
自然体	格好をつける見栄っぱり
チャレンジし続け年輪を広げる	ただ年数を重ねる
価値ある投資	意味のない浪費・消費
責任をとる	責任をなすりつける
俺には俺の目標がある	俺には俺のやり方がある
スポットライトを相手に	スポットライトは自分に

自問自答したり，家族やスタッフともA対Bをさまざまなパターンで出し合ってみましょう。お互いに成長でき，かつ人生がわくわくしてみんなの目がキラキラして，魅力的な人に少しずつなれるように思います。

> 営業やコミュニケーションの研修を指導している小野塚 輝さん（Tel 090-8740-8599）から教わったネタを参考に作りました。

2. 飼い主さんの要望

　長い間，動物病院を運営していると，昔研修に来ていた学生さん達は，皆私達よりずっと立派になって，いつの間にか獣医師会の理事になっています。若い先生方に相談されることも多くなりました。

　人生も仕事もいくつになっても，いつの時代も悩みはつきもので，悩みは時に個人の問題だけでなく，みんなの共通のテーマだったりします。

　今まで出会った先生方から伺った，臨床でのQ&Aをお伝えします。これが皆様の病院でもあらゆるケースを考えるきっかけになったり，さらには良い提案やアドバイスをいただけるようでしたらうれしく思います。

　私達がセミナーを行った時のよくある質問は，「時間外，休日，夜間の対応」「電話相談料について」「収益の伸び悩み」「マンネリ化，中だるみの対策」「安楽死の基準と扱い方」「重篤な動物，高齢動物，終末医療の工夫」「診療料金の決め方」「専門医，高度医療，二次診療との提携のポイント」などです。

　皆様の質問にお答えしつつ，こちらも勉強になったり再確認したり，時代が垣間見れたりします。悩みって，後になってみると成長の節目だったり，ちょっぴり強く優しくなれたり，乗り越えられなくても仲間ができたりします。もしかすると，悩みは，ないよりあった方が深くて味わいの濃い人生や仕事につながるのかもしれませんね。では具体的な質問にお答えします。

1) 時間外診療のアイデア

Q. 時間外である"コンビニ診療"に対してストレスを感じます。「様子をみて大丈夫ですか？」という質問に対して「診てみないと何とも言えません」という回答しかできず，結局時間をやりくりし診ることになり，電話恐怖症にもなっています。

予約制の導入

A. 時間予約制にしていると，飼い主さんの時間に対する意識のもち方が少し変わってきます。時間を守るという習慣ができてくるので，時間外診療が少なくなるかもしれません。時間の管理と自分の生活との線引きはいつになっても永遠のテーマです。

　私達の病院では，休日の時間外は朝7:30に自宅へ電話をしていただき，平常より早い朝8:00に診るようにしています。夜間の場合は「今の時間は時間外料金が○○円かかりますが，ご心配だと思いますのでお連れになっていただいてよろしいです」とお話しします。時間が遅くなるに従って費用を細かく設定してあれば，自分でも割り切れるので気持ちが楽になります（表3-3）。

　時間外診療の受け入れは，疲れていても笑顔で迎えるように心掛けます。時間外診療が終わると，飼い主さんはとても喜んで感謝して大きな笑顔で帰ります。私達の疲れも不思議にとれていき充実感に変わります。

夜間病院との連携

　診られない時や手術やスタッフが必要な症例は，応急処置後に評判の良い夜間診療病院をご紹介します。少し遠くても，夜は交通渋滞がないので思ったより早く着きます。

時間外診療

　参考までに，私達の病院の時間外の診察の費用は，現在，表3-3の通りです。自分が納得でき，しっかり，にこにこ仕事ができる料金にすることが大切です。人間の診療報酬表も参考にして作りました。

　注射や輸液などの治療費も，予約で通院の方以外は休日や時間外は1.2倍，夜間は1.5倍，深夜は2倍というような設定も大切です。その日，その時の気分で決めていると，いただきにくくなったり，説明しにくかったり，折り合いがつきにくくなって，後で混乱し疲れが増すことになります。

　もし「高くなるから今日（今夜）は様子をみます」と言われた時でも，万が一診て欲しくなるような事態に備えて「もし急変する時は，動物救急医療センターに，うちの紹介と言ってかかるとよろしいです」と動物にとっての万全策をお伝えしておきましょう。

　その他，「銀行に行くからちょっとうちの犬預かって」と頼まれた時も相手の飼い主さんにもよりますが，例えば1時間￥500，半日￥2,100，1日￥3,500などと決めて

表3-3 時間外診察料金表（例）

診察料	初診	¥1,400（犬，猫，小鳥，ハムスター，リスなど）
		¥1,500（ウサギ，時間のかかる動物など）
	再診	¥1,200（ウサギ，時間のかかる動物など¥1,300）
加算料	救急	¥3,600
	時間外	¥2,200
	休日	¥2,200

時間外の加算料の設定：平常の診療時間は朝9:00〜夕方17:30まで。時間外となる診療は10分ごとに設定し，診察料に加算します。また夜間・深夜も特別料金として加算します。

夕	17:40	17:50	18:00	18:10	18:20	18:30以後
朝	8:50	8:40	8:30	8:20	8:10	8:00以前
	+¥400	+¥800	+¥1,300	+¥1,700	+¥2,000	+¥2,200

診察が終了した時刻で加算します。

夜間・深夜	21:30	22:00	22:30	23:00	23:30	24:00〜6:00
	+¥2,700	+¥3,200	+¥3,700	+¥4,200	+¥4,600	+¥6,200

重篤な動物	特別看護料 ¥2,600〜

おくと，お迎えが少し遅れても，心穏やかにお待ちすることができます。

細かく設定するのに時間と手間がかかりますが，一度作っておくと気兼ねなく計算書や請求書を書くことができます。また，税務調査などがあった時も，きちんとしている病院というイメージになります。

注：上記の費用は，例としてあげてあります。

2）抜歯のトラブル

Q. 犬の歯石除去を頼まれて，抜歯も1本する予定でしたが，もう1本ぐらついている歯があったためその犬にとって最善の処置と思い抜いたところ，トラブルになりました。このような場合，先生のところではどう対応していますか？

納得の再確認

A. まず，うちの病院では事前に緊急の連絡先を2か所以上お伺いしておきます。入院の時点で「1本だけ抜く予定ですが，もし他の歯も悪かった場合はどうしましょうか。こちらの判断にお任せしていただけますか？　または再度ご連絡さしあげますか？」と確認をとります。

後者の場合，処置の途中でも獣医師が直接連絡をとって，抜歯の承認を得ることにしています。携帯電話の番号を教えたがらない方には，「命をお預かりする仕事なのでお聞きしている」ということを説明します。

抜歯の必要性や抜かなかった場合に起こり得る状態を十分説明しても，飼い主さんが納得しない場合もあります。医学的には最良の抜歯でも飼い主さんの意向を尊重し，その日は1本だけの抜歯にします。そして退院時にその歯についてよく説明し，異常がなくても定期的にチェックに来院していただき，飼い主さんが納得する時まで診察しながら待ちます。「また見せてください」「様子をみてお越しください」は不確実なので，次回の診察日は必ず指定します。曖昧なままにすると，さまざまな経過の見方があって，「様子をみていたらひどくなってしまった」と言われることも，なきにしもあらずです。

腫瘍の手術などでも同様に，そのときは飼い主さんもこちらも気づかなかった小さな腫瘍が別のところに毛を刈っていて見つかったりした場合も同様に対応しています。十分な信頼関係が成り立っていると思われる飼い主さんでも，念のため連絡を差し上げるほうが喜ばれます。

3. 飼い主さんとのコミュニケーション

　セミナー4か所で講演した時，いただいた先生方のアンケートの中には，飼い主さんのモラルやさまざまなレベルの飼い主さんへの教育に悩んでいる先生もいました。飼い主さんが躾に消極的だったり，コミュニケーション不足から意思の疎通がはかれなくて，トラブルになりかかったりすることもあるようです。

言葉の受け取り方

　「この子の目はおかしいですよ」と細かく説明しようとしたら「おかしいとは失礼な！ うちの子の目はふつうです」とおこった人がいたり，「楽にして下さい」と言われて，治療して少しでも快適な状態にして欲しいのかと思ったら，安楽死をして欲しかったり…。

　いずれの場合も，正しい今の状態を理解するまでお互いによく話し合って，言葉もさまざまに置き換えて伝える必要があります。

自己紹介

　私達の病院でこの頃心掛けていることは，初診の方へのスタッフの紹介です。ホームページやブログでしっかり調べてくる方もいらっしゃいますが，どんな病院かしらと不安を持って来られる方もいらっしゃいます。仲良くなるには，カルテをとりながら私達は相手の大まかな素性は分かるので，こちらからも相手が安心できるように簡単に自己紹介します。ネームプレートだけでなく，「院長で夫です。26年目のベテラン動物看護師，由紀ちゃんです。12年目の動物看護師で娘です」そして「開業して38年ですが，こんなに何でもよく分かる子（犬）は珍しいですね」とちょっぴり褒めると会話がズンズンはずみます。ヒューマンチェーンMap（第2章図2-8）など仲良くなるポイントをお話しします。

1）コミュニケーションツール

パンフレット

　開業してから毎年，少しずつ飼い主さん向けのコミュニケーションツールとして，パンフレットを作ってきました。

　その間，糖尿病，躾，ウサギなどに関するパンフレットは，時代とともに獣医療の進歩や考え方の変化で作り変えてきました。昔作ったものとは大分変ってきているものもあります。

不況はチャンス

　昨今，収益の伸び悩みに不安を抱いたり，マンネリ化や中だるみが気になったりで，新規開業の人の他，中堅の先生方にも相談を受けることも多くなりました。

　暇な時間があると頭の心配ばかりふくらんでくるので，行動することで自分で自分を忙しくすることをおすすめしています。飼い主さん向けの新しいパンフレットを考えたり，実際に作ったりすると，言葉では説明できても文字にするとなるとデータを入れたくなって，新しい文献を調べたり友達と情報交換をしたりできます。

　不思議なもので，新しくパンフレットを作るとその病気の動物が来たり，飼い主さんに喜ばれることがやる気，元気につながります。不況はゆっくりじっくりいろいろできるチャンスです。狂犬病，レプトスピラ入りのワクチン，検便，マイクロチップ，ノミ・マダニ予防，避妊去勢などは万が一被災地で保護された時のマナーにつながるのでおすすめしましょう。

　ここでは，「狂犬病のQ＆Aのパンフレット」「健康診断のおすすめ」「ウサギのパンフレット」「エコー検査のおすすめ」「薬用シャンプーの上手な使用法」「小鳥の飼育で気を付けること」「犬も猫も歯みがきをしよう」をご紹介します（図3-1〜3-7）。

　気がついた時に，その病院と飼い主さんのニーズに合わせたオリジナルのものを作りましょう。小さなことですが，飼い主さんとのコミュニケーションツールが年々増えて，いつの間にか楽しい実績につながります。

図3-1 狂犬病予防のパンフレット

2) ダイレクトメールの工夫

Q. ダイレクトメールの位置づけをどのように考えていますか？私はフィラリア予防，ワクチン接種にダイレクトメールを利用していますが，先生の病院ではどのような用途やスケジュールで，どんなことに気を付けていますか？アイデアやタイミングを教えてください。

A.

接点を探す

　こちら側からの一方的な連絡だけにならないよう，飼い主さんとの接点，コミュニケーションの1つにつながるようにしています。具体的な例をあげると，何か一言必ず手書きを添えます。

例　「今年の夏は暑かったけれど，みなさまお元気でした

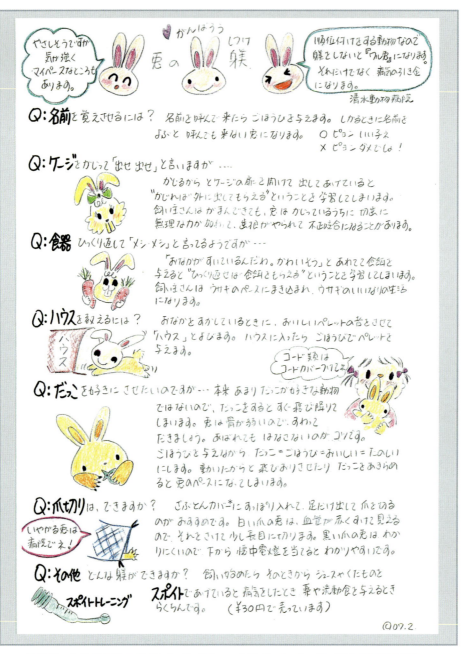

図3-2 ウサギの躾のポイント（*「アニマルサポートバッグ」第5章図5-230）

か？」「お孫さんの健ちゃんは動物好きになりますね！」「ニャン太君，『ハウス』『スピン（右回り）』の他に，また芸達者になっているのでは？」身近な話題を一言．

期限付きに

『○○日までにお越しください』と期限は必ず記入しますが，それが命令や押し付けのニュアンスにならないように一言，「お天気の良い日を選んでお越しください」とか「少し過ぎても大丈夫なので，ご都合の良い日にどうぞ」など，その方に合わせたフレーズの手書きを添えると，やわらかいご提案ハガキになります（図3-8）．

手書きで一言

メーカーさんの作ってくださるDMもかわいくてよくできているので使うこともありますが，忙しくても手書きの一言「毛の根元に黒い粒があったらノミのフンです」と

図3-3　健康診断のおすすめ

か「暖冬で，ノミは冬がきてもいつまでも元気です」など添えます。

　手書きがあるとハガキがゴミ箱へ直行することを免れ，中には丁寧に時系列でとじてあったりして「気になっていたんだけど親の介護と重なっちゃってなかなか来れなくて…」と，しばらく手元に保存してくれます。

カラフルに

　書く人ももらう人も，仕事系一色だとむなしくなるので，楽しくなれる工夫をします。1本の芯に4色入っている色鉛筆でハートや星印をつけたり，季節の小さなシールを貼ってみたり，カラフルにすると温かいハガキになります。かわいい切手をまとめて購

図3-4　エコー検査のおすすめ

入しておくのも効果的です。

仲良しになった飼い主さんから「先生，使うでしょ?!」とかわいいシールを逆にいただいたりもします。

経営より啓発で

「ハガキを出してもすぐ来ないから効率が悪い」とやめてしまう病院もあります。しかし，相手にもさまざまな事情があるかもしれないとおおらかに考えることができますし，たとえ落としたり捨てたりしても，その文字や文章が，動物たちを思いやる心の啓発活動にはなっています。

その人は来ないのに，そのハガキを近所の人に「ここに行ったら」と渡してくれることもありました。「近いうちに行くわ」が3日の人も，1週間の人も，1か月の人も，数か月

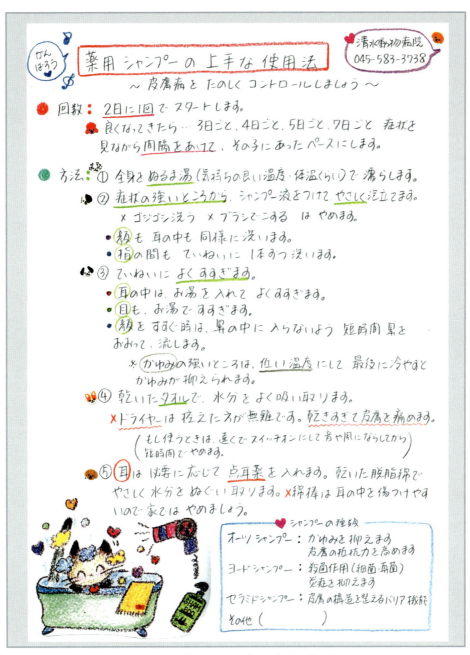

図3-5 薬用シャンプーの上手な使用法

の人もいます。長いスパンで見守りましょう。

継続は力

1日5枚ずつコンスタントにハガキを出してみましょう。10年，20年，30年続けてみます。私達の病院では，2回，チャンスのハガキを出して来ない方には，しつこくなってしまうので控えます。

来たい人だけが来るようになり，10年，20年たつといつの間にかファンやお得意様のようなロイヤリティの高い人ばかりが周りに残ります。喜んでハガキを受け取る方々と，楽しく安心してお仕事ができます。

マルチカード

経費や在庫を少なくするためには，1枚のハガキにさまざまな項目を入れ，○や♡などの印で目的の項目を選択するようにします。

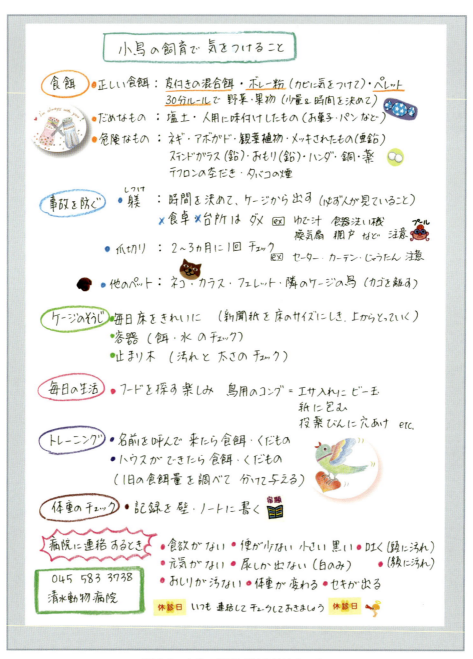

図 3-6 小鳥の飼育で気を付けること

DM にリズムを

　飼い主さんと家族のようにお互いに理解できるようになれると，休みを有効に取りやすくなります。学会などのスケジュールを考慮に入れて，少し早めにフィラリア予防のダイレクトメールを出すことで，予防開始のための検査時期を調整したり，理解してもらえるようになります。つまり，仕事をちょっぴり微調整，病院側のペースにできるかもしれません。

3) 行動学

Q. 犬や猫の躾や行動学に対しての取組みについて教えてください。

A. 主役は動物たちだと思うので，喜んで飛んできてもらえるようにしています。何でもないお散歩の途中に立ち寄

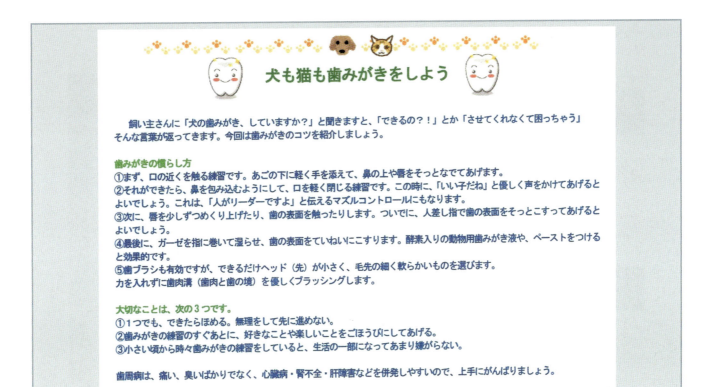

図 3-7　犬も猫も歯みがきをしよう

図 3-8　手書きを添えたポストカード

ってもらい，ごほうびをあげたり，注射を怖がらないようにうちの猫を見せて気をそらせたり，あの手この手で楽しく工夫しています。

初診時に基本は 0.5 秒以内に褒めることを伝えます。病院にとっても診療がしやすくなります。人も動物も，少し変わり者の飼い主さんも怖がりの動物も，とにかく何かよいところを見つけて褒めます。

動物看護師歴 25 年の由紀ちゃんが，優良家庭犬の躾教室で学んだ結果，愛犬来夢（ラム）ちゃんは，カメラ目線も，キャリーに長時間静かに入っていることもできます。躾についての質問は由紀ちゃんに答えてもらっています。

また，近くの躾教室も紹介しています（図 3-9）。テリー・ライアンさんの教えに基づいて勉強を重ねた，男性のトレーナーさんが 2 名いらっしゃいます。イケメン先生で中年の女性の飼い主さんに人気があり，みなさん一生懸命通うので効果も出て，犬を飼うことがさらにハッピーになっています。

躾や行動学や動物関連の本を貸したりもします（シミドライブラリー，図 3-10）。

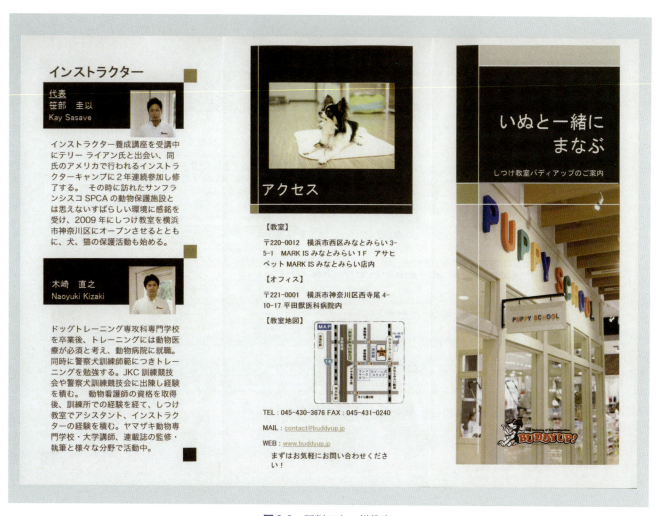

図 3-9　評判のよい躾教室

例　『うちの犬の困った行動すべて解決』（学研）
　　『子犬のしつけ BOOK』（成美堂出版）

4) 人獣共通感染症 Zoonosis

Q. 最近新しい人獣共通感染症（カプノサイトファーガ，コリネバクテリウム・ウルセランスなど）がテレビで報道されましたが，必ずしも正しく報道されていないこともあります。獣医師の説明の仕方によって良くも悪くも伝わり，不安を招く恐れもあります。飼い主さんへの伝え方および説明の方法や程度はどうしていますか？

A. できればテレビ，新聞，ラジオなどで報道される前に，最低限の知識を身につけて，分かりやすいパンフレットを作ると，飼い主さんが安心します。
　　パンフレットを作る時に気を付けていることは，病気の

図 3-10　シミド ライブラリー

ことや原因・症状だけでなく，必ず治療法と予防法を入れることです。予防まで伝えない報道はただの脅しになり，中途半端な知識や心配をばらまくことになります。動物を飼う人が減ったり捨てる人が増えたりしないように，情報を流すのは，人と動物の橋渡しをしている私達の役目です。そのためには日ごろからセミナーやeメール上の「学校動物メーリングリスト」「フェイスブック」などでいち早く情報を知り，世の中の新しい動向を知ることが大切です。飼い主さんのほうが先に情報を得て「これって何？」と聞かれた時に，さっと答えられるようにしておきたいものです。飼い主さんは，私達よりマスコミを信用してしまうことになりかねません。即答できない時は，よく調べて回答するようにします。

5）喜ばれる資料－年齢方程式－

飼い主さんは「自分の動物が人の何歳くらいか」を常に関心をもっています。また，獣医師の立場から病気の説明をするときに，人に例えた年齢を伝えることで，病気の予後や治療法の選択の説明に役立ちます。動物種ごとに簡単に年齢を割り出すことができるように，計算式を作っています（表3-4）。

各動物における成熟期の時期，寿命および1歳のときに人の何歳かを考えて，適切と思われる年齢になるように作りました。1歳以上（ハムスターは1か月以上）で当てはめてみてください。

表3-4　年齢方程式	
犬・猫	$Y \times 4 + 16$
大型犬	$Y \times 6 + 10$
ウサギ・小鳥・リス	$Y \times 6 + 20$
ジャンガリアン・ハムスター	$M \times 2.5 + 12$
ゴールデン・ハムスター	$M \times 3 + 12$
フェレット	$Y \times 10 + 12$
モルモット	$Y \times 10 + 20$

Y＝年，M＝月　（1以上の時）

6）これから求められる診療

Q. これからはどのような診療が求められると思いますか？

A.

① 待ち時間がなく，他の病気（特に伝染病）の動物と接触しない診療システム。
② 丁寧に診てもらえ，分からないことはゆっくり伝えてもらえる自分だけの空間や時間。
③ 共働き時代に対応する工夫。夜間・休日の対応や連携病院の紹介。
④ 飼い主さんのニーズに応えられる診療。自分の力量以上の症例や難病で専門性を要求される時の高度医療やホスピスなどのネットワーク作り。
⑤ 治療の内容を十分理解した上で，費用や予算をあらかじめ相談できる病院。お互いのできる範囲でベストをつくす形で提示・提案のできる雰囲気づくり。例えば慢性腎不全の猫など，家庭での飼い主さんによる皮下輸液の指導など。
⑥ インターネット時代を享受してホームページ，ブログ，フェイスブック，eメールを活用してアカデミックな知識の他，心のケアも含めた補足的なサポートを心掛ける。
⑦ 犬の来院率に比べて猫の来院率が低いのは，キャリアになかなか入ってくれないからだというデータがあるそうです。アニマルサポートバッグ（第5章図5-230）などを利用して来院上手な猫にしましょう。

7）カルテはドラマをつくる

飼い主さんに「想い出にカルテが欲しい」と言われたとき，コピーして差しあげても分かりにくいので，当院では簡単な『健康記録』にして差しあげています。その人その人で違う書き方にしてもよいし，自分の病院に合ったオリジナルスタイルでOKです。

当院の作成のポイントは図3-11の①〜⑤の5つです。

第3章 飼い主さんにできること

カルテの代わりに健康記録

Point ① 小さなことでも思い出になることを中心に書きます。

永井 美恵子 様 〈ニー君の健康記録〉

種類：日本猫　1992年6月初め生まれ
性別：オス（1992年11月 去勢手術）
飼育開始：1992年10月19日 迷子を保護
ワクチン歴：三種混合ワクチン 毎年10～11月に接種
表彰：横浜市優良飼主（2007年）永年大切に予防治療に心がけたため
病歴：1996.6月 ウイルス検査 FIV(+), FeLV(-)
　　　1992.12月 ビニール袋をかじる　体重 3.2kg
　　　1993.11月 全身打撲（3F→1F→庭に落ちる）体重 4.4kg
　　　1993.11月 交通事故（右後股打撲）
　　　1994.6月 いぼ発生 時々結膜炎、かぜの症状、湿疹（足のうら）
　　　2001.9月 膀胱炎
　　　2004.5月 膀胱炎
　　　2004.6月 血液検査 慢性腎不全、肝臓障害
　　　　　　　腎臓用の薬と食餌を開始
　　　2004.8月 自己外傷性にペニスをかじる（周期的にかじる）
　　　　　　　薬の外用で落ちつく
　　　2008.5月 全身性のケイレン発作を起こす。薬でコントロール。
　　　2008.7月17日未明 ケイレン発作を起こしY夜間動物病院に
　　　　　　　行き蘇生を受けましたが、千の風になりました。

飼い主さん、永井さんのご家族の愛情と看護を十二分に受けて、ニー君は最高の一生を送り、幸せでした。私達やスタッフにも輝く目でなついてくれました。
たくさんのことを教えてくれたニー君、ありがとうございました。

2008年7月17日　清水動物病院　獣医師 清水邦一、宏子

Point ② 薬の細かい名前や容量などは求めていないことも多いので省きます。

Point ③ パソコン文字は読みやすくきちんとしていますが、手書きも心が伝わります。

Point ④ しめくくりは飼い主さんの心のケアを。褒めること、出会えたことへの感謝、そして共に過ごした日々のお礼にします。

Point ⑤ なるべく早く作って差しあげると喜ばれます。

図3-11　飼い主さんに渡す健康記録

第3章　飼い主さんにできること

松樹 三枝 様
　　　〈ドンちゃんの健康記録〉　　　2009年3月9日

種類：雑種　1980年7月生まれ　1981.1.17　大貫さんのご紹介で来院（ワクチン）
　　　性別　メス（1981.1.22　避妊手術）
飼育開始：1980年10月〜
ワクチン歴など：ジステンパーの8種混合　フィラリア　狂犬病　心電図　検便など
　　　　　　毎年予防に心がけていました。
表彰：横浜市優良飼主（永年大切に予防治療を心がけたため）
病歴：1982.6月　結膜炎　べん虫　鉤虫　駆除
　　　　　10月　耳ダニ症
　　　1983.10月　趾間湿疹
　　　1985.4月　べん虫駆除
　　　1988.4月　歯石除去
　　　1990.4月　歯石除去，10月　膿皮症
　　　1991.12月　皮膚に良性の腫瘍（膠原線維が増え汗腺が拡張）
　　　1993.4月　BUN．クレアチニンが上昇し慢性腎不全の徴候　K/d Dryに変更
　　　　　9月　頸部血管腫　切除
　　　1994.4月　歯石除去　9月　膀胱乳頭状腺腫　10月　潰瘍性口唇炎
　　　　　12月　週1回　皮下輸液を始める
　　　1995.6月2日　千の風になる

飼い主さんの笠原三枝さんとご家族の愛情と看護を十二分に受けて，ドンちゃんは最高の一生を送り，幸せでした。私達やスタッフにも輝く目でなついてくれました。たくさんのことを教えてくれたドンちゃん　ありがとうございました。

★ 2009.3.8，旭川のエキゾチックのセミナーで，よいお母さんになった三枝さんと子どもたちに会えたり，ハムスターの出産，新，豆ちゃんとの出会いもドンちゃんが導いてくれましたネ!!

在りし日のドンちゃん

図 3-11（続き）　飼い主さんに渡す健康記録

差出人：三枝
題名：ありがとうございました
送信日時：2009/04/22　09：25

1匹の雑種の犬がくれた年月や地域を越えた絆も臨床の醍醐味のひとつです。

ドンの病歴ありがとうございました。初めて先生の病院に行った日を今でも覚えています。その日から時が止まったように変わらない先生方に先日お会いして，充実した人生を送っていらっしゃるんだと感じました。お忙しいのにありがとうございました。動物がいるだけで家の中が和み，会話も弾みます。ハムスターと犬の豆を通して，子どもたちもいろいろ学んでいるようです。うれしい限りです。子どもたちのクラスに1匹ずつ仲間入りしたハムスターの子どもも可愛がってもらっています。子どもたちも動物たちも，みんな幸せでありますように！と願っています。

4. 飼い主さんのモチベーションを引き出す

－コミュニケーションの達人になる5つのステップ－

　私達の仕事は，新聞や教材や食品の売込みなどと違って，より良い医療サービスを求めて来院する人を相手にするので，ある程度心を開いている人が多いです。でもなかには今まで不信感があったり，初めてで不安があったりしながら，病院の扉を開ける方もいらっしゃいます。

　そこで，どんな方がいらしても，上手にアプローチできてリピーターにつながるステップをお伝えします。

　それと，私達の仕事は技術サービス業。人が生きていく上で最低限必要な分野という訳ではありませんので，いかに飼い主さんに接するかが大切です。毎日が飼い主さんのモチベーションアップへのプレゼンテーションかもしれません。

ステップ1：心を開く

　まず，心を青信号にして開きます。自己紹介をしたり，病院案内を作って差しあげたり，ホームページ，ブログ，フェイスブックなどで病院や個人のポリシーをお伝えします。どこかに1つ共通点が見つかると，赤信号も黄色に変わりやがて青になります。そうなれば説明したことも頭や心に届きます。青になる前に，一生懸命どんどん伝えてもBGMになってしまうこともあります。アンテナを立てても，相手がチューナーを合わせてくれないと，放送を聞くことができないのと同じです。正しい説明が心を開くのではなく，理解だけで心が動くのではなく，信頼や情熱や感動が心を開きます。心が開いてからでないと，どんなにたくみに的確に病気の予防の説明をしても，耳に入りません。

ステップ2：問題意識

　次に，問題意識を引き出すことがポイントです。ついこちら側から与えてしまいがちですが，与えられた問題意識はカチンと来て拒否されることもあります。内側から引き出した問題意識は積極的に取り組むので長続きします。例えば，化粧品のセールスの人に「手がガサガサですね」とか「顔がしわだらけですね」と言われたら「余計なこと言わないでよ」と心は閉じてしまうので，勧められた化粧品を買おうとは思いません。でも「きれいなしっとりした手ですね」とか「いつも10歳は若く見られるでしょ？」と言われると「そう？でも指先はひび割れがあって困っているの」とか「それほどでもないのよ。若く見えても実は○歳で…目尻の小じわが気になるのよね」という答えになります。「今お使いの化粧品も良いものをご使用とは思いますが，うちのも併用するともっとしっとりしますよ」と言われると心が開き始めるし，自分で問題意識（指先のひび割れ，目尻の小じわ）を引き出しているので，「じゃあ，その化粧品ちょっと使ってみるわ」とそれに対して前向きに検討することになります。

　私達の仕事に置き換えると，躾のできていない吠えてばかりの犬が来院したとき，「この犬は躾ができていないから躾教室に行きなさい」と言っても「うちの子は元気なだけです。ちっとも困っていません」になります。

　逆に，「とっても活発な子ですね。最高の番犬になりますね」と言うと「そうなんです。でも先生，実はいつも吠えているのでご近所に迷惑だし，私達も悩んでいるんです」という答えが返ってきます。

　人の心はあまのじゃくなので，しかられたりけなされると認めたくなくて，ほめられると謙遜して「そんなことはないんです」と問題意識のしっぽを見せてくれます。しっぽが出てくればあとはそっと引っ張るだけです。「それだったら，イケメンの躾のトレーナーさんがいるので行ってみる？　今よりもっといい子になってさらに人気者になっちゃうね」とプラスのイメージの可能性を描かせてあげると，

飼い主さんもやる気になります。

　問題意識を引き出すことで，未来のニーズが見えてきます。動物を飼っていない人や団塊の定年後の生活の人にも，「暇でしょ，ペット飼ったら？」ではなく「好きなことが次々にできてうらやましいですね」と聞いてみます。「サンデー毎日で退屈でね。妻とも会話が続かなくて何か楽しいことない？」と相談されたら「ペットがお勧め，お散歩で人の健康だけでなく，犬友達もできて，心もウキウキするって，みなさん言ってます」と答えると，その人は未来の可能性が出てきて飼う必要性に気づいて，ペットを飼う人が増えるかも？!　です。

　麻薬中毒の人をやめさせるときに，A：上から目線で説教するグループ，B：麻薬の薬害を化学的に説明するグループ，C：中毒者同士で討論するグループの3つに分けると，麻薬をやめた率が一番高いのはCグループだそうです。自分達が抱えている問題意識が出てくるので，前向きに自らやめようという気持ちになるからだそうです。

　いつも問題意識をもっている人は伸びていくそうです。自分も飼い主さんも絶えず問題意識をもつように心がけたいですね。

◆ 問題意識を引き出す具体的な手順
（例えば，マイクロチップをお勧めするとき）

相手をほめて認めるところからスタート

　人はセルフイメージ（自分の思っているレベル）以上でも以下でも気持ちが悪いので，「躾がよくできているから家の玄関から飛び出したり，リードがはずれても逃げたりしないでしょう」と言われると「それがいい子そうでも夢中になると，飼い主なんて忘れて走っていっちゃうの」と本音を言ってくれます。それを最初から「逃げたら困るでしょ！」と言っても「気をつけているので大丈夫です」という答えになります。

言いたいことは一度手放す

　捨てるのではなくちょっと手放します。「落ちついている子だから，○○さんにはマイクロチップなんて必要ないかもしれませんが…」と言うと，「マイクロチップを入れなさい」という押し売りではないんだと安心して心を開いてくれます。営業意識を手放したとき，その人は無敵になります。追いかけられないと思うと相手は立ち止まります。

本音も一言添える

　「○○さんのおうちは，家族以上にかわいがっているので，一度マイクロチップのことをお話ししたかったんですけれど，忙しいから今度にしましょうか」

相手を対象からはずしてみるのも1つの案

　「○○さんのおうちは大丈夫だと思うのですが，すぐ放し飼いにしちゃう人とか，誰にでもついていっちゃう子には，マイクロチップが入っていると安心なんですよ」と自分のセールス，こちらの都合ではなく相手のメリット，可能性を伝える。お散歩仲間や他の人に勧めてもらうのでもOKという姿勢（コンセプト）で伝えます。

一般論で話す

　震災のたびに，迷子のペットがたくさん出るので，現在，環境省でも本腰を入れて不幸な動物を減らそうと，マイクロチップの推進運動をしています。自治体によっては補助金を出す時代になって，マイクロチップの番号を読み取るリーダーをもっている先生も多くなり，見つかる確率が上がってきています。じょうごの法則で一般論から個人へと落とし込んでいきます。

専門家（プロ）のエネルギーを発揮する

　普通の人が「マイクロチップいいわよ」と言って聞き流すことでも，専門家である私達獣医師が「うちの動物達は全員入れているんだけれど」とか「先日うちの飼い主さんで1歩も外に出さないおうちなのに，たまたま網戸の修理に来た人が，うっかり扉を開けたままにして外に出て，迷子になっちゃったけど，マイクロチップが入っていたので，無事に飼い主さんの元にもどったの」「痛いんじゃないかって心配する人もいるんだけど，ワクチンと同じですぐ終わっちゃうので大丈夫」と疑問や問題を解決する案をお話しします。プロからの説明は，ほんの一言でも説得力があることが多いからです。飼い主さんの見かけや思い込みで判断せず，全員におすすめします。

選択権を与えて，弱者の視点に立つ

　「マイクロチップのことですが，今決めなくても家族でゆっくり考えてね。もし家族会議で入れないことに決めたら，首輪とリードに，油

性のペンで名前と連絡先を書いておけばそれでもOK。ときどき消えていないかは確認してね！」とフォローします。

マイクロチップの説明を上手にすることと，説明を理解して心が感じて動くこととは別のことです。説明が完璧でも，「うちの子にマイクロチップを入れてあげたい」というところまで達することはできません。あきらめずにお伝えすると，今入れなくても，数年後に入れる人が増えてくれることもあります。世の中を変えるのは小さな1歩をコツコツ歩むことだと思います。

ステップ3：メリットと可能性

問題意識を引き出せたら，あとはメリットと可能性を頭や心のスクリーンに描かせることです。例えば，マイクロチップだったら，万が一の災害のときもお守りが入っているようなもので，この子と再会できる！という安心感が生まれます。自分のできる愛情の1つの証になって，ちょっぴりプチ自慢，ステータスがあがります。私達が啓発しなくても，その人がオピニオンリーダーになって「うちの子，マイクロチップ入っているのよ！」と宣伝してくれます。

ステップ4：クロージング

開いた心をどんな形で閉じるかが大切です。どっちにするかを決めさせるというスタンスではなく，選ぶチャンスを残すことがポイントです。自分で選んだことは納得できるので長続きします。たとえマイクロチップをそのとき入れなくても，油性のマジックで首輪に名前を書きながら「いつかお金を貯めてマイクロチップを入れてあげよう」とか「次の補助金の募集のときに声をかけてください」と今までより1歩目標に近づいたところに位置して，離れたところには行かずにそばにいてくれます。前向きな気持ちで心を閉じられるようにすることが，クロージングのコツかもしれません。

ステップ5：反論処理

どの仕事もそうですが，反論に出鼻をくじかれたり，自信を失くしたり，悩んでいる人はたくさんいます。でも反論を嫌わないことがポイントです。むしろ歓迎しましょう。興味があるから反論するので，無表情の人より脈があります。利益の再認識と動機づけができれば，反論や疑問がクリアになり，味方になる可能性もあります。

反論の心理は簡単に言うと，物（メリット）とお金のバランスになります。リーズナブルであれば反論は生まれませんが，両者を比べてバランスがとれていないと，費用が高く感じて損した気持ちになります。

反論の種類

反論の種類を分けてみると，主に次の10種類が考えられます。

① 相手（人）が嫌いで信用できない。
② その商品・サービス・業界が信用できない。
③ お金がない。
④ 時間がない。
⑤ 今，即断はできないので考えさせてほしい。
⑥ 家族・友達など，周りの人に反対されている。
⑦ それだけでなくもっと良いもの（事）がないか調べて比較したい。
⑧ 暦を尊重し，日が悪いと思っている。
⑨ すぐ決めないことに決めている。
⑩ 過去に失敗したことがあり不安がある。

もし反論されたときは，この10種類のどれかに当てはまるので，カードや付箋に1枚に1つの反論を書いて仕分けをしてみます。そうすることで相手の自分への反論の傾向が分かります。

反論に対する原則

① 反論は処理したくなりますが，解決型に変えます。ただ処理するのではなく，原因を見つけていきます。例えばゴミ問題だとしたら，捨てる捨てないではなく，ゴミが出ない工夫をします。
② 言葉をそのまま受け取ら

ないこと。言葉で会話をするのではなく，心を読んで会話をします。例えば，

- お金がないのでワクチンはやめておきます…が，本当はワクチンには興味がなかったり。
- 忙しいので今は歯石を取るのはやめます…が，本当はお金がなかったり，麻酔が怖かったり。
- 夫と相談して決めたいと思います…が，本当は自分の中で答えは決まっていたり。

それをまともに受けて言葉と戦ってしまうと，「給料日が過ぎたら連れてきてください」「いつ時間がとれますか？ その辺りの日で歯石の予約を入れておきます」「こちらから，ご主人に説明します」と強引に自分の理想や都合で話を進めていくと嫌われてしまいます。

③ 言葉の出所をケアします。その人のプライドを傷つけないようにしながら本音を探ります。

④ 反論は，自分の成長の材料になります。さまざまな人のいろいろな考え方を教わることになるので，乗り越えたとき，説得力がつき自分磨きにつながります。

⑤ 反論のエネルギーに対抗しないようにします。例えば「この薬高いわね」と言われたとき，同じエネルギーで「高くないですよ」と反論すると相手の心は閉じます。「本当に高いのが残念で」と相手のエネルギーを，スポンジになって，一度吸収して1歩下がります。エネルギーをぶつけ合うことを避けます。硬い陶器の茶碗と茶碗がぶつかると割れますが，片方がスポンジだと割れません。小さい子どもを説得するようにすると，素直に聞いてもらえることがあります。

⑥ 間を制する者は，クロージングを制します。反論にすぐ食いつかず一呼吸置いて間をとり，相手の心が落ちついてから話すほうが，お互いに冷静になれます。

⑦ 魔法の言葉「もし」を使ってみます。例えば，「もし宝くじでも当たったらワクチンをやってあげると安心だ

し，歯石をとると歯周病の予防になって心臓や腎臓も長持ちするので」と大切なことはお伝えできます。「もし」は未来と可能性につながる言葉なので，その人を追い詰めることなく理想的な獣医療をお伝えできます。「この人はやるわけないから」とあきらめて説明すら省いてしまうと，「あのとき言ってくれなかった」とそういう方に限って人のせいにしたくなり，トラブルにつながります。

こんな形で，①心を開く ②問題意識 ③メリットと可能性 ④クロージング ⑤反論処理 という5つのステップを踏むと，プレゼンテーションは成功に1歩近づきます。見込み客のリストアップをしてファンを作ります。紹介でいらした人は，10人分の価値があるくらい価値観が近くて，安心してリピーターになってくださる可能性が高い人です。

私の美容師さんは「3回来てくれたら本物で固定客になってくれる人」と言います。次回の来院日は「様子をみて」とか「1か月後」とかではなく「○月○日」と計算書に添えたり，ペタメモでお渡ししたり，お財布に入る大きさのカードに書いたりして，次の約束を明確にして心をつかむ努力をしましょう。

小野塚 輝さん（Tel 090-8740-8599）
売れるプレゼンテーション5ステップ講座
http://www.master-369.co.jp/invidual/kouza/sss.html
動物病院でも役立つセミナーです。

5. 大震災を経て

Q. 先生のところでは，省エネ，節電，計画停電の取組みはどんな工夫やアイデアがありますか？

2011年3月11日の地震の当日は6時間停電し，自家発電装置はないので，血液検査器や心電計が使えなくなり，レジは閉まったままになりました。携帯用のLEDのランプが役立ちました。

A.

1/4 節電ポスター

あの日以来，自分たちにできる小さなことを考えようと，スタッフで話し合いました。使っていない診察室の電気はこまめに消したり，陽の当たる部屋は窓の明かりをブライ

図 3-12　初期照度補正器具

ンドの開閉で調節して取り込んだり，検査機器（血液検査，超音波など）の電源は終わったら OFF にするなど，分かっていても忙しさにかまけてそのままになっていることも多かったのを徹底しました。25% 電力を減らし，『1/4 節電中』の手描きポスターも病院の外と中に貼りました。

また，全室の蛍光管を省エネタイプのもの（初期照度補正器具）に替え，35% 節電になりました（図 3-12）。あまり使わない部屋の蛍光管は 1 本はずしていました。

予約制にしているので，時間を上手に集中させることで電気を使う時間をまとめることができます。

ダブルサマータイム

私生活ではダブル（2 倍）サマータイムを取り入れ，2 時間早く起きて朝日を存分に利用する生活パターンに変更し，夜更かしを前倒ししました。犬の散歩が早朝になるので季節をゆっくり楽しめるのと，いつもと違う新しい犬友達ができます。病院には 1 時間早く出勤しています。

昔，私が小さかったころは台風が来るとすぐ停電になり，ろうそくの明かりで家族で輪になって「しりとり」をしたり，祖母が「ずいずいずっころばし」をしたり，暗闇も楽しんだものでした。

そんなことを考えると，計画停電の時間を利用して全員一部屋に集合し「スタッフミーティング」をして病院の経営やシステムのアイデアを出し合ったり，リラックスしてシエスタ（昼寝）タイムを作り，スローライフを取り入れるのも一案かもしれません。

電気を使うものをすべてリストに書きだし（表 3-5），計画停電に合わせた診療時間（体制）に変更したり工夫したりすることも考えました。

ラジオでメッセージ

私がパーソナリティを務めていたラジオのリスナーさんや飼い主さんへの省エネ節電対策は，次のような提案をしていました。

まず，究極の省エネは動物が太らないこと，太らせないこと。太っていると呼吸を阻害したり，体表からの熱の放

表 3-5　電気を使うものリスト
計画停電の時間（○時〜○時）

湯わかし	バリカン（➡充電）
電子レンジ	パソコン
滅菌	超音波
冷蔵庫（ワクチンなど要冷蔵の薬品）	心電図
注射器	顕微鏡
輸液ポンプ（➡充電）	血液検査
器具洗浄	血圧計（➡充電）
ドライヤー	モニター
分包器（➡分包紙で包む）	タイムカード（➡手書き）
電子体重計（➡ふつうの体重計で）	診察券ラミネーター
ペットヒーター	人工呼吸器
保温 BOX（輸液・点耳薬）	エアコン
コピー（検査用紙，おしらせハガキ，フィラリアハガキ）	
レジ（➡オープンにしておく，手書きにする，計算機を使う）	

（停電に備えて済ませておく）

出が悪くなるため暑さに弱く，クーラーを強にしなくてはならなくなります。

したがって，気候に適応できる体作り。バランスのとれた年齢や状態に合ったフードにして健康管理に心がけると免疫力もアップし，多少の暑さなら順応できます。

そして，エアコンに頼らない工夫をお話しします。まず台所の換気扇を回し，台所のドアを開け，寝室の窓と入口のドアに隙間を作ります。他の部屋の扉を閉め，寝室の窓は防犯のため隙間ロックをします。すると，廊下に風の道ができ，寝室に外気が入ります。エアコンより自然な風で快適です。蒸し暑い横浜ですが，我が家は毎度，夜はクーラーなしで過ごしています。

当院の飼い主さんたちは冷え冷えマットやタオルを水に濡らしたものを敷いたり，家の周りにお風呂の残り湯で打ち水作戦，すだれや緑のカーテン（植物）で日よけをして

第3章 飼い主さんにできること

図3-13 大震災後に作成した五行歌のポストカード

無理は禁物

高齢，若齢，病気の動物は，体温調節や適応力が元気で健康な動物とは違うので，省エネにがんばりすぎて自分自身や動物に負担を強いることがないようにします。熱中症に早く気付くよう予備も含めて一家に2本体温計を備えておくこともおすすめし，臨機応変でこの夏を乗り切りましょう。

義援金BOX

大震災直後から病院の受付にスタッフが作ったかわいい義援金BOXを置きました。みんなが少しずつ来院のたびに入れてくださいます。毎月のおこずかいを入れてくれるお子さんもいます。協力していただいたお礼に，私の手描きの動物イラストつき五行歌のポストカードを印刷し，お渡ししています（図3-13）。3年以上を過ぎた今でも，皆忘れないで入れて下さいます。

募金の愛の証のカードは金額に関係なく全員にプレゼントなので，みんなでぬくもりの絆ができます。何かボランティアをしたくても現地に行くのは仕事があって無理だったり，物を送るのも品物に迷ったり，送り先も難しいと言う方が募金箱の設置にとても喜んでくださっています。小さなことから今できることから，自分のできる形で被災地に届くこと，みんなでもっと考えていけるとよいですね。

2か月に1回発行している病院のニュースレターは，『災害対策』にし，いざという時役に立つ保存版にしました（図3-14）。

います。子どもの頃を思い出し，楽しくなります。

グルーミングをまめにしてむだ毛を取り除くことも，日常の小さなことですが大切です。毛を短くするのも，ブラッシングしやすくなって蒸れにくくなりおすすめです。水をまめに飲むことができるように給水器だけに頼らず，器を各部屋に置いて，器からいつでも飲めるようにするのも体温のコントロールに役立ちます。

最後に節電で気を付けることもお伝えします。エアコンの設定温度と動物のいる所の温度と違うことです。動物のそばに温度計を置くようにお話ししています。

図 3-14　震災特集号の「コンパニオンアニマル」

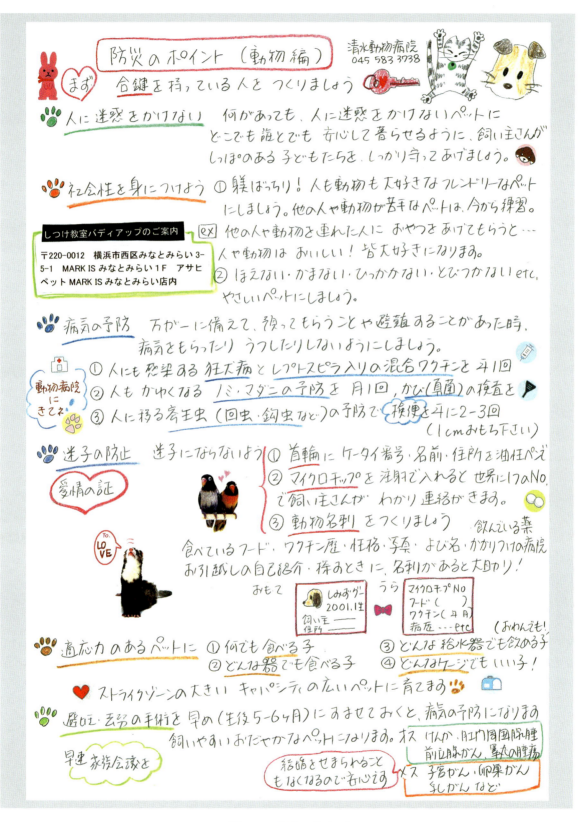

図 3-15 防災のポイント

6. 子ども達と身近かな動物

ときどき，学校飼育動物の飼育管理や子ども達と身近かな動物達との触れ合いについて，講演会やアドバイスを近隣の教育委員会や小学校などに頼まれます。そこでアンケートをとると，いろいろなご意見やご感想を寄せていただけます。私達獣医師にとって大変参考になり，また勉強にもなります。

指導にあたっている先生方の希望や質問や心配をまとめてみました。これを読むことにより子ども達を取り巻く環境の中にいる動物達，先生方，子ども達，PTAの方達に，私達獣医師ができることを1つ1つ探していけたらと思っています。

Q. 飼育小屋があるのに小動物がいないのです。飼育小屋を撤去しないで活用する方法はありますか？
A. 家庭用のケージでハムスター，ウサギ，モルモット，セキセイインコ，文鳥，十姉妹などが飼えると思います。スペースが余れば草花の鉢などを置くと優しいスペースにできると思います。

Q. 学校飼育動物の講演・セミナー，毎年飼育係の担当の先生が変わるので，せっかくのアドバイスが継続されないで中途半端になることも多いです。何か良い方法があったらご指導ください。
A. 私達獣医師もできることなら担当の先生だけに任せきりにせずに，たくさんの先生方に聞いていただけたらと思います。飼育係の先生だけでは休日の対応（動物の世話）など大変なことも出てきますし，命の授業の1つなので，皆で協力すると，学校で飼育する意味がさらに効果的だと思うからです。私達の希望としては，1つの学校から最低3人（校長先生など管理職の先生，飼育担当の先生，生活科の先生）に毎年聞いていただき，他に動物が好きな先生どなたでも参加できる形だと，うれしく思います。学校飼育動物の話，飼い方だけでなく，授業への応用，命との向き合い方，相手との距離の取り方など，動物達に教わることはたくさんあるからです。今年は飼育担当でなくても，学校動物のことを聞いたことがある先生がいると，翌年に飼育担当になる可能性もあるので心強いと思います。

Q. 飼育動物のささいなことでも，すぐに電話で相談できるシステムがあるとありがたいです。
A. 地域の獣医師会で，その動物（例えばウサギなど）を診る病院に相談してみるとよいと思います。いつの日か学校に校医さんがいるように，その学校に，担当の獣医師がいる体制にできるとよいですね。ちなみに私が小学生のときは，理科の担任が獣医師で，学校飼育動物の世話や指導をし，亡くなったときは剖検して死因を調べて生徒に教えてくださいました。そして皆で国語の時間に飼育動物への感謝の手紙を書き，校庭の片隅にお墓を作って埋めました。1つの学校に1人獣医師が先生の1人として配属されていたら，今よりさらに充実した学校飼育動物の管理ができて，理系の教育上の効果も文系の感性も，深く濃く広くできるように思います。

その先生といつも飼育小屋にいて愛弟子のようについて回り，ついにこの道を選んでしまったのが私です。

Q. 学校飼育動物に関するおすすめ本は？
A. 次の本が役立ちます。
「学校で飼う動物ぎもん・しつもん110」
中川美穂子（偕成社）
「学校獣医師の活動と診療」中川美穂子（ファームプレス）
「学校飼育動物のすべて」中川美穂子（ファームプレス）
「園と学校での動物の飼い方」　　北多摩獣医師会

Q. ウサギの体重を量る便利な方法，雄雌の見分け方，標準体型，餌の残りや糞の処理方法を教えてください。
A. ウサギの体重測定は子ども達が量るので，落としたりケガをさせたりしない安心安全な方法がよいと思います。座布団カバーのような布袋に入れるか，今は使いやすいアニマルサポートバッグ（第5章図5-230）もできているので，ウサギを飼っている学校には1枚用意してあると望ましいです。ファスナーにロックがかかるので，必要な部分だけ袋から出すことができます。雄雌の見分け方（図3-16）はウサギの飼い方の本にたいてい出ています。標準体型のイラス

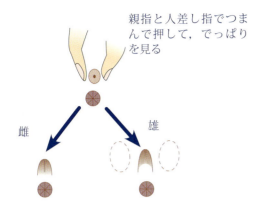

親指と人差し指でつまんで押して，でっぱりを見る

雌　　雄

出っぱりが少し短い。
尿道の切り込み長め

出っぱりが少し長い。
左右に睾丸がさわる

小さい時は，判別が難しいので「今は雌（雄）の形をしていますネ！」とお話し，名前はどちらでもOKのものをつけてもらうと安心で，まめに見せにきてもらいます。

図 3-16　ウサギの雌雄鑑別

ト（第5章図5-219）も作ってあるので，希望の学校には差しあげます。食餌の残りや糞は，自治体の指示に従ってゴミとして捨てるのが安心です。特に糞は寄生虫（コクシジウムなど）がいると，土の中で卵様のオーシストが生き続けて他のウサギにうつすことになり，土が感染源になっていきます。

Q. さまざまな動物を飼育してきましたが，最近は子どものアレルギーの問題で難しい状況もあります。学校全体の飼育もさることながら，教室単位での飼育もできると教育的効果も高まると思います。子どものアレルギーに対して良いアドバイスがありましたら教えてください。

A. いつも生徒のいる教室以外に，空き教室などを利用して動物だけの教室を作るのも，屋外の飼育小屋より観察が行き届き，雨風など気候の問題も解消できて良いのではと思います。

　もし普通の教室の場合は，動物のケージはアレルギーの生徒さんから遠いところに置きましょう。毛がちらかったり舞ったりしないように，ケージを透明のアクリル板のようなカバーで囲うと良いでしょう。

　また，アレルギーの生徒さんは，今教室で飼っている動物（ウサギ，ハムスター，モルモットなど）のどの種類が本人のアレルギーと関連があるのか，原因となるアレルゲンも調べてもらうと良いでしょう。もしその動物へのアレルギーがあるなら，マスク・帽子・手袋をはめて世話をするか，管理係になってもらい，その動物の学術的なこと（食餌・習性・病気など）を調べる係になってもらって，記録ノートをつけてもらいましょう。

　アレルギーがあるから飼育係からはずす，というのは簡単で早道のようですが，心にわだかまりやしこりが大人になっても残ります。何となく仲間はずれのような気持ちにもなりかねません。その生徒さんのアレルギーの状態（状況）にもよりますが，保護者の方とも相談して，参加している気持ちになれる環境作りのお手伝いが，できるとよいですね。

Q. 鳥インフルエンザ騒動の辺りから，学校で飼っていた鶏を農家に引き取ってもらい，飼育委員もなくなりさびしく思っています。子ども達や父兄に理解納得してもらって，鳥を含め学校飼育動物を飼う体制にするアイデアを教えてください。

A. 鳥インフルエンザに限らず，人獣共通感染症はむやみに怖がるのではなく，知識を得ることで心に知識のワクチンができて，落ちついて対応できます。その病気をよく知り，予防法まで分かると，安心して飼育できることをお伝えします。以下のようなQ＆A方式で，保護者および生徒に，鳥インフルエンザのことを理解してもらいます。

どんな動物に注意が必要ですか？

　鶏（チャボ，ウコッケイ，シャモ），アヒル，ウズラ，七面鳥，ガチョウ，クジャクなど，皆かわいい鳥ばかりでかわいそうで困りますね…と一言添えます。

どうやって感染するのですか？

　鳥から鳥への直接感染の他，鳥の糞尿が飲水に入り，それらを通して他の鳥への間接感染など，いろいろな形で感染していきます。野鳥（カラス，スズメなど）が近くに来ないように，小屋の周りに餌をまき散らさないことや，放し飼いにしないことで「うちの学校の鳥達を守ってあげましょう」ということを伝えます。飼育小屋の扉もきちんと閉めて，鳥が入ってこないようにすることも大切です。

どんな症状？

　食欲や元気がなくなったり，首が曲がる神経症状，

クックッと咳やくしゃみの出る呼吸器症状，下痢などの消化器症状，突然死などです。他の病気との区別は難しいので，病気になったときは早めに連絡をしてもらい，しかるべき研究機関（横浜の場合は家畜保健衛生所など）で調べてもらうことをお勧めします。日頃から鳥の様子をよく観察することが決め手になります。

環境で注意することは？

鳥インフルエンザに有効な消毒薬を用意しておき，いつも使うようにします（逆性石けん液＝ハイアミン，オスバン，次亜塩素酸ナトリウム液＝ハイター，薬用石けんなど）

「学校の鶏が生んだ卵を食べてもよいでしょうか？」という質問が毎年あります。私達の病院では，「鳥インフルエンザに関しては加熱によりウイルスは死ぬと言われていますが，卵の周りにサルモネラ菌がついていたり，まだ未知の病原体もあるかもしれないのでやめましょう」とお答えしています。因果関係のないことでも，たまたま同じ時期に卵を食べた人が病気になったときに，証明することは難しいからです。

児童への対応は，どんなことに注意するように話したらよいですか？

1) 鳥をよく観察し，いつもと違うときは先生に報告。
2) 飼育小屋に入るときは長靴をはく。
3) 他の鳥を，飼育小屋に入れない（スズメなど）。
4) 世話をするときは，マスクや手袋をつける。
5) 世話をした後は，うがいと手洗いをする。
6) 飼育小屋をいつもきれいに掃除をし，糞や食べ残しは片づけ，小屋の周りも衛生的にする。
7) 鳥インフルエンザの発生時には児童の直接飼育は避けて，教職員や保護者で協力して行う。

不安な保護者への説明は？

どんなことでも同じですが，相手が同僚でも友達でも生徒でも保護者でも，心配していることや疑問に感じていることには，「Yes, Yes, No の法則」または「Yes, Yes, 提案の法則」を使います。そして，ゆっくりじっくり聴いてあげて共感してから，最後にこちらの言いたい内容を説明をします。

保護者A「先生，鳥なんて学校で飼わないでくださいよ！」

B先生「そう簡単にはいきません」とか「大丈夫ですよ」とAさんの疑問を打ち消すような答えは，反発を招きます。

C先生「そうですよね！　テレビや新聞を見ると心配になりますよね」

保護者A「せめてうちの子だけでも飼育係からはずしてもらいたいんですけど」

B先生「子ども達の約束事ですから無理です」

C先生「うちの子どもも実は飼育係なので，心配なので，鳥インフルエンザについて教わって勉強してきたんです」

とC先生のようにAさんの話をじっくり聴いて，まず2回は同感します。「Yes, Yes」で受け入れます。そして最後に「うちの学校の鳥達を鳥インフルエンザから守ってあげようって，子ども達とも相談したんです。消毒薬も調べたんですよ。どうしたら皆にとっても安心に世話ができるか，保護者の方のご意見もいただきたいんです」と提案型でお話しします。

そうすると「あ，先生，うちにマスクたくさんあるので持ってきます」とか「もし地域で鳥インフルエンザが発生したときは，私飼育当番お手伝いしますので声かけてくださいね」と敵のように思えた人が協力者，味方になってくれることもあります。

何か意見を学校に言ってくる保護者は，得てして問題意識の高い方なので，理解し納得してくだされば応援団になります。興味があるから文句も言いたくなるのです。どんな人にも学校動物に参加してもらいましょう。そして，子ども達のために，もう1つの学校とも言える学校飼育動物のいる環境を，積極的に手伝ってもらって作りましょう。

Q. 学校で動物を飼うことに反対の先生がいたり，命の大切さを学ぶ教育が本当にできるのか心配になることがあります。なぜ学校で動物を飼うのか，と問われたときに説得できる答えができないので，学校動物の意義を教えてください。

A. 学校の先生というお仕事は，日々の授業だけでも大変だし，今の時代は本来なら家庭ですべきマナーや躾も教えないといけなくて，手一杯と思います。でも，学校の動物は大変な分，同じだけ，驚き・喜び・発見・共感をくれるはずです。現在，世の中でも学校でも，びっくりするよう

な残酷な事件が多くなっています。命の尊さや大切さを一生懸命に口で教えても，テレビゲームなどでは殺してもすぐ生き返ってくるので，子ども達の頭の中はバーチャルなことであふれています。動物達は口はききませんが子ども達にそっといろいろなことを教えてくれます。

① 死んだら生き返ったりはしないので，二度と会えないこと。
② 嫌なことや不安など，ある一線を越えると，怒ったりかみついたりするので，お互いのちょうど良い距離が必要なこと。
③ 初めはなつかなくても，毎日あきらめないで話しかけたり少しずつ触っていると，心を開いて信頼してなついてくれること。
④ 大きな動物でも小さな動物でも，命の重さは同じということ。

授業中は出番の少ない子でも，動物の世話となると抜群の行動力，責任感，思いやりを発揮して，リーダー格になってくれる子もいます。

先日の調査で，日本の子ども達の読解力が世界の中で15位に下がったというデータがありました。想像したり共感する能力が，コミュニケーションを上手にしていくそうです。文部科学省も，それには動物達の力を借りて，学校動物飼育も視野に入れていこうという考えがあるようです。学校飼育動物，飼育小屋にももう1つの学校があるように思います。生徒も先生も父兄も皆で楽しんで，教育の1つに加えていただけたら，と思います。見つめているだけで，心の隙間を埋めてくれる小さな友達になったり，不登校に対して手助けをしてくれたり，だまって悩みを聞いて心の相談をしてくれたり，汲みとって吸い込んでくれる日もあります。私達獣医師も各々のできる形で参加して，いつの日か時間割の中に国語・算数・動物・理科・社会，なんていうふうに動物の授業があったら…と願っています。

Q. 飼育動物の休日の対策について。「休日の世話は教員が当番で行う」という約束事はできていますが，3連休や年末年始となると，飼育係の先生だけで世話をすることに辛いものがあります。かと言って同僚に頼むのも気が引けて，子ども達には人気の飼育係ですが，春に飼育担当の先生を決めるときは負担が大きく，なかなか手があがらないのが現状です。休日のアイデアを教示ください。

A. 週休2日制が全国的に定着したことで，学校の動物達にとっては金曜日の夕方が恐怖？です。土・日2日分の食餌がドバっと与えられるからです。人と違って，これを少しずつ分けて食べようとは思わないので，食べたいだけ食べてしまったり，水の容器や食器がひっくり返っても，そのままで過ごすことになります。

まず水はこぼれない容器にして，予備の水の容器も取りつけておき，食器はステンレスの重いものにしてかじったりひっくり返したりできないものにします。多頭飼育だと，けんかをしたり，イライラしたりで食器を倒したりするからです。汚しにくい環境にしておくと，休日の世話もしやすくなります。

動物や命には日曜日はありません。できれば毎日誰かが見に来られるとよいですね。飼育係の先生だけで休日の世話をするのは，負担が大きくなってしまいます。ピンチはチャンスで，悩みの種を楽しみの芽に変えます。あらゆる方法を出し合って選択をするとよいと思います。休日の対策のツボとコツ，私の知っている事例でご紹介します。

① ホームステイ方式：動物を生徒各々の家庭にお泊りをさせる形です。長所は，預かる前後の家の人と引継ぎのときに友達になれることです。欠点は，アレルギーのある人がいる家や介護で忙しい家など，預かることが無理という家庭があると，不公平になったり，子どもが残念がることです。
② 親子当番方式：子どもだけで休日の学校に行くのは物騒な世の中なので，親子で飼育当番をして世話をする形です。長所は，日頃学校に行けないお父さんが学校の様子が分かったり，共働きでゆっくり会話のできない家庭も学校への行き帰りの道で親子の会話が増えることです。欠点は，休日の学校は閉鎖していたり，警報装置が鳴るシステムだと，この方式が使えないことです。また，休日も仕事の家庭は参加できません。
③ 地域参加型方式：地域（例えば卒業生，PTA関係者，商店街など）の親子のボランティアを募る形です。長所は，地域と学校のつながりができて，職業インタビューや仕事体験などにも発展できることです。経験豊富でまだまだ元気な定年を迎えた世代の方々も，学校動物ボランティアの味方になっていただけると，さまざまな相談もさり気なくアドバイスしてもらえて，一

石二鳥です。欠点は，学校の児童・生徒達が，自分達の動物という意識が薄く，誰かにやってもらえばよいという無責任な気持ちが児童・生徒達に芽生えることが少し心配です。

その他，その学校や地域に合った方法で良い点をふくらませて保護者の方に理解してもらうと，悩みは力に変わっていきます。小さな命について，皆でアイデアを出し合うその時間が，それぞれの心を育てる時間になっていき，そのときは苦労でも，後でなつかしい思い出になってくれると思います。

Q. 飼っていた学校飼育動物が亡くなったとき，どのような対応をしたらよいのか，子ども達への死の伝え方の方法などを迷っています。アドバイスがありましたらお願いします。

A.

◆**感動のエピソード①** 我が家の年子3人の子ども達が通っていた公立の小学校の先生のお便りを紹介します。1年3組の教室で飼っていて私達がときどき飼育相談にのっていたハムスターが亡くなったときの話です。

「皆であんなにかわいがっていたハムスターのムックが亡くなりました。1時間目の国語の時間に，クラス皆でムックに手紙を書きました。1年3組みんなの時間が，過去に向かって流れました。
『ぼく，てがみいれるから，ゆめでおへんじ，おくってね』
『ムック，あそんでくれてありがとう。うごかなくても，にんきものだね』
『てんごくで，なかよしのガールフレンド，みつけてね』
『わたしがねているとき，ゆめでムックとあそんであげるね』
クラス全員がムックのことを考え，心を1つにした時間でした。ムックのおかげで小さな生き物を通して感受性，思いやり，責任感が自然に育ち，皆も成長してきました。今までたくさんお世話になり，ありがとうございました」

子ども達の心と先生の温かさが伝わって，私達の胸に残るエピソードの1つです。姿はなくなっても愛された命って皆の心の中で生き続けて，皆の絆になってくれるよう

図3-17 お悔みカード

に思います。

◆**感動のエピソード②** 近所の幼稚園で10年間飼っていたセキセイインコが亡くなったときの話です。

保母さんが薬を与えたり温かくしたりして，一生懸命手を尽くしましたが長生きだったセキセイインコのぴいちゃんが，亡くなりました。その電話を幼稚園の先生からいただきました。そこで鳥が空を飛んでいるイラスト入りのお悔みポストカード「きょうからはこころの中で行くんだよ」（図3-17）を送りました。すると数日後，その幼稚園から分厚い封筒が届きました。封を開けると，中から子ども達が描いた絵と園長先生からの手紙が入っていました（図3-18）。

「ぴいちゃんとは長いご縁でしたが，いろいろな楽しい生活ができ，子ども達の心を和ませてくれました。最後にぴいちゃんは，静かにとっても大切な"死"を学ばせてくれました。先生，ありがとうございました。ご多忙の毎日ですのに，温かなお便りを園児達のかわいがったぴいちゃんに届けてくださり，すばらしい保育の学びになりました。この尊い学びをしっかりと園児達の心に刻んで参ります。先生からいただいたおはがきを鳥かごの前に置いておいたら，何も言わないのに年中さんの子ども達からぴいちゃんの鳥かごにたくさ

図 3-18　幼稚園からの便り

んのお手紙が届いております。先生，感謝！です。園長」
　年中さん（4〜5歳）なのでまだ字が書けない子もいるので，鳥の絵だけの子，自分と鳥の絵，空にぴいちゃんがマルになっている絵，少し字が書ける子は「ぴいちゃん，またあそぼ」「ぴいちゃん，わすれないでれ」（「ね」が書けなくて「れ」になっています）「だいすきだよ，またきてれ」「ぴいちゃん，あいしてるよ，たのしかたよ」（小さい「つ」ができないので）
　エンピツ，クレヨン，色えんぴつ，画用紙，手紙，大きさも画材もさまざまです。子ども達の心が育っていく時間をぴいちゃんがくれたみたいです。「ひまわり組だより」という幼稚園の PTA ニュースも入っていました。
　「ひまわり組で大切に飼っていたインコのぴいちゃんが亡くなりました。子ども達もそれぞれに思うことがあったようで，涙ぐむ姿も見られました。"死"ということを身近で経験した子ども達。鳥かごの中には皆からのお手紙やおもちゃ，折り紙の贈り物など，子どもなりに考えたお別れの仕方をしたのでしょう。優しい子ども達に見送られ，お墓参りもしました。「お空から見守ってね」と小さな手を合わせました。ぴいちゃんも幸せだったと思います」

　学校，幼稚園，保育園で飼っていた動物が亡くなったとき，教えるべきかそっと内緒にしようかと悩んで相談されることがあります。私達の病院ではこの2例のお話をして，死とは，ゼロになることではなく，真剣に生きることを教

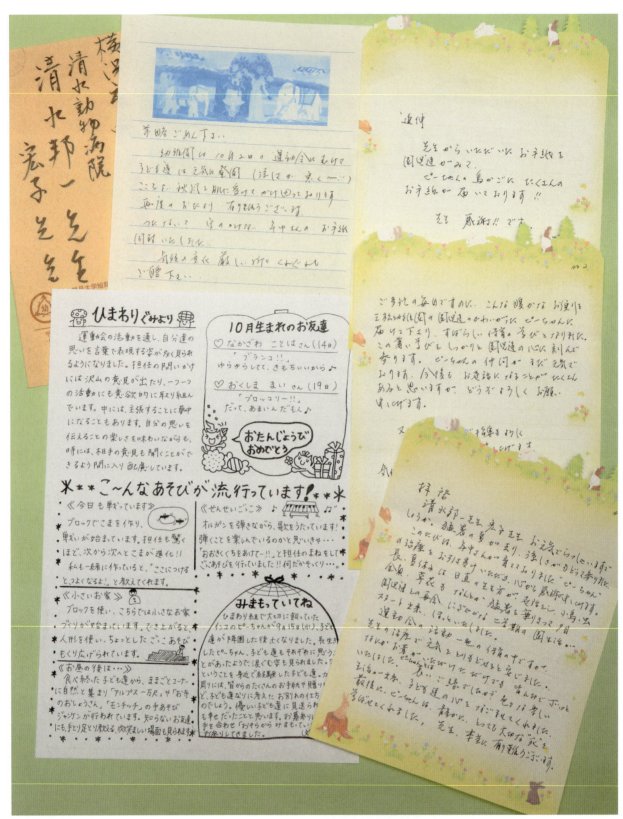

図 3-18（つづき）　幼稚園からの便り

えてくれる命の授業になることをお伝えします。「命の大切さ」という言葉だけでなく，実際に死んだら二度と動かなくなって冷たくなって，同じ動物はいないこと，TVゲームと違って殺してもすぐ生き返ってきたりしないこと，大きな動物でも小さな動物でも命の重さは同じということ…動物達は言葉はないけれど，しぐさや瞳で子ども達にさまざまなプレゼントをくれます。考える練習や哀しみを乗り越える力も，さり気なく与えてくれます。

命の授業をしているところで育った子ども達は，きっと思いやりのある優しい子になって，お母さんやお父さんになったときも，そのことを覚えていてくれると思います。

皆のおかげでいただいた私達獣医師のライセンスに有効期限はありません。生涯現役が可能です！　各々の得意な分野で世の中が元気になる社会活動をして，たとえ白衣を脱ぐ日があっても，いろいろな形で経験やライセンスを生かして社会にお返しできたらよいですね。

第4章　終末期とペットロス

1．終末期医療
2．安楽死
3．ペットロス

五行歌 & Essay

もう1つの誕生日

　なんだか机の下にいそうで………ついのぞいたり，いつもいた所にあの子の匂いがすると，まだここにいるような気がするの。まちがって他の猫に「シーマ」って呼んじゃったり，雨戸のレールに毛がついていたりすると，急に涙がこみあげてきて困っちゃう。

　千の風になってからの方が存在感に気づいたり，思い出が膨らんだり…愛された命って心の中で生き続けて，いつまでもみんなの絆になってくれます。

　思い出の輪が広がっていく"もう1つの誕生日"が始まるのかもしれません。

**小さな娘が
天国に
行ったみたい
22歳の猫を
見送って**

1．終末期医療

1）終末期医療にあたって

まず，カルテに記載の連絡先が，現在のものと変更されていないか，携帯番号など，一人でなく家族全員の連絡先を再確認します。

① 家で過ごす時間が少しでも長くなるようにします。
　A：皮下輸液で通院→静脈内投与で入れ過ぎて肺水腫にならないようにする。
　B：酸素吸入器：酸素発生器の貸し出し業者さんの紹介。
　C：家でできるように，飼い主さんが皮下輸液をマスター。
　D：経口輸液，流動食（チューブダイエット），10％グルコース液，スポーツドリンク（ポカリスエット）などで栄養の補助。

② 連れて来れない時
　電話で連絡し合って内服薬でコントロールします。

③ 家族の中でよく話し合って，今後の看取り方の希望や対策をまとめてもらう（意見の食い違いがないよう家族で1〜2案の考えを）。

④ 飼い主さんに伝えたいこと
　・希望は捨てないこと
　・その飼い主さんが可能な範囲で，できることをして上げること
　・苦しみや痛みがないようにすること
　・尽くしてあげることが大切なこと
　・飼い主さんの心配や不安は，小さなことでもすぐ話していただくこと。時間外の連絡先は必ず伝えておきます。実際に私達も動物のことが気になっているので，その方が安心です。

⑤ 闘病日記をつける（イラスト，シール，写真付き）。家族みんなで少しずつ何を食べたとか，お風呂に入れたとか，小さなことでも思い出として記録にする。

⑥ 散歩：できなくてもバギーやカートに入れて気分転換の散歩に出ると，人も動物も応援してくれる人が現れて，介護のSOSや悩みやグチがこぼせて，心が少し元気になる。

⑦ 終末医療の専門のところを，希望がある人には紹介する。
　→遠藤 薫先生（那須塩原市・遠藤犬猫病院）
　→日本動物高度医療センター　ホスピタリティ部門
　→ペットリゾートカレッジ http://nikko.prc-pet.jp/

2）最期の場所の選択

飼い主さんに悔いが残らないよう事前に希望をお聞きしておきます。

① 自宅の場合

多くの飼い主さんが，自宅を希望されることが多いので，私達も飼い主さんに最もお勧めしています。今まで過ごした部屋の形，におい，カーテンや扉の音，家族の声そして家庭の温もりの中で，息を引き取ることができれば，動物は落ちついてすごせるし，飼い主さんも状況を十分把握することができ，不安も少なく，「どのように最期を迎えたのだろうか？」と思いを巡らすこともありません。

② 病院の場合

最期まで可能な治療をしてもらえたと感じられる方，最期の姿は見たくないという方，常にそばにいてあげることができない，という方は，入院の方を希望されます。

3）薬剤の選択

飼い主さんの家族，生活環境，経済状態，病気や薬に対する考え方で，治療や緩和ケアの方法が変わります。全てを口頭で説明することは難しいので，印刷したものをお渡しして，飼い主さんから選択や希望を出してもらえるようにします（図4-1）。

4）言葉のやりとり

① あいまいな言葉は使わない。
　例　五分五分→難しい五分の状況を獣医師側ではお話したつもりが，飼い主さんは50％助かると思っています。
　例　今夜が峠です→危険な状態や厳しい局面をお伝えしても，楽観的で，明日は元気になると思っている人もいます。

② 避けたい言葉
　・「最期は苦しみますよ」→多くの飼い主さんが一番不安に感じていること。逆にその予防策や対策を一緒に考えます。

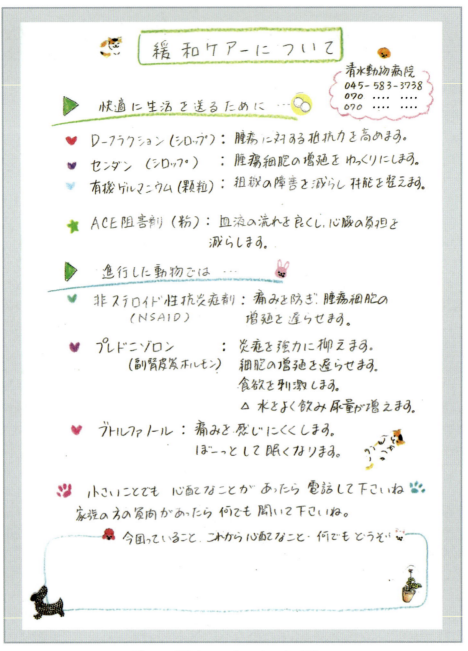

図 4-1 緩和ケアのパンフレット（例）

- 「私達にできることは，もう何もありません」→最新の治療はしたかもしれませんが，飼い主さんは突き放された気持ちになります。
③ 難しい状況の時は，はっきり認識してもらえるように伝える。
　例 「危篤です」→今まで可愛がってくれた人が遠方でも連絡を会いたい人には今来てもらって…etc。

④ 気持ちがプラスになる言葉（プラスのストローク）を動物にかけてあげるように伝える。
　例　ずっとずっと大好きだよ。
　例　思い出をふくらますしていくね。
　例　生まれ変わってまたうちに来てね。
　例　今までたくさんありがとう。
　例　うれしいことは倍，辛いことは半分こしてくれたね。

例　いっぱいがんばってきたね。
例　みんなに愛されて幸せだね。
⑤ たとえ獣医療，医学的にはすることがなくても獣医師と動物看護師が，他に一緒にできることを探す。
例　心配は半分ずつ分けっこしようね。
例　なでてあげたり，さすってあげたり，言葉をかけたり，まだできることはいっぱいあります。
例　小さいことでも心配な時は電話をくださいね。
例　相談したいことがあったらいつでも電話をくださいね。携帯電話の番号や夜間などの救急病院をいくつか教えておきます。

5）終末期の現象の理解

動物の最期が近づいた時，起こりうる現象について飼い主さんに伝えておきます。「このような現象などは全て脳の命令がうまくいかなくなって乱れているためなので，痛かったり苦しいためではないこと」を説明します。

「先生が言われていたとおりの経過で，静かに息を引き取りました」と，多くの方が穏やかな気持ちで，動物の死を受け入れられます。事前に次のことをお伝えします。

① 発作

痙攣：特に慢性腎不全の動物でよく見られます。無意識で，神経や筋肉が刺激を受け収縮しているので，苦しくて暴れている訳ではないこと。発作が起きた時は，頭をぶつけないよう横に寝かせて，冷静に見守って自然に治まるのを待つこと。口に何か入れるのは咬まれることがあること，抱き上げると吐物が気管に入りやすくなることなどから，何もしない方が良いこと。

急な発声：無意識で声が出てしまうことがある。

② 呼吸の異常

荒い呼吸：尿毒症などで体が酸性に傾く（アシドーシス）と炭酸ガスを出そうとして呼吸が速くなることがある。

チェーンストーク呼吸：脳の活動が徐々になくなり，呼吸が止まっていく時に，不規則なあえぎ呼吸になること。

③ 心肺停止の後の変化

瞳孔と目が開く：普通の現象で，苦しんだためではないこと。時々まぶたを閉じてあげると良いこと。

尿と便の失禁：括約筋が緩むので漏れること。吸水性のあるペットシーツやタオルなどを体の下に敷くと，体が汚れにくいこと。余裕があれば，肛門に脱脂綿を詰めてあげると，便がもれにくくなること。

体がすぐ固まる：短時間で硬直してくるので，自然に眠っているような，リラックスした体位にしてあげること。

上記のことを理解していることで，苦しがって息を引き取ったと思ったり，苦しいから目を見開いていたと思う誤解を防ぐことができ，飼い主さんが取り乱すことが少なくトラウマにもなりにくくなります。冷静に動物に接することができれば，動物を飼って良かったと思う方が増えることになります。

6）時間外診療・緊急連絡

心配されている時は，嫌な顔をしないで診ます。その代わりに時間外料金を細かく設定しておき，明細書にきちんと入れる。このようにすると，夜でも診よう…という優しい気持ちになれてイラッとしません。

緊急の連絡先として携帯電話の番号をメモしてお渡しすることは，時間を束縛されるように感じられますが，不必要に電話をしてくる方はほとんどありません。飼い主さんが大変安心されて喜んで下さることと，信頼関係やコミュニケーションが良くなり，良い交流が生まれることもあります。携帯電話を受けた時にすぐ診ることができない時は，事情を説明して二次診療や夜間診療などをご紹介します。知らない所に行くより，私達に紹介された病院の方が安心なので喜ばれます。

7）看取り

① 何の反応をしなくても，耳は最後まで聞こえているので話しかけてあげる。目は見えなくなっても，尾の先で返事をしていることもあることを伝える。
② 脳死でもしばらく各組織は生きている（まわりの家族や友人の気持ちを汲んであげる）。死に目に間に合わない時，心電図，血圧計などをはずしても，輸液はゆっくり流しておく。家族が十分納得するまで話しかけたりした後で「臨終を確認しました」という方法もあります（父が膵臓がんで死去した際の緩和ケア病棟）。
③ 「終わりよければすべてよし」になり，再び動物を飼いたくなります。後悔のない温かい看取りができるよう飼い主さんの心に寄り添って，治療も介護も親身になるようにします。
④ 亡くなった時はすぐにお悔みのハガキ（図4-2）を出

図4-2　お悔やみのハガキ

して「○○さんのおうちの子になって良かったですね。幸せな子が増えるから，落ち着いたらまた動物のいる暮らしをしてくださいね。○○ちゃんも天国で喜んでくれると思います」と言ってあげます。ペットロスは次のペットが一番癒してくれます。

2．安楽死

Q. 安楽死を頼まれた時どうしていますか？

　　決定基準

A. とても難しい問題なので「基本的にはしていませんが…」とお答えしてから，飼い主さんの相談を伺ってから決めています。

　米国の獣医師，バーナード・ハーシェホン先生の安楽死を決定する際の基準は次の6つです。
①現在の状況が快方に向かうことなく悪化するだけか？
②現在の状態では治療の余地がないか？
③動物は痛み，あるいは身体的な不自由さで苦しんでいるか？
④痛みや苦しみを緩和させることはできないか？
⑤もしも回復し，命をとりとめたとして，自分で食事をしたり排泄をしたりできるようになるか？
⑥命をとりとめたとしても，動物自身が生きることを楽しむことができず，性格的にも激しく変わりそうか？

　私達の病院はこれらと似ておりますが，日本の文化や日本人の考え方も取り入れ，過去37年間の飼い主さんの心情を考えた基準にしています。

①家族全員の同意があること。
②獣医師，飼い主さん，動物のもっている力が十分に出されても，悪化するだけで快方に向かう見込みがないこと。
③飼い主さんが見ているのが辛いからではなく，動物自身に痛みや苦痛があり，それを緩和する術(すべ)がないこと。

　この3つを確認したうえで，もう一度家族とその動物に関わる人たちと相談してもらっています。こんな時に事務的な手続きなんて心なく思いますが，念書も用意しています。というのは，過去に「娘も同意していますので安楽死をお願いします」とお母様が連れて来られお預かりしたあとに，念のため娘さんに連絡をとったところ，「母が勝手に連れて行ったので返してください」と引き取りに来たことがあったからです。

　　書　類

　私達の病院で作っている安楽死の念書は，署名の欄は1名でなく2名にしています（図4-3）。その日，その場で書いてもらわずに，一度家に持ち帰って家族会議を開いてもらいます。家族全員の承認を得て，持ってきてもらいます。

　　処　置

　当日は他の診療に重ならない時間に来院していただき，なでたり話しかけたりしてもらいながら，麻酔の薬を静脈注射でゆっくり入れていきます。

　立ち合いを希望されない飼い主さんには待合室で待っていていただきます。動物が深い眠りにつき息を引き取った後，のどや肛門に脱脂綿を入れて目を閉じたところでお呼びして対面していただいています。

　安楽死の処置が終わったら，みんなでその動物の思い出

安楽死についての念書

清水動物病院　殿

　　　　　　　　　　　　　　　　　　　　　　　　　　　年　　月　　日

　私は，下記の動物に対して誠心誠意，愛情をもって飼育してまいりましたが，人道上の理由によりまして，家族の同意のもとに安楽死をお願いいたします。

　なお，この動物が15日以内に，人を咬んだりしていないことを誓います。

署名（1）：＿＿＿＿＿＿＿＿＿＿＿＿＿＿＿＿＿＿＿＿＿＿

署名（2）：＿＿＿＿＿＿＿＿＿＿＿＿＿＿＿＿＿＿＿＿＿＿

住所：

　　　＿＿＿＿＿＿＿＿＿＿＿＿＿＿＿＿＿＿＿＿＿＿＿＿＿

呼び名：＿＿＿＿＿＿＿＿＿＿＿＿＿＿＿＿＿＿＿＿

種類：＿＿＿＿＿＿＿＿＿＿＿＿＿＿＿　　　性別：＿＿オス　・　メス＿＿

年齢：＿＿＿＿＿＿＿

図4-3　安楽死を行うに当たって飼い主に記入いただく念書

やエピソードを話す時間を設けます。お互いに知らなかったその動物のもう1つの顔が分かったり，思い出を共有できたりすることで，飼い主さんの心も少しずつ「寂しさ」から「ありがとう」に変わって，「さようなら」と言える時間を迎えることができるようになります。

人も動物もそうですが，神様からもらってくる寿命がそれぞれ違うように思うのです。私達の病院では「この子が神様からもらってきた寿命以上にがんばってこれたのは，○○さんのおうちの子になったからですね」とお話しします。命が短い分，大切な思い出があったり深い絆になったりすることもあります。その動物の寿命が平均寿命と違っても，穏やかに受け止められるお手伝いができるとよいですね。

事後のケア

その日のうちにお悔みのハガキ（図4-2）を，手書きの文章で一言添えて出しています。混合ワクチンや狂犬病の注射のお知らせリストから除くことを忘れないようにしましょう。

スタッフ全員がいつどういうことで亡くなったかを把握します。うっかり「○○ちゃんはどうしていますか？」と聞いてしまうような失礼のないようにしましょう。

サポート

ペットロスの人へのサポートグループ「Pet Lovers Meeting」などのホームページを教えて差し上げたり，動物を亡くした人の気持ちは，みんな同じくらい悲しいことを伝えましょう。

私の同級生，山下眞理子先生の日本臨床獣医学フォーラム東京レクチャーシリーズ（2009年8月5日）抄録2009.8.5「動物のホスピスケア−PartⅡ」の安楽死の決定を読むと，さらに教わることがいっぱいあります。

3．ペットロス

1）ペットロス・エッセイコンテストより

年1回実施される「ペットロス・エッセイコンテスト」の審査委員を4回行いました。毎年毎年，ペットとの絆を確認できる力作が多くみられます。20歳を越える長寿の動物も増えて，獣医師として大変うれしく思います。また，多頭飼育のご家庭も多く，ペットロスの時には，もう1頭のペットが一番の味方になってなぐさめてくれます。そばについて言葉以上のものをプレゼントしてくれています。

数百編の中から4〜5稿を選ぶのですが，どの作品の文章にも行間にも，動物への溢れる思いや愛が詰まっています。温かさ，愛しさ，せつなさの中に学ぶことがたくさんあって，これも千の風になった見えない応援団の動物たちからの贈り物みたいです。このペットロス・エッセイコンテストが，寂しさをありがとうに変えていくお手伝いの一端になっているように思えます。

他の審査員の方はマスコミ関係の方，大学の教授，ペット保護の方，一般企業の方，プロデューサーなど，職種もさまざまでペットを飼っていない方もいました。そのため，各自で選ぶ作品も多種多様で意見も分かれることもあります。

私は文章の流れや言い回し，表現力にも関心を寄せられますが，獣医師として別のものも見えてきます。獣医師や動物看護師および獣医療に対する感想を読み取ることができるのです。対話や接遇について，日常の獣医療の向上に大切に思えて，全ての作品をいろいろな角度で目の当たりにできる機会にもなります。獣医療関係者が目を通すことを意識していないので，その時の気持ちがストレートに文章になっています。「動物病院の対応が心に届いてうれしかった」というものもあれば，逆に最後に心もとない言葉で深く傷ついたり，何気ない一言がナイーブな心境の時にはトラウマになったりした例も見受けられました。さまざまな事例をコールバックし，それらをフォローアップできるきっかけにつなげ，皆様にもお伝えできます。

飼い主さんの心のつぶやき，乗り越え方の実例などをご紹介し，各々の動物病院でのペットロスの対応にお役に立

てれば幸いです。

例1

　最初にしこりというか，脂肪の塊のようなものができたのは1年ほど前のことだ。病院に行った時，獣医師は「大丈夫ですよ，心配いりません。大きくなったらまた来てください」と言った。そして数日前に妻が病院へ連れて行ったら，その同じ病院の同じ獣医師から「なぜもっと早く連れて来ないんだ」と叱責された。

　もし診察結果に異常を感じられなくても，「大丈夫」は使わないほうが無難だし，「大丈夫かもしれませんが，針を刺してどんなものか調べることをおすすめします」または「念のため2週間後（あるいは1か月後でも），もう一度見せに来てください。よく観察して，少しでも大きくなるようでしたら，すぐご連絡ください」とお話しする方がよいと思われます。あるいは「念のため，2次診療で腫瘍を専門に診ているところをご紹介します」でもよいと思います。飼い主さんは自分の都合の良い言葉だけが頭に残ることも多いので，もしかすると，この先生も本当は「大丈夫かもしれませんが少しでも大きくなったらすぐ来てください」と考えていたかもしれません。だとしたらメモを渡しておくとか計算書の下に一言，「次回の診察日」や「注意事項」を書いて差し上げると，トラブルや不快な思いをさせないで済んだかもしれません。

例2

　弱った体の猫は不安そうに周囲を見回す。診療の後，獣医師がおもむろに言う。「腎不全です。長生きした猫の宿命ですね。入院が必要ですがどうします？入院費が1日約1万円，保険には未加入なので高額な治療代がかかります。老衰なので完治する保証はありません」獣医師が乾いた口調で話すのは，よく理解できた。

　もしかしたら，この先生は"乾いた口調"でお話したつもりはないかもしれません。私達には日常茶飯事の慢性腎不全で，しばしば遭遇する病気のありふれた説明をきちんとしているのかもしれません。丁寧な口調で説明したとしても，相手が乾いた口調とか冷たい声と思ってしまう時もあるかもしれないことがあるんだなあとつくづく感じました。どんな時もワントーン温かくお話してちょうどよいのかもしれません。特に，終末期医療や高齢の場合は，飼い主さんの心のトーンが下がっているので，受け止め方も悪くとらえがちになることを含んで，優しくフォローしてあげるのがよいと思われます。

例3

　先生が「がん」の説明を図を描いて丁寧にしてくれたにもかかわらず，私はその2文字を聞いたとたんに真っ白になった。先生の言葉は音としてしか聞こえない，目も耳も受け付けなくなってしまい，家にもどっても家族に聞かれても何1つ答えられなかった。

　その場では病院では一見冷静に「はい」「そうですか」「わかりました」と答えている方の中にも，突然のことに頭も心も空白状態になっていることもあります。できれば「後でもう一度ご家族にも説明したいと思うので，日時を決めましょう」とか，病気のことを書いたメモを渡して「わからないことや心配なことは何でも相談してくださいね」と一言添えるとよいと思います。私自身も父が膵臓がんと言われた時，お酒も飲まない，タバコも吸わないまじめな父がどうしてそんな病気になるんだろう！とこれから温泉に行ったり親孝行しようと思っていたのに！がんセンターの心技体ともに1番の先生を指定して診ていただいているのにもかかわらず誤診ならよいのに…と失礼な思いがよぎったものでした。家族とは頭で分かっていても，心がついていくまでに時間がかかることもあるように思います。その後の病院のご対応には，深く感謝した次第です。

例4

　ゴールデン・レトリバーの雌，彼女のがんばりには，担当の先生も動物看護師さんも感嘆してくれました。人も動物も命のある者はいつか必ず亡くなります。だからこそ，今この時間が大切で，どんな最期になってもよいように思いっきり介護ができました。病院のみなさんに励ましていただいたことで，辛いことも乗り越えられたように思います。

　私達のさりげない一言が心に届くとパワーになって，死さえ贈り物と思えたり，愛し方を教わったり，一緒にいた時がどれだけ楽しく充実していたかを気づかせてくれて，優しい気持ちにさせてくれます。最期に際し，どんな言葉をかけてもらえたかで，亡くなった後の家族の気持ちや生き方が変わってきます。「ペットロス・エッセイコンテスト」の作品はもう1つの教科書にしたいくらい，私にとっては貴重なものでした。

図 4-4　動物霊園のパンフレット例

2) ペットロスの手紙

Q. どのタイミングで霊園の紹介やお悔みの手紙などを出していますか？

A. 元気な動物でも「何かあった時心配だから教えて」と言う飼い主さんには「うちの犬や猫や 25 年いる動物看護師の由紀ちゃんの犬は○○霊園にいます。パンフレットは引き出しの奥の見えないところに置いておいてね」と言ってお渡しします（図 4-4）。1 か所だと休みだったり，何かで連絡が取れないといけないので飼い主さんの住所などを参考に 2 か所以上ご紹介しています。

数日以内に難しそうな時は「今まで動物を見送ったことはありますか」と，治療の会話の中でタイミングをみてお話します。「使わないで済めば一番良いのですけど…どうしても動物の方が寿命が短いので，人が看取ってあげることが多いので念のためお話ししておくと…」と切り出すこともあります。

本当は飼い主さんのほうも聞きたいのですが，（先生が一生懸命治療してくれているのにそんな失礼なことは今聞けない）と思い込んでいて，言い出せないでいることもよくあります。

「どんなに難しくても希望は捨てないで，一緒にこの子（動物）の応援しましょうね」と一言添えることを忘れないようにしましょう。霊園のパンフレットを手渡されて，見捨てられたと勘違いさせない工夫が大切です。

亡くなった時は，すぐにお悔みのハガキを出します。私の書いた五行歌（自由に五行で綴る詩歌）にイラストがついているものに短い言葉（家族思いの子でしたね，甘えん坊でかわいかったですね…etc.）を一言入れます（図 4-2）。

『千の風になって』の曲を篠笛で吹いてさしあげること

ペットロスについて

人にはそれぞれ、忘れられない日があるものです。「心の記念日」は、どんなに忙しい人でも、ふと立ち止まって、少しだけ後ろをふり返って、また歩き出す日です。

ペット・ロス、ちょっと重いかもしれませんが、深いテーマについてお話します。

私たち獣医師は、動物とはいっても患者さんの死という場面に、医師の5倍は遭遇すると言われています。人より動物のほうが寿命は短いので、その動物の一生涯を見続けることができるという幸せな反面、死に接する回数も必然的に多くなるというわけです。

ペットを失うこと(ペット・ロス)で悩むのは、愛する動物を失ったことに対する正常な反応で、決して特別なことではありません。飼い主さんのなかには、こんなにさびしい気持ちになるのは自分だけではないか、こんなにいつまでも悲しみを引きずっているのはおかしいのではないか、と思ってしまう人がたくさんいます。なかには友だちに「動物が死んだことくらいで」という心ない言い方をされて傷つく人もいます。

ペット・ロスを特別な病気のひとつみたいに「ペット・ロス症候群」と言う人もいますが、何年も一緒に暮らした動物がいなくなってさびしくなるのは、当たり前です。喜びも悲しみもともに歩いてきてくれたのですから。

人によっては、その動物が唯一の家族だったり、周りのだれよりも大切だったりすることもあるのです。愛することと別れることって、いつも背中合わせなのは辛いことですね。

アメリカではペット・ロスの人たちを支えようと、いろいろなアイデアが寄せられています。アルバムを作る、ペットに捧げる詩や小説を書く、友だちや家族から集めたその動物の思い出やエピソードを集める、写真や日記をもとに自分史のようなペットの生涯記録を作る、気持ちをつづった手紙を天国のペットあてに書くなどです。死を現実のものと受けとめつつ、生前を振り返り、死を肯定的な考えや感情で受けとめようというわけです。

もし身の周りにペット・ロスの人がいたら、個人的な意見や感情をさしはさまずに、ただ黙って聞いてあげる、わかる努力をしてあげる、これがその人がペットの死を最終的に乗り越える助け船になるそうです。

病気の治療や予防のみに終わらず、ペット・ロスの悲しみを一緒に分かち合うことも、私たち獣医師の仕事のひとつです。ペットの死後、飼い主さんの75％に生活上の問題や混乱が生じたというデータが出ています。いつもの生活に戻ることにエネルギーを注げるように日々の心のお手伝いをしたり、立ち直るまでのフォローをしてあげることも大切なのです。

もしも乗り越えられないときは動物病院の扉を開けてみてください。そして思い出を聞かせてね。

図4-5 ペットロスについてのエッセイ 清水宏子『ペットの秘密』(東京堂出版)より

もあります。私が書いたペットロスのエッセイ(図4-5)をお渡しすることもあります。

3) ペットロスの情報

おすすめの本

Q. ペットロスを支援するための情報や方法はどんな形で入手していますか。

A.「ペットロス・エッセイコンテスト」の審査員を引き受けて4年の間に実例から教わることも多くあります。同じ飼い主さんの目線で「こういう人もいますよ」と話してあげると「私と同じだわ」と共感し、安心して少しずつ乗り越えてくださいます。

カウンセラー，精神保険福祉士の友だちからアドバイスをもらうこともあります。次女が心の研究をする専門学校に通っているので，専門書を見せてもらったりもします。おすすめの本は，永田 正 訳『コンパニオンアニマルの死』（学窓社），鷲津 月美 著『ペットの死　その時あなたは』（三省堂），河合隼雄・鷲田清一『臨床とことば』（朝日新聞出版）などです。

スタッフ教育

Q. スタッフにペットロスの教育や研修をしていますか？気を付けていることはありますか？

A. 亡くなった動物に，万が一にも事前に書いてあったワクチンの追加接種のハガキやフィラリアのDMなどは，届かないようにします。

多頭飼育の場合は亡くなった動物と今いる動物の名前を間違えないようにします。意外と院長がうっかりしがちですので，事前に全員で再確認をチェックします。

ペットロスの研修はしていませんが，4人の小さな病院なのでランチミーティングの時などに亡くなった症例があるたびに報告し合い，休んでいたスタッフとも情報を分かち合います。そしてその人に合った形でのフォローを提供する案を出し合い，各々が一言ずつお悔みの言葉を伝えるようにしています。

4）ペットロスのフォロー

Q. ペットロスへのフォローで，どんなところに難しさを感じていますか。

A. その人，その動物によって過去のシチュエーション，考え方，ポリシーも異なるので，フォローの方法も十人十色，百人百色です。ワンパターンや事務的な対応や処理は，飼い主さんを傷つけてしまいます。「終わりよければすべてよし」で，また動物との暮らしをしたいと思ってもらえます。人マネやマニュアル通りではなく，心の琴線に触れる温かい思い出作りをしていくことが大切です。

清水動物病院では，院長と二人で篠笛で，「千の風になって」を吹きます。きれいにした亡きがらのところでだったり，空っぽの犬小屋の横だったり，骨つぼの前だったり。遠くの人からは，心の耳で聴いているからと言って皆喜んでくださいます。

5）ペットロスの軽減サポート

Q. ペットロスの方のために，獣医師としてこんなサポートがあるとよいなあと考えていることはありますか？

A. うちの病院では，落ち着いたらなるべく早めに次の動物を飼うことをおすすめしています。「大切にしてもらって○○ちゃんは喜んでいると思います。幸せな動物が増えるから，少ししたら，また動物のいる暮らしをしてね」「飼い主さんが元気になると喜びますよ」「天国でもきっと人気者ですよ」とお話します。また，日頃から多頭飼育の呼びかけもしています。個人では限界もあるので，動物に関わる業界を中心に他業種にも呼びかけて，レンタルできる施設やもらい手探しの情報，途中から飼ってもらえる施設，シェルターなどの充実を心にとめて，実現に向けての企画などが出てくるとうれしく思います。

悲しさ・寂しさから逃げていると，いつまで経っても引きずってしまう傾向があります。逆に，思い出にしっかり向き合ったほうが乗り越えられることもあります。

自分の好きな形，得意なもので思い出を形にしてみましょう。

例　写真，ビデオ，手紙，作文，コラム，エッセイ，ブログ，詩，イラスト，絵画，アルバム，スクラップブッキング，書道，刺繍，貼り絵，木彫り，サンド，粘土など，なんでもOKです。

思い出が形になると，いつの間には寂しさがありがとうに変わっていきます。

ペットロス ホットライン

Pet Lovers Meeting（PLM）

Tel 03-5954-0355　毎週土曜日 13:00〜16:00

ホームページ http://petloss.m78.com/

第5章　診断・治療・手技のアイデア

1. 待合室周辺
2. 診察室
3. 検査室
4. 診察と検査の工夫
5. 処置と手技の工夫
6. 歯科処置のすぐれ物
7. 麻酔の工夫
8. 生体モニター利用の裏ワザ
9. 外科の工夫
10. 薬投与の工夫
11. 治療の工夫
12. ケアの工夫
13. エキゾチックペットの診療
14. 文具の活用

痛点

　少しでも動物に優しい獣医療をと，痛点にさわらないように，この頃，採血は細い針，犬や猫は 26G で，ウサギは 27G にしています。

　糖尿病の動物の飼い主さんには「痛点っていうのがあって，そこにさわらなければ痛くないから」とお話しすると，「あら，どこ刺しても痛いかと思っていた」とほっとなさいます。

　さて，人生も相手の地雷を踏まないように，仲よくしていけたらいいですネ。痛点は少なく小さく，地雷の数もなるべく捨てて減らして生きると，さらに楽しいかもと思います。

痛点を
避ける
いつも
心掛けている
小さなこと

1．待合室周辺

1）動物病院の外周りをクリーンアップ

動物病院の周りの道は，敷地外であっても施設の顔の一部です（図5-1）。少し早く出勤して両隣を含めての道路清掃は，小さな社会貢献となると同時に，地域との交流も生まれます。きれいに保つことは病院のイメージアップにも繋がります。院長が自らの日課にすれば最良で，飼い主さんの視点で病院を見ることができます。毎日のタバコの吸殻とゴミを数えて，楽しんでしまいましょう。

技術の研鑽とともに，さわやかで心の通った動物病院が理想です。

2）リード掛けの利用

連れてこられた犬がフラフラ歩き回らないように，リード掛けが商品化されています。犬が逃げる危険性や，飼い主さんが犬を放してしまうことも防げます。ホームセンターなどで汎用のロープ固定具とSカンを組み合わせても，安価で便利に使えます（図5-2）。

－参考－　西部劇に登場する馬の係留は，「馬つなぎ」という結び方です（図5-3）。動物の動きで緩むことがなく，ほどくときはワンタッチです。特に，リードを短く保ちた

図5-2　ロープ固定具とSカンによるリード掛け

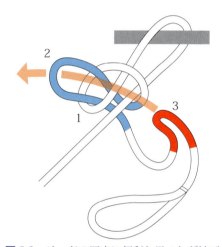

図5-3　リードの固定に便利な馬つなぎ結び
1，2，3の順でループを作る。1と2のループに3のループを加えれば確実です。

いときに便利です。詳しくはインターネットでも検索してみてください。

3）待合室の便利な備品

（1）ティッシュペーパー（図5-4）

ティッシュペーパーの箱を待合室や診察室など各所に置いて，排泄物，分泌物などで汚れたときに，飼い主さんがすぐ使えるようにします。壁面に固定すると場所をとらず，使いやすいです。予備も一緒に置くと，無くなった時も安心です。

（2）毛取りグッズ（図5-5）

飼い主さんが動物を支えて衣服に毛がついたとき，いつ

図5-1　動物病院の顔となる周囲の歩道

図 5-4 テッシュペーパー

図 5-6 トリート用フード

図 5-5 毛取りローラ

図 5-7 子ども用グッズ

でも除去できるように粘着ローラー式のもの，またはクラフトテープなどを備えておきます。

(3) トリート用フード（図 5-6）

製品のサンプルフードの他に，低アレルゲンのフードも置いてご褒美として，飼い主さんがアレルギーの動物でも使えるように容器に入れておきます。

(4) パンフレットと本を整理して

パンフレットや本を待ち時間に読めるようにします。管理できる数にして，いつもチェックして整理・整頓しておくことが大切です。必要以上に置かないようにします。

(5) 子供用グッズ（図 5-7）

子供さんは少しの時間でもたいくつしやすいので，まんが，絵本，おもちゃは役立ちます。おもちゃは別の場所に保管し，必要に応じて出していくと効果的です。いたずらっ子には，両手がふさがるように 2 個持たせます。

2. 診察室

1）診察台

（1）天板はノーカバー

ステンレスの天板がよく使われています。錆びにくくて丈夫ですが以外と硬度はあまり高くなく，動物の爪などで簡単に傷がつきます。そのため保護マットを敷くことが多いのですが，思い切ってはずしてみましょう（図5-8）。小さな傷は一種の模様となって，使うほどに気にならなくなります（図5-9）。マットに付く汚れの方がかえって目立ち，除去しにくいこともあります。滑りやすくなりますが，逆に動物をコントロールしやすくなります。不安を感じる動物ではタオルを敷きます。

図5-8　カバーなしの方がきれいなステンレス製診察台

図5-9　小さな傷も集まればランダムな模様

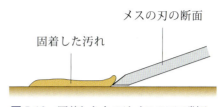

図5-10　固着したものはメスの刃で削る

（2）診察台の汚れ対策

①外科用接着剤など固着したものはNo.15またはNo.10のメスの刃で削り取ります（図5-10）。
②粘着テープの貼り跡および油性ペンのインクは無水エタノールで溶かして除去します。
③大きめの目立つ傷は，粒子の細かい台所クレンザー，または目の細かいサンドペーパーで研磨します。
④爪用止血剤のクイック・ストップ（文永堂出版薬品株式会社）や強アルカリの薬品はステンレスを腐食させるので，付着したらすぐ拭き取ります。

（3）診察台消毒のテクニック

消毒薬をスプレーした後，ペーパータオルで拭き取るときの効果的な方法は，①乾燥しやすいように最少量をスプレーすること，②耕耘機（こううんき）のように台の長辺の方向で拭くこと（図5-11），③進行方向にペーパータオルを少し浮かすこと（図5-12）です。

消毒薬を付け過ぎると汚れを拡げてしまいます。拭く向きをクルクル回したりするなど一定方向でないと，汚れが

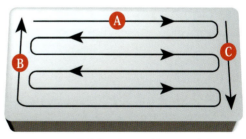

図5-11　診察台の汚れを拭き取る方向

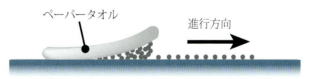

図5-12　汚れの捕らえ方

残りやすくなります。消毒薬の効果に頼らないで，物理的に除去することも大切です。感染症の動物の使用後は2〜3回消毒を繰り返します。また，診察台を使用した後は，すぐきれいにします。清潔感を保つとともに，湿った天板が早めに乾燥して次の動物を載せやすくなります。

（4）消毒薬（パコマL）の活用法

「パコマL」（Meiji Seikaファルマ株式会社）は，「パコマ」より界面活性剤が多く含まれる逆性石鹸液の一種です。乳房洗浄用として作られていて，組織刺激性が少なく洗浄作用があり，消毒用として希釈した後も安定性が良いので，当院で使用しています。「パコマ」は希釈後，不溶性の成分が固着しますので「パコマL」の方がお勧めです。

§パコマLの利用を便利にする道具

原液ディスペンサー：利用しやすいように，シャンプーのディスペンサーのようなポンプのついた容器に原液を入れます。1回のプッシュで2.5mL出るように，ポンプの可動部分にビニールチューブなどをはめて調節します（図5-13）。500mLの水道水に1プッシュ入れると200倍のパコマL希釈液ができあがります。なお，メーカーの能書では，環境・畜体は500～2,000倍希釈，器具は50～400倍，外傷・術野は100～2,000倍となっています。

スプレー容器：次の容器を利用しています。

Canyonスプレー（キャニヨン株式会社）：液の出方が均一でスムーズです（図5-14）。

ダイヤスプレー（株式会社フルプラ）：スプレーのポンプの吸引元が自由に動いて，液が少なくてもボトルの傾きで液が出にくくなることを防ぎます（図5-15）。

スプレーノズルの調節：ノズルキャップを右に回すと水の粒子が細かく噴出します。左に回すと勢いが増し，直線に近づきます。用途に合わせて使い分けます。

使用済み器具および食器を漬ける容器・手指を漬けるボウル：いつでも消毒・浸漬できるように，常時パコマL溶液を作っておきます。

20倍希釈液入りディスペンサー：台所洗剤用のディスペンサーを，流し台に取り付けます（図5-16）。

§パコマLスプレーの応用例

スプレーに入れた200倍パコマLは多用途です。
①診察台表面の消毒：掛け過ぎないようにスプレーします（図5-11，図5-12）。
②生体モニター使用後の心電計電極のクリップ，パルスオ

図5-13　ポンプの押し下げを調整する

図5-14　Canyonスプレー

図5-15　ダイヤスプレー

図 5-16　台所洗剤用ディスペンサー

キシメーターのセンサー，深部体温計のプローブ，血圧計のカフなどにたっぷり掛けて拭き取ります。
③汚染された手で触れた目薬・点耳薬・消毒薬の瓶，爪切りの柄，聴診器などは，スプレーで適量を染み込ませたペーパータオルなどで拭き取ります。
④歯周疾患処置後に血液など染み込んだ口周りの毛，下痢便・尿・分泌物などが付着した汚れた毛などは，スプレーでパコマLをどんどん吹き掛けて何回もティッシュペーパーで吸い取ります。特にシャンプーできないような動物で役立ちます。
⑤待合室のイスの上は，動物の毛やフケで汚れがちです。常に気を配り，汚れていればスプレーして拭きます。
⑥ペーパータオルに湿らせて，台の上のホコリ取りに使うとホコリが舞いません。軽い汚れの付着であればきれいになります。
⑦トイレにも常備しておけば，使用の毎に利用して，清潔感たっぷり。素手で触れられるくらいきれいです。誰でも利用できるように「消毒クリーナー」とラベルを貼っておきます（図 5-14）。
⑧床に排泄をされたときは検便や検尿のチャンスです。いつでも採取できるように，採尿容器として 3mL 点眼瓶または調味料入れ（キャップがあるので便利），スポイトなどを常時用意しておきます。採取後，排泄物をきれいに取り去った後，スプレーしてさらに拭き取ります。始めにスプレーすると汚れを広げるだけになります。
⑨ノミ，蚊，ハエ，コバエ，ゴキブリを見つけたら，パコマL液を吹き掛けます。界面活性作用で水分ははじかれず，気門がふさがって溺れて死んでしまいます。蚊やハエは，羽が濡れ動きが悪くなったところで，たっぷりかけます。人畜無害の優れものです。よく見るとキュートなハエトリグモは益虫なので，外に放してあげましょう。

§オキシドール入りパコマL
落としにくい血液成分は，200 倍パコマLの界面活性作用で除去できますが，オキシドールを少量（約 5 分の 1 量）混和しておくと，早く脱色できます。

§手洗い用ボウル
約 500 倍に希釈して使用しています。少しでも汚れや混濁が見られたら，新しく作成します。汚れのない手の消毒では，手を漬けた後，ペーパータオルで拭き取ります。消毒薬の含まれたペーパータオルになりますので，乾燥させておき，床などの汚れの除去などに利用します。

§高濃度パコマL液（20倍希釈液）
流し台用の洗剤ディスペンサーに入れます（図 5-16）。
①ひどく汚染された手に少量つけて泡立てながら手もみした後，流水にて洗い流します。
②人の食器の洗浄にも使います。水切れが良く，インフルエンザウイルス流行時などにも，安心です。

§モップによる床の清浄と消毒（1,000倍希釈液）
バケツに 2.5L ほどの水に 1 プッシュ（2.5mL）のパコマL液を入れて，モップで床を水拭きします。使用後はよくゆすいだ後，乾燥させます。

(5) 院内感染予防のための消毒薬使用の鉄則
①動物に触ったらすぐ消毒：動物が健康に見えても，ウイルスなどの病原体を持っている可能性があります。
②動物の処置に使用した器具：使用後は汚れ除去を兼ねて消毒薬に漬けます。爪切りなど液に漬けられないものは，消毒薬エタノールなどで消毒します。電動バリカンは，ミシン油をイソプロピルアルコールで 10 倍希釈した特製の消毒クリーナーで手入れします（136 頁参照）。
③聴診器，点眼薬・点耳液の容器など：動物に触れたもの，処置する人が触れたものなどは，消毒薬を含ませたペーパータオルで拭きます。
④伝染力の強い感染症の後：飼い主さんが触れた可能性の

あるドアのノブを拭いたり，動物のいた待合室の椅子，診察台などや周囲を，スプレーしたりして消毒します。

⑤消毒薬の効果は100％信頼しない：基本的には物理的な方法，すなわちきれいに拭き取り除去する。流水で洗い流すなどです。

⑥消毒薬はまめに作成する：手洗いボウルなどは，有機物や汚れですぐ効力が低下します。頻回に作り替えます。

2）診察台のオリジナル備品

（1）カム式ロープの固定具

動物が帰りたがる診察室の出入り口の方向と反対の診察台の側面に，カム式ロープの固定具（カムクリート）を取り付けます（図5-17）。ワンタッチでリードを固定できます。犬の場合，帰ろうと引っぱり続けるため外れません。台から降りようとする動物を制止する補助具となります（図5-18）。助手による保定なしで処置をしたり，助手が支えきれないときにも，大きな手助けとなります。

（2）縦置きのティッシュペーパーの箱の改良

箱に切込みを入れて縦置き用に付けたフォルダーにセットすると，ティッシュペーパーを出しやすく，最後の1枚までスムーズです（図5-19）。

（3）診察台でよく使うものはすぐ脇に

ティッシュペーパー，爪切り，鉗子，ハサミ，小型バリカン用ケース（図5-20，油が切れるように，プラスチック容器のビンの底にティッシュペーパーを入れてバリカン

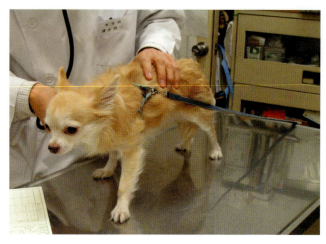

図5-18　動物の動きを制限するカム式ロープ固定具

図5-19　切込みを入れた縦置きのティッシュペーパーの箱

の刃が下になるように保管します），聴診器を掛けるフック，小型の注射器置き，体温計，外用薬，点眼薬など。

（4）バリカンの管理

オリジナルのバリカン消毒クリーナーを作成しています。

§作成法

ミシン油1に対し，イソプロピルアルコール9を混ぜます。ノズル付の容器に入れます。

§特徴と使用法

①病気の動物に使用することも多く，細菌，真菌，原虫，ダニ類などに対し，イソプロピルアルコールの消毒効果をある程度期待できます。

図5-17　診察台の側面につけたカム式ロープ固定具

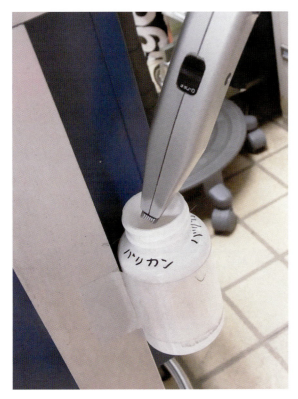

図 5-20　バリカンの保管法

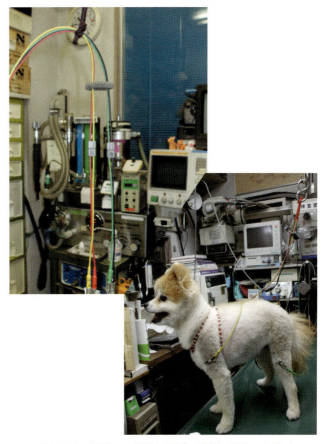

図 5-21　電極コード吊り下げて電極の引きつれ防止

②既製のバリカンオイルと比べて粘性が低くサラサラしているので，バリカンの刃を下に向けて汚れを洗い流すように掛けます。

③ティッシュペーパーで余分な液と毛などを拭き取って終わりです。イソプロピルアルコールは揮発し，適量のミシンオイルが残ります。

④念のためバリカンは刃を下にして保管し，長い間に本体内部にオイルが流れ込まないようにします（図 5-20）。

3．検査室

1）心電図検査での工夫（151 頁参照）

（1）コードは天井から吊るす

定期的な心電図のチェックでは，一定の姿勢で行うことで心臓の状態をモニターできます。自然体の立位，犬座位，伏臥位などで行う場合は，少しでも動物の皮膚にテンションがかからないように，コードを吊るして高さを調節します。天井に取り付けたカーテンレールから高さを調節できるヒモを吊るすと便利です（図 5-21）。動物用のコードは細めで軽くできていますが，その重みをさらに少なくできますので，コードの重みによる電極の皮膚への引きつれを軽減します。吊るすことによって，動物が足を引っかけて，電極がはずれることも防ぎます。

（2）コードをまとめる

誘導コードは電極クリップがついていて絡みやすいので，各コードを分けやすいようにします。途中で前肢用（RとL）と後肢用（LFとRF）に分けて少し間隔を空けてまとめます。さらに，先で前肢用の2本のコードと後肢用の2本をまとめたものをつけて，そこで分離した1本ずつのコードになるようにします（図 5-22）。

―参考―　使用後の電極はパコマLを入れた消毒用のスプレーを勢いよく吹き付けてペーストを落とし，ペーパータオルで拭き取るようにしますと，電極のクリップをきれいに保て消毒にもなります。長い期間使用して汚れがこび

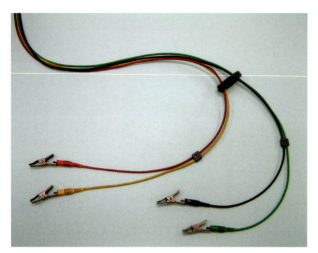

図 5-22　誘導コードを絡みにくく

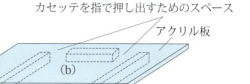

図 5-23　アクリル製のX線撮影台

りついたときは，超音波洗浄器を使用すると良いでしょう。

2）X線検査での工夫

（1）自家製X線撮影台

アクリル板とアクリル角棒を使って作成します（図5-23）。アクリルはX線を透過させやすく，透明なのでカセットの位置がよく分かります。既製のものよりコンパクトで，動物とフィルムの距離も近くできます。

撮影台の利点は，台に動物を乗せたままカセットの交換ができ，じかに動物に接することによる汚れを防ぐこともできます。

■材　料
　透明アクリル板 550 × 320 × 8mm　1 枚
　アクリル角棒　（a）18 × 18 × 320mm　2 本
　　　　　　　　（b）18 × 18 × 150mm　1 本
　両面テープ

■作り方
　両面テープでアクリル板と角棒を接着させます。(b)の棒は動物の重みでアクリル板がたわむことを防ぎます。

（2）超コンパクト保定台

プラスチック容器（80 × 115 × 25mm，フジドライケムのピペットチップ容器など）を図 5-24 のように 2 面を切り落とします。麻酔中であれば，VD 像の撮影のとき，照射野を避けて背中に当てるだけで安定し，体のローテーシ

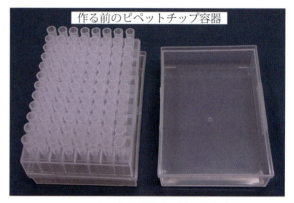

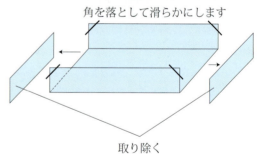

図 5-24　プラスチック製の超コンパクト保定台

(3) タンク式手現像

X線も今はデジタルの時代になりましたが，超音波診断装置の普及にともないX線撮影の回数減少もあり，フィルム現像もコストの面で捨て難いものがあります。

現像するに当たって，自動現像器は魅力ですが，タンク現像には長所があります。①安価でエコ，②場所をとらない，③現像液が長持ちする，④保守や故障がほとんどないなどです。欠点としては少し熟練する必要があります。

上手に利用するコツは次の通りです。
① 現像液を調製する水道水は，加熱して酸素を追い出し，酸化を少しでも防ぎます。水温が下がってから薬剤を溶解します。
② 温度による現像時間の補正：現像液の温度から現像時間を決定できます（図5-25）。夏以外の季節は，サーモスタットの設定温度を23℃にして，早めの3分現像にしています。夏場は温度が高くなりますので，温度補正表が大活躍します（表5-1）。
③ 現像液の劣化を防ぐ：現像することによって消費されることと，自然に水分が蒸発することにより現像液が減少するので，使用直前に現像補充液（理想ですが手に入りにくい）または1.5倍濃度の現像液を加え，よく攪拌します。現像補充液は，洗浄したスポーツドリンク用のパウチパックに入れ，酸化防止のため空気を抜いて保管します（図5-26）。
④ フィルムハンガーは，使用後よく洗浄して，定着液が少しでも付着して混じることがないようにします。
⑤ 少し厚めのビニールのフィルムを現像液タンクの液面の形に切り浮かべて，空気中の酸素との接触を防ぎます。

以上気をつけて3か月位は十分な力価を維持できています（月平均10枚現像）。

(4) 現像液の劣化チェック標本

代表的な露出条件で，被検体なしで感光させたフィルムを作りたての現像液で処理し，各条件の部分を切り取り，厚紙に貼り付けた標本を作っておきます。ときどき実際のフィルムと照らし合わせて現像液の劣化の程度をチェックします（図5-27）。

(5) ガイド光にX線照射範囲のマーク

管球の照射絞りの透明カバーに，光の透過率の低い顔料系の黒色マーカーでフィルムサイズの大きさに合わせた印をつけます（図5-28）。動物を撮影台に載せた状態でフィ

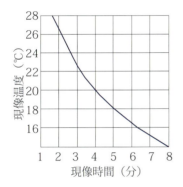

図5-25 現像時間−温度曲線（フジフィルム資料より）

表5-1 現像液の温度と現像時間		
温度（℃）	時間	
	（分）	（秒）
(30)	1	15
(29)	1	28
28	1	40
27	1	55
26	2	10
25	2	25
24	2	40
23	3	00
22	3	20
21	3	40
20	4	00
19	4	30
18	5	00
17	6	00

図5-26 現像補充液の保管は空気を抜いて

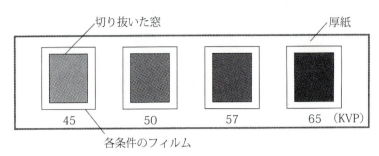

図 5-27 現像液の劣化チェック標本

ルムカセッテが見えなくてもX線照射範囲を調節できます（図 5-29）。

（6）カーボン繊維製撮影台

カーボン繊維は軽く強度がありX線透過性も高いため，X線フィルムカセッテに使われています。その素材の板を使って撮影台を作り使用しています。

グリッドは，2枚のカーボン繊維の板の間に挟み，同じ厚みのアクリル板をグリッドのない部分にスペーサーとして入れます。アクリル棒で足をはかせ，カセッテを入れるスペースにします。接着は両面テープが利用できます。台の表面は，明るい緑色の粘着シートを貼って，ガイドライトを見やすいようにし，X線フィルムの位置に線を描き，消えないように透明フィルムを貼ります。フィルム分割撮影用にスペーサーも作るとカセッテの位置が定まります（図 5-30）。

（7）X線撮影の条件表作成の工夫

§ 電圧表記 KV を写真効果の単位 E に変換

普通の写真撮影において，基本はシャッタースピード（露出時間）と絞りのF値の組合せで露出条件が決まります。光の量はシャッタースピードに比例し，絞りのF値の2乗に反比例します。そして一般には，シャッタースピードの1ステップとF値の1ステップが同じ光量変化になっていますので，撮影条件の選択は比較的単純です。

一方，X線撮影ではmAs（電流mA×露出時間）と電圧（kV）の関係で露出条件が決まります。写真としての露出の効果を考えるとき，mAsはカメラのシャッタースピードと同様に比例しますが，kVの数値には単純に比例しません（表 5-2）。そこで，低電圧から高電圧までカメラのF値のように一定の割合で写真効果が変化する単位を作り，その数値をE値としました。表 5-2 のデータより作成しました。

§ E 値の特徴

使用しているX線発生装置のmAsは，3ステップで露出が2倍変化するようになっていますので，E値も同様に3ステップで2倍に変化する数値に設定しました（表5-3）。

図 5-28 絞り装置につけた照射範囲のマーク

図 5-29 撮影台に投影されたマーク

第 5 章 診断・治療・手技のアイデア

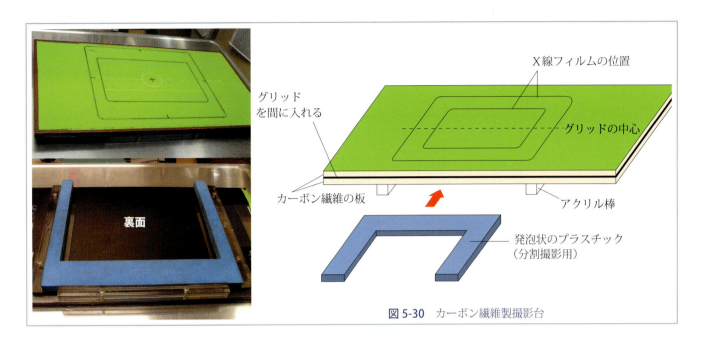

図 5-30 カーボン繊維製撮影台

表 5-2 露出の効果を 2 倍にする kV 値

元の kV 値	増減する kV 値
41 〜 50	8
51 〜 60	10
61 〜 70	12
71 〜 80	14
81 〜 90	16
91 〜 100	18
101 〜 110	20

*2 倍にするための kV は変化してしまう。

§ X 線撮影条件のグラフ

①撮影機材

X 線発生装置：株式会社日立メディコ，コンデンサー式（管電圧 45 〜 100 kV，0.8 〜 32 mAs 17 ステップ）

撮影距離：80cm

グリッド：6/1，33 本 /cm

撮影台：カーボン繊維プラスチック

カセッテ：カーボンカセッテ

増感紙：オルソタイプ（コニカミノルタ KM250）

フィルム：コニカ SR-G

②撮影条件設定の考え方

撮影条件を決めるとき，基本的には失敗しないように単

表 5-3　E 値と kV

露出（倍）	E 値（ステップ）	管電圧（kV）	露出（倍）	E 値（ステップ）	管電圧（kV）
1	0	45		7	68
	1	47.5		8	72
	2	50.5	8	9	76.5
2	3	53.5		10	81.3
	4	57		11	86.3
	5	60.5	16	12	91.5
4	6	64		13	97

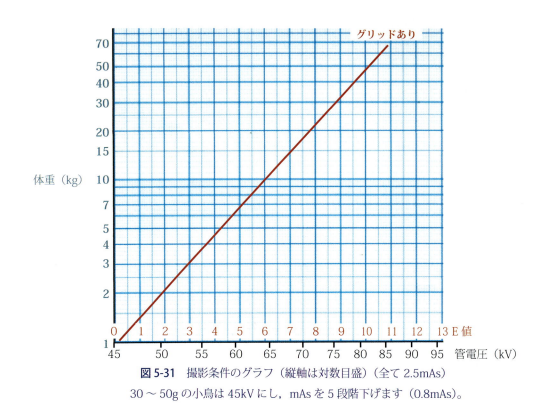

図 5-31 撮影条件のグラフ（縦軸は対数目盛）（全て 2.5mAs）
30〜50g の小鳥は 45kV にし，mAs を 5 段階下げます（0.8mAs）。

純化します。X 線管電流はシャッタースピード（露出時間）の短い 2.5mAs とし，常に一定にします。kV の E 値で撮影条件を決定します。もし，こだわりで電圧を上げたくて E 値を 3 段階上げたいときは，mAs を 3 段階下げればほぼ同じの露出になります。

③体重から決定する撮影条件のグラフ

グラフの横軸には kV の写真効果の指数で目盛をつけ，縦軸は動物の体重を対数目盛で表しました。図 5-31 は，私の病院での撮影条件グラフです。小型犬または子猫などで，足など小さなものを撮影する時は，グリッドなしにして，2 ステップ減らします。

§*撮影部位別の条件調節表*

図 5-31 のグラフを基準に，撮影部位別で E 値を増減させて撮影条件を決定するための条件調節表です（図 5-32）。

3) 超音波検査での工夫

§超音波ゼリーの保管

①ウォーマーを利用して動物が冷たさで不安にならないようにします（154 頁参照）。
②超音波ゼリーは倒立させて置いておくことですぐゼリーが出てきます。図 5-33 のようにゴム膜で覆ったスポンジをスタンドの下におく方法にしたり，倒立させて置く設計のボトル（図 5-66，154 頁参照）を利用します。

4．診察と検査の工夫

1) ファスナー付き布製袋の利用

（1）座布団カバー

座布団カバーは，日本のどこでもすぐに手に入りやすく，安価でもあります。少し手を加えると使いやすい保定袋に大変身します。動物の不安は減り，診察，処置，看護もし

第5章 診断・治療・手技のアイデア

	増減するE値（ステップ）				
LL：左横臥像	−2	−1	0	+1	+2
DV：背腹像		LL　胸部　DV		LL　上腹部　DV	
VD：腹背像			LL　腹部　DV		
ML：内外像		ML　膝関節　PA	VD　骨盤　LL		
PA：後前像	下腿骨 前腕骨	大腿骨 上腕骨		造影・肥満 妊娠・胸水	
			脊椎		
	グリッドなし	頸部	LL　胸部 腰部　VD		
		上顎・下顎	DV　頭部　LL		

E値3ステップで露出（線量）が2倍変化

図 5-32 撮影部位別の条件調節表

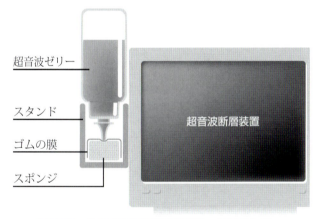

図 5-33 すぐに使える超音波ゼリーのスタンド

図 5-34 アニマルサポートバッグ

やすい優れものです。飼い主さんにも喜ばれます。チャックには紐をつけて開け閉めしやすくし、袋の重さをはかって袋に重さとペットの呼び名をマーカーで記入しておけば体重測定も簡単になります。

（2）アニマルサポートバッグ

座布団カバーの品質はまちまちで、ファスナーの不具合が起こることもありますが、改良を重ねて製品化されたのが、アニマルサポートバッグ（図5-34、図5-230も参照）です。

その製品特徴は、①飼い主さんの喜ぶ柄、②ファスナーの金具が2つ付いてロックがかかる、③呼び名と袋の重さ（ほとんどがジャスト100g）を記入できる、などです。

またこのバッグの効果として、以下のことをあげることができます。

①安心する：見慣れない物に不安をもつ動物（猫、ウサギ、モルモットなど）の場合、周りが見えないことで不安が最小限になり、落ちつきます。

②事故の防止：逃げたり、落下したりを防止します。

③術者の安全：引っかかれたり、咬まれたりする危険性が減ります。

④尿の吸収：移動の途中で尿をもらしても袋の布に吸収され、体の汚れを防ぎます。

※ 熱中症予防を避けるため、暑い日の移動は袋に入れずに来てもらいます。

2）ペットシーツの応用

ペットシーツは吸収性抜群で，トイレ用，ケージの敷物用と多用途に使われています。診察台で尿をされたときのために速やかに利用できるように診察台の脇に吸収面を表にして保管します（図5-35）。

開腹手術のとき腹水があるような動物では，滅菌してあるもので吸収させます。

麻酔下の歯科の処置時には洗浄水や血液成分などが多く出るので，頭部の下に敷くとよく吸収されます。

3）動物に優しい体温測定

瞬時に体温を測定する赤外線式鼓膜体温計は，動物があまり嫌がることもないのでスクリーニングとして大変に便利です。外耳道に分泌があまりないこと，外耳道の奥に向けるコツなどが必要です。

正確さでは，やはり直腸温ということになります。とっておきのお勧めは，湯で体温近くに体温計を温めることです（図5-36）。利点は，①動物に冷たい不快感がないこと，②たいへん早く平衡温に近づき測定時間を短縮できることです。後述の「5．処置と手技の工夫　1）温かい診療」（153-157頁）もご参照下さい。

4）超小型聴診器

聴診器のチェストピースをはずし，ゴム管の部分にシリコーンチューブを短く切って取りつけます（図5-37）。ハムスターや小鳥など，小型の動物に使用します。体表にピタッと当たって音もよく聞こえ，温かみもあります。眠っている聴診器を活用してみましょう。

5）静脈穿刺のコツ

動物に静脈注射または採血する場合，さまざまな困難に遭遇します。「動物が小さい」「血管が細い」「血液の循環が悪い」「動物が動く」「痛がる」「採血できる量が少ない」「溶血する」などです。予防法と対策をお伝えします。

（1）適切な保定

いかに上手に保定するかが大切で，採血の成否は7割が保定で決まります。

①保定者は力のみで押さえつけないようにします。動物に力がかかることで不安を感じたり，嫌がって動くことが多くなります。❶保定をしやすい位置で動物をリラックスさせます（図5-38A）。❷保定者の方から動物に寄って包み，込むようにします。動物のどこにも力がかからないように，かつ密着させて保定者の体を固めます。鋳型のようにすることがポイントです（図5-38B）。動物

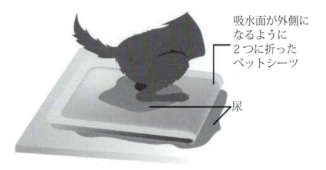

図5-35　診察台のスピード尿処理

図5-36　お湯で温めた快適な体温計

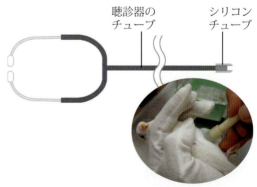

図5-37　超小型動物用の聴診器

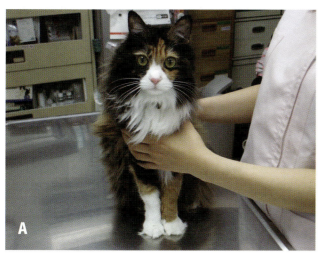

A：動物がリラックスした状態。

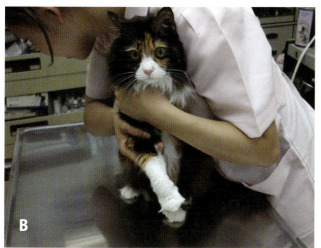

B：保定者が動物に近づいて，力を入れないで包み込むようにする。

図 5-38

図 5-39　採血者が駆血の位置を調整

が動こうとしたら，❸静脈を怒張させる腕は，肢を引かないように脇を締め可能であれば肘を台に強く押しつけて固定し，動物が動ける余地がないようにします。動物が動きを止めたら保定者もすぐリラックスし，動かない方が楽なことを学習させます。保定も行動学の陽性強化法（褒めてしつけること）でいきます。

②静脈圧は低いので軽い力で駆血が可能です。押さえ過ぎると動脈まで圧迫されて血液の流れが悪くなります。

③皮膚は張り過ぎると血管も引っ張られて内腔が狭くなり，緩過ぎると血管が左右に移動しやすくなります。血管を押さえている指はある程度リラックスして支え，採血者がその指を動かして調節しやすいようにします（図5-39）。

（2）穿刺時のコツ

§ 未穿刺の注射針

採血のためのヘパリン液や，静注するための薬剤を吸引するためにバイアルのゴム栓に刺した針，静脈への穿刺がうまくいかなかった針などは，切れの良い新しい注射針に付け替えて使用します。また失敗した針は，凝固した血液で詰まっていることもあります。

§ 採血ではシリンジに 0.2mL 空気を入れて穿刺

空気が入っていることで血管内に入った時に，血液がハブに戻りやすくなります。また陰圧のかけ過ぎを防止できます。

§ 刺入時の刃の切れを向上させる方法

注射針の刃が速く動いた方が刃の切れが良くなり，組織のダメージが小さく，痛みも少なくなります。

方法1：血管がはっきり分かるときはスーッと一気に刺入します。

方法2：太っている動物や皮膚が厚いなどで血管の深さを確認しにくいときは，慎重に針先を進めながら血管に入れることになります。その場合，針を小刻みに振動させると，切れが良くなり痛みが減少します。動物側の支えている手または注射針の側を，小さく早く振動させながら刺入します。

刃はミクロに見れば小さなギザギザになっていてノコギ

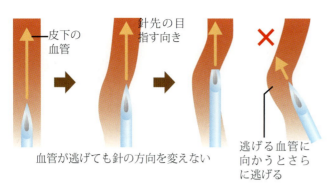

図 5-40　針先を進める向き

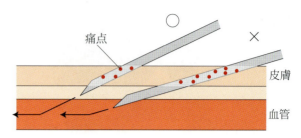

図 5-41　皮膚の通過距離が少ない方が痛点刺激が減る

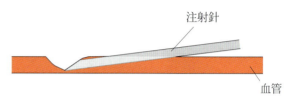

図 5-42　針先が血管の内膜に密着している場合

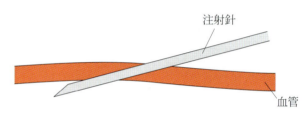

図 5-43　針先が血管を突き抜けている場合

リと同じです。蚊の口吻も同様です。蚊はノコギリ状の小あごを細かく振動させて皮膚を切り，針で麻痺と血液凝固を防ぐ唾液を注入し，管状の口で血液を血管から吸引しています。蚊は自然界の採血の達人です。

§血管が逃げるとき

注射針の先が血管に触れたとき，血管が逃げることがあります。それを追いかけるように進む方向を変えても，血管がそれてしまいます。逃げても無視をして，血管の走行のずっと先の中心を狙って針先を進めると，血管内に入ります（図5-40）。

§皮膚の通過はやや角度をつける

皮膚は短い距離で通過した方が痛点への刺激が減ります（図5-41，図5-107も参照）。

§血管に入っても出ないとき

注射針のハブ内に血液が少量見えても血液が吸引されないことがあります。

ステップⅠ：注射筒を回転してみます（図5-42）。針先が血管の内膜に密着していることがあります。

ステップⅡ：血管に入った後，突き抜けていることがあります。注射針の先をゆっくり戻します（図5-43）。針先が血管に入りかけている時と区別が難しいため，原則的には何回も進めたり戻したりしないで，1回深めに進めた後，少しずつ戻すだけにするようにします。

§注射針は26G

1mL以下の採血であれば，犬・猫は全て26G×½インチで十分です。小さい痛み，突き抜けない，最少の出血です。

（3）動物の性格に対応して

方法1：飼い主さんが動物から2～3m離れる

飼い主さんが離れた方が静かになる動物。飼い主さの方への注意を向けたまま動かない動物。

方法2：飼い主さんが近くにいて，静かになだめる

飼い主さんがそばにいると，落ち着いている動物。

方法3：飼い主さんがゆっくり近づく

2～3mの距離からゆっくり近づくことに集中して動かない動物。

方法4：好きな食べ物，スタッフがなだめる

気をそらすのに効果的です。臭いをかがせて終了した後，ひとかけらを与えます。フェレットは指で好物を与えると指まで食いついて咬まれることがあるので気をつけます。

方法5：アニマルサポートバッグや座布団カバーに入れて足だけ出す（図5-44）

ウサギや猫は気が小さいので，多くは袋に入れて顔が見えない方が落ち着きます。タオルでくるむより，逃げたり跳び下りたりする危険性が少なくなります。時には頭部も出すと落ち着く猫もいます。ウサギの保定では後肢の力が強く腰椎を損傷しやすいので，背部を押さえつけないように気をつけます。両肩を左右から支えます。

図 5-44　アニマルサポートバッグに入れて静脈穿刺

方法 6：飼い主さんを保定のベテランに

気が小さくて興奮しやすい犬では，飼い主さんに正しい保定法をマスターしてもらって．私たちは採血だけします。

方法 7：エリザベスカラー

気が強くて咬んでくるような犬では，エリザベスカラーを装着すると危険性が減るとともに攻撃性が減少し，保定しやすくなります。

方法 8：白衣を脱ぐ

白衣恐怖症の犬のときは，白衣を脱いで不安を取り除き，可能であればゆっくり手なずけてから採血してみます。

6）採血のテクニックの工夫

（1）ヘパリンシリンジの作成

微量しか採取できなかった血液が，ヘパリン液で希釈されないように，ヘパリン処理シリンジを作成しておきます。

① 1mL 予防接種用シリンジの先端（ルアー）の方から，ヘパリンナトリウム注（1 千単位 /mL）を 0.01mL（10 単位）を注入します（図 5-45 Ⓐ）。

- フジドライケムでは血液 1mL あたり 50 単位以下にすることを推奨しています。
- ヘパリンナトリウム注の能書では，5 単位 /mL 以上で血液凝固を阻止するとしています。
- ヘパリン使用の血液では血球検査には推奨されていま

せんが，採血後，速やかに処理すれば血液塗抹検査，計算盤による血球計算などは可能です。

② シリンジはヘパリンがついていることが分かるようにマークします（図 5-45 Ⓑ）。

③ ほこりが付かないように，紙の封筒などに入れて室内に放置し乾燥させます（図 5-45 Ⓒ）。1 袋に 10 本ほど入れたものを予備で 3 袋作っておくことでいつでも使用できます（図 5-46）。

④ 念のため乾燥したヘパリンの結晶が落ちないようにシリンジを水平に保管します。

（2）注射針のみで採血

小さい動物，弱っている動物，じっとしない動物などでは，シリンジを付けないで 25 〜 26G 注射針のみで穿刺します。注射針の針基内に血液がたまったら，ヘパリン処理毛細管に毛細管現象で移動させます（図 5-47）。

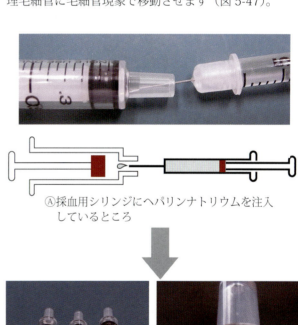

Ⓐ採血用シリンジにヘパリンナトリウムを注入しているところ

Ⓑマークしたヘパリンシリンジ

Ⓒ水分が乾燥した後の結晶

図 5-45　ヘパリンシリンジの作成

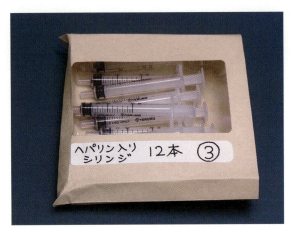

図 5-46　紙の封筒に入れて予備を保管する

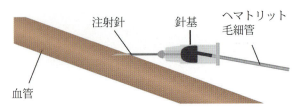

図 5-47　注射針のみによる採血

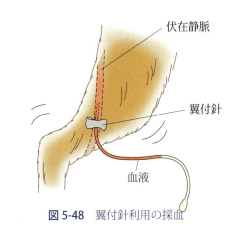

図 5-48　翼付針利用の採血

(3) 翼付針で採血

動きの激しい動物では，翼付針を使うことで針先が血管から外れてしまうということを防ぐことができます（図5-48）。少ない量の採血であれば，注射筒を付けなくてもチューブの中に入ってきた血液量でも可能です。内容量が0.5mL 近くあります。血流量が少ないため時間がかかるなど血液の凝固が予想されるときは，針先にヘパリン液を微量染み込ませるかチューブ内に少量のヘパリン液を注入し，空気で押し出してヘパリンが付着した物を使います。

(4) 血流を良くする

血流が悪いために，静脈穿刺が困難なときの方法です。

最後に採血：他の検査，投薬，処置などを済ませてから行ってみます。特に寒い季節では，少したってからの方が室温で血管が拡張し有効なことがあります。

血管を拡げる処置：「白熱電球や温めた保冷剤などで温める」「マッサージする」「血管の上を軽く叩く」なども血管が拡張して効果的なことがあります。

動物に運動させてから来院していただく：血流が多くなっています。

暖かい日に来院していただく：血管が拡張しています。

脱水症の改善後：脱水状態になっている動物では，皮下輸液などを行い状態を改善させてから翌日に採血します。

(5) その他の方法

頸静脈穿刺。皮膚切開による穿刺。ウサギ，ダックスフ

> **コラム 5-1**
>
> **人が咬まれたら**
>
> スタッフはもちろん，飼い主さんも咬まれないよう気をつけることは重要です。万が一，皮膚に入り込むように咬まれたときは傷口から血液をできるだけしぼり出し，速やかに医師にかかり抗生剤の投与を受けるように伝えます。パスツレラ菌をはじめとして種々の細菌感染を高率に受けます。その中でカプノサイトファーガ菌[*]は 8 割の犬および 6 割の猫の口内に存在しています。発症率はたいへん低いのですが，もし発症すると急激な敗血症により死に至る危険性の高い病気です。多くの抗生剤が有効ですが，治療ではアモキシシリンとクラブラン酸カリウムの合剤（オーグメンチン，グラクソ・スミスクライン）が推奨されています。
>
> [*]鈴木道雄，木村昌伸，今岡浩一ほか（2010）：JVM　63, 217-218.
> 　荒島康友（2010）：メディカルトリビューン情報サイト，5 月 31 日号.

ンドなど耳の大きな動物では耳介の動脈，麻酔下または意識のない動物では舌の血管などからも採血できます。あきらめないで，挑戦しましょう。

7）尿を採取する工夫

尿検査は，腎臓病，尿路疾患，肝臓病，糖尿病，溶血性疾患などの早期診断に情報を与えてくれます。安価で簡単にできる価値ある検査ですが，尿を採ることが困難なこともよくあります。採取方法を工夫すれば少しでも多く行うことができます。

（1）膀胱穿刺

おとなしい動物では，膀胱穿刺により安全に尿を採取することが可能です。翼付針やエクステンションチューブを利用することで，針先が膀胱の内腔に維持できるように微妙に調節が可能になります（図5-49）。針を抜いた後，穿刺部位から尿が漏出しないように，膀胱内の尿を内圧が低くなるまで十分吸引しておくと安心です。特に尿道閉塞などで内圧が高まっているときに，注射針がすぐ外れたりすると，腹腔内に尿が漏れる危険性がありますので注意が必要です。飼い主さんには，尿道中の細菌や尿道上皮細胞などの混入がない利点とリスクの度合いを説明し，同意を得て行うと良いでしょう。

（2）ペットシーツの裏ワザ

ペットシーツをトイレとして使用している場合は，反転して裏の防水面を上にし，尿が吸収されないようにして尿を採取します。

コラム 5-2

採血でのお勧め

0.5mL〜1.0mL 採血では，猫から大型犬まで26G×1/2 インチ S.B.（ショートベーベル）（テルモ株式会社）がお勧めです。
- 斜めの先端部分（ベーベル）か小さいため，血管を突き抜けにくい。
- 痛点に当たる確率が下がり痛みが減少。
- 組織の損傷が少ないため，出血しにくい。

ウサギでは27G×1/2 インチ ショートベーベル（株式会社トップ）がお勧めです。

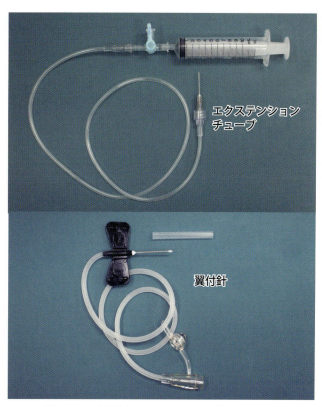

図 5-49　膀胱穿刺におけるチューブ付き注射針

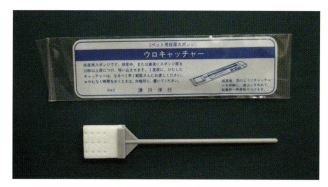

図 5-50　採尿スポンジ

（3）ラップフィルムでカバー

砂をトイレに入れている場合は，見た目が変わらないように透明の食品用ラップフィルムをかけて，そこに溜まった尿を採取します。

（4）少量の砂をセット

ラップフィルムを嫌がる動物では，新聞を厚めに敷いて，またはトイレの底に直に，尿を十分に吸い取らない程度の砂を少量まいて採取します。

(5) スノコ式のトイレ

採取前に中性洗剤などでよく洗浄した後，採取します。

(6) 排尿時の横取り法

スポンジつきの採尿棒（株式会社津川洋行，図5-50）や発泡スチロール製食品トレイのコーナーを利用し凹みができるような細く切ったもので，排尿途中に採取します（図5-51）。

(7) おもらしはチャンス

診察台の上で緊張により排尿する動物がときどきいます。貴重な検体になりますので慌てて拭き取らないようにします。

すぐ採取できるように診察室には尿の採取用スポイト，シリンジ（図5-52c）などを常備しておきます。ペットシーツの吸収面が外側になるように折ったものも用意しておくと，床面や動物の足などに付いた尿の処理に便利です（図5-52）。

ニュージーランドでは，尿が水滴になって処理のしやす

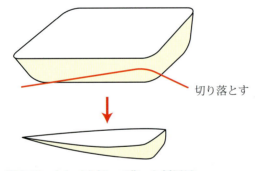

図5-51 トレイを切って作った採尿具

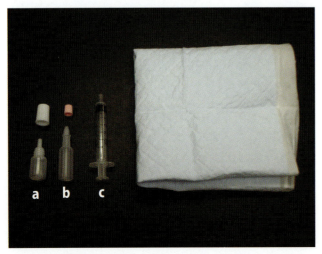

図5-52 おもらし用のスタンバイグッズ

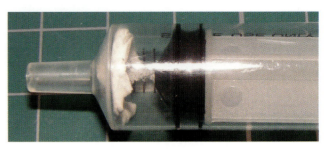

図5-53 ペットシーツからの回収法
①ティッシュペーパー製のフィルターをセットする。

図5-54 ペットシーツからの回収法
②ゼリーを外筒に詰める。

い猫砂が販売されています（第8章 図8-22）。

(8) 尿の検体容器

3mL（または5mL）ポリエチレン点眼瓶（図5-52a）およびポリエチレン調味料入れは，しっかりキャップができて安価です（図5-52b）。細菌が増殖しないように，採取後すぐ検査します。それが不可能なときは冷蔵庫に保存してもらいます。

(9) ペットシーツに染み込んだ尿の回収法

① 5mLシリンジのプランジャー（内筒）をはずし，外筒の奥にフィルターとしてティッシュペーパーまたはシーツの表側のフィルムの小さなかけらを詰めます（図5-53）。

②ペットシーツの表面のフィルムをハサミで切り取ります。尿を含んだゼリー状部分を採取し，内筒をはずした外筒内に入れます（図5-54）。

③プランジャー（内筒）を外筒に戻し圧力をかけることで，ゼリーから尿を搾り取り，検査を行います（図5-55）。

図 5-55　ペットシーツからの回収法
③内筒を押して尿を搾り取る。

8) 心電図の測定

(1) 体　位
右横臥位による標準的体位は，動物が必ず許容するとは限りませんので，起立位，腹臥位または犬座位で，動物が嫌がらない体位で測定します。心電計のドリフトフィルター（基線を一定にする機能）を使うことで，動物の体動が少しあってもきれいな心電図をとることができます。犬座位では頭尾方向の体軸に，心臓の長軸が近づくので，ややR波が高くなります。

(2) 電極の装着部位
前肢の電極は，肘の位置により波形が変動するので，肩関節（上腕の大結節）の上の皮膚に装着します（図5-56）。

(3) 自家製電極ペースト
市販のペーストと消毒用エタノールをほぼ等量混和して，好みの粘稠度にします。皮膚と体毛にたいへんなじみやすくなります。スキンケア用のポンプ付きボトルに入れておきますと，ボトルを垂直にしたままで必要量が出てとても使いやすいディスペンサーになります（図5-57）。

図 5-57　自家製ペースト入りボトル

(4) 電極コードの吊り下げ
本章の「3．検査室　3）心電図検査での工夫」（137-138頁）をご参照下さい。

(5) アース電極（黒コード）の位置
基本的には，体のどの部位でもOKです。麻酔をかける歯科の処置では，口のまわりが冷却水などで濡れるためにハム（交流の妨害波形）が入りやすくなります。口唇にアースをつけることで安定した心電図をモニターすることができます（図5-58）。

9) 吸引しない細針生検（FNB）
シリンジに注射針をセットして，強い陰圧をかけて吸引し細胞を採取しようとする方法は，古くから行われています。しかし，吸引するときの力加減は難しく，長く吸い過ぎれば血液が入ってしまって細胞を見つけにくかったり，動物が動いて生検しにくかったりと問題がたくさんあります。1990年頃，Withrow先生の腫瘍学セミナーで，注

図 5-56　肘よりも肩関節の方が安定した波型

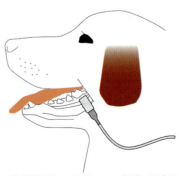

図 5-58　歯科処置ではアース（黒）電極は口唇に

射針のみでも細胞診が可能なことを知り，実施してみると簡便さ，安全性，採取率の高さでそのすばらしさを実感しました。以後，100％この細針生検（Fine Needle Biopsy：FNB）で行っています。

シリンジで吸引したときは，針先にかかる引圧の力は

$$\frac{針先の内腔断面の面積}{シリンジの内腔断面の面積}$$

に加えて，空気緩衝作用で非常に微小です。組織が単純に吸われるのでなく，吸盤のように吸いつけたところで組織を削り取っていると考えられ，補助的な作用と思われます。

§ しこりを見つけたら 100％に FNB

どんなに小さなしこりでも，どんなに小さな動物でも原則的には全て行いたい検査です。病理組織学的検査のような診断が難しいことはしばしばですが，方向づけに大変役立ちます。液体，血腫，腫瘍，類表皮嚢胞，炎症，良性傾向の腫瘍，悪性傾向の腫瘍のどれか判断ができます。腫瘍の鑑別は大変難しいのですが，肥満細胞腫，組織球腫，多くの黒色肉腫などは分かりやすいです。もちろん採取困難な腫瘍もありますが，それも検査結果の1つです。

長所：細い注射針でも採取可能なので，切れる針でスーッと皮膚に垂直に刺せばOKで安全です。

①動物は全く痛がりません。炎症性の組織以外のしこり内は神経組織がないので，方向を変えて5方向に往復運動させても動物は無感覚です。
②動物が動くことがあっても安全です。
③どんなに小さなしこりでも，細い注射針にすれば検査が可能です。
④生検によりほとんど出血しません。
⑤説明をすることで飼い主さんはほとんど不安を感じません。分かりやすいプリント（図5-61）をお渡しして理解していただきます。

(1) 採取される原理

吸引しなくても，注射針の刃によって組織が切り取られて内腔に入ります（図5-59，図5-60）。ルーチンに行える検査です。

(2) 細い針がすばらしい

出血のリスクを減らすため，通常は25G×5/8インチを使用しています。小さな腫瘍物，ハムスターのような小動物では，26G×1/2インチ〜30G×1/2インチを使うこともあります。

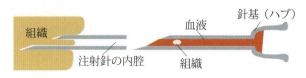

図 5-59　組織は切り取られて内腔に入る

図 5-60　軟質プラスチックに18Gの針を刺した時の現象。どの太さの針も同様の結果でした。

(3) FNB 時のポイント

①少量の検体を乾燥させないように，速やかに塗抹標本を作れるよう準備をしておきます（図5-62）。
②吹きつけ用の 3mL シリンジに空気を吸っておきます。
③すり合わせ用の 22mm×22mm カバーグラスを2枚，

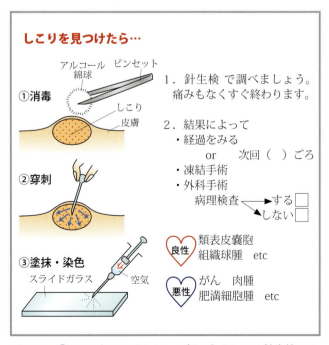

図 5-61　「しこりをみつけたら…」飼い主さんには針生検のわかりやすいプリントを渡します。

図 5-62　塗抹標本作製の準備

見やすいように黒い紙の上に用意します。
④血液が注射針のハブに入ってくるようなことがあったら，ハブ内の血液をティッシュペーパーや脱脂綿などで吸いとった後，スライドに吹きつけます（図 5-59）。
⑤針を抜いた後の出血を防ぐ脱脂綿（飼い主さんまたは助手にすぐ押さえてもらいます）。
⑥腫瘍の切除手術の時は，針が通過した部分も含むようにします。

10）塗抹の手順（カバーグラス擦り合わせ法）

①穿刺したら，すぐ空気の入ったシリンジで針内の中身をカバーグラスに吹き付けます。
②用意した2枚目のカバーグラスを合わせて，すぐ2枚を一定のスピードで引き抜きます。検体が少ない分，速やかに行います。
2枚の標本ができることになり，1つは予備となります。この方法は，血液塗抹の作成でも細胞の偏りが少なくなります。

11）快適な染色の方法（図 5-63）

（1）染色液
ヘマカラー

（2）染色時の洗浄
水道水の流水を利用します。緩衝液は作成・保存管理の作業が増えるとともに，汚染される可能性があり，乾燥したあとに成分も析出するため利用をやめます。

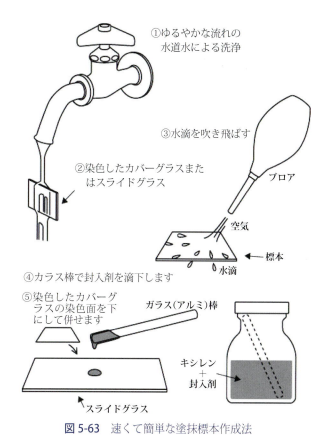

図 5-63　速くて簡単な塗抹標本作成法

（3）速くてきれいな乾燥
ほこり除去用のブロアで洗浄後の水分を吹き飛ばします。水道水に含まれる不純物は水ごと飛ばされますので，きれいな標本になるとともに乾燥時間は非常に短くなります。ドライヤーで乾かす手間もいらなくなります。

（4）封入剤はキシレンで粘稠性を低下させたもの
スライドグラスに1滴を，ガラス棒またはアルミ棒などで垂らし，そこに塗抹・染色したカバーグラスをのせて完成です。キシレンの悪臭もほとんど出ません（図 5-64）。

5．処置と手技の工夫

1）温かい診療

温めることで動物が快適になり，飼い主さんも喜ぶので，診療もスムーズになると，仕事も楽しくなってやり甲斐のある仕事につながります。「温め」に関連したグッズや工夫を紹介します。

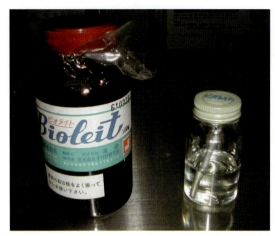

図 5-64　キシレンで粘稠性を低下させた封入剤（右側）

(1) アルミ蒸着保温シート

放射熱を遮断する効果で，日常生活において保温・保冷に使われています。ホームセンターなどで手に入れ，臨床において工夫して利用することができます。麻酔下の動物の保温（図 5-141，176 頁参照），超音波ゼリー容器の底の保温（図 5-65），現像タンクの断熱，孵卵器の効率アップなどに使えます。

(2) 2 台の超音波ゼリー保温器

超音波検査用のゼリーは体につけるときにひやっとします。温めたものを使用すると，動物に不快感もなく飼い主さんもほっとします。冷たいゼリーをかわいそうに思う方が多くいらっしゃいます。孵卵器に保管するか専用の保温器（ゲルウォーマー，GE ヘルスケア・ジャパン株式会社）に倒立して保温します（図 5-65）。すぐにそのまま使える逆止弁付き超音波ゼリー（ロジクリーン，GE ヘルスケア・ジャパン株式会社）を組み合わせると便利です（図 5-66）。ゲルウォーマーの底の受け皿は外れやすいので，磁力つきゴムを底と皿に両面テープで貼ってゴム同士を極性が合うように磁力でくっつけます（図 5-67）。必要に応じて取り外し，きれいにすることも可能になります。図 5-65 のような保温シートを下半分に貼ると，超音波ゼリー容器の底面に結露する水滴を少なめにできます。ひと回り大きなプラスチック容器を切り取って，アルミ蒸着保温シートを表面に貼り付け保温キャップにする方法もあります。安全のため使用しない時間帯は，市販のプログラムタイマーをつけて off に設定します。

(3) 2 台目は消毒用エタノール保温

消毒用エタノールのボトルを 2 台目のゲルウォーマで保温します（図 5-68）。

応用 1　超音波検査では，良質な画像を描出させるために毛を刈るのが理想です。事情により毛を刈ることができないときは，プローブを当てる部位の毛をできるだけ周囲にかき分けて，温かい消毒用エタノールをたっぷり付けて，

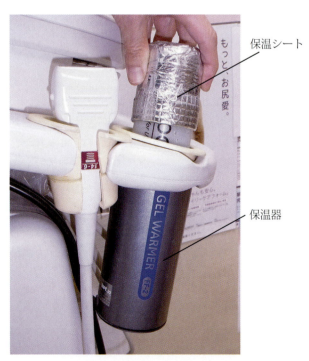

図 5-65　超音波ゼリー保温器と保温シート

図 5-66　倒立してそのまま使える超音波ゼリー容器

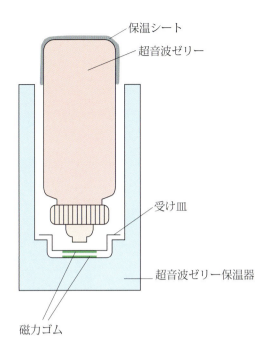

図 5-67　受け皿に磁力つきゴムで固定

図 5-69　温めた消毒用エタノール

図 5-68　消毒用エタノール用の2つ目の超音波ゼリー保温器

そこをエコーウインドウとして検査を進めます。プローブを持つ手の第4指または第5指を皮膚にアンカーとして添えると，プローブの位置が変わりにくくなります。消毒用エタノールは拭き取ればすぐ乾くので便利です。

注意　メーカーによっては，有機溶剤であるエタノールの使用を避けるよう指示されています。当院のプローブについては日立製のものですが，約80％濃度の消毒用エタノールでは問題がないようです。使い勝手の方が大切なのと，基本的には本体よりも寿命が短い部品であり，使い勝手を優先にしています。よく考えてメーカーにも確認して，個人の責任で使用するとよいと思います。

応用2　皮膚に何か付いただけで嫌がる，または注射嫌いの動物は，温めた消毒用エタノールで消毒すると気にしにくくなります。殺菌効果も高まります。

（4）体温に近い薬剤

外耳道に使う<u>イヤークリーナー</u>は，予備と合わせて孵卵器に保管しておいて使用します。動物は冷たい不快感がなく，治療を嫌がることが少なくなります。柴犬のような繊細な犬やウサギなどでは特に効果的です（図5-70）。急速に投与する皮下用の<u>輸液剤</u>も，予備を含めて2袋を保温しておきます。

（5）体温に近い器材

無麻酔でウサギの口腔内を処置するとき，臼歯カッター，ヤスリ，検査用の耳鏡スペキュラなどは温めたものを使用します。不快感を減少させることができます（図5-71）。

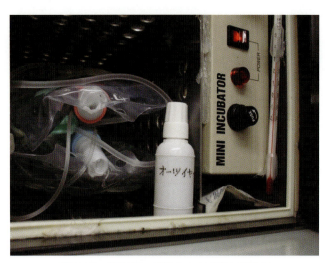

図5-70　孵卵器に保管する点耳薬と輸液剤

図5-72　ペットボトル，保冷剤，使い捨てカイロを保温剤に

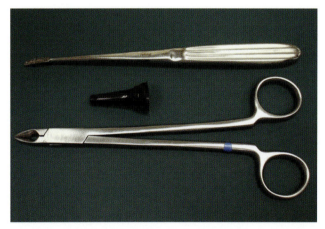

図5-71　ウサギの臼歯カッター，ヤスリ，スペキュラは温めて

(6) 体温計

ぬるめのお湯で体温に近づけておけば，動物が快適で短時間で測定できます（144頁参照）。

(7) 病院からの帰り道

体温が低下した動物，重態の動物，冬期におけるハムスターや小鳥などが病院から帰るとき，温めた保冷剤，使い捨てカイロ，お湯を入れたペットボトルをタオルでくるんだものなどを付けて差し上げます（図5-72）。多くの飼い主さんに喜ばれます。保冷剤を温めるのも1つの方法です。湯煎にするか，破裂しないように時間に気をつけて電子レンジで温めます。使い捨てカイロの発熱反応を一時的に止めたいときは，チャック付きのビニール袋に入れて酸素を遮断します（図5-73）。

(8) レフ型白熱電球

光源としての白熱電球は，放射熱が多く出るという特徴を利用して熱源とします。レフ型は反射膜が後面に付いていますので効率が良く，動物の加温には最適です。ナローレフ電球60W（パナソニック株式会社）は，照射野に方向性があり集中するので特にお勧めです。手術後の覚醒期，代謝の悪くなった重態の動物，小鳥やハムスターの加温に使います（図5-74）。赤外線により体を温めるので熱が直接伝わります。赤外線の密度は距離の2乗に反比例しますので，横から照らすことで，動物自らが距離を選び，快

コラム 5-3

電池切れの応急処置

デジタルカメラや携帯電話など，電池の容量低下で急に使えなくなって困ることがあります。鳥が卵を温めるように，お腹，ズボンのポケット，ももと椅子の間などに入れて，電池も体温近くに温めてみます。短時間ですが応急的に使えます。

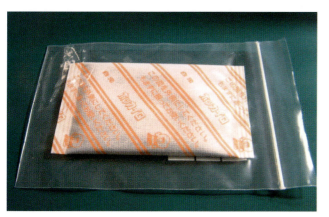

図 5-73　チャック付ビニール袋で発熱休止

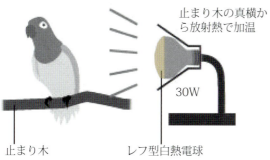

図 5-74　レフ型白熱電球（横から当てる）

適な熱量を調節することができます。明るさは，動物の観察に役立つとともに，小鳥では夜も食餌をとることができます。安価でどこでも手に入るのも利点です。

（9）曇り止め

気道内および口腔内は湿度が高いため，検査に用いる内視鏡，口腔ミラー，喉頭ミラー，気道観察の内視鏡は曇っ

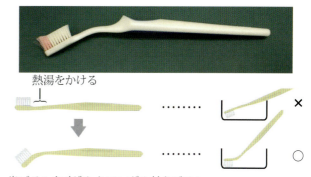

図 5-75　角度をつけたブラシ

てしまいます。40〜45℃位の湯で温めて防止します。キシロカインゼリーや歯科用の曇り止め剤も利用可能です。

（9）歯ブラシの再利用

お湯で歯ブラシの首の部分を軟らかくして曲げ，角度をつけます。器具や容器の底を洗うときに，使い勝手がすばらしく良くなります（図 5-75）。

2）耳・爪処置のコツ

（1）プラスック用ニッパーは優れもの

プラスチック用のニッパーは，刃が薄く切れ味が良いので，医療の処置に利用できます（図 5-76）。

①小鳥，ハムスターなどの小さい動物の爪切り：切れ味と

図 5-76　切れ味の良いプラスチック用ニッパー

使いやすさでお勧めです。
②ウサギの前肢の親指などの爪切り：座布団カバーにウサギを入れて，処置する足だけを出します（図5-77）。助手，または飼い主さんには，肩の辺りを両手が平行になるように軽く支えてもらいます。足を強くつかむと反射的に暴れるので，足または爪を支えるだけにします。ウサギの爪は断面が長円ですので，「爪切り」を当てる方向が悪いと，爪の向きが捻じれて嫌がります。ニッパーだと真上から当てられるので足を持たずに切ることもできます。部位により両刃のギロチン式爪切りも併用します。
③巻き爪，狼爪，前肢の親指，高齢の猫ではしばしば長く伸びて反対側の皮膚に食い込みかかっていることがあります。ギロチン型爪切りでは刃を当てることができないので便利に利用できます。超大型犬でも使えます。神経質な犬などは立たせたまま，足を持たずに切ります。

§プラスチック用ニッパーのメインテナンス

ステンレス製が錆びにくく，消毒用エタノールで消毒できるので衛生的です。切れ味が落ちたら400～600番のダイヤモンドヤスリで刃を研ぎます（図5-78）。

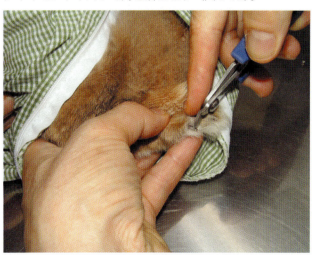

図5-77　ウサギの爪切り

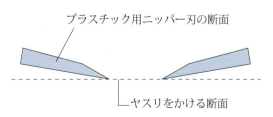

図5-78　プラスチックニッパの刃の研ぎ方

（2）爪切りは長めにこまめに

痛みを感じないように爪を切ることは，動物，飼い主さん，処置する人にとっても重要です。神経は血管よりも先にあり，さらに爪がゆがむので，痛みを感じるのはもう少し先です（図5-79，図5-80）。長めにして，まめに切る方が安心で，来院回数も増えて動物が慣れます。

また，緊張している犬では，床面に爪を立てているため長く見えるので，短く切り過ぎないようにします。

ギリギリだとその時出血しなくても，帰り途，アスファルトですれて出血することもあります。

（3）爪切り振動止め

爪切りのハンドルの内側面に，熱溶解性の接着剤をグルーガン（図5-81）にて詰めると，柄の振動を減らします。音もしにくいので，動物が爪切りの音を気にしなくなります（図5-82）。

（4）極細ハサミで毛玉取り

毛玉取りには小さな隙間に入る極細デザイン用ハサミ105mm（長谷川刃物株式会社）（図5-83）がお勧めです。

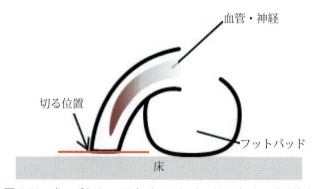

図5-79　犬の爪切りの目安（フットパッドの底面の延長線上です）

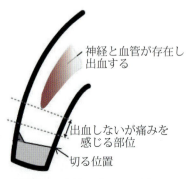

図5-80　血管と痛みの関係

第5章　診断・治療・手技のアイデア

> **コラム 5-4**
>
> ### 爪切りの達人をめざす
>
> 何年，何十年行っていても難しいのが爪切りです。爪切りでトラブルを起こし，ペットショップや美容室などから回ってくることもあります。
>
> 爪切りは出血をさせたり痛みを感じさせたりしないように慎重に行います。動物が一度でも不快を感じるとトラウマになり，しつけなどにも大きく影響します。少し長めでも失敗しないようにし，こまめに切ることが大切です。血管と神経の来ている場所から距離を置いて切りますが，**双眼ルーペ**を使うと爪の微妙な色の変化がわかり，失敗しにくくなります。分かりにくい爪では少しずつ短くしていきます。
>
>  犬：床面で切り，外側の角を落とす。
>
> 鳥：先まで血管が通っているので，細い部分だけを切る。
>
>  猫：細い部分までを切る。屋外に出る猫は先端だけにして，すべり落ちたりしないようにする。
>
> 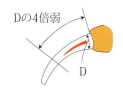 ウサギ：爪の根元の直径の4倍位が目安。

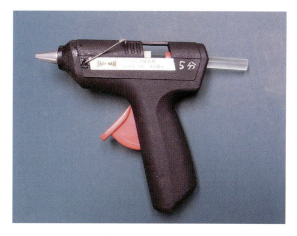

図 5-81　グルーガン

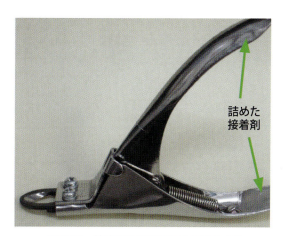

図 5-82　熱溶解性接着剤による震動止め

図 5-83　極細デザイン用ハサミ

　皮膚から離れる方向で直角にハサミを使い，毛玉の横に走っている毛を切ることで毛玉はほぐれやすく，皮膚を傷つける危険性が減ります（図5-84）。

　ハサミの先端の角は，ヤスリをかけて丸みをつけると当たりがソフトになり，動物に優しい高級ハサミに変身します（図5-85）。

　包丁と同じように，ハサミを引きながら切ると切れがよくなるとともに，毛の長さも一定になります（図5-86）。

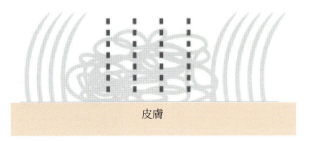

図 5-84　毛玉を縦に切ります

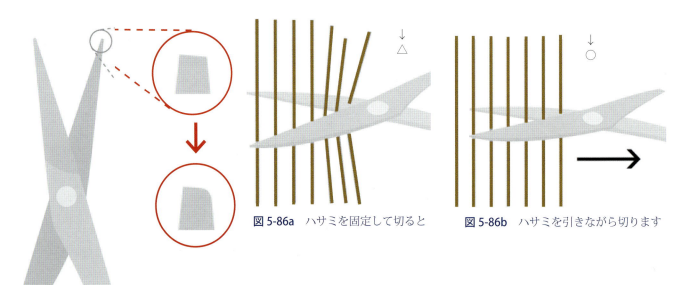

図 5-85　ハサミの先端を滑らかに

図 5-86a　ハサミを固定して切ると

図 5-86b　ハサミを引きながら切ります

3）輸　液

（1）皮下輸液総量はバネバカリで

輸液剤は瓶からバッグが使われるようになって，保管の省スペース，通気針の不必要など便利になりましたが，バッグの液量の目盛は正確ではありません。特に少ない量を確認したいときは，バネバカリで重さを管理すればかなり正確になります。何 g（mL）減ったかが分かる目盛も付けてみましょう。10 mL 点眼瓶を切って円筒状部分に取り付けます（図 5-87）。エコ輸液総量計です。

（2）輸液バッグのハンガー

皮下輸液では落差を大きくして流速を上げるようにします。園芸用品のプランターを上下する道具（図 5-88），物干し用のロープの長さをボタンで自由に変えられるもの（図 5-89），滑車を天井につけロープで上下する，などを

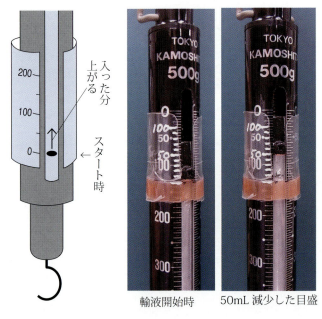

図 5-87　バネバカリで輸液量を測定

図 5-88　希望する高さで止まる園芸用のハンガー
　　　　　左は旧タイプ，右は「吊り上手」

利用すると便利です（図 5-90）。また輸液用加圧バッグで注入スピードを上げる方法もあります。

(3) 注射針を交換すれば安全？

　シリンジや輸液セットにつけた注射針のみを交換する方法は問題があります。注射針さえ交換すれば汚染を防げるようにみえます。ところが注射針をはずすとき，ルアー先の部分がピストンの内筒の役目をして，針先の液が針基に向かって逆流する現象が起こります（図 5-91）。針先部分の汚染された液体が，ルアー先まで到達しますので，注射針だけの交換では不十分ということになります。安全のための対策は，①一度使用したシリンジまたは輸液セットを再使用しない，または②注射針の代りに，翼状針（図 5-92）のように逆流した液が途中で止まるものを使い，使用後すぐ新しいものを付けるなどです。

図 5-89　物干し用ロープ

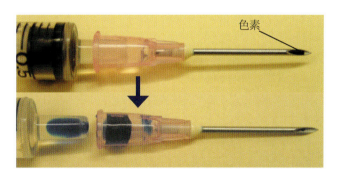

図 5-91　針を外すときルアー先まで起こる逆流

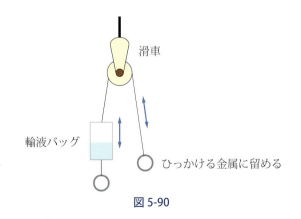

図 5-90

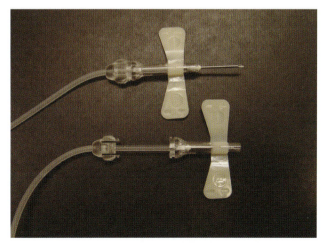

図 5-92　使いやすい誤刺防止つき翼状針
　　　　（ニプロセーフタッチ PSV セット 19G × 3/4）

4）自家製カテーテル

（1）極細ポリエチレン・カテーテルの作成

§材　料
外径 0.9mm（No.10）のポリエチレン・チューブ（五十嵐医科工業株式会社）を利用し（図 5-93），さらに細いチューブを作成します。

§作成法
① 20～40cm の長さのチューブを両手でしっかりつかみます。
② 左右にゆっくり引くように力を加えていきます。ある強さのところで急に伸び，外径約 0.5mm の細いチューブになります（図 5-94）。引き具合で太さを調節することができます。
③ 細い部分で斜めにカットし，カテーテルの先端とします。
④ 角のある先端を切り取り，目の細かいヤスリで丸みをつけて，組織が傷つくのを防ぎます（図 5-95）。

§シリンジへの接続法
方法 1　持続硬膜外麻酔用カテーテル：ルアーアダプターと外径 0.9mm のポリエチレンチューブがセットになったものが手に入ります（株式会社トップ，図 5-96）。
方法 2　23G×5/8 インチの注射針：針先をヤスリなどで丸めてチューブが傷つかないようにし，チューブに差し込みます（図 5-97）。

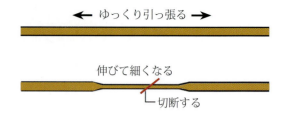

図 5-94　伸びて細くなったチューブ

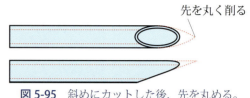

図 5-95　斜めにカットした後，先を丸める。

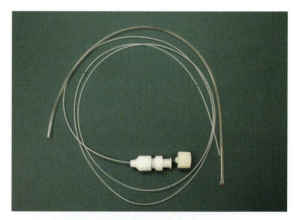

図 5-96　持続硬膜外麻酔用カテーテル

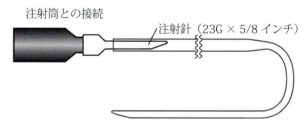

図 5-97　シリンジに接続する方法

図 5-93　No.10 ポリエチレン・チューブ（外径 0.9mm）

§用　途
雄猫の尿道閉塞：ストロバイトの結晶または炎症性産物が尿道に詰まったときに，生理食塩水などをフラッシュしながら挿入する洗浄カテーテルとして使用します。ある

程度尿道が狭窄していても閉鎖していなければ，ほとんど挿入可能です。カテーテル途中から太くなっているので，狭窄を少し拡張することも期待できます。挿入時のコツは，決して力をかけて入れないことと，ペニスまたは包皮を，後方へ引き尿道を直線にすることです。

涙管洗浄：先端が細いので，狭窄している涙点にも挿入可能です。柔軟性があるので，洗浄液を注入するときに涙管に無理な力がかかりません。挿入したカテーテルの周りから洗浄液が漏れにくいように，カテーテルの太さを選ぶか，指先で軽く押さえます。

唾液腺管への挿入：造影や手術時の唾液腺管の走行の確認に利用できます。

（2）シリコーン製雄猫用尿道カテーテルの作成

シリコーンは柔軟性があり，変質しにくく，汚れが付着しにくい樹脂のため，尿道カテーテルとして最適です。カテーテル留置期間は可能な限りに短くして感染のリスクを減らす必要がありますが，排尿のための神経障害などにより長期間の装着が必要になることがあり，そのようなときにお勧めです。

§ 材　料

- IMG メディカルシリコーンチューブ（株式会社イマムラ，Tel 03-3815-0056），内径 1mm，外径 1.5mm など。
- アクリル変成シリコーン樹脂の接着剤（セメダインスーパーXクリア）（図 5-98）。

図 5-98　溝を作るための接着剤

§ 作成法

縫合糸をかけるための溝を作ります。図 5-99 のような形態にするため，上記接着剤を注射針のように先の細いものでシリコーンチューブに付着させ固まらせます。

§ 固定法

包皮の内側に縫合糸で縫い付けます（図 5-100）。13mm 針つき 5-0 ポリプロピレン縫合糸またはステンレススチール縫合糸は，組織反応が少なく結節もほどけにくいので，長期間のカテーテル固定に最適です。

§ カテーテル装着時の工夫

無麻酔下で行う場合は，動物が不快感を持たないように，

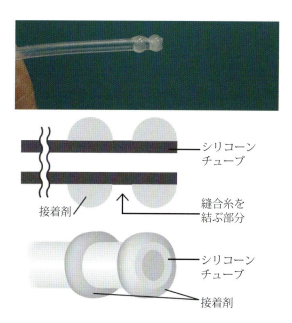

図 5-99　縫合糸を掛ける溝作成

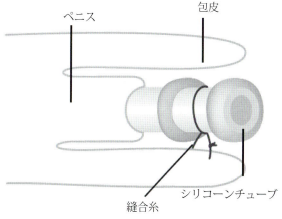

図 5-100　包皮に縫合糸で固定

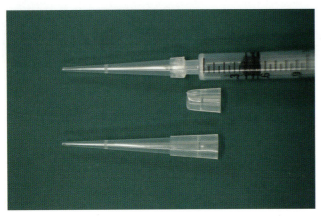

図 5-101　ノズルの作成法

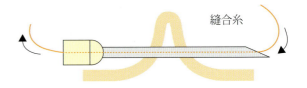

図 5-102　注射針利用の縫合

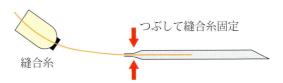

図 5-103　注射針を利用した針付き縫合糸の作成

尿道内にキシロカインゼリーを，ノズルで注入します。ノズルはピペットチップの基部を少しカットし，シリンジのルアーに合うようにします（図5-101）。

§ 痛みの少ない縫合

ポリプロピレン縫合糸は組織反応が少なく，結節がほどけにくい特性があります。5-0の針付きを使います（ネスピレン，アルフレッサファーマ株式会社）。アルフレッサファーマの丸針は，マニー株式会社の製品で組織への刺通性が非常に良く，痛みは最小と思われます。

包皮の内側に縫い付ければカテーテルは見えにくくなりますが，エリザベスカラーをつけて動物が抜き取らないようにします。尿で部屋が汚れないように，動物用のおむつまたは人用のおむつに，尾を通す切込みを入れたものを使います。

＜注射針利用の縫合＞

ステンレススチール縫合糸も丈夫で組織反応が少なく，結節も安定でお勧めです。切れの良い注射針を利用して結紮を行います。

方法1：注射針を組織に貫通させ，その針先から縫合糸を入れた後注射針を引き抜くことで組織に糸が通ります（図5-102）。

方法2（桑野式）：注射針を利用して針付き縫合糸を作ります。

① 針先より縫合糸を入れ，糸の終わりが見えなくなるまで糸を送ります。

② 注射針の基部に近いところを先細のペンチなどで鉗圧し糸を固定します。

③ 基部のところを何回も曲げて，金属疲労により基部を分離させ除去します（図5-103）。

④ 必要により針を弯曲させて使用します。

5）上手な注射とアンプルの利用

（1）インスリン用シリンジは1U（単位）＝ 0.01mL

現在のインスリンは100U/mLとなっていますので，1Uの目盛が0.01mLになります。微量の注射に便利です。ハムスターや小鳥のような小さな動物でも希釈することなく必要量を注射することが可能です。

犬・猫においてもインスリンの他，イベルメクチン注射液，猫インターフェロン注射液，メロキシカム注射液，フェノバルビタール注射液などを正確に少量投与するときに役立ちます。高価な薬では，注射針のハブに溜まる量（約0.05mL）の無駄がなく経済的です。

・ロードーズ　0.3mL，0.5mL（図5-104）
　　　　（日本ベクトン・ディッキンソン株式会社）
・マイショット　0.5mL，1mL　　（ニプロ株式会社）
・マイジェクター　0.5mL，1mL　（テルモ株式会社）

§ 麻酔前投薬剤の混注時に

ウサギの子猫などで数種の薬を正確に計りとりたい時にも利用します。バイヤル瓶を刺していない針にしたい場合は，1mLシリンジに筒先から注入します。注射針を付けた時は，約0.05mLの死腔をカバーする量を余分に吸うようにします。

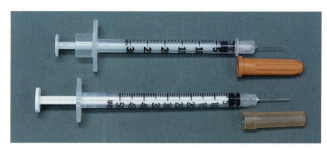
死腔のほとんどないインスリン用シリンジ

死腔が約0.02mLのニプロ・ローデットシリンジ1mLとテルモ26G×1/2"注射針の組み合わせ

図 5-104　死腔の少ないシリンジ

（2）病院嫌いにならないワクチン接種

　子犬を手に入れてまず動物病院を訪れるのが，ワクチン接種です。初めが肝心で，食餌指導，しつけ，予防，緊急時の連絡法などを，時間をかけて丁寧に説明する必要があります。そして，かかりつけの動物病院が動物にとっても飼い主さんにとっても好きな場所になってくれたら，スムーズな診療に繋がります。

§感染症が流行していなければ…

　犬の性格をよく観察し，少しでも不安を感じている犬は身体一般検査と楽しみにフードを与えるだけにして，ワクチン接種を次回に延ばします。

§動物の気を紛らわす方法

おやつ大好きな動物の場合：数粒のフードをゆっくり与えながら，注射をします。

飼い主さんの後を追う動物：飼い主さんに3mほど離れていただき，動物に声をかけながら近づいてもらいます。気をそらしている間に注射をします。

人間大好きな動物：スタッフが声をかけて喜ばせている間に注射します（144-149頁参照）。

§注射針の切れあじを保つ方法

　バイアル瓶からワクチンを吸引するときに使った注射針ははずし，新しい注射針に付け替えてから注射をします（図5-105）。一度バイアル瓶のゴム栓を通過した針先の刃は鈍くなっていて，皮膚への通過抵抗は増し，痛みの原因に

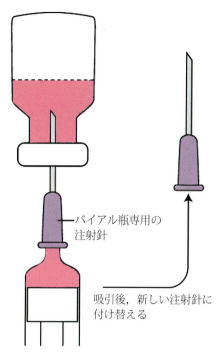
図 5-105　ワクチンを吸引した後新しい注射針に付け替える

もなります。サイズは24G×5/8"がお勧めです。

§注射する直前に皮膚に刺激を与える方法

　皮下注射のとき，皮膚を嫌がらない程度に強くつまむと同時にその皮膚をキュッキュッと揺らします（図5-106）。皮膚への刺激を与えることで痛みは分散し，振動により注射針の抵抗も減少します。

　♥豆知識　注射嫌いの子供さんは，自分でモモをつねると痛みが減少しますよ。

§痛点をさける方法

　注射や採血の時の工夫として，皮膚に対してできるだけ角度をつけて注射針を刺すようにします。皮膚を通過する距離が短くなり，痛点を刺激する率が減少します（図5-107）。

（3）アンプルの上手な利用方法

§アンプルの保管法

　箱またはトレイに入れたまま，慣性を利用してアンプルのヘッド部分の液を本体に落とし，そのままアンプルが垂直になるように保管します。使用の都度，液を落とさないですぐ使えます（図5-108）。

§快適なアンプルカット法

　アンプルのカットは，上に引きながらガラスを引き離

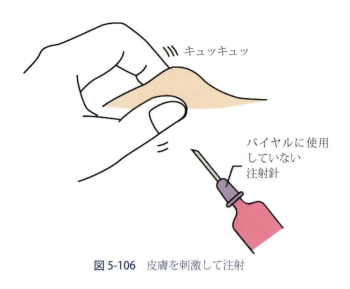

図5-106 皮膚を刺激して注射

図5-107 左のように角度をつけて注射したほうが，針に当たる痛点が少なくなる

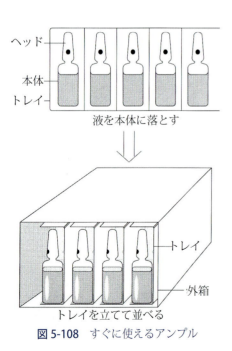

図5-108 すぐに使えるアンプル

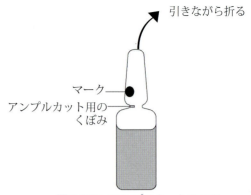

図5-109 アンプルカットのコツ

すように折ると少ない力で安全にカットできます（図5-109）。

§アンプル剤の汚染防止

①アンプルのカット時に，ガラスのミクロの微小片が入る可能性を考えて，切れる部分を清潔に保ちます。

②ガラスの微小片を意識して，無理して最後の1滴までを吸わないようにします。

③アンプルをカット後は，室内の空気の浮遊物が落下しないように一時的にはカバーをするようにします。カバーとしては，サプリメントのキャップや10mL点眼瓶の底の方をカットしたものを使用します。台座として粘着性のあるシリコーンシート（両面タックシート，サカセ化学工業株式会社），または耐震粘着マットを利用するとアンプルが倒れにくく，カバーも密着して室内の空気も遮断します。カバーの下の辺縁にホコリが付いていても吸着して，カバーをするときにホコリの落下を防ぎます（図5-110）。

図5-110 アンプルカバーと粘着性の台座

6. 歯科処置のすぐれ物

1）針綿棒

18Gのノンベベル針（図5-111）または先を切り落とした18G注射針に，粗目のヤスリまたはアンプルカッターなどで斜めの傷をつけ（図5-112），薬液の入ったシリンジに接続します。脱脂綿を強めに巻きつけて綿棒にします（図5-113）。液を次々に補充できますので，ポピドンヨード液による口腔内の消毒や，歯石染色剤の歯面への塗布などに便利です。

2）歯石除去鉗子

工具用のニッパーまたは，コッヘル鉗子の片方の先端を切り落とし形を整えると，大きな歯石を崩す時に，適切な方向に力がかかります（図5-114）。

現在は抜歯鉗子の形状に似た歯石除去鉗子も市販されています（図5-115，輸入元：株式会社キリカン洋行）。

3）超音波スケーラー用・W型万能チップ

歯石除去鉗子（図5-115）で大きい歯石を取り除いた後に，W型万能チップ1本のみで，今までのチップよりも，ほとんど全ての歯面にアプローチ可能となります。既成の

図5-111　18Gノンベベル針

図5-112　脱脂綿を巻くための傷

図5-113　針綿棒

図5-114　歯石除去鉗子

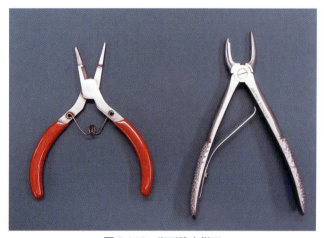

図5-115　歯石除去鉗子
左：自作品，右：株式会社キリカン洋行が販売しているもの。共に先端の長さが異なる。

チップを金属疲労が起きないように徐々に曲げて作成します（図5-116）。なお，現在，株式会社オサダメディカルで製品化し，発売準備中です。岐阜大学の渡邊一弘先生は抜歯にも利用しています。

§**特　徴**（図5-117）

①途中の曲線部分を使うことで，ハンドピースの方向を変える動作がほとんどなくなります。②幅が少ないため奥へ挿入しやすく，歯根の露出した複数根の根間や裏面もほとんど処置可能です。③曲率が小さく，表面に多く接触し

図5-116　自作したW型万能チップ

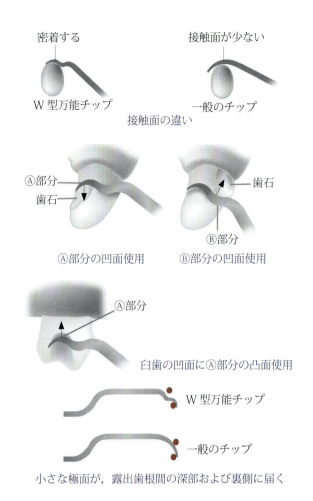

図 5-117　W 型万能チップの利用

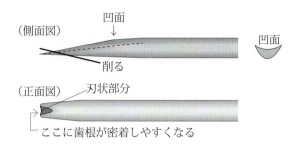

図 5-118　改良したエレベータの先端

のように先端が 2 つに分かれるような形になります。

§深さ目盛りの作成

乳歯の犬歯を抜歯するとき，エレベータがどのくらいの深さに挿入されたかを確認しやすいように，目盛を付けます。10mm と 15mm の位置に，ヤスリまたはドリルで浅く目盛を付けるようにします（図 5-119）。

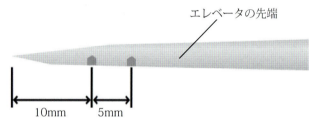

図 5-119　深さを示す印をつける

ます。根間は往復運動させて使う方法もあります。④臼歯の凹面にも使用できます。

チップの強く振動する部位が変化しますので，出力が低下しやすくなるために，チップの長さの調整が必要になることもあります。メーカーに相談するとよいでしょう。

4）エレベータを使いやすく

§先端の改良

エレベータはいろいろなサイズがありますが，幅が 2.5mm と 2.0mm の直のものでほとんどの歯に使用しています。その先端をダイヤモンドヤスリで削って形状を変えると，方向性が安定し，先端が歯根から離れて進めてしまうことが少なくなります。また，刃状の部分が増えて，歯根靱帯の切断や弛緩がしやすくなることが分かりました。方法は単純に平面でエレベータの背面を削ると，図 5-118

5）ウサギの切歯の切削の工夫

理想的には歯科用エンジンのコントラアングルにクロスカットラウンドエンドバーなどを取り付け注水しながら行う方法が，安全でていねいに切削できます（図 5-120）。

§切歯切削へのコントラアングル利用の工夫

注水により，過熱や切削の粉の飛散を防ぎます。注水スピードが速いと周りが水浸しになるため落差の圧で吸水し，さらに輸液セットのクランプで流量を調節します。当院ではグルコン酸クロルヘキシジン液（0.05％ヘキザック水 W，吉田製薬株式会社）を使用して室内の細菌汚染を予防し，スタッフの健康に気を使っています。超音波スケーラーもこの液を使用しています。

＜3 倍速コントラアングル：注水ノズルの工夫＞

注水スピードが少ないため水が届きにくいので，注入ノズルの先にシリコーンチューブをつけてバーの近くで水が

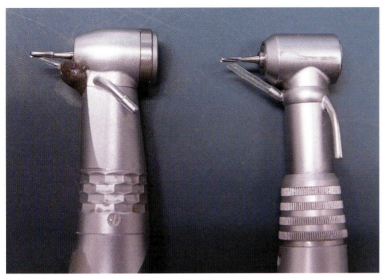

図 5-120　5倍速コントラアングル（左）と3倍速コントラアングル（右）
（株式会社オサダメディカル）

図 5-122　5倍速コントラアングルにつけた注水ノズル

図 5-121　クロスカット・ラウンドエンドバー

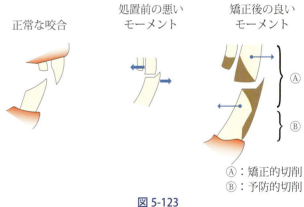

図 5-123

滴下するようにします（図 5-121）。

＜5倍速コントラアングル：注水孔の改良＞

3つ注水孔があり，2つは塞いで1つには注射針で作ったパイプを金属用エポキシ樹脂で固定し，シリコーンチューブをつけます（図 5-122）。

§切歯の抑制矯正と予防的切削

切歯の不正咬合の多くはアンダーショットのために起こります。程度が軽ければ，図 5-123 のような削り方を頻回に行うことで矯正されて，過長症を防げるようになる可能性があります。図 5-123 のⒷの部分は歯どうしで削れない部分なので先に削っておきます。特に頻回治療が難しいウサギで行います。歯の擦り合わせをたくさん行う牧草主体の食餌も指導します。また，成長期の段階で早めに発見できると，進行を阻止できる可能性も高くなります。「咬み合わせに異常がないか」こまめに健康診断に来院していただき，爪の過長，外耳の分泌物の貯留，眼球・外陰部のチェック，雌雄の判別なども行います。

6）ウサギ臼歯切削の工夫

§臼歯の不正咬合

一般に上の臼歯は外側に，下の臼歯は内側に伸びます。短めに削ると上下の臼歯の接触面積が増えます（図 5-124）。口が閉じやすいように切歯も調整します。

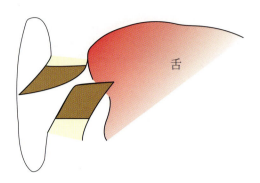

図 5-124　短いと上下の臼歯が咬合しやすい

§改良したロンジュール（破骨鉗子）（図 5-125）

さいとうラビットクリニックさんでは，ロンジュールの利用を勧めています。「専門医のお勧め」なので，早速使ってみると，口の中に入りやすく臼歯も見やすいのです。現在当院では，先端 2.5mm のロンジュールをサメの歯のような刃に改良して使用しています。より軽い力でカットできます。

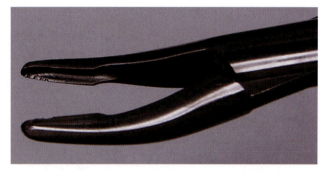

図 5-125　改良した 2.5mm ロンジュールの先端

§無麻酔での臼歯カット

- ウサギの保定者：うちでは基本的に飼い主さんです。
- 保定方法：アニマルサポートバッグに入れて頭部のみ袋から出します。ウサギの姿勢は自然な伏臥位にし，袋の外から両手で動きの中心の肩を挟んで支えます。
- ウエルチアレン・ルミビュー（ウエルチアレン，図 5-126）：倍率 1.5 倍ですが，さらに拡大して観察できるようにプラスチックレンズをカットして取り付けています。この双眼ルーペは，人の鼓膜を両眼で見ることができるものです。あらかじめ耳用のスペキュラで口内を観察しておきます。小さな口のウサギにロンジュールを挿入しながら，鉗子の隙間から臼歯を見つけカットします（図 5-127）。

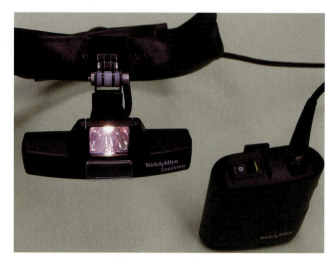

図 5-126　ルミビュー

§ウサギ臼歯用ダイヤモンドやすり

株式会社津川洋行でウサギ臼歯用ダイヤモンドやすりを販売しています（図 5-128）。

臼歯を削ったときの仕上げや，軽度の臼歯の鋭利になった先端を応急的に丸めることに使用します。口内の解剖を頭に描いて，感触で削ります。

§ウエルチアリン側視鏡つき耳鏡

2 つ観察窓があり，飼い主さんへの説明に便利です。術者はウサギの姿勢はそのままで，真上から見ることができ，楽な姿勢で覗くことができます（図 5-129）。

§小指で触診

おとなしいウサギでは小指を入れて口腔内を触診することも可能です。

§頭部の触診

頬の上からと下顎周囲もていねいに触診します。

7）ウサギの歯科器具の工夫

§臼歯カッター（図 5-130）

①ニッパータイプ

切歯カッターと同様の刃の形状をもっています。奥にある臼歯が見やすいような形状にしています（図 5-131）。麻酔下でよく使用します。仕上げはラウンドバーをつけたエンジンで削り，正常な歯の咬合に近づけます（図 5-124）。

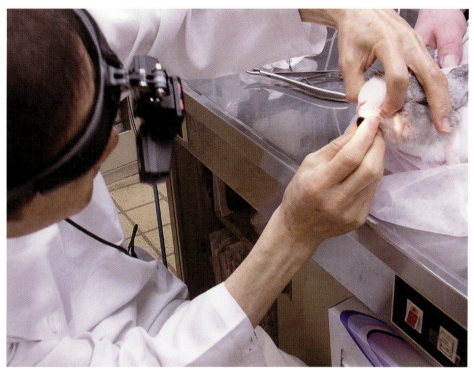

図 5-127　ルミビューで口腔内を観察しているところ

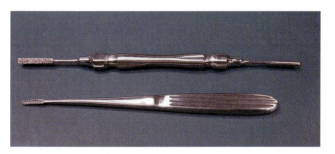

図 5-128　ダイヤモンドヤスリ（下をよく利用）

図 5-129　側視鏡つき耳鏡

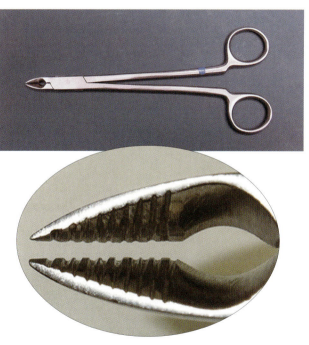

図 5-130　清水式臼歯カッター

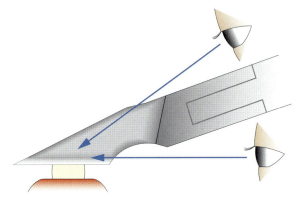

図 5-131　表からも裏からも切断する歯の形状が見やすい

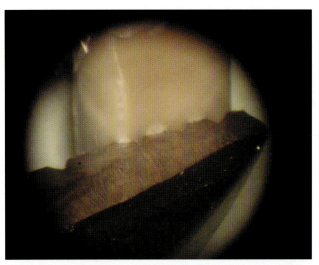

図 5-132　切断時の刃の働き方

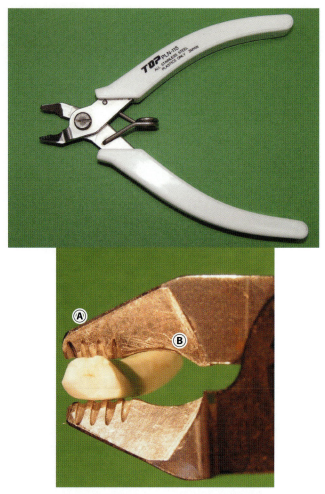

図 5-133　清水式ウサギ用切歯カッター

§切歯カッター

　針金を切って刃がこぼれてしまったプラスチック用ニッパーが起源です。形状の特徴は，①刃が断続についているため，ミシン目のような力が働く（図5-132），②2〜3mmの厚みのあるものに当てたとき刃が平行になりますので，いくつかの刃の断片が均一な力で歯に作用する（図5-133 Ⓐ），③支点寄りの刃を取り除いてありますので，唇などの軟部組織を切ってしまうことがほとんどありません（図5-133 Ⓑ）。

　このカッターの利点は，①短時間で処置できること，②小さな力で切断できること，③歯が縦に割れることが少ないこと。ただし，歯の質によっては歯が割れることがありますので，様子を見ながら少しずつ短く切断したほうが安心です。

7. 麻酔の工夫

1) 生体モニターのポンプ機能を利用した超低流量麻酔

(1) 特 長

体重が7kg以下の動物では，回路内の抵抗と呼気再吸入の可能性から非再呼吸回路が良いとされていますが，半閉塞式の回路にガスモニターのポンプ作用を組み合わせることで，超低流量での麻酔が可能となります（図5-134）。
オリジナルの工夫により，安全性が高まり，操作ミスも減ります。

§方 法

① Y字型気管チューブコネクターの先端からガスモニターのサンプリングをします。ガス濃度が正確になるとともに，死腔が少なくなります（図5-135）。
② サンプリングした空気を，麻酔回路の呼気弁の先の呼吸バッグの近くにもどしますと，弁の働きで常に一定の循環が生まれます。肺内圧計の接続口が利用できます（図5-136）。接続口がなければ，ドリルでルアー先の太さが入る穴を開けてチューブを接続します。
③ 呼気弁・吸気弁の軽量化：X線フィルムを弁の形に切り取り，消化酵素剤（セブンイー・P）の溶液に漬けてゼラチン層を除去し，交換します。低流量の性能が向上します。
④ 余剰ガス排泄用のポップ弁は既製のままでもOKですが，可能であれば呼気蛇腹管と呼気弁の間にもう1つ取り付けて，既製のものは余剰ガスではなく安全弁として使用します。サンプリングした気体は全て二酸化炭素吸収キャニスターを通過して吸気側に送り込まれ，確実に循環します（図5-134）。
⑤ 小さい動物では，麻酔バッグの変化が分かりやすいように，手術用手袋などを利用した自家製のバッグを使います（図5-137）。古くなった麻酔バッグの接続部を利用してゴムで固定します。
⑥ 炭酸ガス吸収剤の選択

最近まで，炭酸ガス吸収剤は強アルカリを含むものが使われてきましたが，いくつかの問題点が明らかになっています。

- ソーダライムの問題点＊：成分の強アルカリである水酸化ナトリウムおよび水酸化カリウムにより，一酸化炭素が作られたり発熱したりします。さらに，セボフルランの使用では，腎毒性のあるコンパウンドAが産生されます。

推奨される強アルカリを含まない炭酸ガス吸収剤には次のものがあり，ソーダライムの欠点がほとんどありません。

アムソーブプラス
　　　　　　　　株式会社フジメディカル Tel 03-3356-8377

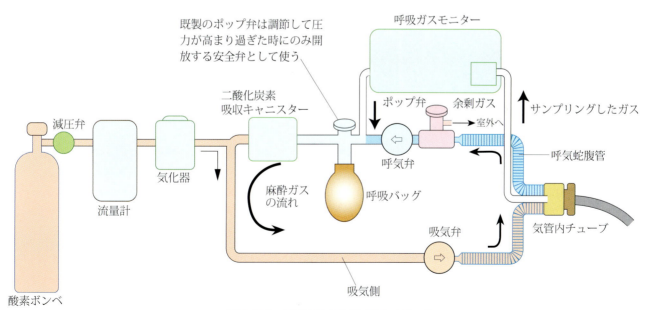

図5-134 超低流量麻酔が可能な麻酔回路

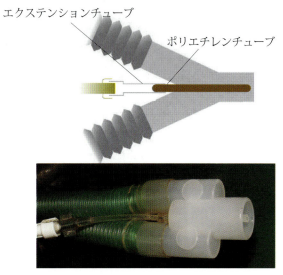

図 5-135　サンプリングの部位

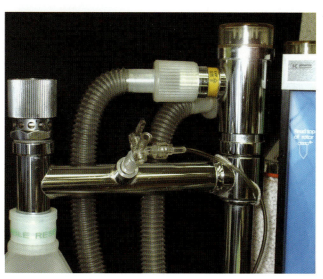

図 5-136　サンプリングの空気を戻す部位

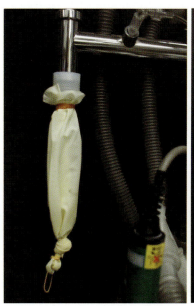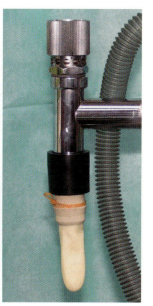

図 5-137　ゴム手袋利用の低用量の麻酔バッグ

　炭酸ガスの吸収能力の低下を示す発色が，比較的退色しにくくなっています。

ヤバシライム -f　矢橋工業株式会社 Tel 0584-71-1100
キャニスターの容量に近い 1L 包装となっています。

§ **循環補助回路による超低流量麻酔の利点**

① 呼吸をしていない休息期も，回路内を空気が循環し，二酸化炭素が滞留しなくなります。換気量の少ない小型動物（子猫，ウサギ，ハムスター，小鳥）においても死腔が最小になり，安全にこの回路を利用できます。

② 低流量でも安定している気化器であれば，安心して酸素を超低流量にすることが可能です。体重による流量の目安は次の通りです。

　　体重 5kg まで　　一定の 100mL/ 分
　　体重 5kg 以上　　体重 1kg 当たり 20mL/ 分
　　（例）体重 10kg　　200mL/ 分
　　　　　体重 25kg　　500mL/ 分

③ 超低流量なため，回路内の湿度が保たれます。人工鼻などが必要なくなります。
④ ガス測定後の再利用で，酸素および麻酔ガスの無駄がなくなります。
⑤ 麻酔室にいるスタッフの安全のために，余剰ガスは室外に排出するか，または麻酔ガス吸収剤を利用しますが，マスクなどの隙間や気管チューブへの接続切り替え時における汚染を減らします。
⑤ 麻酔ガスの大気放出による地球温暖化への影響を減らします。

＊文　献

宇塚雄次，長瀬 清，近藤 圭ほか（2009）：第30回動物臨床医学会講演要旨，20-23．

フジメディカル資料

矢橋工業資料

（2）装置の実際

§ 使用機器（図5-138）

①吸入麻酔器「全身麻酔器コンパクト22」（木村医科器械株式会社→現 株式会社キムラメド）：流量計が100mLから設定できます。
②イソフルラン気化器「イソフルラン気化器Vapor2000」（ドレーゲル・メディカルジャパン株式会社）：超低流量でも濃度が一定。故障しにくいモノメタルによる温度補正が行われていて，基本的にはメンテナンスフリーです。
③生体モニター「生体モニターAM120」（フクダ エム・イー工業株式会社）：ウサギや子猫などでも測定しやすい。
④麻酔回路中の酸素濃度計（株式会社キムラメド）
⑤レスピレーター（マンレープルモベントMPP型）
⑥小型動物用

麻酔バッグ（図5-138左側）…ゴム手袋で作ります。
マスク（図5-138右側）…投薬瓶のキャップで作ります。
⑦キッチンタイマー

麻酔が浅いなど麻酔温度や酸素流量を変えた時，一定時間後に麻酔濃度をチェックするため，ON/OFFスイッチにゴムブロックなどの突出物をつけて，肘で操作できるようにします（図139）。
⑧麻酔準備・手術開始前のチェック表（表5-4，表5-5）
⑨蛇管のハンガーまたはホルダー（図5-140）

気管内チューブに蛇管などの重みで力の負荷がかからないようにします。特に小さい動物では大切です。
⑩アルミ蒸着保温シート付き保定台（図5-141）

（3）吸入麻酔器　使用の工夫

①酸素ボンベは常時2本繋ぎ，すぐ切り替えることができるようにします。使用中のボンベには，ゴムのキャップをつけて，開栓しやすくします。使用中の目印になります（図5-142）。
②笑気の使用をやめて，笑気用の流量計のところも酸素を流せるようにします。一時的に酸素流量を上げたい時に使用します（図5-143）。

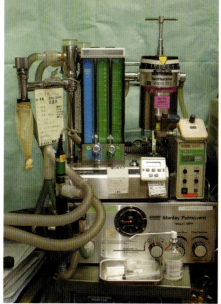

小動物用マスク

図5-138　お気に入りのオリジナル化した吸入麻酔器

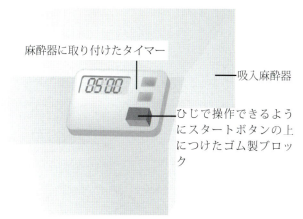

図5-139　キッチンタイマーによる麻酔濃度の再チェック

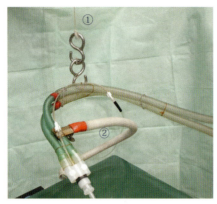

図 5-140　蛇管の固定
①天井から吊っているヒモ
②湯沸かし器の蛇腹にクリップをつけたオリジナルのつかむ道具

表 5-4　麻酔準備チェック表
□ ガスモニター：電源 ON
□ ガスモニター：チューブ接続
□ O_2 または酸素ボンベの栓を開く
□ O_2 または酸素濃度計・校正（21.0％）
□ 気化器のイソフルラン残量
□ 呼吸バッグのサイズ選択
□ 気管内チューブの用意とカフのチェック
□ 保定台と保温マット
□ 採血の用意
□ 輸液・抗生剤・鎮痛剤
□ ＿＿＿＿＿＿＿＿＿＿＿＿

表 5-5　手術開始チェック表
□ ♂♀の確認（猫の SPAY の時）
□ 気管内チューブのカフ
□ 余剰ガスバルブの調整
□ 採血
□ 体位の調整
□ OPE ライト
□ 輸液の状態・注射
□ 双眼ルーペ・めがね
□ モニターの再確認
□ ＿＿＿＿＿＿＿＿＿＿＿＿
□ ＿＿＿＿＿＿＿＿＿＿＿＿

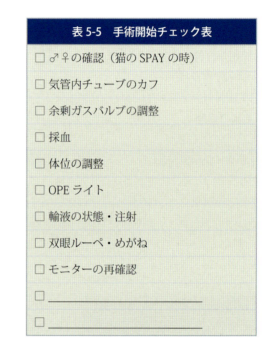

図 5-141　保温シートを貼った保定台

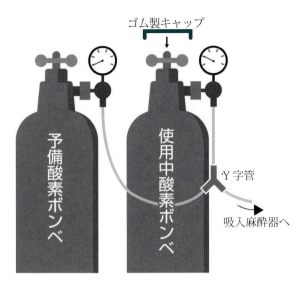

図 5-142　予備のボンベと使用中のボンベのバルブのキャップ

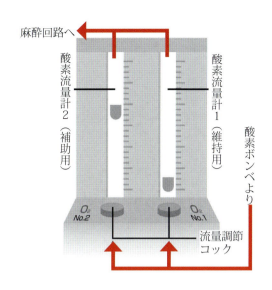

図 5-143　笑気の流量計も酸素用に交換

2）視認性を高める麻酔器の表示

①気化器のダイヤル目盛に，標準維持濃度となる位置に，蛍光テープで目印をつけます。（図 5-144）。
②体重で直接，流量を合わせることができるように，酸素流量計の目盛に体重の目盛を追加します。超低流量麻酔（前述）では，5 kg は 0.1 L，10 kg は 0.2 L，25 kg は 0.5 L のところです（図 5-145）。
③気化器の液量計の背面に蛍光テープを貼ると液面がずっと見やすくなります（図 5-146）。

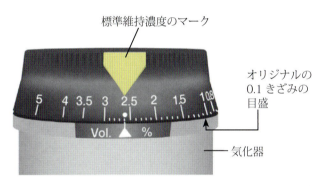

図 5-144　標準維持濃度にマークをつける

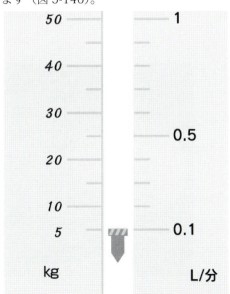

図 5-145　酸素流量計に体重目盛りをつける

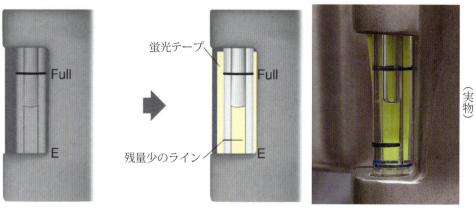

図 5-146　蛍光テープと残量少のマークをつける

④麻酔濃度を合わせやすいように，ダイヤルに 0.1% きざみの目盛を加えます（図 5-144）。

(5) 無菌的に操作する工夫

①気化器ダイヤルを滅菌した大工用品の T 型ハンドル，または歯科用の粘着性カバーフィルムで操作します（図 5-147）。

②流量計ダイヤルに瓶のキャップなどを滅菌カバーとして利用します。口径はテープなどで調整します（図 5-148）。

図 5-147　気化器の無菌的操作

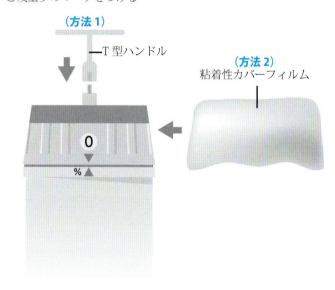

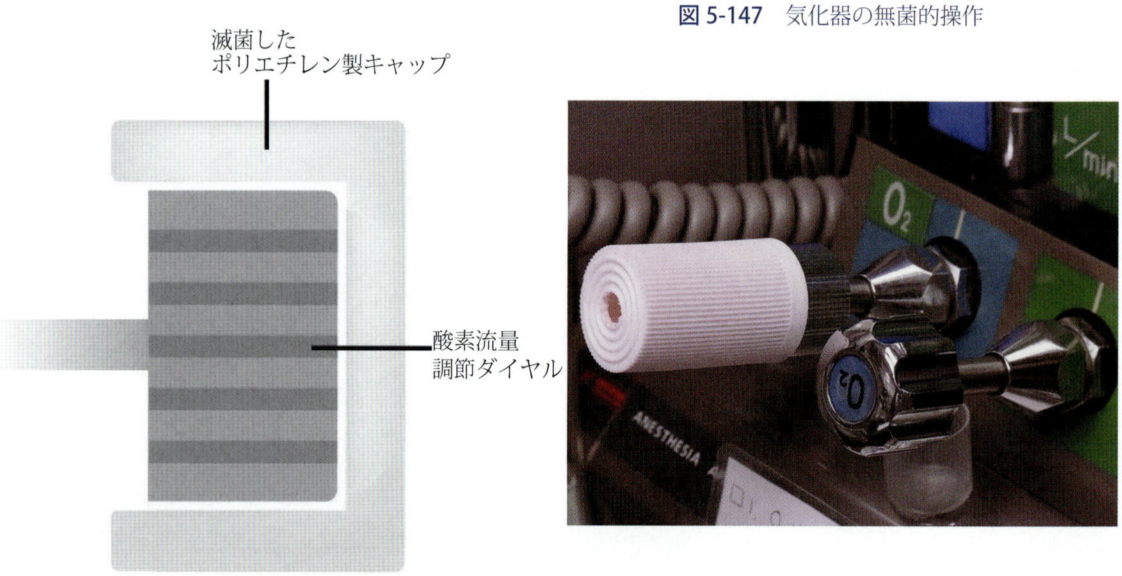

図 5-148　流量計ダイヤルを無菌的に

8. 生体モニター利用の裏ワザ

　全身麻酔を行うにあたって，状態の悪い動物はもちろん，リスクの少ない健康な動物まで，動物の状態と吸入麻酔回路の状態を常にチェックすることは，動物の命を守るためにたいへん重要になります。確実にそれらの状態をチェックするためには生体モニターは必要不可欠で，麻酔のリスクをゼロに近づけることが可能です（フェイルセーフ）。しかし，動物病院では，セントバーナードなど大型種からチワワのような小型犬，猫，場合によっては1kgに満たないウサギや齧歯類までバラエティーに富み，うまくモニターできないことも起こりがちです。各モニターにおいて，ちょっとした工夫を加えることで，理想に近づきます。

（1）オリジナルの心電図用ペースト

　市販の心電図用ペーストはやや粘度が高いので，消毒用エタノールを適量混和して，毛のある皮膚に浸透させやすくします。入れ物は美容液などを入れるポンプ式のボトルに入れると，立てて保管した状態で，片手でも使用できます（図5-149）。

装着部位

第2誘導でモニターします。

- 標準では前肢は肘ですが，前肢の位置で波形が変化しやすいので肩関節の上に装着します（図5-150）。
- ドレープをかける手術の場合は，電極の接触不良が起きた時にチェックしやすいように，足の先端の指などに付けたほうが良いこともあります（図5-151）。
- 歯科処置などで口周辺が濡れると，交流の波を拾いやすくなり，モニター不能になることがあります。その場合はアース（黒コード）を口唇に装着すると，その波は消失します（図5-152）。
- 猫やウサギで電位が低すぎるときは，左後肢の電極を心尖に近い胸骨柄の部位に変えると，R波が大きくなることがあります。

＊心電図の表示時は「心電感度」を基本の×1から×2，×4，×8，×1/2と選んで波形の大きさを調節しますが，「QRS

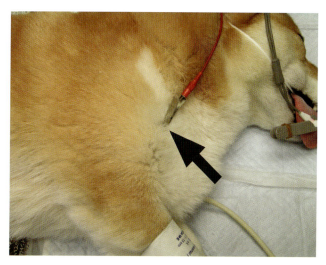

図5-150 第2誘導の右前肢の電極は右肩が変動しにくい

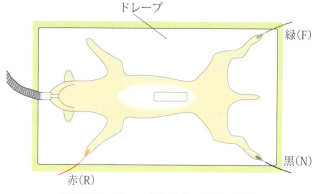

図5-151 チェックしやすい電極の位置

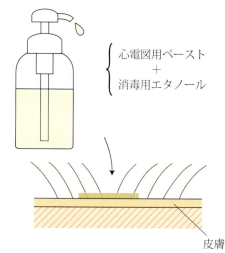

図5-149 消毒用エタノール混和の心電図用ペースト

＊モニター用のコードは人用に作られており，黄色のコードは胸部用となっています。機器の購入時に左後肢用の緑色にしてもらうことができました。

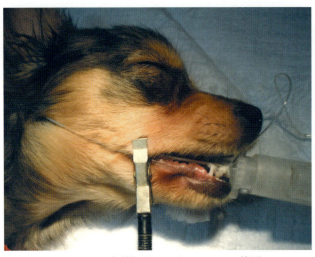

図5-152 歯科処置におけるアースの位置

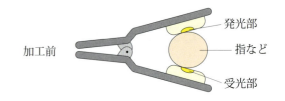

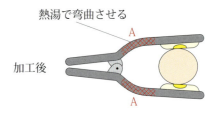

図5-154 センサーの先を平行に近づける加工の前と後

「心電感度」の上に「倍率」に変更したシールを貼付

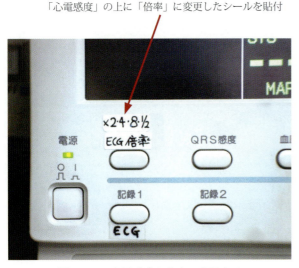

図5-153 心電感度を倍率で表記する

感度」のボタンと紛らわしくなっています。単純に波形の大きさを変えているので、「(心電図)倍率」という表記のシールを貼ると誰でも分かりやすくなります（図5-153）。一般の心電計でも慣習を変えて、同様の表現方法に変わると理にかないます。

(2) パルスオキシメータのセンサー

体に十分な酸素が行きわたっているかを知ることができます。異常をいち早く教えてくれます。小さい動物では測定しにくいのですが、宝の持ち腐れにならないようにセンサーに工夫を加えます。

① センサークリップの改良：指や手根部など厚みのある組織を挟んだとき、センサーが開くように角度がつくため、滑りやすくなったり隙間ができることになったりします。挟んだときに平行に近づくように熱湯で軟らかくしてAの部分を少し曲げます（図5-154）。

② バネの調製：組織を挟んで長時間圧迫すると、血流が悪くなって測定不能になります。舌のように軟らかい組織では、その傾向が強く現れます。バネの強さを輪ゴムで調整します（図5-155）。支点からの距離を変えることで、作用する力が変わります。3重くらいに輪ゴムをかけると調節しやすいです。もう1つのポイントは、組織の厚みより少し狭い（2〜3mm）くらいに開いて装着すると、最適です。

③ 毛のある部位ではセンサーが滑らないように、透明プラスチックテープを巻いてから装着します（図5-156）。センサーの表面の材質は、表面が平滑の方が密着し滑りにくい特性があります。

④ センサーの発光側（白）を天井側にすると、室内の照明の影響を受けにくくなります。

⑤ センサーが外れにくいようにテープで手術台などとセンサーのコードを固定します。

(3) 血圧計のカフの巻き方

血圧計のカフの装着では、きつ過ぎず弱過ぎずピッタリと巻くのがコツです。きついと血流が悪くなるので気をつけます。また、前腕に巻くときは足が先端にいくほど細い

ので，それに合わせるようにします。平行に巻くと密着しません（図5-157）。

(4) 体温計プローブに目盛を

食道内で体温を計ります。胸腔入口でひっかかる時は頸部を少し上げて食道をまっすぐにします。プローブの先端が胸骨のまん中になるようにしますが，深さが分かりやすいように10cmごとに目盛をつけます（図5-158）。

図 5-155　輪ゴムで，センサーの閉じる圧を弱める

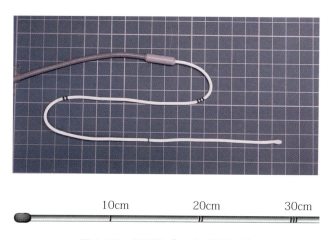

図 5-158　体温計プロブの深度目盛

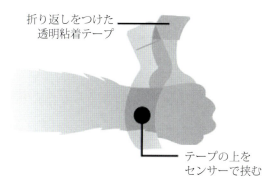

図 5-156　テープを巻いてセンサーの滑り予防

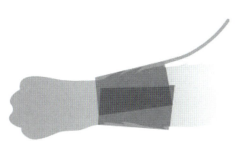

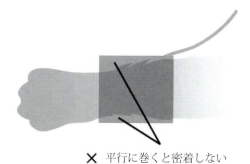

図 5-157　カフは足の形状に合わせて巻く

9. 外科の工夫

1) 外科手術をスマートに

(1) カーマルト鉗子で確実な結紮

周りに脂肪の多い卵巣動静脈，子宮頸管，精巣動静脈などの結紮のとき，外科結びの第1回目の結節を終えた後，縫合糸の上から適度な圧力で鉗圧します（図5-159）。脂肪，結合織，筋層など，もろい組織のみ潰れて血管を確実に結紮し止血することができます。カーマルト鉗子，ベイブリッジ腸鉗子，小さい組織には持針器などを使用することができます。コッヘル鉗子，ペアン鉗子，モスキート鉗子などは横溝のために，血管まで引きちぎれる可能性がありますのでこの目的には使用を避けます。

(2) アドソンピンセットを縫合糸保持用ピンセットに

助手が縫合糸を支えたときに，ピンセットの保持部が平行になるように調整します（図5-160）。

(3) 持針器の辺縁を滑らかに調整

持針器を使用して結紮するときに辺縁で縫合糸が傷つきにくいようにします。目の細かいダイヤモンドヤスリで辺縁を滑らかにします（図5-161）。糸を強く引っぱったときに切れてしまうことが減ります。

(4) 結紮後のゆるみ止め

前十字靱帯断裂時の囊外法（外側縫合法）で合成縫合糸（ポリエステルなど）を結紮した後，ゆるみ止めでシアノアクリレート系外科用接着剤（アロンアルファA，第一三共株式会社）を結節に少し浸透させます（図5-162）。

(5) 皮下織の縫合

皮膚が伸びているので，皮下織をかけすぎないようにします（図5-163）。切開部位には抗菌剤を少量加えた塩酸ブピバカイン（マーカイン）を散布して鎮痛を助けます。

(6) ペンローズドレインを隠す

ドレインチューブ（ペンローズドレイン外径4mm，富士システムズ）を使うことで乳腺腫瘍切除などの大きな皮下切開でも排液を適切に行えば，皮下織の縫合は最低限で済みます。皮膚に出ている断端は，皮膚に皺ができるように糸をかけて，ドレインを隠します（図5-164）。せっか

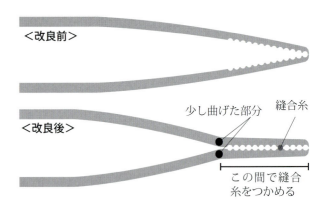

図5-160 縫合糸保持用ピンセット

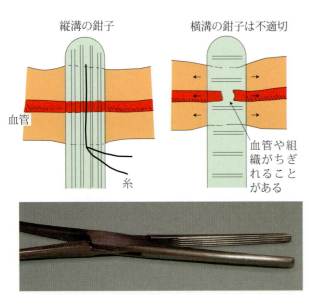

図5-159 カーマルト鉗子で結紮上手

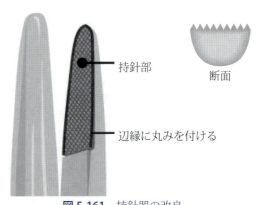

図5-161 持針器の改良

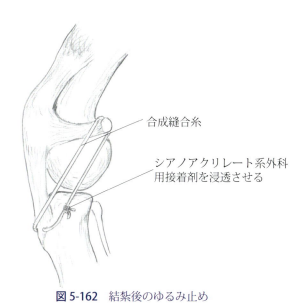

図 5-162　結紮後のゆるみ止め

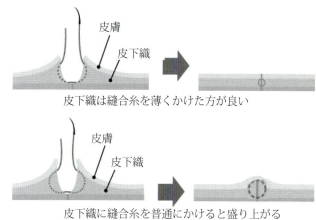

図 5-163　皮下織の縫合

図 5-164　ドレインの隠し方

く設置したドレインを動物がはずすことを防ぎます。排液が少なくなればすぐ除去します（1〜2日後）。

（7）皮膚縫合の表面に外科用接着剤

　皮膚の縫合糸の刺入は，皮膚の内面より表面のほうを同じかやや長くとり，皮膚の切開面が露出しないようにします。露出すると二次治癒になり，治癒が遅れ，傷が外気に触れて不快感も高まります。皮膚を同時につかむ方法もあります。腫瘍などで皮膚を切除する時は，向きを垂直より少し深めの向きに入れます（図 5-165）。

　縫合後，皮膚の**表面にのみ**外科用接着剤を膜状に塗ります（図 5-166）。塗った後にガーゼ等でサッと余分な液を吸いとるとすぐ乾き，丈夫で薄い被膜が残ります。動物が舐めたり動いたりすることにより，接合した皮膚がずれることを防ぎます。傷の痛みも減少し，傷口の乾燥を防ぎ治癒を速めます。

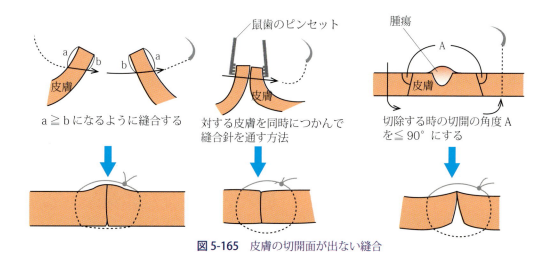

図 5-165　皮膚の切開面が出ない縫合

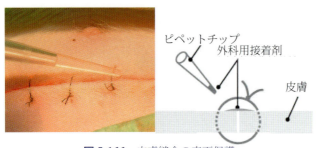

図 5-166　皮膚縫合の表面保護
皮膚の表面のみに外科用接着剤を塗って被膜を作る。

－外科用接着剤を使いやすくする工夫－
- ラベルをはがして中身が見えるようにします。
- ロードーズ・インスリン用シリンジキャップを切って台座を作り，立てやすくします（図 5-167）。
- 25G 注射針をドリルのようにして，ノズルに穴を開けます。
- ピペットチップに少量の接着剤を入れると，毛細血管現象で先端に液が移動しますので（図 5-168），先端を皮膚に接触させてできるだけ薄く塗ります。
- 接着剤の容器の先端を拭き取ったら，キャップをはめてすぐ冷蔵庫に保存します。

－外科用接着剤のさまざまな利用法－
- 舐性皮膚炎の表面の保護（図 5-169）：瘙痒が減少し，

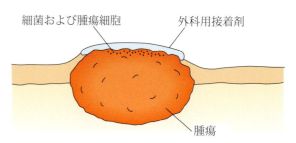

図 5-170　自潰した腫瘍からの汚染防止

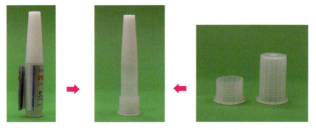

図 5-167　外科用接着剤の容器を使いやすく
（図 5-261，224 頁参照）

図 5-168　毛細管現象でピペットチップの先端に自然に移動する接着剤

毛に塗って固める

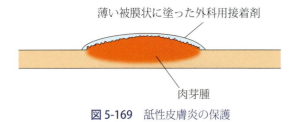

図 5-169　舐性皮膚炎の保護

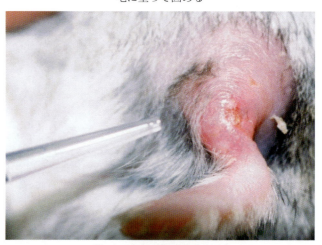

数日で毛ごと舐め取られる

図 5-171　ハムスターの骨折の頻回固定

舌による物理的刺激も防ぎます。
- 皮膚で自潰した腫瘍などで，細菌や遊離腫瘍細胞による汚染拡散防止（図5-170）
- 経鼻カテーテルの皮膚（毛）への固定
- ハムスターなどの骨折の固定（図5-171），皮膚と毛を固めてスプリントにします。数日で毛ごと舐め取られてしまいますが，疼痛の緩和や骨癒合時の偽関節などを少しでも防ぎます。鎮痛と鎮静剤としてブトルファノールのシロップを作って内服することもあります。多少向きが変わることがありますが，生活に支障をきたすことなく，毛に覆われて目立ちません。
- 日用品の修理にも利用でき，硬化促進剤（スーパー液）を併用すると早く固まり，強度も高まります。
- 私達のひび，あかぎれ，小さな傷はあっという間に痛みがなくなり早く治ります。

(8) 無麻酔下でも痛がりにくい縫合

23〜25Gの注射針を縫合したい皮膚に刺します（図5-172）。その先端よりステンレスワイヤーなどの縫合糸を入れて針基のほうより出し，その後注射針を抜きます。縫合糸だけ残るので結紮をします。多くの飼い主さんは「手品みたい」と感心してくれます。

2）縫合材料のアイデア

(1) 皮膚縫合で優れたテーパー針（丸針）の大発見
－丸針の常識を変えよう－

理想の縫合針は，組織の損傷が最小であること，組織を通過する抵抗が少ないこと，持針器で保持しやすいこと，強度があり曲がりにくいこと，などです。以上の点でたいへん気に入っているのが，日本のマニー株式会社のテーパー針です。アルフレッサファーマ株式会社の，ポリジオキサノン糸（モノディオックス®）に使われているのがこの縫合針で，皮膚の縫合に使用したところ，たいへん優れていることが分かりました（刺通性能はポリプロピレンシリンジに刺してみると驚きです）。

細い針ですが，強度は十分あり，持針器の保持部は断面が四角いため針が回転しにくく，ゆるやかなテーパーによ

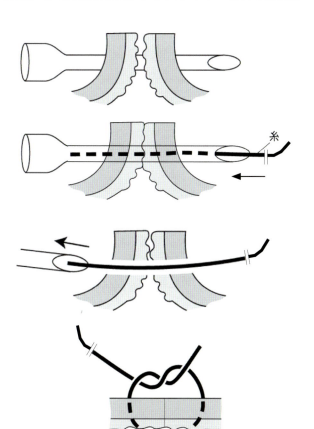

図5-172 注射針による皮膚縫合法

図5-173 マニー株式会社のテーパー針の先端

図5-174 丸針と角針による組織損傷

り，刺入する時の抵抗は逆三角針より小さく滑らかです（図5-173）。逆三角針では皮膚を切りながら通るのに対し，テーパー針は組織を広げて通過するので組織の損傷は最少です（図5-174）。血管が切れることによる出血がほとんどなくなります。血管に当たっても血管に小さな穴があくだけと思われます。

逆三角針では，皮膚の通過を重ねるにしたがって刃がなまったり，刃に持針器などが触れて切れが落ちたりします。それに対して断面が丸いテーパー針ではそのような心配はありませんので，刺通性が持続します。

(2) テーパー針付きのステンレススチール縫合糸の作成

ステンレススチールは，皮膚縫合において組織反応が最も少なく強度があり，結節も緩まないので2回の結節で十分，感染も起きにくいと，使い慣れれば理想に近い縫合糸です。金属のためクセが付きやすいことを逆に利用することで，使いやすい糸となります。皮膚を通過した後や1つ目の結節を作った時，糸を少し持ち上げれば糸はずれません。結節を作った後，1人で切ることも簡単です（図5-175）。この材質でテーパー針付きは，残念なことに，

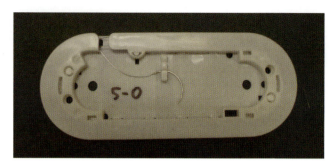

図5-176 モノディオックス縫合糸のホルダーにセット

現在市販されていませんが，簡単に作成可能です。縫合材料の部品としてのテーパー針（入手希望の方はマニー株式会社アイレス部EL営業2課 Tel 028-667-1117 Fax 028-667-4964）の縫合糸取り付け部に，縫合糸を差しこんで，先端の断面が円形のペンチで締めつけることにより作成することができます。モノディオックスの糸ホルダーは捨てずに保管して利用します（図5-176）。EOG（エチレンオキサイドガス）滅菌して完成です。

(3) 当院で使用している針付き縫合糸

表5-6に当院で愛用している針付き縫合糸を示します。

(4) 消耗品に対するコストについて

針付きの縫合糸，使い捨てのドレープ，使い捨てのガーゼなどコストがかかる物に対しては，手術料とは別の消耗品費として飼い主さんに負担していただきます。安全性，使用しやすさ，動物にとっての快適さなどを最優先にすることで，コストは多少かかっても自ずと使う物は限られます。飼い主さんには，その材料を使う理由をご説明することで，費用面の他，ポリシーも理解してもらえるので，信頼も生まれます。

(5) 無水エタノールによる組織凝固

エタノールの蛋白凝固作用を利用します。消毒用エタノールのように染みることなく，逆に表面が麻痺します。

① 悪性腫瘍の切除手術において，腫瘍が傷ついたり，マージンを十分にとることが不可能で，細胞が拡散している可能性があるときに，その細胞を死滅させる目的で無水エタノールを散布します。切開面に作用させた後，ガーゼでエタノールを吸い取り回収します。

② エタノールや酢酸を注入して肝臓癌などを壊死させる方法は，人の医学でも行われています。

③ 腫瘍の自潰による表面の出血などに対して，止血剤と

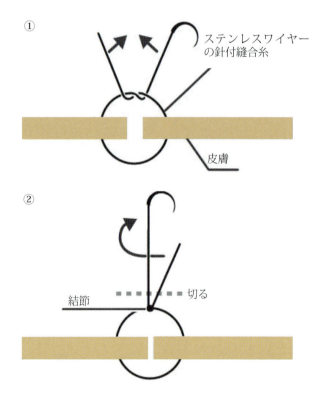

図5-175 ①ステンレススチールワイヤーを持ち上げる。②糸をそろえて切る。

表 5-6　当院で使用している針付き縫合糸

材質	商品名	メーカー	縫合針	縫合糸		吸収性	適応部位
ポリジオキサノン	モノディオックス®	アルフレッサファーマ株式会社	テーパー針（マニー株式会社）	5-0（小型犬・猫），4-0（中型犬～）	モノフィラメント	長い吸収期間	腹壁，血管結紮，消化管，膀胱，口腔内，皮下
ステンレススチール	自家製		テーパー針（マニー株式会社）	5-0（小型犬・猫），4-0（中型犬～）	モノフィラメント	非吸収性	皮膚
ポリグリカプロン	モノクリル®	ジョンソン・エンド・ジョンソン株式会社	テーパー針	6-0，5-0	モノフィラメント	短い吸収期間	口腔内の歯肉
ポリプロピレン	ネスピレン®	アルフレッサファーマ株式会社	テーパー針（マニー株式会社）	5-0	モノフィラメント	非吸収性	気管，血管，皮膚（眼瞼，帝王切開）
ポリエステル	エチボンド®	ジョンソン・エンド・ジョンソン株式会社	テーパー針	5-0～2	マルチフィラメント	非吸収性	人工靱帯として

して有効なこともあります。綿棒に含ませて圧迫します。
④ ウサギの膿瘍は，十字切開し，傷に塗布すると，排膿口の治癒を遅らせて，穴が塞がるのを防ぎます。

3）凍結外科の工夫

凍結外科療法は，安全性が高く簡便です。その特徴は，①多くは全身麻酔をかけないで行えます。必要に応じて局所麻酔をすれば，多くの動物は無関心です。高齢動物に，お勧めです。②神経も麻痺し，処置後に痛がることはほとんどありません。③感染を起こすことも普通はありません。④手術で切除しにくい部位（指，肛門周囲，耳介，口腔など）に最適です。

注意することは，①壊死させた組織は－20℃くらいまで冷やす必要があるので，白く氷結する範囲を目的物より大きくします。5mm くらいが目安（図 5-177）。②皮膚では治癒した部位は無毛になります。③病理組織学的検査をしたいときは部分切除して組織を取り，そこに凍結処置

を行います。かさを減らして処置しやすくすることもあります。④大きめの肥満細胞腫では，脱顆粒によるショックを防ぐ薬を前投与します。FNB を事前に行うと安心です。

（1）液体チッ素綿棒

亜酸化窒素によるクリヨペン（セティ株式会社）は，小

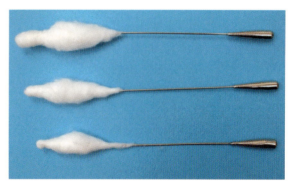

図 5-178　特製液体チッ素用綿棒

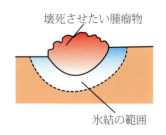

図 5-177　氷結の範囲

図 5-179　液体チッ素を入れるボウル

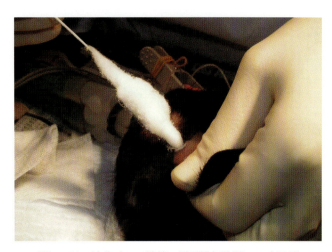

図 5-180 液体チッソ綿棒の猫肥満細胞腫への応用例

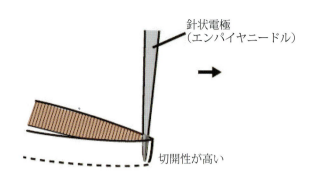

図 5-181 針状電極の使い方

さい腫瘍にいつでも利用できて便利です。液体チッ素による方法では，温度が－196℃と最も低く，凍結範囲も調節しやすい方法です。図のような液体チッ素を多く吸収できる形態の綿棒を作ります（図 5-178）。腫瘍の大きさに合わせて，先端部の大きさを調節して作ります。

3）高周波メス利用の工夫

（1）高周波ラジオ波メス

多くのメーカーで高周波メス（電気メス）が販売され，それぞれの機種によって特徴が異なります。高出力であったり，自動的に出力を制御するなど，魅力的な機能をもった物もあります。その中で，当院では対極板を皮膚に密着する必要がなく，切開時に熱損傷が少なく，バイポーラ切開ができ，モードの選択をハンドスイッチまたはフットスイッチで使い分け可能な機種サージマックス（現在：サージトロン S5 およびサージトロンディアル，株式会社エルマン - ジャパン）を選択しました。高機能の機器を便利に使う工夫をご紹介します。他社の高周波メスにも応用できると思いますので，参考にしてください。

（2）エンパイヤニードル電極の使用のポイント

- <u>電極の傾き</u>　先がテーパー状に細くとがっているので，電極を立てて軽く触れた場合は先端にエネルギーが集中するので切開性が高まります。寝かせて使う場合は，接触面が増えて凝固性が高まります（図 5-181）。
- <u>切開の深さの調節</u>　一般のメスで切開する場合は，力のかけ方で変化しますが，高周波メスでは，出力を変えることで調節が可能になります。去勢時の総鞘膜など薄い膜だけ切開したい時などは，出力をかなり下げます。エンパイヤニードルを傾けぎみにして，凝固しながら左右に組織を拡げると深くなり過ぎを防ぎます。
- <u>持ち上げるテクニック</u>　腹壁などは，下から持ち上げて，血管に少し圧をかけながら切開すると，止血しやすくなります（図 5-182）。

（3）バイポーラ電極の使用のポイント

血管の止血では細い電極間のみでエネルギーが生じるので，組織の障害も少なくワンタッチで止血できます。少しでも能率良く有効に使う，コツと工夫をお伝えします。

- <u>ゆるい把持</u>　止血のために組織をつかむ時，強く圧迫すると電極が近くなり過ぎて高周波が組織を通過しにくかったり，凝固のエネルギーが広がりにくくなったりしま

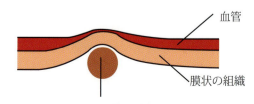

図 5-182 持ち上げながら凝固・切開

第5章 診断・治療・手技のアイデア

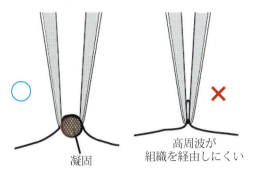

図 5-183 バイポーラ電極の使い方

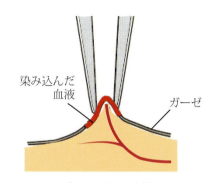

図 5-184 出血の多い部分ではガーゼの上から止血

す。出血しない程度にゆるくつかむことで凝固される範囲が大きくなり，止血したい血管が多少ずれていても止血される可能性が高くなります（図 5-183）。

・ガーゼの上から　出血により，電極の先が血液の中にあると，エネルギーが血液中に拡散し，止血が難しくなります。血液を吸引しながら止血する方法がありますが，簡単な方法は，ガーゼを当ててその上からバイポーラ電極で挟み，スイッチをオンします（図 5-184）。

・動脈の止血　太めの静脈や動脈では，切開する部位の両側をバイポーラ電極で凝固し，シールしてから切開します。両側のシール部位のそれぞれを 2 重に凝固しておくと安心です（図 5-185）。

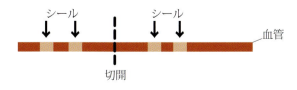

図 5-185 動脈のシール

・バイポーラ切開　機器によっては，出力の設定でバイポーラ電極で挟みながら，凝固と切開を行えるものもあります（エンマン製サージマックス，サージトロンデュアル，サージトロン S5）。

（4）出血させない手術

出血する前に血管をシールしたり，小さな出血もすぐ止めるなど，少しでも出血しないように手術を進めることは，きれいな術野が確保され手術時間を短縮でき，良好な結果を得ることにつながります。麻酔薬や麻酔の技術が良くなっているので，ゆっくり早く（Festina lente ラテン語）［急げ］の精神で，落ちついて丁寧な手術を行います。

（5）特製汚れ防止電極（図 5-186）

電極は使用している間に蛋白の凝固物が固着し，高周波が流れる効率が悪くなってしまいます。料理のおこげと同じで，除去しにくい付着物です。

その対策として，電極部分に撥水剤を塗っておくと，ガーゼなどでこするだけで，容易に除去できます。自動車のフロントガラス用撥水剤をコーティングしておきます。薄く塗れば十分なので，無水エタノールで希釈したものをガーゼに含ませて拭いています。ディスポーザブル注射筒のゴム部分（ガスケット）の潤滑剤（シリコーン油）をこすって付着させることも 1 つの方法です。

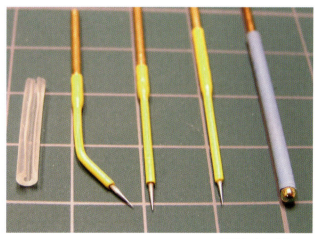

図 5-186 電極表面の固着防止

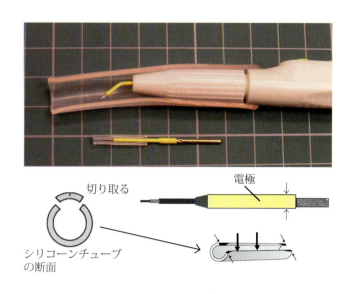

図5-187　シリコンチューブでワンタッチ電極カバー

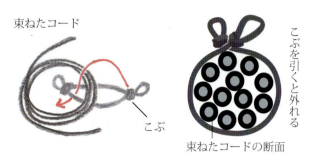

図5-188　大きい輪を引くとすぐほどける輪ゴム

(6) 電極を平滑に保つ

電極の金属表面に細かい傷があると，その傷に汚れが入り込み有機物の凝固物が付着しやすくなります。鏡面仕上げのような研磨剤でツルツルに仕上げます（図5-186）。

(7) 電極の保護カバー

電極の先端が鋭利またはデリケートな物には，保護カバーを常につけるようにします。適度に弾力性のあるシリコーン・チューブが利用しやすいです。バイポーラピンセットの先端は閉じて，短いチューブに挿入します。モノポーラの電極およびハンドピース用には，チューブをストリップ状に切り取った後カバーにすると，平行にセットできます（図5-187）。

(8) 電極のコードのまとめ方

電極のコードを滅菌する時は，コードにくせがつかないように4本指にグルグル巻き付け，最後にこぶ付き輪ゴムでまとめます（図5-188）。ワンタッチで固定している輪ゴムをはずすことができます。

(9) 電極コードの術中の固定

術中には，電極コードがドレープよりずり落ちたり，邪魔になったりします。コードと一緒に滅菌しておいた洗濯バサミでドレープにコードを固定します（図5-189）。天井から吊るした，ラセン状のビニールなどに掛ける方法もあります。

(10) コントロールパネルを無菌に

フラットなパネルであれば，歯科用の粘着性の透明保護フィルムを滅菌して貼ります。殺菌になりますが，消毒したい部分に透明のプラスチックテープを貼って本体のパネルを保護し，術野消毒用の0.5％グルコン酸クロルヘキシジンのエタノール溶液で，清掃する方法もあります。液体が本体に流れない工夫をしておくと安心です（図5-190）。
コントロールパネルがダイヤル式では，専用のキャップ

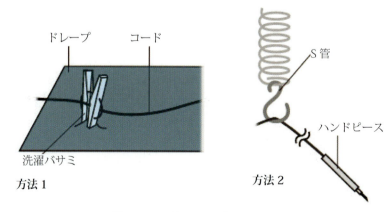

図5-189　電極コード落下防止法

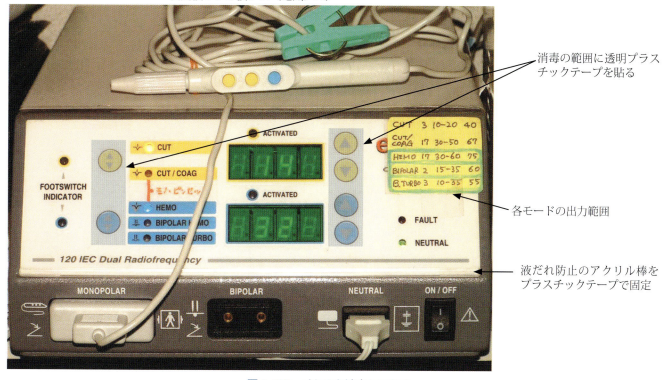

図 5-190　パネルを消毒しておく

を滅菌してはめ込みます。口径に合うプラスチック製の容器やキャップを探してキャップを自作するのも 1 つの方法です（図 5-148 参照，178 頁）。

10. 薬投与の工夫

どんなに優れた薬でも，うまく投与できなかったり，合理性に欠けないよう，スムーズな投与法を考えます。

1）使いやすい粉薬

（1）粉薬にする利点
① 体重に合わせて理想と思われる量を投与できます。
② カプセルや錠剤から粉薬を作ると，散剤，ドライシロップ剤，シロップ剤より，少ないかさに調剤でき，飲ませやすくなります。賦形剤として，ほのかに甘いビオフェルミン配合剤（武田薬品工業株式会社）などを利用できます。
③ 数種類の薬を混ぜることができます。
④ マヨネーズなどのペースト状食品の指頭大の量に混ぜ，歯ぐきなどに塗ります。足につけると舐めとって飲む動物もいます。
⑤ 少量の水で懸濁液にして，飲ませることもできます。
⑥ カプセル剤や錠剤から作ることが多く，薬剤のコストも少なめです。

（2）粉末に分包するコツ
① 乳鉢を使用し，錠剤を崩したり，内容物を均一にします。ガラス製の乳鉢は，表面にゆがみがなく混和が滑らかです。白い粉末でも見やすく，均一性の確認をしやすいので，ガラス製がお勧めです。
② 1 包 1 日分の量で分包し，必要に応じて 2 〜 3 回に分服してもらいます。1 日分ずつに分包すると能率が高まります。小型犬，猫のサイズでは賦形剤を 1 包につき 0.1g 入れると，調剤や分服時の扱いが楽です。
③ 乳棒をらせん状に，徐々に大きくしたり小さくしたりすると，能率良く均一に混ぜることができます（図 5-191）。
④ フィルムコーティングされた錠剤を崩した時は，フィルムのかけらが残ることがあります。ピンセットで取

図 5-191　ガラス乳鉢で均一に

図 5-192　1/2, 1/4, 1/8…と目安を感じとる

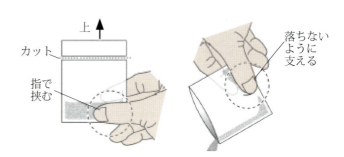

図 5-193　縦にして均一にして押さえる方法

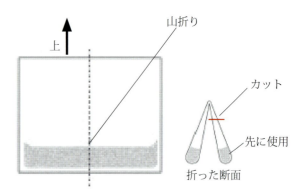

図 5-194　横にして均一にして折り分ける方法

り除き，異物ではないことを飼い主さんに説明します。
⑤ 薬さじで 1/2, 1/4, 1/8…と筋をつけて，1 包分の量の目安を感じとります（図 5-192）。
⑥ カプセル剤は，カプセルをはずし，中味を直接分包紙の上に均一に分けていくこともできます。さらに賦形剤を加えシールした後，上下左右に振って均一にします。

（3）分包 1 パックを半分に分ける工夫

1 日分を入れた分包パックを 2 回に分けて投与する場合に，簡単に均一に分ける方法が 2 通りあります。

方法 1：袋を縦にしてゆすりながら水平に粉を寄せます。袋の上の辺の近くをカットした後，粉の半分を指で挟んで支え，他の半分を袋から落とし出します（図 5-193）。

方法 2（図 5-194）：袋の長軸方向で均一にし，粉が半分に分かれるよう折ります。両端に粉を寄せた後，袋のまん中近くをハサミで切ります。折り目の付いた残り半分はクリップで止めて次回用に保管します。

（4）粉薬の飲ませ方

マヨネーズ法：指頭大のマヨネーズに粉薬を混ぜ込み，歯茎に塗ります。薬の味が隠れやすく，最適な粘稠度です。いやがる動物は，前足に塗ります。コーヒー用クリーム，バター，マーガリンなども利用できます。ウサギでは少量のバナナ，ジャムに混ぜる方法があります。

先丸スポイト法：ウサギでは，1 mL 弱の水で懸濁し，先の丸いジャバラスポイト（株式会社シントー化学，No. I -137）で飲ませます（図 5-238，216 参照）。後述の「12．エキゾチックペットの診療　2）内服のポイント」（216-218 頁）を参照下さい。

＊投薬後は水を飲ませるか，すぐ食餌を摂ることで，食道内に薬剤が留まるのを防ぎます。テトラサイクリン系のドキシサイクリンやミノサイクリンなどの薬剤は粘膜に刺激がありますので，特に必要と思われます。

（5）錠剤の飲ませ方

錠剤を喉の奥に入れた後，口を閉じ上顎と下顎を一緒に

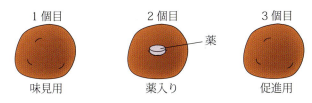

図 5-195　薬を丸呑みさせる方法

手で包み込んで口を開けないようにするとき，わずかに下顎が開けるくらいに手を固定すると，薬を出してしまうことなく飲み込みやすくなります。

（6）団子 3 つ法

好物の食物の団子を 3 個作ります（図 15-195）。1 個だけ薬を隠れるように入れておきます。1 つ目は味見用です。喜んで食べたら薬の入っている団子を与え，3 つ目をすぐ見せますと 2 つ目の薬入りを慌てて食べるので薬に気がつきません。

2）用量計算に便利な電卓の繰り返し機能

カプセルまたは錠剤を利用して粉末にし，分包する時に，「何個を使うと能率良く処方できるか」の計算に，電卓の「掛け算の繰り返し計算機能」を使います。

---繰り返し計算---
$a \times x_1 = y_1$ の計算の次に，"x_2" と入力し "y_2" を求める時，多くのメーカーは [a] [×] の入力を省略し [x2] [=] で，"y_2" が表示されます。カシオ計算機は 1 回目の計算で [×] を 2 回押すことで "K" が表示されて同様に [x2] [=] の入力のみで済みます。

（例）1 包に 0.6 錠分を入れたい時：
・3 包分に必要な錠数を求める入力は
　　[0].[6][×][3][=]　　1.8（錠）　　（[0] を省略可）
・次に 4 包分を求める
　　[4][=]　　2.4（錠）　　　　　　　　　[0].[6][×]
・さらに 5 包分を求める　　　　　　　　　を省略できる
　　[5][=]　　3（錠）
・結論
　　3 錠を使う 5 包分が調剤しやすい

3）大型犬は体表面積に比例した薬用量

大型犬は，体重当りの用量で計算すると，用量が多すぎて，過剰投与の傾向になり，費用もかさむことになります。抗癌剤と同様に，体表面積に応じて投与すると安心です。しかし，その計算は煩雑です。体表面積当りの用量を算出した後，各体重からの体表面積を求めて，さらに計算することになります。

体重 10kg の犬を基準に 10kg 以上の犬を対象として清水オリジナルの換算グラフ，および換算表を創っていますので，ご紹介します（表 5-7，図 5-196，図 5-197）。

手順は極めて簡単です。その動物の体重から，何 kg 分の体重で計算すれば良いかを出して，kg 当りの用量を掛けるだけです。

安全域の小さい薬剤，麻酔関連など精度高く量を調整したい薬剤，抗生剤，プレドニゾロン製剤，原価の高い薬剤…応用価値は高いです。ただし例外はあると思いますので，製薬メーカーの推奨量は十分に考慮し，判断して下さい。

[例] **24kg の犬に 0.1mL/kg の薬剤を投与する場合**
表またはグラフより計算上の体重を求めると 18kg となります。
0.1mL/kg × 18kg（24kg から変換）＝ 1.8mL

応用〈抗癌剤の投与量を体重計算で求める 1 例〉
体表面積による用量から，10kg の犬の用量を求め，1kg 当りの量を決めておくことで，体表面積を求めなくても，この換算モノグラムを使用し単純に体重から計算できます。

4）ジアゼパム注射液と他剤混合による白濁

（1）ジアゼパム成分の析出

ジアゼパムの水に対する溶解度は極めて低く 21℃において 0.0045% です。注射剤に他の水溶液が混ざることにより，溶解補助剤としてのプロピレングリコールが希釈されて，ジアゼパムが析出します。

（2）ジアゼパムに対して多量の水や血漿では再溶解

一度混濁したジアゼパム液は，化学的変化によるもので

表 5-7　計算上の体重への換算表

実際の体重（kg）	10	11.5	13	15	16.5	18	20	24	28	32	37	42	47	52
計算上の体重（kg）	10	11	12	13	14	15	16	18	20	22	24	26	28	30
0.1mL/kg の薬剤（mL）	1.0	1.1	1.2	1.3	1.4	1.5	1.6	1.8	2.0	2.2	2.4	2.6	2.8	3.0

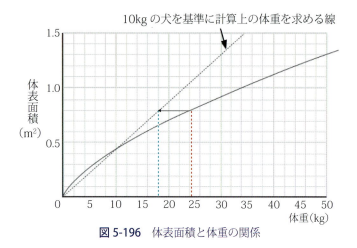

図 5-196　体表面積と体重の関係

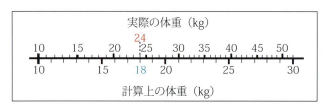

図 5-197　換算モノグラム
（24kgの犬は18kgとして用量を計算）

（3）投与例

ジアゼパム注射液を0.05%硫酸アトロピン注射液，0.25%ドロペリドール注射液，5%ケタミン注射液と混合し，静脈内投与および皮下投与を，年間約100例30年間使用し，異常は認められていませんでした。

（4）混合後は速やかに使用

白濁した後，長い時間放置しますと，結晶化した成分がシリンジ表面などに固着しますので，混合後はすみやかに使用します。

5）人での薬の服用アイデア

（1）幼児に楽しく飲ませるテクニック：シロップ剤より粉薬

私達の子供が病気の時に，よく処方されたのはシロップ剤でした。甘くて香りも付いて工夫されていましたが，今ひとつの味で量も多く，喜んで飲んだことは1回もありませんでした。

ところが，粉薬の時，マヨネーズに混ぜると自然になめてくれたのです。3人年子の我家は元気な子もマヨネーズが欲しくて，雛のように皆が口を開けて，薬なしのマヨネーズを舐めたがりました。健常時にマヨネーズのトレーニングをしておくと親の苦労や心配が半減します。

（2）水を使ってカプセル剤を快適に飲むアイデア

カプセル剤を錠剤と同じように水を使って上を向いて飲み込もうとすると，水に浮きやすいため最後に喉に入ることになり，失敗したり咽頭にくっついたりして不快感を生じることがあります。水を口に含み下を向いてから飲み込みます。カプセル剤が先に食道へ入っていき自然です（図5-199）。カプセルが苦手という方は，この方法で試みて下さい。雑談の中でこんな話をして，飼い主さんとの距離が近づくこともあります。

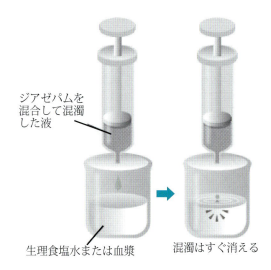

図 5-198　白濁したジアゼパム注の再溶解

*注射嫌いの子供へのお役立ち：少なからず痛い注射，その疼痛半減法は，子供自身が注射の瞬間に自分でももをつねることです。牛の鼻捻子と同じですね。

6）薬価の決め方

動物病院における診療は，愛情と技術と知識を提供して報酬をいただく職業です。1回，または1日当たりの処方料を基本料金として，薬の仕入価に対して少なめの率を掛

はないため，液体の量が多ければ再溶解します。混濁した液を1滴，血漿や生理食塩水にたらすとパッと透明になります。静脈内注射しても，すぐ血液中で溶解し，安全と思われます。

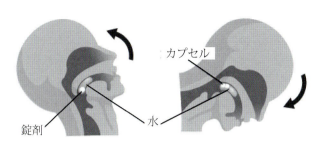

図 5-199　カプセルを飲むコツ

けてプラスし，薬の費用や注射料を決めるようにしますと，小さい動物から大型の動物まで，同等の技術料を主体とした費用を算出することが可能です。

「健全な経営には仕入価の3倍」という目安がありますが，単純に係数を掛けてしまうと小型犬では安すぎるし，大型犬では飼い主さんの負担が非常に大きくなってしまいます。

例えば，プレドニゾロン錠などでは仕入価はたいへん小さいですが，使用法やさじ加減はとても大切ですので，「1日当たり350円プラス1錠につき20円を加える」というような決め方です。

糖尿病の長期管理では，注入器専用の注射針またはインスリン用シリンジ料金は高くならないようにし，1日当たりの指導管理料をプラスした計算にしていることをお話しして，費用を決めています。

11．治療の工夫

1）糖尿病管理の工夫

(1) 水溶性タイプの持続型インスリン
（持続型溶解インスリンアナログ）

従来の長時間作用型のインスリンは，懸濁液であったために十分に混和して均一にする必要があり，正しく使用されない可能性がありました。2003年に発売されたランタス注（サノフィ・アベンティス株式会社）は，インスリングラルギンを成分とした酸性の水溶液です。皮下に投与されると体内のpH7.4で結晶化し，その後ゆっくり吸収されます。2007年発売のレベミル注（ノボ ノルディクスファーマ株式会社）は中性の水溶液で，痛みが少なくインスリンデテミルを成分としています。皮下注射後，吸収され

にくいダイヘキサマー（6量体が2つ結合したもの）とアルブミンとの結合体になり，ゆっくりと解離し血管内に吸収されます（2014年5月，持続型のトレシーバー発売）。

両薬剤とも使いやすい薬剤ですが，ランタス注の注入器は1単位ずつの目盛に対し，レベミル注用の注入器ノボペン300デミは0.5単位ずつのため，当院ではレベミル注を使用しています。

(2) インスリン注入器（図5-200）
① 利　点
- バイアル瓶からインスリンを吸引する方法では，ゴム栓を針先が通過することで切れ味が悪くなります。インスリン注入器ではその作業がなく，初めて皮膚に刺さるので痛みは最小となります。皮膚に刺入する抵抗もほとんど感じません。
- メーカー推奨で極細の針（ペンニードル32Gテーパー，ニプロ株式会社）〔外径0.23mm，長さ6mm〕が用意されています。グッドデザイン大賞に選ばれたテルモ株式会社の33G（外径0.2mm）のナノパスも使用可能ですが，細すぎる分，注入抵抗がやや増加します。
- 注入量設定ダイヤルの精度は高い（メーカーのデータによる）。

② 欠　点
- 使用法を理解する必要があります。☞対策：メーカーより，大きく分かりやすくイラストで描かれた使用法の説明書を送ってもらうことができます。相談室も常時受け付けていて親切です（ノボノルディスク ファーマ株式会社ノボケア相談室 平日9:00～18:00 Tel. 0120-180-363 休日・早朝・夜間 Tel. 0120-359-516）。
- ノボペン300デミは0.5単位ずつ設定できますが，体重の小さい動物ではさらに微妙な設定が必要になります。

③ 注入量の微量調節の裏ワザ

目的とする投与量より多い目盛まで設定した後，ゆっくり設定用のダイヤルをもどすことにより，余分な液が針先より出ます。目盛の間の中間値にも設定できます。例

図 5-200　インスリン注入器（ノボペンエコー）

えば，1.25単位にしたい時は1.5単位まで合わせてから0.25単位分もどす（捨てる）と1.25単位を投与できます（図5-201）。新しいノボペンエコーは中間で止めにくいのですが，何回戻してもOKです。

④ 転がり防止の工夫
・注入器の断面が円形に近く転がりやすいので，テープにヒダができるように巻き付けて，回転を防止します（図5-202）。

⑤ 注射時の注意（メーカーで推奨）
・投与量に比べてもったいなく感じますが，針先を上に向けて2単位分のカラ打ちをし空気抜きをします。
・注入ボタンを押して6秒間待ってから針を抜きます。カートリッジ内のガスケットはゴムで弾力性があるので，注入が完全に終了するまでに少し時間がかかります。

（3）糖尿病が診断された時の初期対処法

糖尿病と診断した時，早期に適切で，きめ細かい治療が必要となります。1つの方法として，私達の病院での考え方をご紹介します。

糖尿病と診断した時，速効型のインスリンで早く効果を期待したいところですが，急速にグルコース濃度が下がることによる低血糖や，脳内の糖がすぐ下がらないことにより，浸透圧の作用で，脳浮腫が起きる危険性があります。早く血糖を下げたい気持ちになりますが，ゆっくりインスリンが作用する持続型を使用したほうが安心です。控えめの作用でも，動物にとっては大きな効果が期待できます。ケトアシドーシスでも同様にし，輸液など対症療法を併用します。

デテミル注の初期投与量の目安は，1日2回投与で毎回，猫は0.25単位/kg，犬は0.125単位/kgにしています。効果をみながら少しずつ量を調整します。最大投与量はその4倍程度とし，それでも血糖が高い時は，投与過剰によるソモギー効果ではないかを検討します。

（4）血中ケトン体の検出

ケトアシドーシスに陥っていないかの1つの指標として，血中のケトン体をチェックします。血漿を，ケトン体がチェックできる尿試験紙につけることで，簡単に参考値として調べることができます。予後を飼い主さんにお話しする時の資料になります。

（5）輸液剤の選択

脱水を改善したり，カロリーを補いたい時の輸液剤は，フルクトース入りの維持液（フルクトラクト注，大塚製薬株式会社）を使用しています。浸透圧がほぼ等張なため皮下投与が可能です。直接に血糖値を上げることを避けることができます。アシドーシスの改善にも役立ちます。

（6）糖尿病のモニター法

動物の性格・状態，飼い主さんの環境・予算などにより，下記の方法を組み合わせてインスリンの効果をモニターします。

① 血糖曲線の作成：インスリン投与過剰によるソモギー効果が出ていないかということと，最大効果の時間帯を知ることができます。
② 頻繁に病院に来院できない場合は，最大効果の出ている時間帯に来院してもらって，血糖値を測定します。
③ 糖化アルブミンの測定：約2週間の血糖を反映しています。
④ 尿中グルコース濃度：（－）になる時は，低血糖症の危険性が含まれます。
⑤ 簡易グルコース測定装置：比較的低価格，少ない検体必要量，短い測定時間，自宅で測定できるなどが特徴です（表5-8）。一般の分析装置との相関性において差は生じますが，その特性を知っていれば，大きな目安となります。緊張して血糖値が上昇しやすい猫では，自宅で測定すると信頼性のある値を知ることができます。飼い

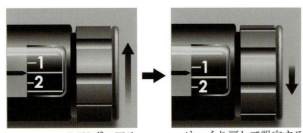

図5-201　ノボペン300デミの投与量微調整の裏ワザ

図5-202　転がり防止の工夫

第 5 章　診断・治療・手技のアイデア

表 5-8　簡易グルコース測定器				
商品名	発売元	必要血液量	測定時間	特徴
アルファトラック 2	共立製薬株式会社	0.3 μL	15 秒以下	犬・猫用に設計されている
フリースタイル フラッシュ	ニプロ株式会社	0.3 μL	7 秒	採血量が少ない。低値では低めに表示
メディセーフ ミニ	テルモ株式会社	1.2 μL	10 秒	血液に測定チップの先を当てやすい

主さんがインスリン注射に慣れてきたら，利用を検討してみます。血糖値が安定しない動物では特に役立ちます。

採取部位：耳介の静脈を狙ってランセットまたは 26G×1/2 インチの注射針で出血させます。
局所の加温：採血前に皮膚を温めて血管を拡張させます。小さい保冷剤を 40℃くらいに温めて密着させる，白熱電球の放射熱を当てる，マッサージをする，などの方法で温めます。

（7）飼い主さんのサポート

§イラスト付きプリント

注射法や管理方法を十分説明し理解していただいたようでも，早合点だったり勘違いだったりします。分かりやすくイラストを入れてプリントをお渡しすると喜ばれます（図 5-203）。不思議なことに，飼い主さんの家族に糖尿病をもっている方が多く，早く理解される方もしばしばです（図 5-204）。

§消毒用エタノールはノズル付き瓶で

点眼瓶のようなノズルの付いた容器に，消毒用エタノールを入れて皮膚につけます。被毛をたっぷり濡らすと毛を分けることができ，注射する部位が見やすくなり，針先が毛で汚染されにくくなります（図 5-205）。

§自宅での注射や血液採取は安全袋で

ウサギの項でお勧めのアニマルサポートバッグ（図 5-230 参照）に入れて処置したい場所だけ出して行うと，猫や小型犬では隠れている気分になって落ち着くことが多いです。

§動物をインスリン注射好きにしよう

① 痛みをゼロに近づける

・インスリン注入器を利用することで，バイアル瓶のゴム栓を刺していないため，針の刃は新鮮で切れが良く，痛みは最小となります。極細の針（32G テーパー，外径 0.23mm）なので痛点に当たる確率も低くなります。さらには，針が垂直に刺さると皮膚を通過する距離が短くなり，痛点への刺激も減ります（図 5-206）。

①空気抜き ➡ 上に向けて 2 単位分カラ打ち
②適正な目盛りに合わせる（＿＿＿単位）
③皮膚の消毒 ➡ 消毒用エタノールをたっぷり付けて毛を分ける
④針を刺す

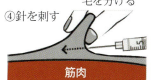

　a. 大きくつかんだ皮膚を針の方へ移動するようにして刺す
　b. 筋肉に沿う方向でくぼみに刺す

⑤注入ボタンを押して 6 秒後に抜く
⑥すぐにご褒美として，食餌を与える

図 5-203　注射法のコツ（飼い主さん向け）

糖尿病　－上手なつきあい方－

1 日 2 回 インスリンの注射 ＿＿＿単位（目盛）
　食餌　種類＿＿＿＿　量＿＿＿＿

方法　① 1 回の食餌量の 1/4 ～ 1/3 を与えます　（1 食分）
　　　②次に注射します
　　　③すぐ，ほめながら残りの食餌を与えます

注意
・食欲がない時　インスリンを 1/2 にする
・低血糖の時 ➡ ブドウ糖をなめさせる
　　フラフラする
　　横になって起きない
　　ケイレンする
・水を多く飲む時，尿が多い時はご連絡下さい
・インスリンが効き過ぎても，血糖が急に下がることにより，他のホルモンの作用で血糖が非常に高くなることがあります（ソモギー効果）

こわい 糖尿病 ➡ 上手に管理すると，健康で長生きします
・管理がうまくいかないと有害なケトン体が作られて，血液が酸性に傾き，急変することがあります
・進行すると，白内障や網膜障，神経障害，腎臓病，肝臓病，感染症などが起こります

図 5-204　糖尿病の管理手順（飼い主さん向け）

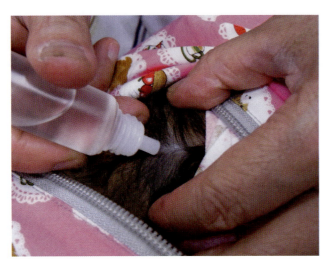

図 5-205 消毒用エタノールで手でかき分けて，注射部位を見やすく

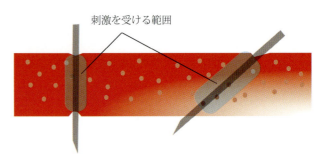

図 5-206 痛点への刺激は，垂直方向で，鋭く細い針が少ない

- 注射針の刺入時の皮膚の保持は，強めにつかむとそちらに気が集中し，痛みを感じにくくなります。その原理は鍼を打つ時，近くを圧迫すること（押手）で痛みを少なくすることに似ています。
- 注射針を先に進めるより，むしろ保持した皮膚を近づけるようにすると，筋膜，筋組織，骨などに当たりにくくなります。
- 保持する皮膚を細かく振動させることは，針の刺入を助け，さらに痛み減少につながります。この針では刺痛抵抗がほとんどないので必要性は少ないと思われますが，気をそらすことに有効です。

② 楽しいことをセット

『注射の時間＝食餌の時間＝うれしい時間』を動物に感じてもらいます。

- 注射前の食餌：1/4〜1/3の少量を与えます。うれしい時間帯のスタートです。アペタイザー（前菜）となり，注射後の食餌がさらに楽しみになります。食欲と健康状態をチェックすることにもなります。食欲がなければインスリンを減量します（例1/2量）。思い切って減らしたほうが低血糖症のリスクを減らします。可能な限り主治医に連絡してもらいます。
- インスリンの注射：「マテ」「ステイ」など，合図を決めて注射します。終了後にたくさん褒めます。
- 注射後の食餌：正常に食欲があれば大きなご褒美です。注射後すぐに残りの餌を与えます。

（8）糖尿病の管理記録（図 5-207）

飼い主さんに記録表をつけていただきます。インスリン量の調節に役立ちアドバイスがしやすくなります。出来事の時刻，インスリンの投与量，食欲の有無，血中グルコース値，尿糖などを項目に入れます。記録表は作って差し上げるとスムーズです。定期に報告してもらうことになりますので，飼い主さんとのコミュニケーションがより良くなります。

（9）飼い主さん指導のポイント

① 糖尿病の併発症（ケトアシドーシスによる死，腎臓病，肝障害，血栓症，膀胱炎などの感染症，筋力の低下，白内障など）の危険性を伝えます。適切に管理すれば健康状態良好に保て，長生きができる可能性をお伝えします。

②「どんな小さなことでもすぐ連絡を入れてかまいませんので一緒にがんばりましょう」と気持ちも支えて差し上げます。

③ 携帯電話番号も含めて緊急の場合の連絡先，夜間救急の病院などをお知らせします。安心して糖尿病の管理をがんばっていただけるとともに，信頼関係が太くなることは，獣医師にとって大きな『宝物』です。

④ 小さなことでも見つけて褒めて差し上げると，うれしくなって早く技術や管理を身につけてもらえます。

（10）卒業証書

飼い主さん自身で注射できるようになったら，パソコンでも手書きでもよいので『インスリン注射法 卒業証書』をお渡ししますと，たいへん喜ばれて励みになります（図5-208）。インターネットで用紙のデザインを検索・ダウンロードして文章を入れることも可能です。

（11）管理の費用

飼い主さんにとって長期の出費になるので，初期の治療

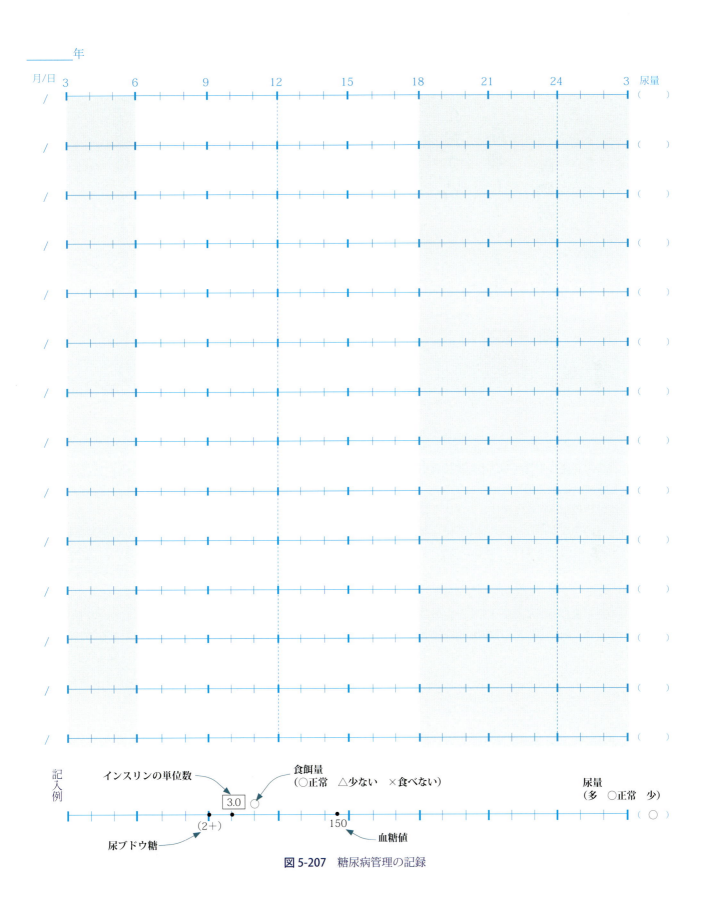

図 5-207　糖尿病管理の記録

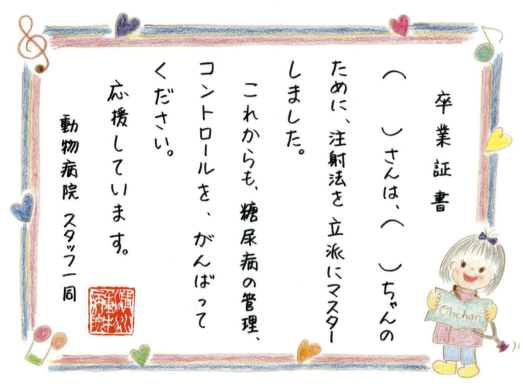

図 5-208　インスリン注射法　卒業証書

の時点で，今後の見通しや管理のための維持費用をご説明するようにします（図5-209）。

　料金の設定は管理指導料を主体にします。インスリンおよび器材は小さい掛け率にし，注入器用の針をお渡しする時に，1日当たりの管理指導料を同時にお願いする形にしています。

　この方法にすることで，動物の大きさや状態などによりインスリンの使用量が極端に異なっても一定の技術料をいただくことができ，飼い主さんの負担が増え過ぎることも防げます。

300単位入りのインスリン　1本	＿＿＿円
注射針2本分＋管理指導料　1日につき	＿＿＿円
定期的な診察　健康診断	＿＿＿円
血液検査	＿＿＿円
尿検査	＿＿＿円

図 5-209　糖尿病管理に必要な費用の見積り

2）便秘症でのお勧め

（1）経口投与

　下剤には，便を軟化させるタイプと腸の蠕動を刺激するタイプを合わせると，たくさんありますが，安全性が高く自然に便を軟らかくさせるラクツロースのシロップ製剤がお勧めです。特に巨大結腸症の傾向にあるような猫に効果的です。硬くなった便は骨盤を通過できないので，この方法で，水分の吸収を抑えて便を軟らかくすることができます。治療と予防で使用します。用量は0.5mL/kgを目安に1日1〜2回，症状により適宜増減します。脱水があれば皮下輸液などを投与します。内服とともに水分を多く摂取すると効果的です。

（2）浣　腸

　50％グリセリンが浣腸液として一般的ですが，便が固く大きいなどの排便困難の動物では，ラクツロース・シロップを2〜5倍に希釈し，1〜2mL/kgで浣腸液として使用できます（図5-210）。グリセリンよりゆっくり作用しますので，生体に優しく便もふやけやすくなります。病院で浣腸後，多くは数十分後の家に着いた頃に排便がみら

れます。

　(3) 触診で誘導

結腸内の便を触診しながら骨盤腔へ押し進め，通過したらもう一方の手で肛門側からつまむようにして，排泄させます（図5-211）。

　(4) 便を崩す工夫

便が大きくなりすぎて，内服や浣腸で効果を得られないときは，麻酔をかけて便を崩して除去します。便利な道具をご紹介します。

§先を切り落としたシリンジ

1mL～2.5mLのシリンジの先を外筒部分で切り落とします（図5-212）。その角はヤスリなどで丸めて，粘膜が傷つきにくいようにします。肛門から挿入し，便の中心に向かって押し進めて，シリンダ内に便が入り込んだ後，シリンジを引き抜くことにより，少しずつ便が崩れていきます。

§スプーン型マドラー

薬匙をスマートにした形をしていますので（図5-213），肛門より挿入して崩れかかった便をすくって除去するのに便利です。

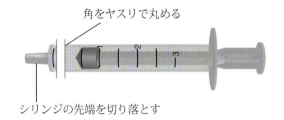

図5-212　先を切り取ったシリンジ

図5-213　スプーン型マドラー（幅14mm，長さ175mm）

図5-210　ラクツロースと浣腸セット

図5-214　逆くしゃみにはツボ（隔兪）を優しく圧迫する

図5-211　触診で排便

3) 逆くしゃみと咳を止めるツボ（人にもお役立ち）

肩甲骨のすぐ後のくぼみに隔兪（かくゆ）というツボがあり，人ではしゃっくりが止まるツボです（図5-214）。非常に効果

があります。犬の逆くしゃみ，咳が止まらない時に，優しくこのツボを圧迫します。10数秒で100％近く止まります。飼い主さんに喜ばれます。発咳により気道の炎症が進行するとき，薬剤による治療とともにこの方法も伝えます。

4）注射剤でつくる内服用シロップ

5mLの点眼瓶（5mL点眼瓶，株式会社シントー化学）では，単シロップ100滴分が入ります。1回に10滴分飲ませてもらうとすると10回分の量になります。その動物の体重当たりの用量×10回分を点眼瓶に入れます。

（1）頓服用咳止めシロップ

ブトルファノールは，鎮静・鎮痛・鎮咳に大変有効な薬で，注射薬として手に入ります。日本に内服薬はありませんが，内服しても有効なので，注射薬を利用してシロップ剤を作っています。特に気管虚脱など，空気の流れによる物理的刺激で咳が悪化していくときに，応急的に咳を止めることは大切です。飼い主さんにお渡しして，必要なときに与えていただきます。

薬剤：0.5％ブトルファノール注射液
　　　（ベトルファール，Meiji Seikaファルマ株式会社）
基本的な当院の注射薬の用量：
　鎮静 0.08mL/kg
　鎮痛 0.04mL/kg
　鎮咳 0.02mL/kg
（例）5kgの犬に5mLのシロップを咳止めとして出す場合，
　0.02mL/kg×5kg×10（回分）＝1mL
→0.5％ブトルファノール注射液1mLを単シロップで5mLにする。

（2）吐き気止めシロップ

マロビタントは，ほとんどの嘔吐を抑えてくれる薬剤で注射薬および錠剤として手に入りますが，体重計算で用量を決められるように，シロップ剤として処方することがあります。急性膵炎や慢性腎臓病における嘔吐，食欲不振のときに家庭で飲ませていただきます。1回20滴（1mL）飲ませる時の計算は次の通りです。

薬剤：1％マロビタント注射液（セレニア注，ゾエティス・ジャパン株式会社）
当院の用量：0.1mL/kg（5日間以内，急性期）
　　　　　　0.05mL/kg（5日間以後，症状に応じて）
（例）4kgの慢性腎臓病の猫，0.05mL/kgのとき，
　0.05mL/kg×4kg×5（回分）＝1mL
→1％マロビタント注射液1mLを単シロップで5mLにする。

12．ケアの工夫

1）食育へのこだわり

動物も医食同源。食餌は，生きていくうえに必要なものだけに病気を予防するためにも治療するためにも，投薬と同等に重要です。しかし，食物にあまり関心のない動物や食欲が低下している動物には，最適な食餌を食べさせるために工夫が必要になります。

（1）わかいときから

偏食の一番の予防は，人を含めて離乳後の幼年期から食べているものを生涯にわたって好む傾向がありますので，その時期からバランスのとれた理想的な食餌の味に慣らすことが大切になります。

他の躾と同じように，動物のペースではなく人が正しく管理します。理想の栄養バランスで作られた市販フードを喜んで食べてくれる動物であれば，病気をした時に食餌療法もしやすく，食欲が落ちたときでも味のレベルが上のものを与えて食欲を刺激することもできます。

（2）食餌を切り替えるときに気をつけること

①急に食餌を変えないようにします。腸内細菌叢のバランスが変わって下痢をすることがありますので，7～10日くらいかけて徐々に比率を変えます。

②動物に悪心があったり食欲が全くないときに無理して食べさせたり，嫌な味の薬と混ぜて与えたりすると「味覚嫌悪学習」が成立して，その食餌が嫌いになってしまうので注意が必要です。逆に，嫌いなものでも食べている

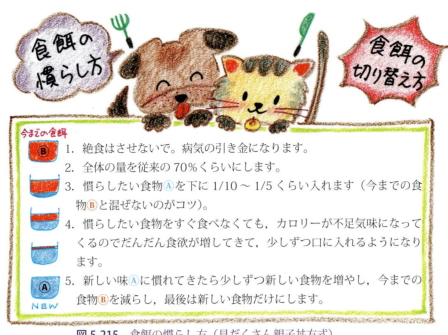

図 5-215 食餌の慣らし方（具だくさん親子丼方式）

うちにその味を受け入れるようになる「味覚嗜好（習得）学習」によって，好きになっていく可能性があります。少しずつ口に入れて味に慣らしながら，たくさん褒めるなどして良いことと結びつけます。

③病気の回復期では，食欲が増して好きになることもあります。

（3）新しい食餌を食べないとき

①絶食させないことが大切です。新しい食餌を食べない場合は，自分の食餌とは思っていないので，お腹がすいて食べる動物はまれです。猫やウサギでは肝リピドーシスになる危険性もあります。

②新しい食餌が嫌いな時は混ぜないようにします。両方の風味がミックスして，中途半端な味になったり，新しい匂いを敏感に感じて拒否したりして食べません。

（4）切り替えに成功しやすい方法（図 5-215）

新しい食餌は全体の1/10にして，底に薄く敷き詰め，その上に今までどおりの食餌を，平常量の1/2 ～ 2/3で層になるように載せます。新しい食餌は隠れていて，今までの食餌と同じ外観，風味なので，従来の食餌は食べてくれます。新しい食餌を食べなくても健康上は問題ないので，その状態を続けます。

毎回続けることで，

①お腹が空き気味になって，新しい食餌を食べる可能性が高まります。

②新しい香りに徐々に慣れます。

③好みの食餌を食べている間に，脳や消化器が食べる体勢になってくるので，新しい食餌まで食べる可能性がでてきます。

といった効果が期待できます。

今までの食餌がアペタイザーのようになります。ウサギなども大好きな少量のペレットを食べてから，牧草をモリモリ食べ始めます。

①体温と同じに温めると一番食欲が出るというデータがあります。

②かつお風味のだしパックなど，好む香りのものをフードに入れて保存して香りを移行させます。

③かつお節，粉チーズなどをトッピングします。

④食器の真ん中に盛り上げて，食べやすくします。

⑤ドライタイプでも電子レンジなどで加温してみます。

⑥ドライタイプを転がして注意を向けます。

⑦人の手から食べさせて，食べたらたくさん褒めます。

⑧小鳥の場合はフードを床にまき，手をこぶし状にして人差し指だけ伸ばして，仲間の鳥が食物をついばんでいるように床をトントンと軽くたたきます（図 5-216）。

図 5-216 仲間の小鳥がついばんでいる動作で

2）食育のアイデア

Q. 食育やフードに関する考え方やアイデアはありますか？

A. 今，人間も動物も食育が注目されてきています。毎日の食事について考える習慣や栄養学の知識を身につけ選択する判断力を養い，動物たちが健全な食生活を送れるようにするのは，獣医師と飼い主さんの努めです。

明治時代に報知新聞の人気新聞小説『食道楽』の中で，著者・村井弦斎は「小児には徳育よりも智育よりも躾育よりも食育が先。躾育，徳育の根元も食育にある」と書いています。平成17年6月10日に国会でも『食育基本法』が成立し，世の中の関心も高まりました。

そう言われてみると，動物たちも躾やコマンドや社会性を身につけることはもちろん大切ですが，毎日の食事のバランスが悪いと関節や皮膚や代謝に影響が出て，健康や寿命が違ってきます。そして，飼い主さんたちは私達の一言をとても大きく受け止めてくださるので，上手にアドバイスをする必要があります。

よくある質問を中心に，私達の病院でお話していることをお伝えします。

（1）回 数

その動物の月齢・年齢・健康状態に合わせて，基本的には生後3か月までは1日4回，6か月までは3回，以後は2回。1回にすることは，大型犬も小型犬も，胃捻転や胃鼓張症の予防と食事の楽しみを考えて，お勧めしていません。高齢になって食べ方がゆっくりだったり，食べているうちに疲れてしまうようになった時はまた3回，4回と，小さい頃のようにまめに与えることも，検討してもらっています。

（2）時 間

「きちんと決まった時間にあげないといけない」と思っている方が多くいらっしゃいます。ある程度は必要（大切）ですが，「アトランダムに飼い主さんの都合のよい時間で」とお話しています。あまりきっちりし過ぎると，その時間になると鳴いたり吠えたりして食事を催促する子になってしまいます。時間に振り回されてしまい，何か用があった時は融通がきかなくなってしまいます。そして"催促すればもらえる"と思うようになり，動物がリーダーになり飼い主さんが躾られるという，最悪のパターンに追い込まれてしまうこともあります。

話しかけながらの飼い主さんがいて「楽しい」「おいしい」時間が過ごせるようにしましょう。余談ですが，人も"何をいつ食べるか"よりも"誰と食べるか"が大切だったりしますよね！

（3）食器の種類

食べこぼしたりひっくり返したり，食べているとずれて動いたりしないように重めで，また汚れが落ちやすいステンレスや陶器をお勧めしています。

そして一気食いをする動物には，Ⓐ区分けしてある食器や一度にフードが出てこないようにフタをのせたり，Ⓑ筒

Ⓐ区分けしてある食器
Ⓑ筒状の入れ物
Ⓒプラ板などで邪魔をさせる

図 5-217 一気喰い防止の工夫

状の入れ物やペット用のおもちゃの中にフードを入れて1粒ずつ，転がさないと出てこないものにします。新聞紙を筒状にして包むのも，留守番が少し長くなる時にはお勧めです。フードと一緒に飲み込む心配のない大きめの石や⒞プラ板などで邪魔をさせて，それをよけながら食べるのも遊びながらになるので，ゆっくり食べることになります（図5-217）。

ニュージーランドで行われた世界小動物獣医師会の展示（第8章335～336頁参照）で見かけた器もよくできています（図5-218）。

（4）与え方

食器から与える方法の他に，ペット用のおもちゃ「コング」から与える方法もあります。まだなついていない時は手から与えたり，嫌いな人にも手からあげてもらうと，だんだん慣れてくれます。高齢や病気で食べ方が少ない時も，褒めながら手から少しずつ与えるとがんばって食べてくれます。

躾と食餌　何か教えたいコマンドがある時は，少しお腹をすかせておいて，上手にできたらほめ言葉をかけながら手から与えます。フードがなくても，ほめられて喜ぶようにします。遊びながらダンスなど覚えさせる時は，手でフードを持って匂いで誘導すると早く楽しく覚えます。躾でフードをいつもよりたくさん使った日や，その日の散歩や運動量によっても，食餌の量はその分加減します。猫も教えるといろいろ覚えます。楽しみが増えて飼い主さんも喜びます。

（5）素　材

フードの素材はドライ（粒），半生，缶，パウチなどいろいろありますが，同じグラム表示でも会社によって入っている物やカロリーや品質は違います。値段だけ見て決めないで内容をよく考えて買うようにお話します。歯石などを考えるとドライがお勧めです。糖尿病など，病気によっては半生が不向きなこともあることもお伝えします。缶は開けたら酸化するので他の密閉容器に移すことや，ドライも半生も缶詰タイプも，レンジで温めると香りが出て食欲をそそることがあります。少量のかつおぶし・小袋入りのだし粉・スモークチーズ・ドレッシングタイプの香り付けのものなど，においだけつけると食欲が出てきてくれることもあります。ドライを食べない時，同じドライをお湯でふやかしてドロドロにして，固形のドライの上にカレーライスのようにかけると，食べてくれることがあります。

（6）食餌の変更

食餌を切り替える時は，たとえどんなに適切で同じような栄養含量であっても，原料の使い方や組成は異なっています。食餌の変更の際は，消化酵素の産生や消化管の働きがなじむのに数日間はかかるので，1～2週間かけてゆっくり無理のない形で行います。よいものでも，急に切り替えると下痢や吐き気などを起こすことがあります。

（7）被災地対策

いつ，どこで起きるか分からない災害に備えて，いつでもどんなタイプのフードでもどこのメーカーさんのフードでも，食べられる動物にしておくと安心です。人の手作り食を与えていると，バランスの良いフードを食べてくれないことがあります。基本の食餌は決めてあるほうが安心ですが，躾やおやつに病院でもらったサンプルフードを利用

図 5-218　展示会場でみつけた溝のついた食器。がっつき犬用のへびのようなグルグル溝のついた食器。犬はその周りをくるくる動きながら食べる。

	やせ過ぎ	理想体型	太り過ぎ
イラスト	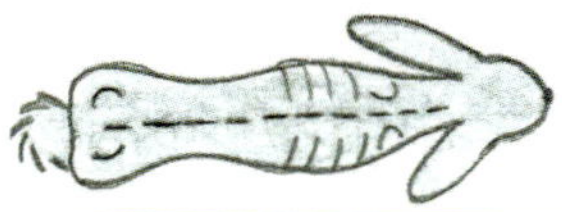		
肋骨 腰骨	見た目も骨が目立ち,脂肪がなくゴツゴツしている筋肉も少ない	バランスのとれた体型でうすい脂肪におおわれているので,ていねいにさわると,骨がわかる	分厚い脂肪でおおわれているので,さわってもモッコリしていて骨がわからない
体型	横から見るとお腹がぐっとへこんでいて,上から見ると砂時計のような型	横から見るとお腹が少しへこんでいて,上から見ると腰に適度なくびれがある	横から見るとお腹がたれさがっていて,上から見るとお腹が出ていて腰のくびれはない
アドバイス	病気のこともあるので,一度動物病院へ	牧草たっぷり ペレットは1日20g	ペレットを食べ過ぎていることが多いです

図 5-219 ウサギの肥満度チェック表　　Ⓒ HIROKO SHIMIZU

したり,毎回の食餌が楽しめる程度にハングリーに育てていると,食餌の選り好みをしなくなります。

今回の震災で,お腹はすいているはずなのに,いつもの食餌以外は自分の食べ物でないと思い,受けつけない動物もいた苦労話も聞きました。人間大好き,動物大好き,なつっこくて誰からでも喜んで食餌を食べてくれる子は大助かりで,引き取り手も決まりやすいそうです。

買いだめはお勧めしませんが,買い置きで2〜3週間分くらいの開封していないフードは常備しておきましょう。特に病気用の療法食やウサギ,ハムスター,鳥など,援助物資の中に入ってこないものもあります。動物の身を守るのは飼い主さんの役目です。食べているフードの種類を書いたメモ(フードの名前,会社名)も,誰にでも分かるようにしておくと,交通事情で会社や出張先からすぐ自宅に戻れないなど,自分の身に何かあっても安心です。このような対策を啓発して差し上げましょう。

(8) 推奨給餌量の落とし穴

まじめな飼い主さんは,フードの袋に書いてある推奨給餌量の通りに毎日毎日きちんとぴったり与えています。それも大切な1つの要素ですが,実はそこに落とし穴があることもあります。最低量や最大量という幅がなかったり,避妊・去勢の有無,多頭飼育かどうか,家族構成,集合住宅や庭などの環境,活発かおっとりかの性格,病気,年齢,運動量など,たとえ犬種や体重が全く同じでも,飼い方や接し方はさまざまです。その日によっても公園でお散歩仲間におやつをもらったり,ドッグランでたくさん走ったりと使ったエネルギーの量は異なります。そこで次のようなことを伝えます。

図 5-220　食育のパンフレット

ポイントは飼い主さんのさじ加減！ 太ってきたと思ったり，食べ方がゆっくりであまりおいしそうに食べなくなってきた時は，袋の表に書いてある量より減らしてみます。逆に，家族が多くてよく動く子だったり，必要量が足りなくてガツガツ食べたり，イライラしたり，テーブルの上のものを狙ってお行儀が悪くなったりなどが見られ，痩せていたら少し量を増やします。

飼い主さんには，体重をまめに計ってもらいます。太り気味かやせ気味か心配な時は，よく触って肥満度をチェックしてもらいます。

ボディコンディションスコア表を見せて，アドバイスを与えます。理想体重（犬・猫は生後1年目くらいのことが多い）も伝えてあげましょう。ウサギの肥満度チェック表はあまりないので，差し上げると喜ばれます（図5-219）。

（9）食べなくなった時

病気があったり，成長期が終わったのに今まで通りの量を与えている時，過食気味で肥満になっている時がしばしばです。飼い主さんは「味気ないから飽きたみたい」と思い込んでおいしくしたり，バランスの悪いごちそうに変えてしまって状況が悪くなっていることもあります。食べなくなった時は様子をみないですぐ診察に来てもらうことを伝えます。

（10）フードの種類

私達獣医師は療方食があることは百も承知ですが，飼い主さんの中には，まだまだ「えっ，動物もがんになるの？」とか「お酒も飲まないのに肝臓病になるの？」とびっくりなさる方もいらっしゃいます。元気な時から高齢用，心臓用，腎臓用，尿路結石用，アレルギー用，消化器用，関節用，歯石用，肥満用，肝臓用，糖尿病用，認知症用などがあることをお話ししておくと「生涯安心ね」と喜んでくださいます。

（11）食育で防げること

正しい食育で防げることは病気以外にもたくさんあります。不適切な排泄，留守番下手，甘咬みなど，問題行動の治療にも効果的です。食餌は毎日の積み重ねで，楽しい長寿につながります。健康とは，自分の体を大切にして自分らしく生きること。人も動物もあらためて食育を見直し，心身ともに健康な生活を目指します。

2）快適トイレ

バランスのとれた食物を摂ることはもちろん大切ですが，その結果，排泄されるものを気持ち良く処理し，快適な空間も目指すと，さらにハッピーです。

（1）犬のトイレ

§室内でする躾

最も他人に迷惑をかけないのは，家で排泄させることです。特に室内で済ませれば，悪天候の時も困りません。ペットシーツでしてくれない時は，いつも排泄する場所へペットシーツを持っていき，「ワン・ツー」「シーシー」「トイレ」などの言葉を掛け，成功したらほめて，躾ます。

§外での排泄のエチケット

散歩時にトイレをする場合は，ペットシーツを持って出てさせるか，他の家の前をなるべく避けた排水口の上でさせて，ペットボトルの水などで流すようにすると，道などを汚さないことになり，衛生的です（図5-221，図5-222）。

正しくリードでコントロールして，速歩きで散歩し，マーキングをさせないようにします。成熟前の去勢手術も，躾を助けます。

§快適な糞便持ち帰り法

外でした糞便はビニール袋に入れて持ち帰るのが飼い主さんの義務ですが，汚そうにブラブラさせて帰る姿はあまりスマートではありません。まずビニール袋に手を入れて直接つかみ，そのまま反転してねじります。次にビニール袋の余っている部分で，商品を包装するように何重にも包んでいきます。ビニール袋が何枚も重なるため，便の直接の感触もなく，臭いも完全にシャットアウトされます。

手の中につかんで帰っても，他の人には分からないし，ポケットやミニ手さげ袋に入れて帰っても清潔です。ただし，後で捨てることを忘れないように気をつけます。

（2）猫のトイレ

猫はデリケートで，きれい好きです。トイレを失敗させないための飼い主さんへのアドバイスは，次のとおりです。ウサギやハムスターなど他の動物も似た傾向です。

§トイレの基本

① 猫の数＋1：汚れている場所は，避ける傾向にあります。予備があれば安心です。20匹というような多頭飼育の場合は，21個のトレイは無理なので，大きな群（派

図 5-221　排水口で排泄

図 5-223　深型バット

図 5-222　水で流すエチケット

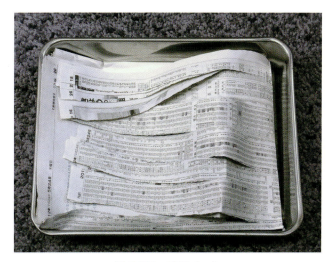

図 5-224　浅型バット

閥）ABC に分けて，群＋1 のトイレの数を用意します。
② 汚れたら早めに片付ける：快適に排泄でき，臭いを抑え衛生的で，人にとっても快適です。
③ 入りやすいトイレ：ヘリが高すぎないようにします。
④ 屋根なしトイレ：カバーがあると臭いがこもるため嫌がります。
⑤ トイレの周囲が片付いている：多くの物が散乱していると近づき難くなります。

§ **新聞紙利用のトイレ**
① 特徴：新聞紙は，食品の包装にも使われ，毒性試験や有害物質検出試験も行われていて，多量に食べてしまうなどの物理的な障害がなければ，安全性は高いと思われます。
② 深型バット（高さ 10cm 弱，図 5-223）：縦と横の大きさが新聞紙 1 枚の 1/8 大と同じものがセットしやすいです。尿が十分に染み込む厚みに敷き，その上に細く裂いた新聞紙をフワフワに入れますと，足が汚れにくくなります。
③ 浅型バット（図 5-224）：裂いた紙が外に出やすくなるので，バットの大きさに合わせて折った新聞紙の表の数枚分を，端を残して引き裂きます。尿が新聞紙に染み込みやすくなります。紙が一部つながっているので，散らかりません。
④ 新聞紙トイレに慣らすコツ：新聞紙の上にトイレの砂

図 5-225　砂を少し入れて慣らす

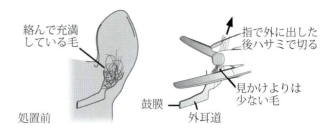

図 5-226　外耳道の毛は抜かないで切る

を少しだけ撒きます（図 5-225）。

3）動物にやさしい美容

動物愛護と動物の健康優先で，動物の美容が行われることが求められるようになってきました。

（1）犬の断耳と断尾について

犬の断耳や断尾は，使用犬として狩猟や牧畜において損傷を受けないようにということで行われるようになりました。しかしいまや，犬は家族の一員という位置付けになっています。動物愛護の観点から，すでにイギリス，ドイツ，オランダ，デンマーク，スウェーデン，ノルウェー，フィンランド，イスラエル，オーストラリアなどで禁止されています。腫瘍や損傷など治療目的以外は，日本でも早く中止される日が来ると，動物達はハッピーです。

（2）毛のストリッピングについて

ワイヤーフォックス・テリア，スコッチ・テリアなどでは，毛の質を硬くする目的で，毛を引き抜くストリッピングという美容手技があります。この処置を受けた動物が，皮膚炎を起こして来院することがしばしばあります。毛をカットするだけで十分では?!と思われます。

（3）外耳道内の毛はハサミで

プードル，マルチーズ，ミニチュア・シュナウザー，ヨークシャ・テリアなどの犬種では，外耳道の内部まで毛が多く生えていることがあり，耳の手入れや，外耳炎の治療目的で，その毛を抜いて除去することがあります。しかし，その刺激のために逆に炎症が起きやすくなることがあります。犬がその処置を受け入れても，それがトラウマにもなることもあります。

原則的には，毛を短く切るだけで，かなり通気性も良くなり，汚れも溜まりにくくなります（図 5-226）。動物にも優しくなります。美容室にお願いする時のアドバイスとして，外耳道の毛は短くするだけにしてもらうように伝えることを，飼い主さんにお勧めすると，動物も人も安心できます。

§切る時のポイント

・中の毛を指で優しくつまんで，外に引き出します。
・先の丸い毛刈りバサミが安全です。
・ハサミの音を気にする犬では，耳から離れたところでハサミの音を聞かせ，音に慣らしてから徐々に近づけます。指で外耳道を塞ぎ，音を遮断して切るのも1つの方法です。

（4）短い爪切りについて

爪切りは出血しなくても，ぎりぎりであれば神経を刺激して痛みを伴います。様子を見ながら徐々に切っていくと安心です（図 5-80，158 頁参照）。残念なことに犬の美容として出血する長さで切る方法を見ることがあります（図 5-228）。爪切りが大嫌いになってしまう「爪切りトラウマ」を，少しでも減らしたいものです。

（5）顔のオリジナル健康カット

シー・ズー，プードル，マルチーズ，ヨークシャ・テリアなど長毛種は，毛が目に入ることで，結膜炎，角膜炎，眼瞼炎，流涙症などを起こしやすくなります。「健康カット」と称して，飼い主さんの了解で予防および治療で目に毛が入らないように短く切るようにしています（図 5-229）。

・指やクシで，目に入る可能性のある毛を判断し切ります。
・ハサミを引きながら切ると，毛が逃げないので長さが揃

コラム 5-5

外耳炎

＊治療のポイント

- 外耳炎の外用薬は液体の方が，長い外耳道の鼓膜の近くまで流れ込み薬が作用しやすいです。
- 少ない回数でていねいに時間をかけるよりも，1日2回，確実に液を外耳道内に入れることが大切です。飼い主さんに正しい処置法を伝えて頑張っていただきます。
- 液剤が鼓膜まで到達するためには，耳をすぐ振らせないように耳介を保持します。たっぷり液体を垂らし外耳道の外側から軟骨をそっと押して，空気を押し出し液が奥に入りやすくします（右図）。
- 人肌に温めて使用すると液体の不快感が軽減します。当院では恒温器（約36〜37℃）に入れています。

外耳道内の空気を抜くマッサージ

＊当院で最もよく使用する薬剤

- オーツイヤークリーナー（日本全薬工業株式会社）：予防的にクリーナーとして使う他，軽度の外耳炎で使用します。オーツ（カラス麦）抽出物が含まれ弱い抗炎症作用があります。無臭です。
- テピエローション（Meij Seika ファルマ株式会社）：細菌性外耳炎に使用しています。
- ドルバロン（ノバルティスアニマルヘルス株式会社）とプロピレングリコール等量混合液：使用前によく振ってから点耳します。ドルバロンより粘稠性が低いので，外耳の深部に流れ込みやすく，ドルバロンの基材が外耳道深部に長く残存しますので，自宅で耳の処置ができない飼い主さんの犬に使用しています。
- ミミィーナ（千寿製薬株式会社），ビクタスSMTクリーム（DSファーマアニマルヘルス株式会社）：マラセチアの感染症で使用しています。

＊難治性の外耳炎

外耳道内をよく観察し腫瘍の有無，鏡検によりマラセチアのチェックおよび抗生剤感受性試験を実施します。必要に応じて有効な抗生剤のプロピレングリコール溶液（注射剤を10倍希釈が目安）などを作成し，点耳します。

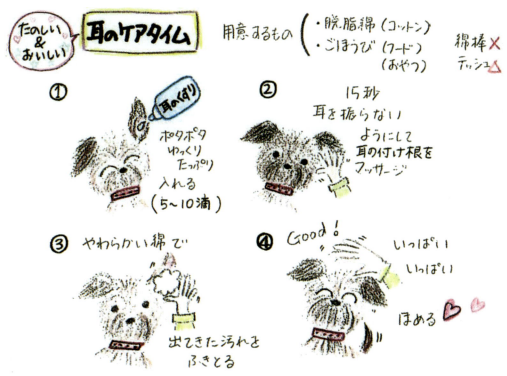

図 5-227　飼い主さんに渡す「耳のケアタイム」

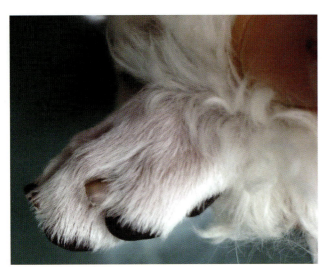

図 5-228 避けたい短い爪切り法

目に入りやすい毛
口に入りやすい毛

長毛種の目に毛が入らないヘルシーカット
図 5-229 健康カット

13. エキゾチックペットの診療

1）ウサギの診察の工夫

（1）ストレスを受けやすいウサギ対策

ウサギは，初めての場所に対して犬・猫の何倍も緊張したり恐怖感をもちやすい動物です。その予防法は，飼い始めたら，速やかに動物病院に健康診断に連れてくることと，こまめに定期健診に来てもらい，飼い主さん・動物・スタッフがなじむことです。同時に飼育指導や病気の予防策，異常がみられた時の対策なども十分に伝えることができます。

初診時に怖がっていたウサギも，数回病院に来るだけで落ち着くウサギが多いことを，飼い主さんにお伝えします。

来院時に他の動物を見て怖がることがないように，予約制にして，重なる動物に配慮します。

（2）袋を使って安全な診察

ウサギは静かにしているようでも，突然にジャンプしたり走り出したりする「ロケットウサギ」になります。人はドキッとするし，ウサギが大けがをしたら大変です。万が一にもそのようなことが起きないための危機管理は重要です。

§ 飼い主さんにも大好評のアニマルサポートバッグ（安心袋）

ウサギを診察するうえで当院の必需品となっています。飼い主さんには必ず持ってきていただきます。今までは正方形の標準サイズ（一辺約 55cm）の座布団カバーを利用してきました。

ファスナーのつまみに紐を付けて分かりやすくし，ファスナーの近くに袋の重さとペットの呼び名を油性ペンで記入して使っていました。

私たちのアドバイスのもとに設計された「アニマルサポートバッグ」という安心袋が販売されています。ファスナーは丈夫で開け閉めしやすく，ロックがかかります。袋の内面は袋縫いでほつれにくくなっています（図 5-230）。

§ 「アニマルサポートバッグ」の利用のポイント

①袋を開けておいて入れるよりも，袋を頭からそっとかぶせるようにしたほうが無理なく入れることができます（図 5-231）。

います（図 5-86，160 頁参照）。
・口の周りの毛も，口の中に入る時は，短く切ると衛生的です。
・包皮の毛も長いと尿が付着し，股間の湿疹の原因になるので，短めに保ちます。

健康カットは誰にでもできる小さなことですが，毎日快適になるので，喜ばれます。

図 5-230　アニマルサポートバッグ（安心袋）

②床でウサギを入れます。おとなしそうに見えるウサギでも，動きは素早いので楽観は禁物です。床で袋に入れると，落ちる心配がなく安全です。袋に入れてファスナーを閉め，はじめて診察台に載せます。
③体重計付きの診察台であれば袋だけ載せて「0」にし，風袋引きの機能を使います。

§保定者のポイント

　基本的には，飼い主さんにコツを教えて，保定してもらいます。目の前で診察しながら説明をし，処置や治療を行いますので，診察の内容も理解してもらうことができます。飼い主さんは優秀な動物看護師さんの役を果たしてくれることが多いので，病院がたてこんでいる時やスタッフがい

図 5-231　床でウサギを袋にいれる

図 5-232　肩を挟むように保定する

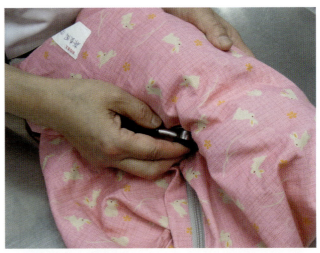

図 5-233　袋の下から聴診

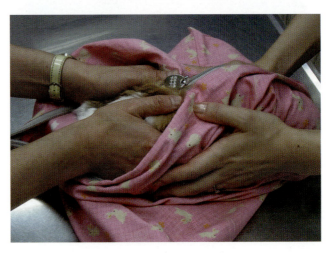

図 5-234　胸腹部の触診

ない時でも困りません。
- 体全体の動きの中心である肩の辺りを両手で包み込むように挟んでいただきます（図 5-232）。背部を上から強く押さえることは，ウサギの後肢の脚力で脊椎が損傷する危険があるので避けます。
- ウサギが急に動いてもひたすら無言で支えてもらいます。なだめかける声や驚いた声を出すと，味方が応援してくれていると思って余計に暴れる傾向があります。飼い主さんのなだめかけは，ウサギにとって嫌なことをする時の言葉になっていることも多くあります。またウサギの動きに飼い主さんが驚くと，自分の行動が人をコントロールしたと認識することにもなります。

§ 診察の手順

　ファスナーを少しだけ開けて，必要な部位のみ出します。
- まず袋を開ける前に胸部の聴診を行います。胸腔は小さいので，心音は前肢の間の部分で聴取できます（図 5-233）。
- 腹部のみ開けて胸部周囲を触診した後，腹部を優しく調べます（図 5-234）。左悸肋骨の内側の胃，右腎，左腎，腸管，膀胱，後腹部の脂肪組織，子宮（雌）と順番に行います。
- 腰部へ移動し（図 5-235），尾，肛門，陰部，睾丸（雄），後肢，足底部を調べます。

図 5-235 腰部の検査

図 5-236 頭部の検査（ファスナーはピッタリ閉める）

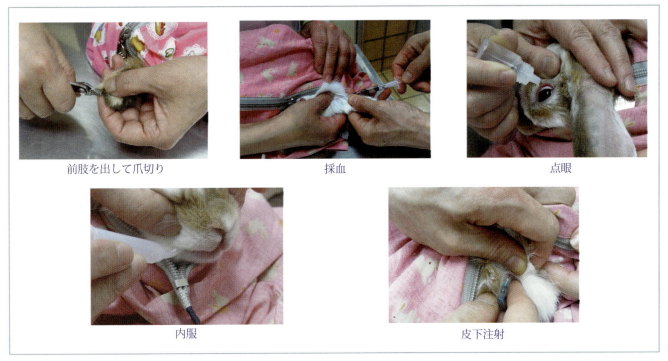

前肢を出して爪切り　採血　点眼

内服　皮下注射

図 5-237 アニマルサポートバッグの応用例

- 体に触ることに慣れたところで頭部のみ出して，耳，目，口と調べます（図 5-236）。口は敏感なため，おでこ，頬，口唇，と撫でながら徐々に近づけて触ります。

§「アニマルサポートバッグ」の利点
- ウサギにとって周りが見えないほうが，不安を感じにくく落ち着きます。隠れている気にもなり静かです。
- 必要な部位のみを出すので，安全に診察や処置を行えます。ウサギは驚くほど静かです。
- 尿を漏らしても袋に染み込みやすいので，体が汚れにくいです。
- 冬の寒い時期では，来院途中の外気から守ることができます。

§「アニマルサポートバッグ」の応用例（図 5-237）
　足だけ出して爪切り。顔だけ出して，検査・処置（目，

耳，顔面膿瘍，口腔内など），内服処置，吸入麻酔のマスクによる導入。背中だけ出して皮下輸液。お尻を出して肛門，陰部，後肢の処置。何を行うのもスムーズです。

（3）ウサギの保定の事故例

動物病院において，気をつけているにもかかわらず，ウサギの事故は多発しています。

> **事例1.** 保定者がイスに座り，あお向けの診察および処置（足底皮膚炎）で，静かにしていたウサギが急に暴れ，必死に逃げ回り指骨を骨折した。
> **事例2.** タオルでくるんでいたが，診察台の上で急に暴れてタオルをすり抜け台から落ちた。もう2度と行きたくない。
> **事例3.** X線を撮ろうとして保定中に暴れて脊椎を骨折し，下半身が麻痺してしまった。
> **事例4.** 診察中に「ウサギが暴れないようもっとしっかり押さえなさい」と言われ，飼い主さんが一生懸命に押さえているうちにぐったりして下半身麻痺してしまった。飼い主さんは，トラウマに。
> **事例5.** 爪切りに来たウサギが診察台から飛び降りて，腰椎骨折で専門医へ搬送した。

1,000分の1，10,000分の1の確率だとしても，そのウサギにとっては100%。取り返しのつかない事故は決して少なくありません。少しでも安全性が高まる方法の1つとして，ロックのかかる両側ファスナー付きのアニマルサポートバッグ（安心袋）のご利用を提案します。

2）内服のポイント

（1）ウサギに飲ませるコツ

ウサギは，粉末の薬を単に水に溶くだけでもあまり拒否しないので，スポイトで0.5～1mLの水を計りとって薬を小さな器で懸濁させ，それをスポイトに入れて飲ませます。お勧めのスポイトは先丸でジャバラ式のものです（図5-238上，写真は株式会社シントー化学，ジャバラスポイト小 1.5mL）。

無理なく飲ませるコツは，以下の通りです。
①アニマルサポートバッグに入れて頭部だけ出してチャックを閉めます。助手がいれば体の動きの中心となる肩の辺りを両手で挟むように支えてもらいます。ウサギは脚力が強いので脊椎を痛めないように上から背部を押さえつけることを避けます（図5-239）。
②切歯の後方は歯がないので，唇を後方へ引くようにして横からスポイトの丸い先を差し込みますと，自然にウサギは舌をペロペロ動かします。そこでジャバラを人差し指で押して，一口分の液をゆっくり出します。飲んだら次を追加します（図5-238下）。初めは強く拒否するウサギでも，時間をかけてゆっくり行っているうちに，あきらめて受け入れてくれます。

図 5-238 先が丸いスポイト（上）。切歯の後へ差し込む（下）。

図 5-239 ウサギの保定　座布団カバー法

図 5-240　3mL 点眼瓶（株式会社シントー化学）の先の一口分
　　　　　＝約 0.01mL

図 5-241　一口分を点眼瓶の先に保つ

表 5-9　ハムスターでよく使用する薬剤の処方例（体重 10g 当り 0.01mL 投与）				
一般名	商品名	作成法	投与法	1 回投与量
オルビフロキサシン	ビクタス S 錠 40mg	1/4 錠→ 2.5mL	1 日 2 回	4mg/kg
オフロキサシン	動物用タリビット粒 10%	0.25g → 2.5mL	1 日 2 回	10mg/kg
塩酸ミノサイクリン	塩酸ミノサイクリンカプセル 100mg	1/10 カプセル→ 2.5mL	1 日 2 回	4mg/kg
トラネキサム酸	トランサミン酸 250mg	1/8 錠→ 2.5mL	1 日 2〜4 回	12.5mg/kg
プレドニゾロン	プレドニゾロン錠 5mg	1/2 錠→ 2.5mL	1 日 1 回	1mg/kg（漸減する）
フロセミド	フロセミド錠 20mg	1/4 錠→ 2.5mL	1 日 1〜2 回	2mg/kg
アラセプリル	アピナック錠 12.5mg	1/4 錠→ 2.5mL	1 日 1〜2 回	1.25mg/kg
マイタケ抽出エキス	D - フラクション	0.5mL → 2.5mL（保存性を考えて単シロップ原液で）	1 日 1 回	0.2mL/kg

・5mL の点眼器で一口が 0.02mL の場合は，体重 20g 当り一口にします。　　・要冷蔵にします。
・3 倍希釈の単シロップに懸濁します（シロップ原液はベトベトして飲ませにくいので）。

パモ酸ピランテル＜ネズミ大腸ギョウ虫＞	ソルビー錠（1 錠 100.9mg）	1/4 錠→ 0.5mL*	1 回	50.45mg/kg
イベルメクチン＜鞭虫科トリコソモイデス属＞	アイボメック注 1%（10mg/mL）	0.01mL → 0.5mL*	1 回	200μg/kg
プラジクアンテル＜小型条虫・縮小条虫（人獣共通感染症）＞	ドロンシット注射液（56.8mg/mL）	0.06mL → 0.5mL*	1 回	6.8mg/kg

余りは駆虫を確実にするために 3 日後，再投与。
*単シロップ（比重約 1.3）。0.2g と精製水 0.35g で 0.5mL なる。

(2) ハムスターに飲ませるコツ

　万が一でも咬まれないように，必ず手袋をして保定します。優しく静かに接して警戒しないようにし，すくうようにしてから保定します。首の皮膚をつかむのは，ハムスターが嫌がることと，呼吸を阻害することがあるので避けます。胸を圧迫しないように気をつけて，体全体を包み込むように支えます。動きが激しいときはハンドタオルを使って，くるむようにします。
　点眼瓶のノズルの先に，飲ませる薬を半球状にして保ち（図 5-240），そのままハムスターの口へ持っていくと，多くのハムスターが反射的に口を付けてきます（図 5-241）。体重 10g 当たり一口となるように薬の濃度を決めると分かりやすくなります。
　よく使用している薬剤の処方例は，表 5-9 のとおりです。

(3) 小鳥に飲ませるコツ

　ハムスターと同じように，手袋またはハンドタオルを使用して保定します。鳥には横隔膜がなく胸骨の動きだけで呼吸していますので，胸部を圧迫しないよう気をつけます。人差し指と中指の間に頸部を差し込むか，親指と人差し指で頭部を挟みます。体の方は手の平全体で包み込むだけに

図 5-242　鳥もハンドリング（スキンシップ）

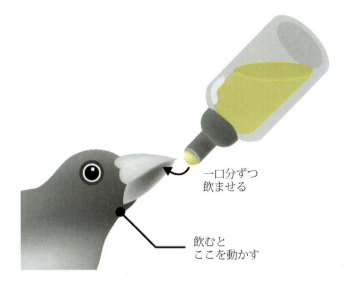

図 5-243　小鳥の薬の飲ませ方

すると静かになります。鳥の体は小さいけれど知能は高いので，他の動物と同じように優しく「いい子」と声をかけながら頭部の毛を撫でるとリラックスして慣れてくることがあるので試してみます（図5-242）。

ハムスターと同じように点眼瓶のノズルの先に半球状の薬をため（図5-240），嘴の隙間に液を染み込ませます。親鳥が雛に餌を与えるようにスーッと薬を近づけると，反射的に口を開く鳥もあります。舌を動かして一口分を完全に飲んでから次の一口を与えることにより，気道内に薬が入り込むことを防ぎます（図5-243）。

3）点眼瓶用の調剤のコツ

ポリエチレン製3mL点眼瓶のノズルの先に一口分になる半球状の液量は0.01mLなります。体重10gにつき一口投与するとき，2.5mLは2.5kg体重の薬剤量となります。

必要な量の錠剤などを乳鉢で擦ります。中心から螺旋状に外に向かって擦ることと，外から中心に向かって擦る

ことを繰り返すと細かく均一になります。十分に均一にした後，3倍希釈の単シロップ2.5mLを徐々に加えて懸濁液を作成します（図5-244）。単シロップは3倍希釈液が適度にサラッとして飲ませやすく，浸透圧も保たれて細菌やカビの増殖も少ないようです。調剤後は冷蔵保存します。

4）ウサギの吸入麻酔の工夫

ウサギの麻酔や外科手術におけるリスクや不安は，気管内挿管の難しさと，術後の食欲不振にあります。

（1）術後の食欲不振の対策

・術前には，鎮痛剤としてメロキシカム0.3mg/kg（メタ

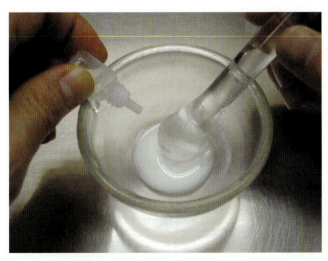

図 5-244　ガラス乳鉢で作る懸濁液

コラム 5-6

投薬のトレーニング

どの動物も元気な時に，好きなものでスポイトトレーニングやマヨネーズトレーニングをしておきます。いざ病気になった時，スポイトやマヨネーズで薬をあげる時にごほうび感覚でうまくいきます。スポイトまたはマヨネーズって，楽しいものだ!!と信じているからです。

表 5-10 ウサギの術後の投与薬一覧

■感染予防	
オルビフロキサシン (ビクタス®，大日本住友製薬株式会社)　＊幼齢動物の軟骨障害がない	4mg/kg，1日2回

■消化管運動改善剤	
ドンペリドン (ナウゼリン®，協和発酵キリン株式会社)	0.25mg/kg，1日2回
＊メトクロラミドに比べて血液脳関門を通過しにくく，異常行動や痙れんなどの錐体外路症状がでることがほとんどない。	

■抗炎症剤	
塩酸シプロヘプタジン (ペリアクチン®，日医工株式会社)	0.2mg/kg，1日2回
＊食欲増進が期待される。ドンペリドンと混和して投与する。	

■腸内細菌叢改善剤	
酪酸菌（宮入菌）*Clostridium butyricum* (ミヤBM®，ミヤリサン製薬株式会社)	製剤として0.1g/kg，1日2回
＊胃酸の作用を受け付けないで腸管へ到達する（pH1～5.4の人の胃液）。善玉のクロストリジウム。	

■抗プラスミン剤	
トラネキサム酸 (トランサミン®，第一三共株式会社)	12.5mg/kg，1日2回

カム®，ベーリンガーインゲルハイム）を皮下投与します。術中は，局所にブピバカイン（マーカイン®，アストラセネガ㈱）に抗生剤を少量混ぜて，散布します。塩酸ケタミンやブトルファノールも鎮痛剤としての作用が期待できます。
・日帰り手術により環境の変化によるストレスを減らします。特にウサギの飼い主さんは，優秀な看護師になって観察や看護をされる方が多いです。麻酔覚醒後は早めの退院にして，まめに連絡を入れていただきます。
・翌日に飼い主さんが来院可能になるような手術日にします。土曜日が休みの人では，金曜日が最適です。
・術後は表5-10の薬剤を使用します。

(2) 硬性内視鏡を利用した気管内挿管のコツ

ウサギの手術で大きなハードルは，犬，猫に比べて，気管内挿管が難しいことです。硬性内視鏡を利用することにより避妊手術（卵巣子宮全摘術），去勢手術，腫瘍切除術などでウサギ全て（約150例）が挿管可能になり，たいへん安定した吸入麻酔維持ができるようになりました。

行っている方法は，1.7mm 長さ100mm の硬性内視鏡（オリンパス株式会社）（現在は1.9mm 長さ115mm の関節鏡が入手可能）を内径2.5mm（2例は内径2.0mm）のカフなし気管内チューブ（図5-245）の内腔に入れて挿管

します。硬性鏡がちょうどスタイレットの役目をはたすとともに，気管入口を見つけるガイドになります。先端から見える画像で気管入口を確認すれば，飛躍的に挿管しやす

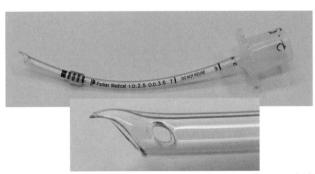

シリコンチューブを付けたパーカー気管内チューブ。下は先端部分（日本メディカルネクスト株式会社）

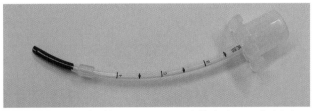

シリコンチューブを付けたファイコン気管内チューブ（富士システムズ株式会社）

図 5-245 内径2.5mmの気管チューブ（シリコンチューブなしでもOK）

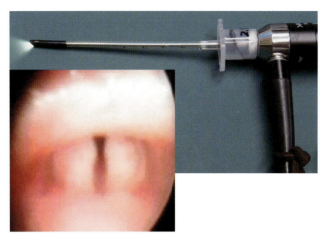

図 5-246　気管内チューブをセットした硬性鏡と気管入口の画像

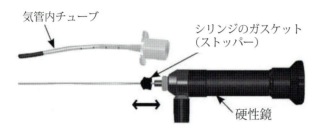

図 5-247　シリンジのガスケット利用のゴムストッパー

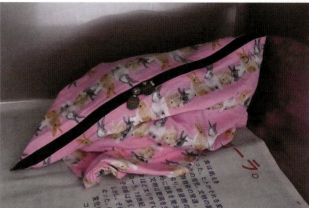

図 5-248　袋に入れて鎮静を待ち（上），そしてマスクによる導入（下）

図 5-249　枕による頸部の伸展

くなります（図 5-246）。硬性鏡が長すぎる時は，長さ調節用のゴムを取り付けます（図 5-247）。

なお，気管チューブのコネクター部分に耳を近づけて呼吸音を聞きながらブラインドで入れる方法がありますが，コツが必要でかなり熟練が必要と思われました。

§気管内挿管時の実際

① 前投薬：アルファキサロン 1mg/kg（またはケタミン 5mg/kg），ミダゾラム 0.25mg/kg，ドロペリドール 0.125mg/kg，硫酸アトロピン 0.025mg/kg，ブトルファノール 0.25mg/kg を全て混合し，胸部背側の皮下に真新しい 26G × 1/2 インチ注射針をつけて注射します（図 1-9，9 頁参照）。

② 麻酔の導入：10 分ほどで鎮静し，マスクによりイソフルラン濃度を低濃度より徐々に上げて導入します（図 5-248）。

③ 喉頭の反射が消失した時点で，気管内挿管します。仰臥位で頸部の下に枕状のもの（ペーパータオル 1 枚分を丸めたもの）を置き，気管，気管入口，硬口蓋の面などが一直線に近づくようにします（図 5-249）。

④ 内視鏡の先端部分を温めることで，気道内の湿度による

図 5-250　温湯による内視鏡の加温

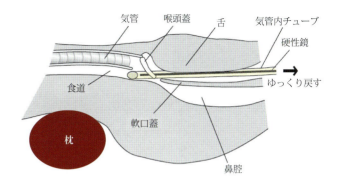

図 5-252　食道に入れてから，ゆっくり戻す

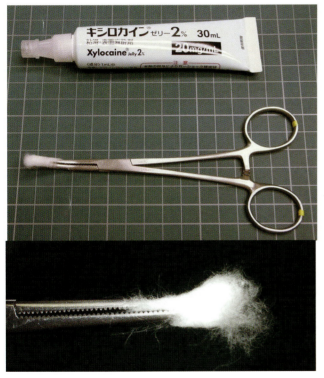

図 5-251　小さな綿球にキシロカインゼリーを含ませる

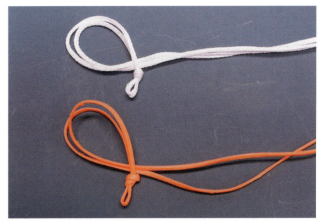

図 5-253　使いやすい臍帯結紮糸および気管チューブ結紮ヒモ

レンズの曇りを防ぎます（図 5-250）。また，キシロカインゼリーを薄く塗る方法も，やや画像がゆがみますが，水分を吸収して曇りを防ぐことができます。

⑤ 気管内チューブの先端の少し手前に，硬性鏡の先がくるように長さを調整し，セットにしたものを喉頭に入れていき，気管入口を確認して気管内に挿管します。

長さの調整

方法 1：気管内チューブを切って調節する。

方法 2：硬性鏡にストッパーをつける。シリンジの押し子のゴム（プランジャー）の中心に小さな穴を開け，硬性鏡に付けて長さを調節します（図 5-247）。

⑥ 気管入口を見つけるポイントは，喉頭蓋を口腔に向けることです。曲のコッヘル鉗子の先端に取り付けた脱脂綿に，キシロカインゼリーを含ませ，喉頭にやさしく深く入れゆっくり引き抜くことで可能なことが多いです（図 5-251）。入口の確認が難しい時は，内視鏡をセットした気管内チューブを食道まで進め，ゆっくり戻すことも 1 つの方法です（図 5-252）。

⑤ 挿管後チューブが抜けないように臍帯結紮糸（株式会社シラカワ），または気管内チューブ結紮ヒモ（ソルプ株式会社，図 5-253）を気管内チューブにつけ，さらに後頭部に回して外科結びのように 2 回からめる結びを 1 回作り，それが緩まないように極小のモスキート鉗子で

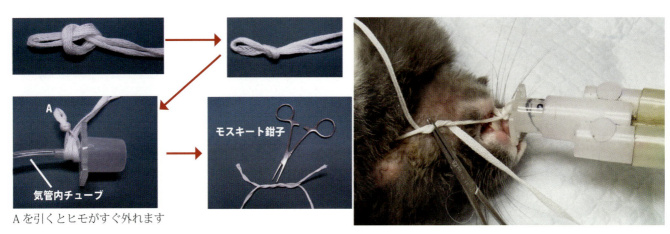

Aを引くとヒモがすぐ外れます

図5-254　気管内チューブの固定の工夫

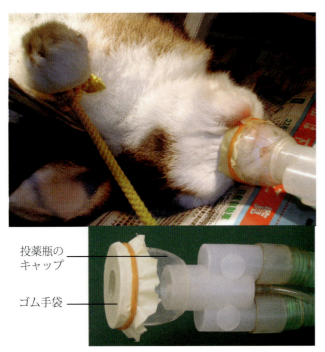

投薬瓶のキャップ
ゴム手袋

図5-255　上顎にマスクをはめた吸入麻酔

図5-256　コール型気管チューブを短く切る

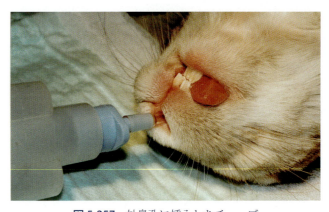

図5-257　外鼻孔に挿入したチューブ

留めます（図5-254）。毛があっても固定しやすく，外すのも簡単です。

（3）上顎マスクによる吸入麻酔維持

気管挿管が不可能な時，口腔内処置などで気管内チューブがない方がよい時などには，上顎のみにマスクをはめて外鼻孔より呼吸を維持します（図5-255）。

（4）鼻腔内チューブによる吸入麻酔維持

マスクによる麻酔維持と同様に利用できます。鼻孔は知覚が過敏なので，眼科用表面麻酔薬などを外鼻孔に垂らしが狭いウサギでは効果的です。コール型の気管内チューブ（内径2.5mm）は先が細く2段階の太さになっているので，挿入後に外鼻孔に密着し麻酔ガスの漏れを防げます（図5-255）。反対側の外鼻孔は，チューブに押されて多くは空気が漏れなくなります（図5-256）。漏れがある時は脱脂綿などを詰めるとよいでしょう。

て粘膜を麻痺させた後，挿入します。短頭種傾向の外鼻孔

7:00	控えめの食餌を与え，飲水も済ませる。
9:00	来院，同意書の控え，内金の受取り。ファスナー付きアニマルサポートバッグ（安心袋）にウサギを入れる。動物の状態をチェックする。 **麻酔前投薬（鎮静）** 　下記すべを混ぜて皮下投与 　　アルファキサロン 1mg/kg（またはケタミン 5mg/kg） 　　ミダゾラム 0.25mg/kg 　　ドロペリドール 0.125mg/kg 　　ブトルファノール 0.25mg/kg 　　硫酸アトロピン 0.025mg/kg ***10分後導入***：マスクを使用し，イソフルランで低濃度から徐々に濃度を上げる。麻酔回路：半閉塞式，生体モニターのポンプを利用した強制的回路内循環式，超低流量（100mL/分）。(173頁参照) **気管内挿管**：さらに約 10 分後に喉頭の反射がなくなったら挿管。 **麻酔終了後**：床面ペットヒーターおよびレフ電球（60W）の放射熱で体を加温し，伏臥位で覚醒させる。
13:15	普通の麻酔時間であれば退院。 診療終了後の連絡先，携帯電話番号も伝えておく（院長，副院長など 2 名分）。
16:00	飼い主さんから，電話をいただく。
診療終了後	気になることがある時は，すぐ連絡してもらう。

(5) ウサギの全身麻酔の流れ

5) ウサギの手術

(1) 避妊手術時の皮膚切開の部位の目安（図 5-258）

ウサギ：臍と恥骨前縁を結んだ線分の，上半分の下 3 分の 2 の部分です〔沖田将人（2010）：エキゾチック診療 Vol.2 No.1, 63-70)〕。

犬：線分の上半分

猫：線分の下半分

幼犬：線分を 3 等分した真ん中の 1/3 部分。

(2) 皮膚の縫合

① 埋没縫合：切歯はたいへん鋭いので，縫合糸を噛み切られないように連続の埋没縫合で皮膚を閉鎖します。ウサギの腹部の皮膚は薄いので，双眼ルーペを使用すると正確でスムーズです。

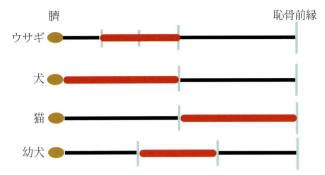

図 5-258　避妊手術時の皮膚切開の部位（目安）

双眼ルーペの勧め
- 術者の年齢が進むにつれて，恩恵が高くなりますが，目が良い若い人でも，肉眼では見えないものが見えてきます。
- 低倍率（2.5 倍）のレンズは，コンパクトで軽く視野が広いので，一般の手術では使いやすい。
- 対象物と目の距離が長くなるため，術者の姿勢を正しく保つことができ，頸椎や腰椎の障害を予防することができます（図 5-259）。
- 正面よりも下方へ視線をもっていくように設計された双眼ルーペでは，さらに頭部の傾斜が少なくなり術者への負担が少なくなります。また双眼ルーペを通さないで見る視野も確保されます（図 5-260）。私は株式会社オーシーメディック（Tel 0120-212-771）のサージテルを使用しています。たいへん軽量です。

② 外科用接着剤の利用：アロンアルファ A「三共」（第一三共株式会社）は安価で，使いやすい小容量です。ピ

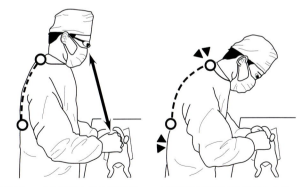

双眼ルーペを装着すると姿勢を　肉眼では脊椎に負担がかかる
正しく保つことができる

図 5-259　頸椎にやさしい双眼ルーペ

図 5-260　2つの視野が確保される

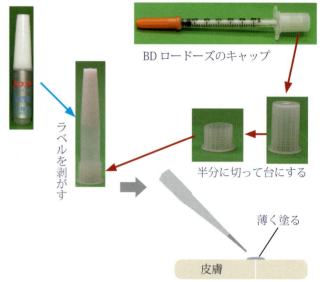

図 5-261　接着剤を使いやすく

ペットチップに入れて塗ると使いやすい（図 5-261）。
・連続縫合最後の結節を露出しないようにする時，皮下に通した糸を引きながら皮膚表面に塗ると確実に隠すことができます（図 5-262 ②）。
・接合した皮膚表面に薄い被膜ができるように塗ることで傷がずれることを防ぎ，動物が気にしにくくなります（図 5-263 ①②）。
・たるんだ皮膚で傷口を隠す　ウサギの皮膚がたるんでいることを利用し，さらに健康な皮膚どうしを接着させて完全に傷が見えないようにします（図 5-263 ③④，図 5-264）。ほとんど傷を気にしなくなります。

―参考―　この方法は犬および猫の去勢において陰嚢を切開した時，猫の避妊手術時も利用できます。約11〜14日後の抜糸の時期には，ちょうどその接着剤が剥がれて抜糸しやすくなっています。

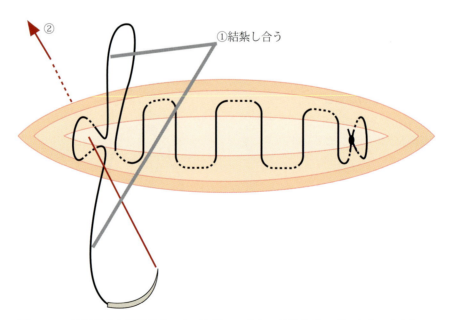

図 5-262　連続縫合を結紮後①，皮下を通して出し，結節を中に引いた後，糸を切る

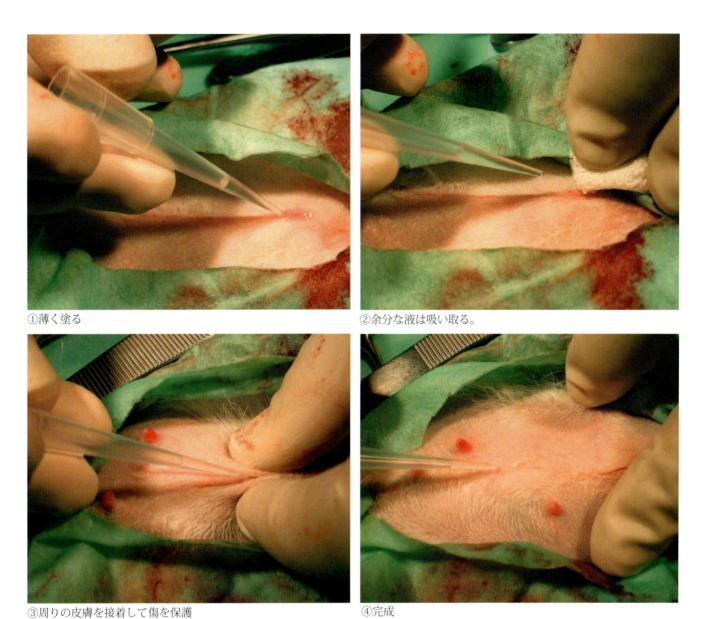

①薄く塗る　　　　　　　　　　　　　②余分な液は吸い取る。

③周りの皮膚を接着して傷を保護　　　④完成

図 5-263　縫合後の接合面の保護

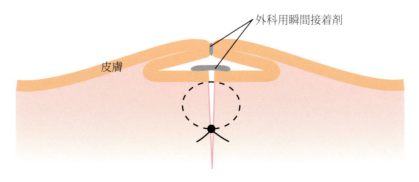

図 5-264　健康な皮膚で傷口を隠す

(3) 結膜伸長症に対する垂直切開法

ウサギにおいて，角膜を覆うように結膜が角膜輪部を越えて，癒着することなく伸長する現象が，まれに見られます(図5-265)。一般には異常に伸長した結膜を切除した後，再発を防ぐ目的で副腎皮質ホルモン剤などの投与が行われたりします。発生の機序として欠損した組織が修復するように内側の辺縁が収縮しているように考えられるため（図5-266），眼科用表面麻酔剤を点眼し数分後に，異常伸長している結膜辺縁に対して垂直に数か所切開することで，結膜が角膜輪部にすみやかに戻ることが確認され，再発も起きにくいことが分かりました（図5-267，図5-268）（エキゾチックペット研究会会誌，No.13，2011）。

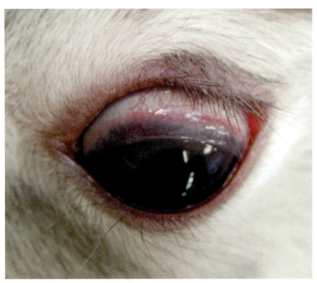

図5-265　伸長した結膜

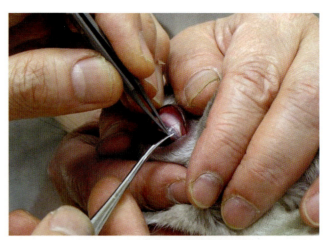

図5-267　伸長した結膜の垂直切開

図5-268　切開直後の結膜

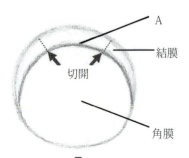

異常伸長している結膜の辺縁Aは，収縮する力を受けていると考えられる

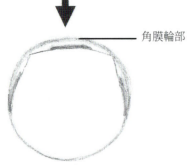

Aを切断することにより，収縮する力は，異常な結膜を角膜輪部に引き寄せる

図5-266　角膜輪部までの垂直切開

14．文具の活用

1）オリジナル型の消しゴム

現在お気に入りは，パイロットのフォームイレーサー（25×60×10mm）で，軽さ，消えやすさ，消しくずがまとまるなどの点です。これを図のように台形の形になるように4等分します。1個が4倍お得になるとともに，先が細いので小さい部分を消しやすく，寝かせて使えば広い

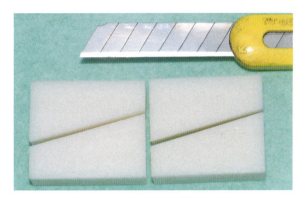

図 5-269　オリジナル型消しゴム

図 5-271　増感紙にデータを入れる（管球から見ている像）

部分を早く消すことができ，細く保つこともできます（図5-269）。

2) X線フィルム記入用に白色顔料系マーカー

いろいろな情報を現像の済んだフィルムに直接記入します（図5-270）。白色でしかも光を透過させませんので，フィルムの黒化した部分にはくっきりと見え，感光していない透明部分に書いてあっても，シャーカステンの光のもとでは，影になってよく見えます。三菱鉛筆の極細ポスカが滑らかで消えにくく使いやすいです。

マーカーで記入する情報は，通しNo.，撮影年月日，飼い主さん名，ペット名，カルテNo.，撮影条件などです（図5-270）。

んので，その文字が白抜きに，フィルムに写ることになります（図5-271）。

印字例：カセッテNo.4 SHIMIZU ANIMAL HOSPITAL（小さい字で記入し，テープも細く切ります）

常に情報が記入されるとともに，フィルムを観察したときに字が正しい向きなら，管球から動物を見ていることになります。そのことから，動物の左右を見分けることができます。

4) ポリプロピレン製粘着テープ

事務用や荷造り用のポリプロピレン製粘着テープは，透明性が高く丈夫で，セロハンテープにありがちな変質も少ないので，次のような利用にも便利です。

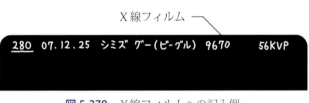

図 5-270　X線フィルムへの記入例

3) X線カセッテの情報

透明テープに情報を記入したものを，X線カセットの蓋（撮影台）側の増感紙の端に貼りつけます。テープライターを使用して透明テープに印字するか，ポリプロピレン透明テープに黒色顔料系マーカーで記入し，保護のためにさらにテープを重ね貼りします。X線が増感紙に作用し発光した時，黒い文字のところはフィルムに光が当たりませ

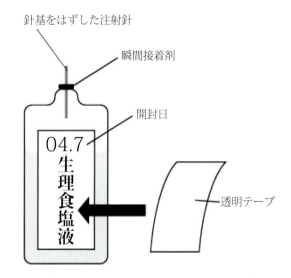

図 5-272　プラ容器に注射針を差した生理食塩液ディスペンサーにつけたラベルの保護例

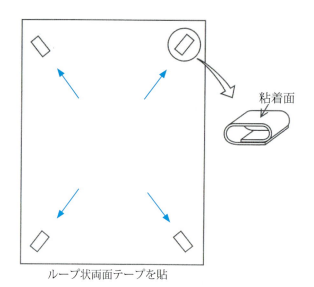

図 5-273　しわにならないポスター貼り

① インデックスに記入した文字の保護フィルムとして：顔料系のマーカーで筆記したところに保護フィルムとして貼りつけます。染料系のマーカーでは，日数が経過すると粘着面に溶けてにじむので，あまり適しません（図5-272）。
② 傷防止保護フィルムとして：小さな液晶画面などの保護フィルムとして使用します。市販の保護フィルムより透明度が高く薄いので，確認性がよく安価です。
③ ポスターがしわにならないループ状両面テープ：粘着面を表になるようにしてリング状にしたものを両面テープとして使用し，ポスターの中心から放射状の方向に四隅につけます。ポスターを貼った後，放射状に伸ばせば，たるみがとれてすっきりします（図5-273）。

第6章　コミュニケーション力

1. 心にひびく魔法の言葉
2. アサーション
3. ブログ・フェイスブック
4. 自分のモチベーションを上げるには
5. 書くことは真剣に生きること
6. トークを磨くアイデア
7. パーソナリティのつぶやき
8. 未来アルバム
9. 絵心を添えて
10. 就職先（実習先）の選び方

居場所

　猫って冬は温かい陽だまりを，夏は風の通り道と，親や先輩に教わらなくても知っています。犬とちがって，愛していますと言わんばかりに大げさに尾を振って好きな人に近づくことはないし，苦手な人にむきになってほえたりしません。かわいがってくれる人のそばで，黙ってごろんと横になっています。見慣れない人が来た時は，いつのまにかすーっと隠れます。

　家庭に仕事場に社会に，「自分が心地よく，かつ役に立てる居場所がある人は強い」そんなことをさりげなく伝えてくれる不思議な生き物です。猫になりたいと思うのは，そんなときです。

猫になりたい
自分の
居場所
見つける
天才

1. 心にひびく魔法の言葉

　魔法の言葉といえば「開けゴマ」「チチンプイプイ」「テクマクマヤコン」… etc。そんな一言で夢や希望が叶ったら楽ちんなのですが，現実はそうもいきません。それでも，ある言葉を届けることで，落ち込んでいた人が元気になったり，辛いことも前向きにできたり，できないと思い込んでいたことに挑戦しようと意気込みがわいてきたりするのなら，魔法の言葉を使える人になりたいですね。

　逆に，気がつかないうちに，パワーを奪ったり嫌な気持ちになったりする言葉を，使っていることもあります。そんな悪い魔法使いにはなりたくないものです。

　臨床の現場にいると，プロフェッショナルを目指し，学問の追究，自分のレベルアップに必死です。ともすると，専門用語が普通の言葉としてインプットされていて，知らず知らずのうちに何気なく使ってしまうこともしばしばあります。説明されてもわからない言葉のオンパレードは，飼い主さんの不安をあおることになりかねません。

　また，日々命と向かい合う職場にいると，時間に追われスタッフや家族に感謝の気持ちを伝えるゆとりがありません。自分自身との対話（セルフコミュニケーション）も忘れて，気がつくと自分の本来の目標を見失っていたりします。

　日本獣医内科学アカデミー/日本獣医臨床病理学会2009の教育講演（2009年2月15日，京王プラザホテルにて）の際に「今悩んでいることは？」のアンケートでリクエストの多かったのは，「臨床現場でのコミュニケーション」でした。そのお答えの一端になれば…と思って，言葉のもつ力を具体例をあげてお届けします。

　聞き上手，相づちのプロになろう，禁句シリーズ，説得のコツ，トラブル対策，上手なしかり方・しかられ方，ありがとうの伝え方・心を開く方法など，スタッフの教育に使えるアイデアもたくさんそろえてみました。

1）院長をやる気にさせる魔法の言葉

　不景気になるとやる気をなくす院長（社長）が結構います。院長や社長って，人が思っているより孤独で，皆の仲間入りをしたいのに，プライドや面子が邪魔をして話の輪に入れないでいます。本音と建前のはざまで揺れていても，あからさまにできない日もある院長。じっとして動かない主の木のように病院の柱なのです。ストレスを抱えていても威厳を保つポーズを崩せず疲れている院長さんたちに，どんな仕草や言葉でやる気が出てくるか聞きました。そのコツを考えてみました（次頁）。

(1) 聞き上手になろう

聞いてあげる

わかってあげる

ほめてあげる

　聞き上手のポイントは，この3つで元気が出るそうです。これは院長，社長だけでなく，スタッフ，飼い主さん，友人，夫婦，子ども，先生，生徒 … etc，すべてに通用する魔法の手法です。ペットロスの人も，この3つの展開で心をほどいてくれます。

§ 聞いてあげる

　私たちの生活の中の情報伝達手段を比率で示すと，聞くが62％，話すが22％，読むが11％，書くが5％だそうです【参考文献：久恒啓一編『伝える力』すばる舎】。つまり，聞くことが話すより大切で，聞き上手になるだけで世の中のコミュニケーションの60点，合格がもらえる！というわけです。

　聞いているときの禁句は「いや」「でも」「しかし」で，話をさえぎったり否定したりする言葉です。院長の話が終わるまでだまって聞いてあげます。

　聞いているとき注意することは「早合点」「思い込み」「思い過ごし」「感情的」「過剰反応」です。例えば友達どうしで，「好きと思っていいよ」と言われても「好き」と言っては

<院長がやる気になった言葉集>
- 「院長って，動物と飼い主さんの幸せを，誰よりも深く考えているんですネ」（尊敬しています，という心が伝わる）
- 「飼い主さんには今すぐわかってもらえなくても，コロちゃんと私達は院長の気持ち，よくわかっています」（治療の成果やコミュニケーションがうまくいかなくて疲れているとき，スタッフが理解を示してくれてうれしかったそうです）
- 「さすが院長！ この病院に勤めてよかったです」
- 「院長の病院で働く機会を得たことは，自分の成長が一生保障されたみたいでうれしいです」
- 「ここで働いていることを，誇りに思います」
- 「病院の評判がいいので応募しましたが，ここに来られて本当に感謝しています」
- 「この病院で働けるスタッフは幸せですね」
- 「遅くまでお仕事，いつもお疲れさまです」
- 「院長のおかげで，うまくいきました！」
- 「院長すごい！ 夢は見るものではなく叶えるものなんですネ！ 横浜のエジソンだね！ ノーベル獣医療アイデア賞があったら絶対もらえるのにネ～」（私だけがいつも言っている愛のMessageです）

いないのです！ 落ち着いて冷静に噛み砕いて聞かないと，とんでもないことになっていくこともあります。

§わかってあげる

聞いたら次は「そうですね」とうなずきながら理解してあげます。人は共感してもらえるとうれしくなって元気が出ます。

§ほめてあげる

最後のしめくくりはほめること。「さすがですね！」「すごいですね」タイミングよくほめることは大切で，犬はもちろん人もいくつになっても，ほめられるとやる気モリモリ！ 自分の力以上にがんばります。

（2）相づちのプロになろう

聞き上手は相づち上手と言われているので，院長をやる気にさせる『相づちのプロになろう』をお伝えします。これも院長だけでなく，オールマイティーに使えます。

§タイミング

これがとても大事で，院長（話し手）の波に乗ってリズムに合わせるとうまくいきます。相づちの種類にもいろいろあって，これをマスターしておくとプロになれます。

§うなずく

形に表すことが好印象を揺るがない形にします。1回，2回，3回…とうなずく数も1回だけでなくその都度変えると，相手は話に調子が出てきます。

§間を作る

間は意外な効果をもたらします。早過ぎる相づちは話を聞いていない印象を受けます。間の取り方を心得ている人と一緒にいるとほっとします。絵や書でいうと余白の美。矢継ぎ早のような相づちは疲れることもありますが，上手な間があると，ゆとりの空間を生み出します。

§ボディ・ランゲージ

態度で表すと，効果絶大です。首を傾げて聞いてくれたり，両手を広げてびっくりしてくれたり，片手でポーンと肩をたたかれたように，「やりましたね！」なんて言われると，小さなことが大きなニュースより琴線に触れて心の奥に響きます。

受けたときの言葉は「ハイ」だけでなく，「そうですね」「そう思います」「そのとおりですね」「そうですか？」「本当ですか」と，さまざまとりそろえて心の中にもっていると，習慣になって自然と次々違う返事ができるようになります。

§キーワードの反復

そう言われてもグッド・タイミングのバラエティーに富んだ相づちは苦手という人のための奥の手をご紹介します。「オウム返し」やキーワードの繰返しです。院長（相手）の話の中の重要な言葉を繰り返すだけでよいのです。「そう，アニマルセラピーね！」とか「やっぱりマイクロチップですね」などそんなつぶやきに似た一言があると，自分の話を全部ちゃんと聞いてくれていたんだ！ と安心します。

§Yes, Yes, Noの法則

これも相づちの1つの手段として欠かせません。例えば院長に「まだ検査やってないの？ 遅いなあ！」と言わ

れたとき,「そんなこと言われても忙しいんです」とNo（否定）しないで「すみません」とYes（相手の言ったことを認める肯定）で受けます。「いつまでかかっているんだ！」とさらに追討ちをかけられても「私だって急いでいます！」とNo（口答え）しないで,「なかなか思うようにできなくてごめんなさい」と,もう1度Yes（肯定）で受け止め,「何でできてないんだ！」と言われたら最後に（No）「実は検査の値が高く振り切れたのでやり直しています」すると感情的になっていた院長も,会話のたびに落ち着いてきて最後には「そうか,忙しいのに急がせて悪かったね」と穏やかな口調にもどります。売り言葉に買い言葉で返すと,後で気まずい空気が流れるので気をつけましょう。

§「わかった」は言わない

　思いのほか,これも大切です。特に「わかった,わかった」と連発すると,うるさくて話をさえぎって終わりにしたがっているのが見え見えです。そうなると相手も「そんなに簡単にわかってたまるか！」と思うこともあります。逆に,素直に「よくわからないです」の方が,一生懸命聞いてくれている,質問してきているから理解しようとしてくれているんだと思います。

（3）しかられたとき

　しかられたときどうしてほしいか,どんな態度や気持ちで臨んでくれると院長はうれしいのかを,院長クラスの友人にアンケートしたものをまとめてみました。

　勉強大好きで成績優秀だと,しかられた経験が少ない人もいます。ちょっと注意されたことがきっかけで,登校拒否のように出勤できなくなったりうつ病のようになったりすることもあります。しかられる免疫をつけるのも人生の達人になる秘訣です。

　次の5つをマスターすると,しかった院長もしかりがいがあって,本人も次のステップにバージョン・アップできます。

§素直に聞く

　相手の立場になって,もし自分が院長だったら…と仮定法を使ってみると,しかられたことも理解できて素直に聞くことができます。

§目を見てうなずく

　しかられているときに仕事をしながらとか髪をいじりながらなど,他のことをしながら聞くのは失礼になります。目をそらすのも反抗的な態度に見られるので,院長の目を見ます。場合によってはメモをとりながら聞くと,真剣に受け止めてくれたという印象につながります。そして,しかられた原因や理由に対する疑問を,残さないことがお互いのためです。

§責任転嫁をしない

　他の人のせいにしたり「院長だってこの間 …」など,あげ足を取ることは禁物です。誰がやったことも,Just say yes. Yes we can. で,同じ職場の仲間の共同責任と思って,まず一言「すみませんでした」と謝って,相手の感情を落ち着かせてから事実の説明をします。

§期待されている証拠

　しかられても,自分はダメな人間だと思わないでプラス思考！ 院長は私に期待しているから「私を育てよう！ もっと伸びると思っているからしかるんだ！」と思うと,落ち込まずに済みます。行動や行為を否定されただけで,人格を否定されたわけではないことを忘れないようにします。

§反省と感謝の気持ち

　最後に必ず「ありがとうございました。今から気をつけます」と反省と感謝の気持ちを述べます。院長もしかるときは相当気を使っているので,ストレスになっているからです。もし院長の勘違いだったり,事実と異なることがあったら,このときに話します。「実は〜なので…だったんです」と穏やかに冷静に,事実や本心をデータやメモなどを添えて伝えます。

　さて,その後（翌日）の態度がポイントで,しかられた後のコミュニケーションは,相手（院長）の出方を待っていないで自分からとることです。院長はプライドが高いので,本当はちょっとしかり過ぎた,言い過ぎたと思っても「ゴメン！」が言えません。気になっていても態度に出せません。いつも通り,いいえむしろ,いつも以上元気に「院長！おはようございまーす!! 昨日はすみませんでし

た♥」と，先に声をかけてあげると，ほっとします。この人はやる気，根気があって，いつまでも一緒に仕事してくれそうだ，ずっと大切にしようと心の中で誓います。

しかり方のコツ

「しかるのが難しい」という質問を受けることがあります。誰でもほめるよりしかる方がずっと難しく，多くのエネルギーを使います。うまく伝わらないと，スタッフとの関係がギクシャクします。相手を不快にさせないで上手に苦情（文句）を伝える，後味のよいしかり方のポイントは，次の5つです。

§感情的に責めない

スタッフや飼い主さんの前で大声で注意しない，過去のことを蒸し返さない，他人と比べないなどが大切で，感情的に責めても反省する気持ちや行動にはつながりません。

§理由を具体的に

「この間のことだけどアレやめてよ。その前もそうだよ」ではわかりません。5W1Hの，いつ・どこで・誰が・何を・こんな訳なので，こうして欲しい。しかる理由は具体的に示さないとわかりません。

§要望，命令はお願いに変える

「～しろ」ではなく「～してもらっていい？」「悪いけど…」「すまないけど…」と相手に敬意を払い，要望や命令はお願いすると，同じことでもスムーズに事が運びます。

§感謝とねぎらいの言葉を添える

「やり直してくれたおかげでうまくいったよ」「遅くまで悪かったね」いつも相手の立場に立って相手を気遣うクッション言葉を入れると，しかり方のプロになれます。

§メールでしからない

不平，不満，苦情はメールで送らないことです。メールでしかると，しかられた人は何回も繰り返し読むことになります。それを院長に反発できないと，第三者に転送してストレスを解消する危険もあります。地雷を送ったようなものです。間違って万一別人にメールがいくこともあります。ときには，イメージを壊すことになります。しかるときは1対1で目を見て…を原則にしたいものです。

余談ですが，院長（社長）をしかるときもこの5つは使えますので参考にしてくださいね。

2）MR（医薬情報担当者）さんを喜ばせる魔法の言葉

動物病院の仕事は多岐多様にわたっています。忙しいところに急患も入るので時間が不規則です。調べたいなあと思っていることも，あっという間に日時が過ぎていきます。

わが家の年1回の最大イベントは世界小動物獣医師大会への参加で，院長の獣医療のアイデアの英語版と私のお悔みカード（イラスト付き五行歌の英語バージョン）を世界の獣医師に配ってお友だちになること。ところが，その

＜MRさんを喜ばせる言葉集＞

- 「～さんって，期待以上のことを調べてくれるから，感激だわ」
- 「～さん，無理を聞いてもらって悪かったね」
- 「～さんのおかげで，新しい情報がいながらにして手に入ってうれしい」
- 「～さんに聞けば，薬（フード）のことをわかりやすく説明してもらえて大助かり」
- 「～さん，薬理学（栄養学）のプロだから勉強になるよ」
- 「～さんって，すぐ対応してくれて気持ちいいね」
- 「～さんのおかげで飼い主さんに喜ばれたわ」
- 「～さんって，えらいよね！提案されるアイデアがうれしいわ」
- 「～さんって，フットワークいいね。見習わなくっちゃー」
- 「～さんがすぐ持って来てくれたから，院長からもよろしくって言ってました」
- 「～さんのおかげで院長に在庫不足って，指摘されなくてよかったぁ」
- 「～さんの裏情報が何よりのネタで，早めに対応できてありがたいわ」
- 「上司の命令を聞くイエスマンと違って，自己判断と責任で仕事ができるビジネスマンだね」
- 「商品を売るだけじゃなくて，気が利いていて助かっちゃう」
- 「病院の立場で気がつかないところを教えてくれる人だね」
- 「飼い主さんの立場で考えて教えてくれることがうれしいよ」

© H.SHIMIZU

国のペット事情を調べなくっちゃ！ と思っていても間に合わなくなります。そこで発揮するのが，日頃からさまざまな情報を毎週届けてくれるMR（医薬情報担当者）さんの力です。

それには日頃からMRさんを大切に，まず名前を覚えます。「共立製薬さん」「ヒルズさん」「アイムスさん」とか会社名でなく，たとえ自分よりずっと若くて新人さんでも「～君」でなく「～さん」，「君」から「さん」になると社会の一員として認めてもらった気持ちになって「よーし，がんばるぞー！」と気合が入るそうです。

訪問国のペット事情をはじめ，たびたび値上がるフードの当病院のシステムに合わせた価格表（小数点以下の切捨て）など，直接売上げにつながらないこと，業績にならないことでも喜んでこなしてくれます。もちろん気持ち程度で，インセンティブ（incentive：お礼）を必ず差し上げます。学会で行った土地の絵はがき，お菓子，カードなど，その人のイメージでプレゼント。

ベストな関係を築くコツと，ありがとうの力の伝え方をご紹介します。

（1）ベストな関係を築くコツ

まず「ベストな関係を築くコツ」です。MRさんに限らず，誰とでもベストな関係になれます。

§人柄×頻度＝ベストな関係

米国の心理学者，ロバート・ザイアンスさんのザイアンスの法則によると，「人間は知らない人には攻撃的で冷淡な対応をする。人間は会えば会うほど好意をもつようになる。人間は相手の人間的な側面を知ったとき，より多く相手に好意をもつようになる」そうです。そう言われてみると，メールや電話で済むことも多く便利な時代ですが，注文がなくても毎週毎週こまめに顔を出してくれるメーカーさんには親しみを覚えます。趣味や生まれ故郷や家族の話が会話の合間に見えると，共通点が見つかったりすることもあって，お互いにうれしくなります。仲よくなると絆が少しずつ太くなります。

§三好をもつ

三好（好意・好感・好印象）【参考文献：箱田忠昭『反論の技術』すばる舎】。つまり"愛されキャラ"をもっている人から頼まれたことはなかなか断れません。惚れた弱みみたいに，ついつい喜んで引き受けてしまうものです。そこで何はさておき，MRさんの名前をしっかり覚え，惚れてもらえる関係に育てます。それにはMRさんが自社の商品のカタログや説明書を持って来てくれたとき，アイコンタクトでうなずく，相づちを打つ，さらにもう1つのポイントは，質問をすることです。こうしてコツコツ積立て預金をするように，「ノー」と言いにくい間柄に，心の通帳に信頼の残高を増やしていきます。

§心の合鍵

心の合鍵を手に入れたらしめたものです。落としたりしないように気をつけます。鍵穴がなくて苦労する人や，逆に心の扉がオープンでさっと仲よくなれる人もいます。ゴールまでの道のりは皆違います。ゆっくりじっくり，すてきな関係を築きます。

§クロージング・トーク（決め言葉）

最後にストンと心のひだに沁み込むセリフをいくつか用意しておくと琴線にふれて，感動が次の行動につながって，まめに動くフットワークのよいMRさんになってくれます。「さすが～さんの言う通り！ 猫が大喜びで食べてくれたわ」「すごい！ 大助かり，飼い主さん用のフードカード（図6-2）もう作ってくれたの！」商品を買ってあげているんだから当たり前，などと思わないで喜びをたくさん伝えて感謝します。

（3）「ありがとう」の伝え方

「ありがとう」ほど元気をくれる5文字はありません。ところが，忙しかったり仕事だから当然と思って，「ありがとう」を伝えていないことがよくあります。

§感謝は形に

何か調べてもらったり頼んだものを持って来てくれたときは，ちょこっとでも形に表します。小さなごほうびが次のステップにつながります。コーヒー1杯でも飴やチョコ1個でも，気持ちを伝えましょう。

§「がんばってね」より「がんばっていますね」

ささいなことですが，語尾の言葉1つで，温かい気持ちに変わります。「がんばっていますね」の方が，日頃の努力を認めてもらった気分！ で，もっとがんばります。

§提案・目標を共有

動物病院の仕事は，MRさんが情報を提供してくれて初めて成り立っていることを忘れてはいけません。そのためには，こっちが頼んであげているというような権利意識やプライドは捨てて，「おかげさまの精神」でお互いの夢や目標を共有します。売りたい新商品，伸ばしたい品目など

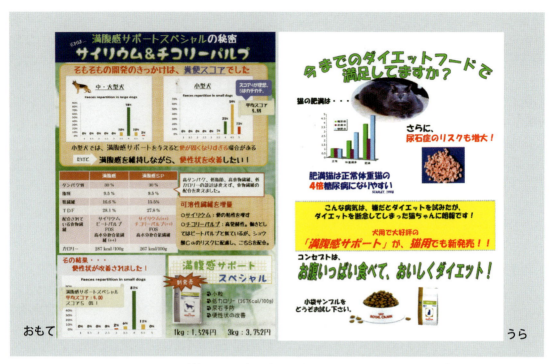

図 6-1　MR さんが持ってくる飼い主さん向けのチラシの例（B6 サイズ）

図 6-2　MR さんが作ってくれたオリジナルのフードカード
　　　　（名刺サイズ）

は理由を聞いて納得したうえで協力します。

「このパンフレットの小さいのが欲しいな」「こんなカードがあると便利なんだけど …」こちらの提案が会社にとってもプラスになることもあります。うちの病院では MR さんとアイデアを出し合いながら，フードカード（図 6-2），マイクロチップ普及パンフレット（表 6-1，図 6-3），心臓病のパンフレット（図 6-4）などを作りました。皆さんもオリジナルのパンフレットを作ってみませんか？

現場の生の声が実際に役に立ち，売上げに結びつくように企画提案できると，お互いに仕事が楽しく数字につながっていきます。「ありがとう」や「おかげさま」の 5 文字は心と仕事を育む魔法の言葉です。

表 6-1　マイクロチップ装置の現状		
		装置率
犬	585,237 頭	5.1%
猫	128,108 頭	1.3%
その他の動物	3,624 頭	
計	716,969 頭	

（一般社団法人ペットフード協会，2013 年 1 月 14 日現在）

国が推奨しているにもかかわらず，日本のマイクロチップの普及率は，他国に比べるとまだまだです。

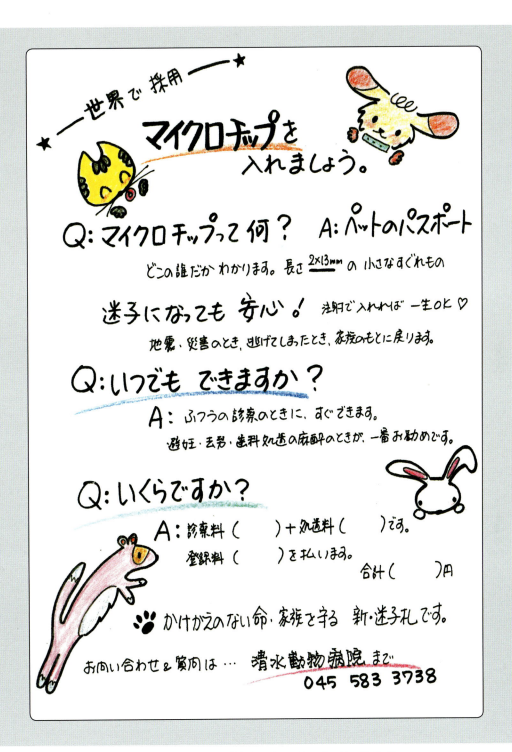

図6-3 マイクロチップ普及のパンフレット（A4サイズ）

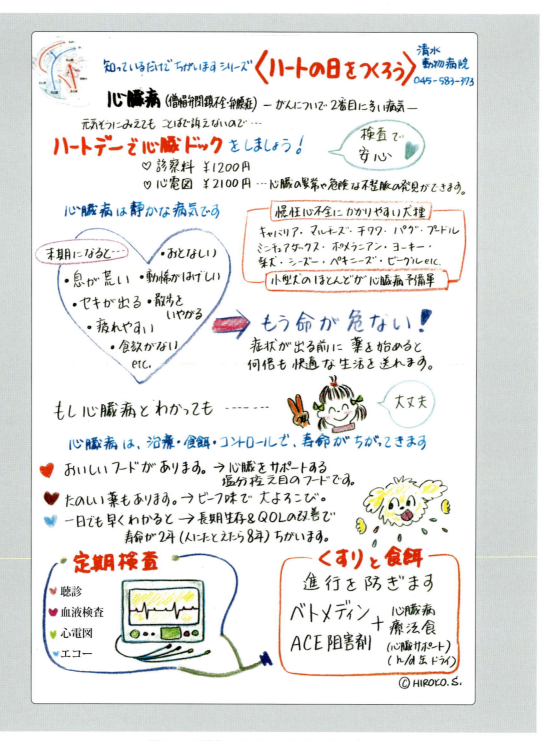

図6-4 心臓病のパンフレット（A4サイズ）

3) スタッフと仲よくなれる魔法の言葉

人は，資格・職種・能力・技術などのハードな部分と，志・やる気・モチベーションなどのソフトな部分でできあがっています。ソフトな部分，すなわちメンタルな部分は，プラスにもマイナスにも変えることができます。病院のスタッフは人財で宝です。磨けばピカピカ光ります。それにはまず，名前をフルネームで覚えること。そして，人はチャンスを与えてあげれば無限に能力発揮できます。

「悪いオーケストラはいない。悪い指揮者がいるだけだ。(ビューロー：人名)」という世界の名言があります。心をこめた感謝の言葉や態度や，頼りにしている期待感を伝えることで，スタッフは安心して仕事ができます。上から仕事を押し付けるタイプの上司より，小さなことでもほめて，その人の得意なことや本人も気づいていなかった良さを引き出していくタイプの上司の下で働く方が，仕事が楽しくなります。スタッフが生き生きするだけでなく，今の上司や仕事場から離れることにさみしさを感じるようになったら，しめたものです。

自分の人生を振り返ってみても，ほんの一言で人は感動し，感謝し，やる気を起こし，行動に移すようになります。逆に，つい感情的になって放ってしまった言葉は凶器となり，心に突き刺さったナイフは相手を深く傷つけてしまいます。かさぶたができて，一見治ったように見えても傷跡は残っています。

スタッフと仲よくなれるように「4つの人ざい」，「いつも感謝」の具体例，「4つの報酬」についてお伝えします。

(1) 4つの人ざい

"人ざい"には4つあるそうで，①「人在」…数合せでいただける人 ②「人材」…メンバーの一員だけどスキルはいまいち ③「人財」…スキルもモラルもばっちりの宝物。こんな手放せないスタッフに育てたいものです。ここまでの人になるとスタッフ満足度（ES：employee satisfaction）も高く，こういう人が働いていると仕事の効率もアップし，顧客満足度（CS：customer satisfaction）も上がります。

ちょっと困るのが，④「人罪」…スキルもモラルも不足しているだけでなく，人や仕事の足をひっぱる人です。従業員に自分はこの4つのどこに入っているかを自問自答してもらって，自覚をもって勤務してもらいます。

＜スタッフと仲よくなれる言葉集＞
- 「〜さんと一緒に仕事ができて楽しいよ」
- 「〜さん予定を立てるの上手だネ」
- 「〜さんなら，きっとできる！」
- 「さすが，〜さんはよく気がつくね」
- 「〜さんは考えることが違うね」
- 「〜さん，期待しているよ」
- 「〜さんのこと，飼い主さんがほめていたよ」
- 「〜さん，また頼むよ」
- 「〜さんがいるから，□□できるんだよ」
- 「〜さんはかゆい所に手が届くね」
- 「〜さんは人財，財は財産の財だよ」
- 「〜さんは，時間のバランスとるの上手だネ」
- 「□□ができるのは，〜さんしかいないよね」
- 「〜さん，朝早くから夜遅くまでがんばっていたね」
- 「〜さんだけだよ，ここまでやってくれるのは」
- 「〜さんは，飼い主さんの記憶に残る仕事（対応）をしますね」
- 「〜さんは，必ず期待以上のことをしてくれるので助かっています」
- 「〜さんは，いつも飼い主さんと同じ方向をみて，お話ができますね」
- 「〜さん，判断も速い！仕事も速い！」
- 「〜さん，普段の心がけが生きているね」
- 「〜さん，具合悪そうだね。無理しなくていいよ」
- 「〜さん，あまり気にしなくていいよ，大丈夫。たいしたことないよ」
- 「〜さんは，うちの病院にとってかけがえのない宝物」
- 「〜さんは，仕事（病院）を離れても大事な人なんだよ」
- 「〜さん，君の気配りにほれた！長年一緒にいる嫁さん以上」

また，経営者の皆さんは，たとえ「人罪」の人でも良いところを見つけて伸ばして「人財」に育てるのも仕事の1つです。ESを伴わずにCSだけをスタッフに求めると，スタッフは燃え尽き症候群になってしまいます。

外資系の某コーヒーチェーン店では，スタッフを従業員と呼ばずにパートナーといいます。そして，店長自ら先に

パートナーに「おはよう！」と声をかけます。誰が上とか偉いのではなく，皆同じ目標を共有する仲間という意識で働いています。店長が一番謙虚だったりします。私達がこの空間がお気に入りの訳は，珈琲の味のみならず，スタッフに癒されるからかもしれません。このコーヒー店での指定席（?），この原稿を書いたり校正したりは，至福のひとときです。

（2）いつも感謝

名前を呼んで「～さん，ありがとう」が基本ですが，次の３つを念頭においてスタッフにはいつも感謝の気持ちで接します。

§プラスのストローク

心がプラス思考になれる希望の言葉や前向きのメッセージを投げかけます。「やる気のある笑顔だね！」「目がイキイキしているね」「雰囲気がやわらかくなったね」プラスの言葉は，心を養ってくれます。

§ホメホメサンド

始めにほめる，次にしかる（感情的に怒るのは禁物），最後はほめる。つまり，ほめることとほめることの間に言いたいことを伝える，味のあるサンドイッチです。しかるだけだと，おもしろくなくなって働く気力がなくなります。実例をあげてみますね。

> ex. まずほめる「忙しいのにがんばっていてありがとう」，それから一言「検査台がちょっと汚れていたよ」，そしてほめる「いつの間にか検査してくれてるから助かったよ」

> ex. まずほめる「もうごはん炊いちゃったのー？」，それから一言「あと１品あるとうれしいんだよね！」，そしてほめる「だってパパの味付け，世界一だもん」

２番目の言いたいことだけ（指摘したり，しかるだけ）は，反感を買うことになりかねません。最後はほめると終わり良ければすべて良しで，すっきり。命令でもお願いのように錯覚し，どんなこともスムーズに運びます。

§サンキューカード（図6-5）

忙しかったときや大きなイベントがあったとき，ありがとうを言うだけでなく，一言添えたサンキューカードを出します。「仕事が早くなったね」「よく気がついてくれて助かった日でした」「早出ご苦労様」など。できればありきたりの言葉より，オリジナルのフレーズだと心に残り，またこの人のために腕を磨こう！と思う人になります。私たちの病院では，忙しかった日は高級アイスクリーム，ハーゲンダッツのドルチェなどが出ます。毎月のお給料袋の中にありがとうのミニレターを入れて，そこに今月のエピソードと来月の予定を書きます。

いつも助かってる！と十分わかっていても，なかなか面と向かって感謝の気持ちを伝えていないことが多いです。小さなメモでも書いて伝えることの方が気楽にできるし，読み返したいときに何度でも見ることができるので，いつでもどこでも温かい気持ちになれます。

（3）４つの報酬

病院（会社）がスタッフに与える報酬は主に４つで，「心・仕事・お金・時間」です。お金だけ十分与えているからと思っていると，もっと出してくれるところへ行ってしまいます。つまり，前者２つの心と仕事が欠けているとコシ抜けになり，スタッフは長続きしません。スタッフは宝物なので上手に育てて，楽しく働く，「喜働集団」にしましょう。

§心

心が元気になって喜ぶことを与えます。ほめたり認めたり感謝したりすると，ここで長く働こうという心が育ちます。お誕生日会や結婚記念日や資格を取ったときなど，本人のアニバーサリーをふくらませましょう。

§仕　事

本人が希望の仕事に挑戦し，資格や能力をつけるお手伝いをしてあげると心から喜びます。トレーナー，トリマー，VTの３級，２級，１級，専門医など，潜在能力を引き出

図6-5　サンキューカード

すことも経営者の腕の見せどころです。セミナーの参加も助けてあげて，スキルアップもしてもらいます。

§お　金

おさいふや懐が喜ぶ，仕事の内容にふさわしい給与やボーナスの他，社会保険や退職金などは十分でしょうか。責任の重いハードな職場なので，もし自分が従業員，スタッフだったらと置き換えて，それに見合った世間並みの報酬を差しあげましょう。

§時　間

労働時間は大丈夫ですか？ 労働基準法の週40時間を守ってスタッフの健康を大切にします。時間に終わる職場だと，ストレス解消，趣味，映画，スパ，そしてお友だちとの約束もできます。

お金だけでなく，笑顔や言葉でも報酬を用意し，やりがいのある病院になるような仕事を与えます。相手の立場になって健康を気遣い，不平不満を受け止めてあげると，信頼関係が築けてお互いの絆が太くできます。感謝をしていても，言葉や態度で形にしないと伝わりません。名前を呼んでほめる，関心を示す，同じ気持ちになるなど，ハートに届くオリジナルのフレーズで，今日から早速実行しましょう。

(4) スタッフが不満を抱く言葉

逆に，スタッフが言われると嫌な，言葉や対応もあります。スタッフは不満を抱いてしまいます。スタッフと仲よくなれた！と思っても，ささいな言葉で傷つけてしまうと今までの苦労は水の泡。辞めたくなるのはどんなときかを聞いてみました。

正論や理屈で責め議論で勝っても，スタッフが納得したわけではありません。筋道の通った主張で人の心が開くとは限らないので，スタッフと意見が合わなかったときはまずは"ホメホメサンド"がおすすめ。始めにまず日頃の感謝，次に伝えたい考えやポリシーを一言，感情的に怒るのはやめます。最後は，ほめ言葉で締めくくります。

例えば，タバコをやめて欲しいとき。「タバコは周りの人や動物ががんになる率も高いから，人の迷惑だし，そこで集中力が切れているのが見え見えだぞ！」と正論で責めるより，「うちの大事な宝物だから，いつまでも健康で長く勤めてもらいたくて，お願いがあるんだ」と言って，やんわり説得する方が，受け入れて聞いてくれるかもしれません。

マイナスの言葉や中傷，誹謗，卑下する対応をされたとき，負けるものかと闘志を燃やして努力をして伸びていく人は，ごく限られた人です。ふつうは自信を失くし，この仕事は自分に向いていない，この分野や領域で生きていくのは辛いと感じて，仕事を辞めてしまいます。

ストレスやうつ病の予備軍の早期発見は次の3つです。
①勤務時間：欠勤，遅刻，早退が多くなる。
②勤務態度：能率の低下，泣き言を言う，ミスが増える。
③退職希望：辞めたいと，相談に来る。

病院内で相談できる人がいないときや重症の場合は，臨床心理やコーチングの専門家に依頼するのも，雇用者の努めです。

不満のサインの簡単な覚え方は"ケチな飲み屋"で，ケ：欠勤，チ：遅刻，ナ：泣き言を言う，ノ：ノルマや能率の低下，ミ：ミスが目立つ，ヤ：辞めたいと言い出す … です【参考文献：白鳥俊朗『できる上司は「しかけ」を使う』知的生き方文庫】。

> ＜スタッフにきらわれる言葉集＞
> - 「何度も言ってるじゃない」
> - 「見ているとイライラするんだよ」
> - 「君の出る幕じゃないよ」
> - 「どう言ったらわかるんだ」
> - 「君には関係ないよ」
> - 「だから言ったじゃない」
> - 「おまえにしては珍しくよくできたな」
> - 「どうせ□□なんだから」
> - 「いつも暇そうでいいね」
> - 「君のこと，信じ過ぎていたよ」
> - 「どこへ行っても，受け入れてもらえないと思うよ」
> - 「いつまでもそんなことでどうするの」
> - 「君を認めてくれるところはないと思うよ」
> - 「自分中心過ぎるよ」
> - 「もっと早くできないの？」
> - 「すぐ否定的に考えないで」

企業の企という字は「人を止める」と書き，社員を見守ることも大事です。ご縁があって同じ仕事を一度でも一緒に手伝ってもらった人は，できることなら丸ごと受け止めて，大切に育ち合いたいものです。

(5) 動物看護師（VT）が長く続いている理由

獣医内科学アカデミーのときのアンケートに「VTが長続きしなくて困っています」という記述が多かったので，15〜25年勤めているVTさんたちに，長続きの理由をそっと聞いてみました。給料やボーナスや有休の有無の人は，1人もいませんでした。

- 動物や病気に対する病院や先生の考え方が，自分と合っている。
- 自分のやりがいや役割が見つけられたこと。
- 患者さんに信頼してもらえている実感がある。
- 多少不満があっても，他院を探すだけの気力には繋がらなかった。
- 動物の仕事だけれど人との関係が大切なので，前向きの会話やコミュニケーションがたくさんある。
- 実際の家族や恋人より長く一緒にいるので家族以上かも。
- 文句はあっても仕事が好き。動物が気になるし，やりたいことをやらせてもらっている。
- スタッフとの相性が一番で，人間関係がスムーズ。
- 院長と性格が正反対でも，到達するゴールが同じならOK。
- 尊敬できる部分が1つあれば，信頼は生まれるもの。
- お互いに地雷の部分をつっつかなければ，関係はうまくいく。
- 頼りにされて，押し付けではなく信頼して任せてもらえると，やる気や生きがいが生まれる。
- ふつうのVTよりは，かなり我慢強いと思う。
- 検査が好き。興味深い手術がある。仕事をせかされない。自分のペースや感覚で仕事ができる。
- 飼い主さんとの他愛のない会話ができ，笑顔で帰ってくれることが，うれしい。
- 末期の動物の飼い主さんに，院長が冷たい言葉を浴びせていると，カチンとくるけれど，忍耐力でカバーしている。
- ほめるということは，その人をよく見ていることだから，ほめられるとやる気が出る。
- 寝たきりの動物の飼い主さんに，介護のアドバイスをしてあげると，明るい顔になって帰っていかれる。それがごほうびで，長続きしている。
- 経営のことだけでなく，動物や飼い主さんを大切にしている。
- 看護師の会やVTの仲間と年に数回会って，情報交換をしたりぐちをこぼせると，多少嫌なことがあっても，がんばれる。

4）飼い主さんの心を開く魔法の言葉

厚生労働省の白書によると獣医療もサービス業。私達の動物病院に来た実習生によれば「動物病院は愛情業！」。クッション言葉を入れて，やわらかくわかりやすいインフォームド・コンセントはもちろんのこと，トラブルやクレームにも，対応する必要があります。病気の詳しい説明も大切ですが，温かい希望の言葉も，同じくらい必要です。たとえ医学的に正しいことでも，正論で飼い主さんを追い詰めたり責めたりすると，動物を飼ったことがトラウマになります。心の扉は自動ドアではないので，近寄っても自然に開いたりしてくれません。心に届くコミュニケーションや情熱の鍵で開いた扉は，難しい結果になっても，一緒に乗り越える力になります。

数年間，あるペットロスのエッセイ・コンテストの審査員をしました（第4章123-124頁参照）。そこには飼い主さんの生の声が届きます。その一つに，獣医師やスタッフに言われて励みになった言葉がありました。「がんばっていますね。一緒にがんばりましょう」と言われた時，味方が増えて1つのドラマを一緒に作っている気持ち，家族になってもらった気持ちになったそうです。逆に別のエッセイでは，何気ない一言で傷ついたり怒りを覚えた飼い主さんも，いました。

危険をはらむ言葉，トラブル解決法，クレームの種類と処理，答えのコツ，心を開く方法，クッション言葉についてお伝えします。

(1) 危険をはらむ言葉

聞いたときに，送り手側と受け手側で，お互いの思っていることが勘違いをしたり，違うニュアンスで伝わる言葉や，傷つけるつもりはなくてもトラウマにさせたりする言葉があります。

§専門用語

難しいことは，かみくだいた言葉に置き換えて，やさしくわかりやすく，さらにやさしいことをプラス思考で楽しく「良かった探し」をして説明します。それには，年代別，職業別，男女別に，臨機応変の説明や言葉遣いをしないと，理解してもらえません。

最近，専門用語が一般の人に正しく理解されていないとよく言われます。そこで国立国語研究所「病院の言葉」委員会の表を参考に独自のプリントを作りました。専門用語はなるべく避けて，飼い主さんに合った言葉，口調，心で話すと，親切＆思いやりになります。「輸液」は「命の水」にしたり，「入院」は「今日からちょっとうちの子になろうね」と言ってみたり，スタッフと一緒にいろいろ考えるとよいですね。言葉で病気が治るわけではありませんが，心で理解して初めて治療がスタートし，心が満足しないと，治ったことにならない場合もあります。

§禁　句

動物病院の臨床の現場で，使わない方がよい言葉を集めてみました。スタッフが習熟してほしいことの1つです。

1 **心配になる言葉**：不安な言葉（例：死にそう，苦しそう），モラルのハラスメント（例：バカな犬）

2 **差別用語**：気が狂ったように（きちがいのように）吠える→何回も大声で吠える

　　つんぼ→聴覚障害者

　　目くら→視覚障害者，盲人

　　びっこ→足をひきずる

など，悪気はなく使っている言葉も，聞く人によっては不快になるので，気をつけます。

3 **体に関するもの**：チビ，デブ，ハゲなど

4 **性格に関するもの**：わがまま，頭が悪いなど

5 **私語や笑い声**：病院はいろいろな状況の方がいるので，心が乱れるような会話や声には，注意を払います。

6 **悪口**：人の悪口も動物の悪口も自分の耳に一番に入ってきて，心にもワインの澱（おり）のように少しずつたまってよどんでいくので，やめます。

7 **絶対～**：医療現場では絶対治る，絶対治らないと決めることはできないので，「絶対」は使わない方が安心です。

8 **その場しのぎ**：わからないとき適当に答えたりしないで，調べて正しい情報を伝えます。知ったかぶりをすると，後で自分が困ります。

<**飼い主さんの心を開く言葉集**>

聞く姿勢を持っていると，人生の80％は成功するそうで，聞き上手は成功が早く，相手の心を癒し，好かれる人になれます。そして聞いてあげる・わかってあげる・ほめてあげるの3つの法則で，飼い主さんが動物を飼って楽しい・動物病院に行ってよかった・もっと飼いたい・また飼いたい…そんな心にできたらよいですね。笑顔が一番！

- 「こんにちは。雨（風・寒くて・暑くて）で大変でしたね」（目を合わせて）
- 「～さん，お忙しいのに大変でしたね。～ちゃん，連れてきてもらってよかったね」
- 「～さんに似て，～ちゃんチャーミングですね」
- 「～さん，このカルテの太枠内にご記入をお願いします。わからないところは何でも聞いてくださいね」
- 「～さんの，～ちゃんはさすがにいい子で助かります」
- 「～さんちの，～ちゃんはアイコンタクトができてかわいいですね」
- 「～ちゃんはかわいがってもらっているから，言葉がよくわかりますね」
- 「～ちゃんはちゃんと人の目を見て，よくお話をきいて，おりこうですね」
- 「～さん，～ちゃんの流動食は人肌であげるので，犬肌（猫肌）の温度にあたためてね」
- 「～ちゃん，今日はうちの子になってネ。仲よくしてね」（処置・手術・ホテルで預かる時）
- 「～さん，～ちゃんの心配はうちと半分こしましょうね」
- 「～ちゃんは，～さんちの子になって幸せですね」
- 「～さん，私たちにできることは遠慮なく，おっしゃってくださいね」
- 「～さん，小さいことでも気になることはいつでも聞いてくださいね」
- 「～さんのご家族と，～ちゃんが幸せに暮らして行けるよう，これからずっとお手伝いさせてください」
- 「～さん，～ちゃんお大事に。よくなるといいですネ。気をつけてお帰りください」

---

9 **水かけ言葉**：「ふつうはこうですよ」「だからどうなんですか」など，相手の気持ちに水をさすような否定的な言葉は，心を閉じさせてしまいます。

§あいまい語

1 **様子をみる**：「様子をみてお越しください」というと，

表6-2 専門用語をやさしく解説

むずかしい専門用語を，やさしい言葉におきかえて説明することは，飼い主さんに対する親切＆おもいやりです。

用語	説明
悪性腫瘍	「がん」のこと。皮膚や内臓などの上皮性組織の悪性腫瘍はがん腫，筋肉・骨・血管・脂肪・細胞などの間質性の悪性腫瘍は肉腫と呼ぶ。
リンパ腫（悪性リンパ腫・リンパ肉腫）	リンパ球をつくる細胞が，悪性に変化したもの。
アトピー性皮膚炎	アトピーとはアレルギーを起こしやすい体質のこと。強いかゆみをともない，四肢や耳の周囲に左右対称性の皮膚炎がみられる。
アナフィラキシー	急なアレルギー反応によりショックを起こし，死にいたることがある。
アフラトキシン	カビから作られる毒素。がんや奇形の引き金になる物質。
イレウス	腸閉塞のこと。腸の中を食物が移動できなくなった状態。生理的に腸が動かないものも含む
インスリン	膵臓で作られるホルモン。血液の糖をコントロールする。不足したり作用しにくくなると，糖尿病になる。
院内感染	病院で，病原菌に感染すること。
インフォームド・コンセント	医師から，十分な説明を受け，よく理解した上で同意すること。
ウイルス	細菌よりずっと小さく，ふつうの顕微鏡では見えない病原体で，動物の細胞を利用して増殖する。
うっ血性心不全	血液の流れが滞って，心臓がうまく機能しない状態。
エキゾチックアニマル	犬・猫以外のペット。ウサギ・フェレット・ハムスター・モルモット・トリ・カメなど。
壊死	組織の細胞が死ぬこと。
エビデンス	学術的に証明された根拠。
炎症	けがや感染を受けて，組織が充血して赤くなったり，腫れたり，痛みを伴う状態。
黄疸	肝臓で作られる胆汁の色素が，血液中で増加するため，皮膚や粘膜が黄色くなる状態。
潰瘍	皮膚や粘膜の表面が失われて，くぼんだ状態。
化学療法	薬物（抗がん剤）による治療のこと。
かかりつけ（医）	幅広く診てくれて，相談にのってくれる身近な医師。ジェネラリスト⇔専門医（スペシャリスト）
合併症	病気や医療行為に伴って起こった病気。
カテーテル	検査や治療のために体内に入れる管。
がん	がん腫と肉腫を含めた悪性腫瘍のこと。無秩序に異常な細胞が増えていく病気で，転移や浸潤（がん細胞がまわりの細胞に入り込んで広がること）を起こしやすい。
寛解	完全に治っていないが，症状が落ち着いて安定した状態。
肝硬変	肝細胞が失われて繊維状の硬い組織に入れ替わった状態
間質性肺炎	酸素を取り込む肺胞にまわりの組織が，炎症を起こした状態。
緩和ケア	治ることが難しくなり，痛みや苦しみを和らげることを主体とした医療。その施設を，緩和ケア病棟（ホスピス）という。
既往歴＝病歴	今までに起こしたことのある病気や手術の履歴。
狭窄	消化管・気管・尿道などの通り道の組織が狭くなること。
虚血性心疾患	心臓に栄養を与える動脈（冠状動脈）の血管が流れにくくなる病気（冠状動脈狭搾・狭心症・心筋梗塞などが含まれる）。
クレアチニン	筋肉の中で代謝されてできる物質で，腎臓の働きが悪くなると上昇する。
クオリティーオブライフ（QOL）	生活を心地よく過ごすための質の高さ。
クリニカルパス	治療内容のスケジュールをわかりやすく記したもの。
菌血症	血液中に細菌が入り込んだ状態。
ケアプラン	介護や生活支援のサポート計画。
血栓	血液内で固まった血液のかたまり。
血糖値	血液中のブドウ糖の濃度。
抗がん剤	悪性腫瘍（がん）の細胞に作用して，増殖を抑える薬。
抗菌剤	細菌の細胞に作用して，増殖を防ぐ薬。抗生物質も含まれる。
抗生物質	かびや放線菌などが作る物質。細菌・がん細胞・寄生虫などを退治する薬がある。
抗原	抗体を作らせる物質。細菌，ウイルス，アレルギーの時の花粉・ダニ・カビ・食物など，含まれるタンパク質が抗原となる。
抗体	細菌やウイルスなど抗原に対して，免疫作用によって作られる物質で，本来はからだを守るためにできるもの。
誤えん	間違って気管の方に食物が入ってしまうこと。
コンプライアンス	医師や獣医師が指示したとおりに薬を正しく飲んだり，生活上の注意を守ったりすること。
歯頸部吸収病巣	ネックリージョン。猫で歯肉下によく見られる病変。歯を吸収する細胞が活発になり，セメント質が侵食される。
歯周病	歯肉が赤くなる歯肉炎，歯石の付着，歯槽膿漏などの総称。増えた細菌が血液中に入りやすく，心臓，腎臓，肝臓などの病気の原因になることがある。
重篤	病状が極めて悪いこと。
腫瘍	細胞が異常な細胞に変化し，しこり状になったできもの。
腫瘍マーカー	がんの進行とともに血液中に増加する物質で，がんの判定の目安になる検査項目。

表6-2 専門用語をやさしく解説（つづき）

用語	解説	用語	解説
ショック	抹消の血管に十分な血液が流れなくなり，危険な状態のこと。	肺水腫	肺がむくんで，酸素交換をする肺胞の中やまわりに水分がたまって，呼吸困難になった状態。
術後合併症	手術・処置・検査などに引き続いて起きる病気。	白血病	血液中の白血球を作る細胞のがん（血液のがん）。
浸潤	がん細胞がまわりの組織に入り込むこと。	日和見感染	からだの抵抗力が落ちたために，普通は害のない細菌やカビなどにより病気になること。
振戦	無意識に筋肉が収縮してふるえること。		
腎不全	腎臓の機能が低下した状態。	貧血	血液中の酸素を運ぶ赤血球が少なくなること。
髄膜炎	脳や脊髄を包んでいる膜に炎症が起きて，吐き気・発熱・けいれんなどの症状が出る病気。	副作用（副反応）	薬の本来の目的とする作用以外の反応のこと。
水晶体核硬化症	年齢が進むと水晶体（レンズ）は弾力性が失われて硬くなり，青白く見えるようになる。白内障とは異なるので，光は透過する。	プライマリーケア	病気になった時に，最初に総合的に診療をする基本的な医療・獣医療のこと。
		ホスピス	治療が難しくなった時に，快適に過ごせるような医療を受ける施設。
ステロイド	一般には副腎皮質ホルモン剤のことをいう。炎症や過剰な免疫の働きを抑えたりする。	ポリープ	皮膚や粘膜にできる，根元がくびれたかたまり状のもの。
生検	組織の一部を採取して，顕微鏡などで調べる検査。	慢性腎臓病	腎臓の細胞（ネフロン）が徐々に失われて，有害な物質をろ過しにくくなる病気。一般に尿量が増えて水をよく飲む。
セカンドオピニオン	納得してより良い医療・獣医療を受けるために，別の医師・獣医師の意見を聞くこと。		
ぜん息	気管支が発作的に狭くなって呼吸が苦しくなる病気。多くはアレルギーによる。	メタボリックシンドローム	肥満により代謝が悪くなって病気が起きてくる状態。
塞栓症	血管が詰まる病気。血栓症。	免疫	外から体に入ってきた物質（抗原）に対して，リンパ球などが反応して抗体を作る。次に入ってきた時にそれを無害にしようとする機構。異常に反応するのがアレルギー。
尊厳死	延命だけの治療は避けて，自然な死を迎えること。		
ターミナルケア	最期まで快適に過ごせるようにするための看護や医療・獣医療。		
対症療法	原因療法に対し，症状を改善するための治療。	リスク	検査・手術・病気により起こりうる危険性。
		リビングウイル	人において尊厳死の意志を生前に書面で表明しておくこと。
耐性	その薬に対して抵抗性ができること。	臨床試験	新しい薬や治療法などを実際に使って調べる試験。
タマネギ中毒	ネギ科の植物に含まれる物質により，赤血球が壊れやすくなり，貧血を起こす病気。	ルートプレーニング	歯周病の処置時，歯根部の異常なセメント質やエナメル質を除いて，平滑な表面にする処置。
糖尿病	血糖が高いために，尿にブドウ糖が排泄されるようになる病気で，尿量が増えて水をよく飲むようになる。多くの病気を引き起こす。	レシピエント	臓器移植を受ける側。⇔ドナー
		ALT（GPT）	肝臓の細胞に含まれる物質で，細胞が障害を受けると血液中に漏れて，血中の濃度が上昇する。
動脈硬化	動脈が硬くなり，弾力性がなくなる病気で，高血圧や血栓症の原因となる。	BUN（血中尿素窒素）	タンパク質が代謝を受けて作られる老廃物で，腎臓の働きが悪くなったり，タンパク質を摂り過ぎると上昇する。
ドナー	臓器移植を提供する側。⇔レシピエント		
ドライアイ（乾性角結膜炎）	涙の分泌が少なくなると，目の表面の角膜や結膜が炎症を起こすようになる。目ヤニが増加し，目の表面が濁ってくる。	CT	コンピュータ断層撮影のこと。X線を使って体を断面として画像にする検査。
		DIC	血管の中で小さな血のかたまりができて，血を止める因子が使い果たされるために血が止まりにくくなる危険な状態。
頓服薬	症状が出た時だけ，単発的に飲む薬。		
肉腫	上皮組織でない筋肉・血管・骨・脂肪細胞などにできる悪性腫瘍（がん）。	MR	病院を訪れて，薬（療法食）の医薬情報の担当をする人。
熱中症（熱射病）	高温のために体温が異常に上昇し，細胞が障害を受ける危険性の高い病気。	MRI	強力な磁気により原子に共鳴を起こさせ測定し，からだを断面として画像にする検査。
ネフローゼ症候群	尿をつくる腎臓の糸球体の病気で，多量のタンパク質が尿に出て，体がむくんだりする。	MRSA	メチシリンという抗生物質にも効きにくいブドウ球菌。
脳死	心臓は動いているが，脳が働かなくなり，回復が全くできない状態。	QOL	→クオリティーオブライフ
敗血症	血液中に入った細菌が全身に回り，重い症状になった状態。		

状態が悪くなったり腫瘍が進行したりしても、「様子をみて」と言われたからずーっと様子をみていた、ということがあります。○○日まで、少しでも変化が見られたら、と日時や状態をはっきり明記したうえで期限をつけるか、気になることがあったら、様子をみないですぐ連絡をするようにお話します。

②**五分五分**：獣医師側としては難しい状態で、死ぬことが半分と思って話しても、飼い主さん側としては「半分元気になって助かる」、と言ったのになんで?! と思い込んでいることもあります。

③**ごはんを食べさせないで**：絶食の説明をしたつもりが、ごはんでなくフードやパンなら与えてもよいと思ったという方もいます。「食餌も水もすべて与えないで」と具体的に一言添えます。

④**適当**：「適切」or「いい加減」とも聞こえます。受取り方が人によって異なり、傷つくこともあるので、あいまいな言葉は気をつけましょう。

(2) トラブル解決法

どんなにまじめに一生懸命がんばって治療しても、理解してもらえず、対応が大変になる人も来院します。飼い主さんは病院を選んで来ますが、私たちは相手を選べないことが多々あります。少しでもトラブルが生じないようにするためのアイデアをお伝えします。

§じっくり聞く

まず相手の言い分をじっくりていねいに聞いて、わかってあげます。

> 例：「去勢したのに、あっちこっちにおしっこかけて、タマが1つ残っているんじゃない？」→「せっかく手術したのに、それはお掃除が大変で困りますよね」と、まず理解を示します。

§説明をする

事実を紙や図に描きながら、手術前に説明済みのことでも再度ていねいに説明して、2つともきちんと取ってあることを納得していただきます。言葉だけだと10％、図表だけでは20％しか記憶に残らないそうですが、言葉と図表の両方を用いると、60％も頭に残るそうです【参考文献：久恒啓一編『伝える力』すばる舎】。

§データを見せる

専門書などを見せながら、去勢をしても10％くらいは問題行動で不安があったり、注目して欲しいとスプレー行為をすることがあることを、優しく穏やかに飼い主さんの気持ちに寄り添って、話します。「お困りだと思うので、こういう方法もあります」と自己主張よりも、解決策（行動療法、薬剤など）を提示します。

§電話で伝える

薬やフードなど間違えたことがわかったら、すぐ電話で伝え、家に届けることや郵送することを提案します。誠意を示すことで、逆に何もなかったときより、仲よくなれることもあります。ピンチはチャンスです！

§手紙で伝える

ミスをした時は、速やかにていねいに謝るのが基本で、マニュアル通りでなく、自分の言葉を添えることが秘訣です。そして、間違った理由とこれからの対策をお伝えし、安心していただきます。気持ちを伝える心のことばの他、サンプル・フード、きれいなハガキ、小さなお菓子などを添えると、マイナスの気持ちをがプラスに変わり、少し得した気分になれたりします。トラブルレターもラブレターも、ありきたりの文面より心や行間に見えるように、一味違った心で勝負すると、気持ちが伝わります。

§危機管理の心がけ

切除した睾丸などは、血液をよく拭いてラップできれいにくるんで、2つとった事実を視覚で説明します。フードや薬をお渡しするときは、種類および数量を飼い主さんとお互いに確認したりするなど、ひと手間かけてトラブル防止を心がけるとよいでしょう。

(3) クレームの種類と対処

クレームは文句だと思ったら、大きな間違いです。クレームには、ビジネスのヒントが隠されている宝物です。個人のものではなく、共有してみんなの問題にします。

§言葉のトラブル

勘違い、聞き間違いでトラブルになることがあります。例えば、「手術していいですか？」「いいです」はYesのと

きとNoのときがあります。「主治医に相談してください」と言ったら主治医と主人の聞き間違いで「主人は天国です。私に死ねって言うんですか!」とおこった人がいたなど。「主治医」を使わないで，別の言葉「担当の先生」に置きかえて，2度お話します。

§薬の数と種類

i/dとl/d文字の読み違いで注文をしたり，j/dとg/dの聞き間違いで用意したり，3つと6つを聞き間違えたりします。「消化器用ですネ」「関節炎のフードですネ」「3コと6コですネ」と違う言葉で復唱すると，間違いを防げます。メーカーさんは，日本人にわかりやすいネーミングの工夫してくださると，うれしいです。

§フードのトラブル

はじめは1社だった療法食も，今は数社のメーカーさんから多種多様のフードが出ています。タイプもドライや缶やパウチなど，次々と登場。うれしい反面，飼い主さんも自分のフードがわからなくなったり，間違えて注文することも後をたちません。そこでフードカードをディーラーさんに提案し，一緒に案を出し合って作りました（図6-2）。厚みのあるカードサイズにすると，なくすことも破れることも少なく，おさいふに入るので便利です。

§アクシデント

落とさない…診察台からウサギやモルモットなどが落ちないよう，布製の袋（アニマルサポートバッグ，座布団カバー）やネットに入れる。

逃がさない…おとなしそうでも逃げる時はす早いので，少しでも危なそうな時は，前もって出入り口の鍵をかけます。

麻酔…濃度・薬の用量などはもちろんですが，気管チューブや機械の点検も重要です。チェック表を作ります（第5章，表5-4参照）。

保定…ウサギ，トリ，ハムスター，および呼吸困難の動物などは，保定のとき無理は禁物です。動物の状態を見極めたうえで診察します。

§予防策

失敗やクレームは1人で抱え込まずにオープンにし，皆でクレームの原因を探求します。クレームを内緒にしたり無視しないで，前向きに向き合い皆で予防法を話し合います。そうすることで，仕事のやり方，物の置き場所，飼い主さんの本音を探るなど，病院のバージョン・アップの

きっかけになります。「大変」という字は大きく変われるチャンスです。ChanceとChangeは似ています。複数の人で確認・復唱する習慣にしたり，メモでチェックしたり，忙しいときこそゆっくり落ち着いて仕事をこなすなど，失敗はレベルアップや成功の過程にしましょう。

§処理方法

すぐに皆に報告します。後で話そうとか，怒られるから内緒にしようとか，周りに迷惑をかけるから自分だけで対応しようとするのはやめます。皆の連帯責任で，クレームはキラリと光る宝物に変えましょう。次に，心から謝ります。マニュアル通り，言葉だけの謝罪は，心を動かさないので，かえって相手の心を閉ざします。心を込めた真摯な態度は，人となりが伝わって，そこから新しい1歩にできることもあります。今まで通りでなく，今まで以上の関係にできるように，さらに自分を磨きましょう。

§クレームの中にヒント

クレームはノートに書き残すことで，仕事のヒントが生まれてきます。仕事のシステムを変えたり，名前や色などが似ている物は，置き場所を変えることで仕事がスムーズになります。また，「その検査までしたくない」や「自然に任せたい」ということが，本音は予算の都合であって，それが言いにくかったり，言えなかったりすることもあります。第六感で空気を読んで，相手のプライドを傷つけない方法で，人と動物の橋渡しのお手伝いができるとよいですね。

(4) 答え方のコツ

飼い主さんに何か質問されたときの答え方は，相手が心を開いてくれるかどうかがポイントになります。答え方のコツをまとめてみました。

§実力をつける

まず，答えられるだけの実力をつけます。専門書はもちろんのことですが，インターネットでも情報を得られる時代です。信頼のおけるサイトかどうかよく確認します。飼い主さんも，インターネットで下調べをしてきます。間違って理解していることもあるので，どんな風に載っていたかをよくお聞きします。

§準備をする

日頃から，よく質問されることについてメモをとる習慣をつけます。準備は勉強の預金です。残高が多いと，安心して楽しく仕事ができます。FAQ（frequently asked questions：よくある質問）ノートを作って，いつも持っていると自信がつきます。

§視覚でアピール

質問されたことを言葉だけで答えるより，過去の実績やデータ，図，写真，絵などもあると，視覚にもアピールできて説得力が増します。病変が良くなっているかどうか，いつも見ているとこんなもんだったかな？とわからなくなるので，デジカメを利用するのもおすすめです。データや記録は，記憶をしっかり補助してくます。

§評論家にならない

その道にたけている人ならともかく，ふつうの人は，評論家の話ほどつまらないものはありません。そんなつもりはなくても，えらそうに答えていたり，専門用語を連発したり，あげ足を取るような態度で答えると，飼い主さんは，こちらの話を素直に受け入れてくれません。むしろ，相手の気持ちをお伺いする，教えてもらおうという接し方の方が，聞き入れてもらえることが多いようです。例えば「～だから～なんですよ」と決めつけた話し方より，「～と思いますが～でよろしいでしょうか？」と話すと，同じ結果でもやわらかくなります。学生時代の授業や国家試験にはなかった説得力や交渉力を身につけられるとよいですね。

時間と気持ちにゆとりがあるときに，病院内で，よく受ける質問（避妊去勢のメリットデメリット，麻酔の方法，ノミやフィラリアの予防，歯石について，食餌の切替え方…etc）への，答え方のシミュレーション・タイムを持つと，皆の意見も反映できます。さらにバージョン・アップを目指すなら，「高いわね！」「なかなか治らないのよね」など，マイナーな質問を上手にかわせるような練習もできたら，こわいものなしです。

（5）心を開く方法

松下幸之助さんは，「とにかく声をかける，積極的にものを尋ねる，自分の思いを伝える」そうです。動物がたいへんな病気でも，飼い主さんの心だけは少しでも元気になれるように心を開く方法で話しかけましょう。

§ダメはダメ

絶対ダメ，無理など，否定的な言葉はマイナスのストロークを放ちます。思いやりのない言葉と受け取られて，飼い主さんはむなしくなります。同じことでも肯定的なプラスのストロークに変えます。例えば，本当に「手遅れ」でも「できることを一緒に見つけましょう」希望の言葉を添えてあげると，難しい状況は変わらなくても「私もがんばらなくっちゃ！」と，うれしくなって元気が出ます。

§本音を探る

「いくらかかってもいい」とおっしゃる方の中には，お金にルーズな人もいます。「信頼しています」という言葉も，本当に信頼していたらわざわざ言わないかも知れません。もし奥様が「あなたのこと信頼しているから」と言ったときは要注意かも!?　このごろ多い「自然に任せたい」も，お金をかけたくないという気持ちが裏にあったりします。プライドを傷つけない形で，本音を探る探偵団になりましょう。

§言葉の怖さ

言葉も文章もひとたび外に出ると，ひとり歩きを始めます。電話も本も手紙もメールもそうですが，話し手や書き手と，聞き手や読み手で受取り方が変わることは，よくあります。恋人同士が「あなたと同じ気持ちです」と言っても温度差があるものです。自分の都合や希望に偏って受け取られがちです。「できることは全部してください」と頼まれても，全部の中身がお互いの考えていることと異なる場合もあります。ズレがあると過剰診療やトラブルにつながります。必ず言葉を言い替えたり，別の人が具体的に再確認するのも大切です。

§伝える力

気持ちや思いを伝える力を強くするには，

① 1つの方法ではなくダブルで。会話の他，手書きメモ，資料などを添えます。

② 1人だけでなく複数の家族やメンバーに，特にキーパーソンに伝えます。

③ 事務的ではなく，メンタルな心を添えて説明します。

④ 病気の部分だけでなく，これから起こりうることや対処法なども含めて伝えます。

例：「肺がんです」→「咳が出たり呼吸が荒くなるときはすぐに言ってくださいね。この薬を使うと少し違います」

重篤なときは，亡くなる過程に予想されることを話してあげると，チェーンストーク呼吸なども，理解して見守ってくださいます。「先生の言う通りの順番だったので，落ち着いて看取ってあげられた」「最期までそばにいて家族皆で天国に送ってあげられて悔いがないです」と。せつないこと辛いことでも，皆で乗り越えたことが，かけがえのないの思い出になって，生きる支えや絆になるように思い

ます。

おしゃべりな病院の方が，医療のトラブルが少ないと言われています。寡黙にまじめに仕事一筋なら文句なし！と思いがちですが，動物大好きを形にして伝えることで，飼い主さんの心は少しずつ開いていきます。

(6) クッション言葉

なくても話は通じますが，あると潤滑油となってやわらかい印象になる「クッション言葉」があります。厳しい状況にあっても「クッション言葉」を活用すると，飼い主さんがほっとします。

§クッション言葉

「恐れ入りますが」「お手数ですが」「よろしければ」「今お時間は大丈夫でしょうか」「すみませんが」「申し訳ありませんが」などは，お願いや提案がソフトになります。

§共感を表す言葉

「なるほど」「さすがですね」「すごいですね」「やっぱりね」など，共感を表す言葉は，同じ気持ちになってもらえたような気分になって，心の距離を縮めます。

§心の扉

信頼の鍵で開いた扉は，たとえ難しい結果になっても，さみしさを一緒に乗り越える力をくれます。心の扉は努力を重ねないと開きません。権力や力ずくや弾みで開いた扉は，開いたと思って安心していると，いつの間にかスーッと閉まっていることもあります。

§正論の怖さ

正しいことでも，飼い主さんを責めたり追い詰めたりすると，飼い主さんのトラウマ（心の傷が治りにくく傷跡が残る）になって，動物を二度と飼いたくなくなってしまいます。

例：ウサギや鳥など「そんな押さえ方をしたから…」とか，「こんなになるまでほっといたから…」などは，たとえ本当にそうだとしても禁句です。別の言葉に置き換えて，「今度はこういう押さえ方がいいですよ」とか「ギリギリまでがんばっていたんですね」というようにします。また，「この症例は，大変勉強になります」とういのも事実なのですが，飼い主さんにしてみると（勉強は，他の動物でやってよ）と，心の中で思っていることもあります。

(7) インフォームド・コンセント 7 つの約束

人の話をよく聞く姿勢だと人生の80％が成功するそうで，聞き上手は成長が早く相手の心を癒し好かれる人になれます。「**聞いてあげる，わかってあげる，ほめてあげる**」の3つのステップを心がけましょう。飼い主さんが動物を飼って，楽しい，動物病院に行って良かった，もっと飼いたい，また飼いたい … 動物病院のスタッフ全員で力を合わせて，そんな心にできたらよいですね。

毎日更新しているブログ「藍弥生の世界」は，がん友だちのグループも遊びに来てくれるので，皆が患者さんの立場でいろいろなことを教えてくれます。また，ペットロスのエッセイ・コンテストの審査員をしていた関係から，飼い主さんの生の声が伝わってきます。うちの病院で気をつけているインフォームド・コンセントの約束は，次の7つです。

① 真実を語り過ぎて，相手が脅しにあった気分にさせない。

② ついつい自分の身を守ることに夢中にならない。

③ 身なりやしぐさなどで決めつけずに，自分の手持ちのカードは全部見せて，飼い主さんと動物と家族にとって最良の方法を選んでもらう。

④ 説明の方法はワンパターンにせず，動物別，年代別，職業別，医療関係者，外国人別に5〜6パターン作る。

⑤ まずキーパーソンに伝え，できれば家族全員に来ていただくと，皆ひとりひとりの気持ちがわかります。

⑥ 状況や変化に合わせて人の心も変わるので，1回でなくメモ，電話，ファックスなどで，まめにフォローする。

⑦ 特に動物の状態が悪いときは，心がナイーブでセンシティブでネガティブになっているので，傷つく言葉は禁句です。

(8) 温かいニュアンス

ペットロスのエッセイ・コンテストの記述の中味を参考に，獣医師やスタッフに言われて落ち込んだ言葉と，その一言で気持ちが救われたり，うれしくなって励まされたりした言葉を，書き出してみました（表6-3）。

正論でも本当に事実でも，少しだけ言い回しを変えることで温かいニュアンスになります。今まで幸せでも，恋と

表6-3 暖かいニュアンスの言葉の例

傷つく言葉	元気をもらえる言葉
もう老犬だから。	毎日の積み重ねで今日までこれましたね。
手の施しようがない。	なでてあげたり，言葉をかけてあげたり，まだいろいろできますよ。
今までどうしてほっといたの？	ギリギリまでふつうの生活ができたね。
苦しみますよ。	少しでも快適に過ごせるお手伝いをしますね。
床ずれができたりして痛がりますよ。	床ずれとかも上手にケアできるといいですね。
内臓がボロボロになっています。	各臓器がこんなになるまでがんばってくれた証ですね。
いつ何があっても不思議ではありません。	心配なことがあったらすぐご連絡くださいね（付け加えます）
もう手遅れです。	どんなことでも希望がありましたら言って下さい。
できることはもう全部しました。もう私にできることはありません。	何か私にできることはありますか？今日から心配を半分こしましょう。

同じで最後の最後に傷つく言葉を投げかけられると，過去が全部受け入れられなくこともあります。逆に，終わり良ければすべて良しで，死に立ち会った獣医師やスタッフの一言で，（動物を飼って良かった！）（またいつか落ち着いたら飼おう！）と心に誓ってくれることも多いのです。ドラマの締めくくりは，飼い主さんと同じ立場になって，動物たちのくれた感動の物語を共通の思い出にできるとよいですね。

5）家族を育てる魔法の言葉

家族ほど無条件にかわいがってくれたり，心配してくれたり，応援してくれる人はいませんが，逆に同じくらい反対されたり傷つく言葉を投げかけられることも少なくありません。ひとたび家族を始めたら，毎日毎日，家族との生活は一生続いていきます。

家族との関係が楽しくなるのも，悪くなるのも，言葉かけ次第です。家族を口説ける言葉をマスターすると家庭はオアシス，憩いの場になります。ところが敵にまわすような言葉を一度でも放つとそれは心に沈んでいき，砂漠地帯と化し，後から慌てて愛の水を注いでもむなしく流れたり，吸収しても効果がないため，何かが育ったりはしません。

身内を励ましたり，いたわったり，ほめたり，許したり，感謝したりするのは案外難しいものです。照れくさかったり面子に関わったりで，面と向かって上手に言葉で伝えられないときは，さり気なくメモに走り書きでも気持ちは伝わるので効果的です。一筆箋に漢字1文字とか小さな紙の端切れにいたずら描きみたいなものでも心に残ることもあります。気恥ずかしくて今さら無理なんて思わないで，特にけんかの仲直りには最適です。

家族が協力してくれると毎日エネルギーが補給されるので，何かあってもすぐ元気になれます。また，居ながらにしてもう1つの別の意見が聞けるので，新しい自分になれたりもします。一番身近なプロジェクト・チームを経費のかからない言葉でコツコツ作り上げていきましょう。

家族の中で良い関係が築けないと，社会で皆とコミュニケーションをとることはもっと難しくなります。家族のために（自分のために？）目を見て，心のこもった言葉を添えて一緒に過ごす時間を大切にしましょう。家族が味方になると，より深い仕事ができる力になります。

（1）愛される理由

社会に認められるどんなにすばらしい仕事をしていても，家族に理解されていないと応援が得られにくくなります。家族との会話や絆が社会で生活するための基本となります。忙しいとおろそかにしがちな家族への，魔法のかけ方を伝授します。

§名前つきのあいさつ

あ…愛を込めて明るく，い…いつでもどこでも言ってみる，さ…先に爽やかに，つ…続けて一言つつましく
「宏ちゃん，おはよう。元気？」「おやすみ，いただきま

<家族を育てる言葉集>
- 「君（あなた）と逢えてよかった」
- 「生まれてきてくれて，ありがとう」
- 「待つことも子育ての1つだよ」
- 「一番の宝物だよ」
- 「いつも頼りにしているよ」
- 「がんばっていて，えらいね」
- 「いつでも，どこでも味方になるよ」
- 「何があっても離さないよ」
- 「全力で守ってあげる」
- 「いつも助かっているよ」
- 「ぼく（わたし）の心の支えだよ」
- 「大好きだよ」
- 「いつも家族のためにありがとう」
- 「うちの家族として，君（あなた）の生き方を誇りに思うよ」
- 「勇気があれば，自信は後からついてくるよ」
- 「ピンチはチャンス。一緒に乗り越えよう」
- 「苦労をかけてすまないね。今度はごほうびで〜しよう」
- 「役割分担，していこう」

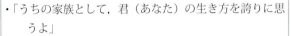

す，ごちそうさま」…当たり前の言葉を忘れがちです。「オイ！」「ねえ」と呼ぶより，名前をつけると，相手は自分を認めているんだと思ってうれしくなります。余談ですが，パソコンや機械にも名前をつけてあげると愛着がわき大切に扱うようになります。ちなみにうちのカーナビは「なっちゃん，連れてってね！」とONを押すと迷わず最優先で目的地に運んでくれる気がします。私のiPad miniは「ミニ子」で，院長のiPad miniは「ミニオ」です。

§アイコンタクト

動物には，ちゃんと目で合図しているのに…というご夫婦も多いようですが，犬と同じで，しつけ上手になるにはアイコンタクトとごほうびです。姿勢は相手に向けて目線を合わせること。1日に何回くらい見つめ合っていますか？

§上手な相づち

顔だけでも相手の方を向いて共感を表す一言（なるほど，さすが，すごいね … etc）を盛り込みます。目を見ながらの相づちは効果抜群！ 聞き屋さんになる秘訣です。

§3段階でほめる

さり気なく3段階でほめることは，恋人をゲットする方法の1つです。3つほめ言葉が続くと，お世辞ではなく心からの言葉となって，心のひだに沁み込んでいきます。

1) そのネクタイすてき → 2) 私もその色好き → 3) その背広にぴったりね

1) かわいいね → 2) その服よく似合うね → 3) だから君の周りは明るくなるんだ

§毎日さわる

昔はよくさわっていたのに，この頃さわる気にならない人や，さわると怒られる人もいるようです。夫婦はもちろん，子どもも「行ってらっしゃい」と肩をポンとたたいたり，「はい，お弁当」と手渡しをしたり，「がんばっているね」となでたりしてみましょう。今流行の足裏マッサージ，昔は家庭でやっていたことかも!? と思う今日この頃です。

§長所を見つける

どんな人にも良いところが1つや2つはあるものです。「今は誰が好きでもかまわない。結婚したら好きなところを見つけてくれればいいから」と言ってプロポーズに成功した人もいます。良かった探しの訓練ができると，誰とでも仲よく暮らせます。

(2) ラブレターから学ぶビジネスマナー

獣医内科学アカデミーでの質問の中に，ラブレターの書き方を教えてほしいというのがありました。特別に心に残るラブレターをご紹介します。

- ガムの包装紙に，「帰りの切符買っといたよ。1分でも長く一緒にいたいから」
- 京都の二条城の紅葉の落ち葉に「僕の夢は君の夢」
- 小さな丸い石に，クレヨンで色とりどりのハートの石文。
- モンチッチのぬいぐるみの服の下に「大好きだよ」
- メールで，みんなが使う「I love you」はあなたには使

いません。「My love is always for you only.」
- 動物園で売っている小さなサイのブローチを，ポイと渡しながら「妻（サイ）にならない？」
- 文章よりも写真が得意な人は，フォトポエムでも OK
- 少しでも早く手元に届くように … といつも速達でラブレターをくれる人… etc.
- これからは「I」ではないよ，「We」だよ。

皆から集めたマル秘ラブレターはいかがでしたか？ 要するに，マニュアル通りでなく，誰にももらえないようなラブレターを心の奥にひとしずく落とすと波紋を描き，愛のメッセージが次々に広がって，無理かも!? と思う相手の気持ちが化学反応を起こし自分のものにできるのではないでしょうか。さぁ，今日から言葉の瞬発力と心を動かすアイデアを磨きましょう！ 恋人 3 人くらいあっという間にできるかもしれません。相手が喜びそうなことを，コツコツと積み重ねる！ ラブレターから学ぶビジネスマナーもありそうで，恋文は人生の必需品です。

（3）嫌われるわけ

実は家族に嫌われている人って案外多く，本人もわかっていて悩みながらも日々の雑用に追われ，そのうちと思っているうちに，老後を迎えるパターンも見かけます。そこで家族に嫌われないようにするポイントです。

§要求の単語の並列

主語と述語がなく，ただ単語を並べるだけでも通じますが，心が置いてきぼりなので嫌われていきます。「メシ」「お茶」「フロ」，なかには「オイ」だけで何が欲しいかわかる人もいるようですが危険です。相手は，いつの間にか別れる準備をしているかもしれません。

§そっぽを向く

恋愛は向き合って，結婚は横に並んで同じ方向に歩くものと言われます。家族の話をよそ見したり，頬杖ついたり，腕組みしたり，そんな態度は嫌われます。

§カラ返事

気のない返事（はあ，ああ）や力のない応対は相手に興味がないことをあからさまにします。「今夜何食べたい？」と聞かれたとき「何でもいい」と答えるのは親切なようで無責任な心ない答えです。「エビフライ」「カボチャのグラタン」何でもよいので，具体的なメニューの返事は，家族を育てる魔法の言葉になっていきます。カラ返事はいい加減でうわべだけなので，心に届かず空にむなしく飛んでいきます。

§正論で責める

正論は間違っていないだけに相手に逃げ場がなくなるため，どんどん窮屈になっていきます。心の自由が束縛されるので，ゆとりもなくなってしまいます。一生懸命でまじめな人ほど要注意人物になります。なぜなら，本人は良いことをしていると思ってはいても，悪いと思っていないためタチが悪いのです。思いやりのない発言は，非のうちどころがなくても相手は心の扉を閉じてしまうので，自分の言い分は理解してもらえると思ったら，大間違いです。

§話をさえぎる

相手の話を最後まで聞かない人や否定から入る人は嫌われます。さえぎる人はもってのほかです。心当たりのある人は，今度から最後まで聞いてから「それでどうなったの？」ともう一言付け加えてプラスアルファのお話を引き出して聞いてあげると好かれるようになります。

§短所を指摘して責める

相手にしてみるとダブルパンチを食らった気分で，自信をなくしてしまいます。責めたほうも嫌悪感を抱くようになります。特に他の人がいるところで言うことや，メールで伝えるのは禁物です。

嫌われる人は，心遣いが足りないことが多くあります。心も顔のお手入れや筋トレと同じで，毎日ていねいに磨いて練習しないと，心はだんだん小さくしぼんでいきます。

ハードなパワーも必要ですが，ソフトパワーの方が力を発揮することもあります。相反する両方のものを持ち合わせている人は，人生の達人です。優しさと厳しさ，ホットな心とクールな頭，家族は身近にいるため良い面も悪い面も見えたり見せたりしています。両目でしっかり見つめたり，時には片目をつぶって，程よい距離を保ちましょう。この世で家族と出会った確率を見つめなおして，強力な運命共同体の絆を太くしていけるとよいですね。

6）自分を元気にさせる魔法の言葉

どんな言葉でも OK なので，プラスの言葉をイメージしながら声に出します。「叶える」という字は「十回，口に出す」と書きます。不思議ですが，心の底からマグマのように気持ちが燃え上がってきます。さらにプラスの言葉を投げかけてくれる友だちを周りに配備しておくと，百人力です。でも，待っていても優しい言葉をかけてくれる人が来ると

<自分を元気にさせる言葉集>
- 「絶好調！」
- 「スパイラルは自分から回そう」
- 「きっと大丈夫」
- 「どんどん良くなる。いつか良くなる時が来る」
- 「きっかけは自分が作る」
- 「今が最高！」
- 「みんなのおかげ，ありがとう」
- 「カラ元気も元気のうち」
- 「やる気満々」
- 「負けてたまるか」
- 「リセットボタンで再スタート」
- 「心におやつ，自分にごほうび」
- 「ファイト」
- 「できないことなんて，1つもない」
- 「必ず，うまくいく」
- 「自分で決める」
- 「とりあえず～より，とにかく～」
- 「何もかも失っても，未来と可能性は残っている」
- 「とっても，ありがたいことね」
- 「覚えることって，楽しいね」

自分の好きな道，マイウェイを走れるとマイライフが楽しめて，マイステージで思い切り自分らしさを発揮できます。たとえ，でこぼこ道でも寄り道でも，自分で走った実績は経験となり，マインドマップで形になります。迷い道に入ったとしても，それも後で人生の幅になると思います。

§言葉の宝物帳

言葉や心は筋肉トレーニングと一緒で，鍛えないと日に日に衰えていきます。それには日頃から出会った良い言葉や人からもらった心に残る言葉をいつも書きとめてためておきます。「言霊帳」「言葉ノート」「言葉の宝物帳」などと名づけて絶えずストックしていきましょう。疲れたとき，嫌なことがあったとき，哀しいとき，そのノートを開くと元気をもらえます。私の友だちは切り取り線のあるノートにカーボンを入れて「言葉の領収書」を持ち歩いています。例えば，私が「何もかも失っても未来と可能性は誰にでもあるんだって」と話したことを相手の名前，日付，場所を入れてそのノートに書き留めて下の控えをくれます。「今日はステキな言葉をありがとう」と言って，言葉の領収書を切ってくれます（図6-6）。こんな領収書がたまるのも，次世代への財産になるかなって思います。言葉には心の触発力があるからです。

§テーマをもつ

私が月1回，夜参加している異業種交流会（サクセスクラブ）の友だち（異業種，異年齢，異国籍，異性）は，皆仕事の他にいろいろなテーマをもっています。地球のエコ，五行歌の普及（図6-7），カンボジアの子どもに歯み

は限りません。自分に暗示をかけるのがコツです。自分で自分を元気にさせましょう。

(1) きっかけ作り

言葉は生きています。プラスの言葉は，心が癒されて元気になれます。ところが，マイナスの言葉は，心が乾いて縮んいきます。

§人生のハンドル

人生のハンドルを自分で握っている人はどれくらいいるでしょう？ 自分でハンドルをつかんでいる人は，自分の行きたい道に進めます。助手席は，多少の指示はできますが，後部座席だと運転手におまかせの人生になります。車に乗り遅れる人だっています。車にナビをつけている人は多いのですが，人生にはナビをつけていない人もいます。人生にもナビをつけると，迷わないで目的地に到達します。

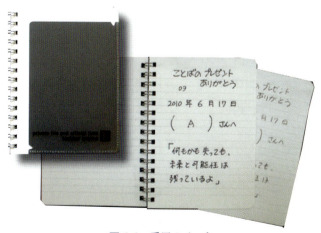

図6-6 愛用のノート
ミシン目があって，その場で切り取れます。

図 6-7 五行歌の例

小さな
約束でも
つみ重ねたら
大きなゴールに
つながる

がきの指導，ペットロスへの支援，和太鼓のヨーロッパへの普及 … etc．テーマがあると，同じようなテーマをもっている人がアンテナに引っかかってきます。多少思い通りにいかないことに出会っても心がブレないので，人生が大きく揺れずに済みます。どんな時代がやってきても好きなテーマがあるので楽しく生活や仕事ができます。ベテランVTの由紀ちゃんは犬のしつけ，院長はアイデア，長女は音楽，私は臨床の現場をさまざまな形で伝えていくことがテーマです。

§人生はギャンブル

人生は自分で自分に賭けをするギャンブルみたいなものです。自分を信じて自分を味方にして守り固めて攻めます。自然と道が拓けて，いくつになっても輝けます。それでも筋書き通りにいかないのが人生で，描いていた青写真，ライフプランシートがグレーになったり破けたり，時には裏返しになったり，風で遠くに飛んでいったりもします。でも，どんなことになっても，トラブルは肥料にして栄養をつけ，涙はキラリと光る宝物に変えて，その道を選んで良かったと思えるだけの実力をつけましょう。人生最期に帳尻が合えばOK。今起きていることはドラマだ！と思って舞台の主人公を思いきり演じるのも，オツな生き方かもしれません。

（2）スパイラルは自分から

らせん階段を昇るように少しずつ，自分から回していくと，四季折々，人生のさまざまな景色も見られて，ゆっくりじっくり成長できます。

§合わせ鏡

相手の心は自分の心を映す鏡です。優しくすれば優しくなります。相手の話の内容や表情に合わせて，自分の表情を変えるミラーリングにより同じ気持ちに近づくことができます。ちょっと苦手な人も，自分から働きかけることで，少しずつ変わってくるかもしれません。自分から変わらないと，仕事も家族も人生も良い方向に向きません。

§他責と自責

よく人のせい，会社のせい，世の中のせいにする人を見かけます。他人のせいにするのは簡単で気楽ですが，自分の成長にはつながりません。「手柄は自分，汚れ(けが)は他人」という考えではなく，「良いことはおかげさま，失敗は自己責任」で飛躍のチャンスと思いましょう。

§天使と悪魔

夢を応援するのも邪魔するのも，案外自分だったりするものです。誰の心の中にも，かわいい天使と醜い悪魔が棲んでいて，天使は「やってごらんよ，きっとできるよ！」と夢の後押しをしてくれますが，悪魔は「どうせ無理に決まっているよ！」と足を引っぱります。例えば，今夜は理学療法のこと調べよう！と思うと，天使は「すぐ行動するのはいいね。がんばれ！」とささやいてくれますが，悪魔は「明日にすれば」とつぶやきます。ドーナツを食べたら太りそう！と思ったとき「メタボになるからやめれば？」と天使は言ってくれますが，悪魔は「今日だけはいいよ」とそそのかします。皆さんの心の中には天使と悪魔，どっちが多く棲んでいるでしょうか？ 今夜から天使が少しずつ増えるようにできると…悪魔はだんだん撤退してくれるはず！ 心に天使がたくさん棲んでいるとアラ不思議，顔や瞳にも天使が宿り，周りにも天使が飛んできてくれます。

♥

心のこもった言葉は，命となって歩いていきます。言葉の預金は，不景気でも強い味方です。動物病院が感動できる場所の1つになるように，真心を込めた言葉の力を集めるアイデアをお届けしました。

皆さまの病院が，スタッフや飼い主さんにとって，より

よいコミュニケーションのできる空間になることを願っています。皆さまの言葉の宝物も，教えてくださいね。

2．アサーション

「この頃『アサーション』という言葉をよく聞くようになりましたが，分かりやすく教えてください」という学生さんからのリクエストにお答えします。

アサーション（assertion, 自己表現）とは，自分の気持ち，考えや信念をまず素直に出しながら，他の人にも配慮することです。つまり，歩み寄りの精神で柔軟に対応し，時間をかけてお互いを大切にして，満足できる提案や妥協案を探り出す考え方です。

対人関係でストレスの多い職業（看護職，医師，獣医師，介護職，教職，カウンセラー，添乗員など）に就いている人々は，自分を犠牲にしてがまんしたり，自分の限界を超えて人のために働くことが多いので，燃え尽き症候群になることがあります。アサーション・トレーニングを必要とする職場が増えています。

人間は自分の考えで行動します。自分から信念や思い込みをまろやかに変えて現実に合った生産的な考えや物の見方をするように心がけます。そうすることで，冷静な判断ができるようになります。アサーション・トレーニングで，開かれた質問をするアサーティブな方法のテクニックを身につけましょう。

質問の仕方には大きく分けると2つあります。1つは閉鎖的な質問で，YES，NOで答えが済んでしまうため，そこでストップしてそれ以上の情報が相手から得ることができません。もう1つは発展的な質問で，相手がYES，NOでは答えられないもので，返事から次の会話に発展していく質問です。

例えば，「犬を飼っていますか？」という質問の仕方だと「はい」「いいえ」で終わってしまいますが，「どんな犬を飼っていますか？」だと「やんちゃなビーグルで10歳です」と会話が苦手な人でもおまけの返事がもらえます。「カレーライスは好きですか？」「お酒は好きですか？」ではなく「何カレーが好きですか？」「どんなお酒が好きですか？」と質問を使い分けてお聞きすることができると，アサーティブな表現のできるコミュニケーションの達人になれます。

アサーション・トレーニングをしていると，聴き上手になれます。「きく」には3つあって，耳に伝わってくる「聞く」と，一生懸命耳を傾けてじっくり傾聴する「聴く」と相手に問いただす意味合いの強い尋問の「訊く」です。アサーションのできる人は「聴く」を大切にしています。動物病院には，いろいろな飼い主さんが来院します。スタッフとのコミュニケーションも大切です。アサーションの研修をすると，相手の話に耳を傾けつつ上手な自己表現もできます。仕事がスムーズになり，さらに楽しくできると思います。

3．ブログ・フェイスブック

1）ブログでコミュニケーション up

ブログ「藍 弥生の世界」は，結婚記念日の2005年5月5日にスタートしました。イラスト付き五行歌の本『しあわせポッケ』を出したとき，出版社の人に「ブログを作ったら？」と言われたのがきっかけです。ココログのブログです。異業種交流会「サクセスクラブ」のメンバーであ

るシステムエンジニアの友達が，サクセスクラブの合宿先で，さらさらっと立ち上げてくれました。交換日記を開設した気分です。

毎日更新するようになったのは2006年3月25日からです。父が膵臓がんになったことと，ラジオのパーソナリティが終わっても，ブログで世の中に情報やポリシーを伝えることができる，1つの手段になると思ったからでした。

(1) ブログの内容

父は，私のブログとコメントを毎日病院で見るのを楽しみにして，それが闘病生活の励みになりました。また，コメントの中でみんなにずいぶん病気のアドバイスや励ましをもらいました。

動物病院の限られた空間と時間の中で，病院のポリシーや自分の生き方を伝えるのは，難しいことが多くあります。ブログを作ると，そこで毎日自分との対話ができます。インプットした情報を，リアルタイムでアウトプットすることで，自分の頭と心に知識や思い出として残っていきます。内容は以下のものです。

① ペット情報　ex. 盲導犬に出会ったら
② 新製品　フード　ex. ペレット牧草ができました
③ 今日のカルテから　ex. 楽しいエピソード
④ 今多い病気　ex. 熱中症が多くなっています
⑤ 季節のワンポイントアドバイス　ex. ノミ・マダニ予防
⑥ お役立ちペット情報　ex. 今なら先着でマイクロチップの助成金が市から2,000円出ます
⑦ ペット自慢大会　ex. うちの犬は散歩のリードをくるくる小さく丸めてくわえてもってきます
⑧ 学会情報，ペットニュース　ex. 動物にもタバコの害
⑨ おすすめの本　ex. 大人用，子ども用，学生用
⑩ 病院のお知らせ　ex. 休診の予定や対策
⑪ 展覧会，ライブ，イベントの応援情報
⑫ お気に入りのお店　ex. ケーキ，禁煙カフェ，セレクトショップ

(2) ブログの効用

① ブログを書いていると，自分の考えがまとまってきたり，自分の好きなことが見えてきます。
② 自分のポリシーに合った人がブログを見に来てくれるので，価値観の近い人が来院し診療がスムーズです。
③ リンクを張ることによって利用者の幅を広げることもできます。
④ ブログは自分で更新できるので，契約料も広告宣伝費もかからずに，口コミの飼い主さんを増やせます。
⑤ 何より嬉しいことは，ブログが動物好きの人のコミュニケーションの場になったり，飼い主さん同士で励まし合ったり助け合ったりしてくれるところまで，発展したことです。

例をあげると…

A　糖尿病と診断されたネコの飼い主のIさんががっかりして「うちのミーは糖尿病になっちゃって…」とグチをこぼすと，「私の猫もそうです。初めて聞いたときは頭の中が真っ白になりましたが，注射の時間になると自分から出てきてくれます。もう3年元気に暮らしているので大丈夫ですよ」と会ったこともないKさんが同じ目線で応援メッセージを出してくれました。少し経ったある日，待合室で2人（2匹？）の感動のご対面が実現しました。

B　ペットが亡くなったとき，ブログ仲間がみんなで一言ずつ「一生懸命みてもらって幸せでしたね」「私も他人事とは思えません。○○さんのように毎日ていねいに過ごそうと思いました」「寂しかったら思い出を話してくださいね」など，温かい言葉を寄せてくれました。人生の先輩の思いやりの心が行間に詰まっていて，コメントを開けた人たちみんなで，ご冥福をお祈りしました。その人はペットの写真で，Thank youカードをみんなに作っているうちに，少しずつ元気になりました。

(3) ブログ作成のポイント

私のブログで心がけていることは次の11の約束です。
① 短くてもよいので毎日更新するとファンが増えていきます。　　　　　　　　（アクセス数約126/日）
② 人や物を批判したり，悪口を載せたりしないことに決めています。
③ 政治，宗教などの話は避けています。
④ 友達の名前は要望があるとき以外は匿名やイニシャルにして，相手に迷惑がかからないようにします。

図6-8　ホームページとブログとフェイスブックの紹介プリント

⑤ コメントはチェックしてから公開する形式にしています。
⑥ コメントで人を中傷したり、卑下したりしないことをお願いしていて、そのようなコメントは削除することにしています。ペンネームで自分で意見を述べたりフォローすることもできます。
⑦ 忙しい日や海外の学会などで留守になるときは、あらかじめ書いて下書きに保存したり、まとめて書いて公開日時を予約しておきます。
⑧ 日時の変更も可能です。
⑨ 記事は内容によってジャンル分けをし、いつか夢のブログ出版のお話があったときのために、書き溜めています。
⑩ たまには絵文字、画像、図、イラストなどを入れて、「あっ、いつもと違う」そんなサプライズも入れます。
⑪ 友達のブログやホームページなどをリンクを張ったり、自分のブログを紹介してもらったりして、仲間を増やします。

友達のおかげでホームページもけっこう充実したものができましたが、そこにはない小さなつぶやきをブログで毎日 365 日続けるブロガーになりたいと思っています。自分の考えていた以上の形に発展したり、逆に教わることも多かったり。ブログの可能性は無限大です。プロとは、同じ世界にいる人に影響や進歩を与える人だそうです。これからもみんなでこのブログを育ててくださいね。「藍 弥生の世界」、さっそくのぞいてくださいね。みなさんのコメント、お待ちしています。

2) フェイスブックも始めました

2013 年 1 月より、フェイスブック（FB）を始めました。友だちの獣医さんや異業種交流会の友だちに、1 年間くらい口説かれて⁉ よく調べてからと思ったのですが、習うより慣れろ！でまずやってみました。

(1) 内　容
自己紹介、好きな言葉、出身校、住んでいたところなどを入れましたが、他の細かい情報はまだ入れていません。おいおい少しずつ充実させていく予定です。本名にはしましたが、顔写真の代わりにイラストにしました。自信がないのと、必要もないと思ったので。

(2) 効　用
始めてみると次々お友だちがつながってきて、数か月で 100 人を優に越え、今、280 人。この本が出る頃はどのくらいか想像できません。有名人ともお友だちになれるのと、アポを取りたいときちょっと相手の FB をのぞいてスケジュールを確認したりができます。あと、この人はどんな人かな？と思ったときも FB の友だちリストをみると、その人がどんな人と友だちなのかが分かります。患者さんで FB をやっている人と次々つながっていきます。

また、調べたいことがあったとき、例えばウインドウズ 7 と 8 とどっちが使いやすいか？ と FB で皆に聞くとさっと答えが集まります。義母が使う予定の抗がん剤の副作用など、実際に使ったことのある人の声が聞けたりもしました。某フード会社のランチョンセミナーのバネラーの依頼がきたりもしました。

自分のセミナーの集客や友だちの講演会の告知なども伝えることができます。クエスチョン機能でアンケートや質問の回答をもらうこともできるようなので、少しずつ勉強していこうと思っています。

(3) ポイント
毎日コツコツかなあと思うので、毎日更新しているブログとリンクさせました。FB とブログ 2 つを同じように行うのは無理だからです。

FB もブログもそうですが、写真や動画を入れると楽しいので、これが今後の目標でこれからの課題です。

FB を始めるに当たって、おすすめの本は『Face book 基本ワザ＆便利ワザ』（東弘子著、マイナビ）です。

宇都宮の専門学校で篠笛

14日の木曜日、仕事を終えてから、新幹線で月1回行っている、宇都宮の専門学校でした。1年生のビジネスマナーを教えていますが、今期最後の授業。

コミュニケーションでした。人と人が出会うことで、何よりいろんな形が、自分にも相手にも、周りにも、広がることを話しました。

そのためのツールやポイントも添えて。

病院での症例エピソードは、糖尿病をコントロールしながら、何回も手術を乗り越えているミーちゃんのレントゲンをもっていきました。言うならば、JBK友の会の篠笛さんの猫バージョン。ご家族の応援を受けながら、逞しく生きているミーちゃん。術後に出る廃液のドレーン（管）や、マイクロチップや気管チューブが映っているから、勉強になるのです。

一生懸命スライドを診る生徒さんたちの姿に、動物大好きパワーを感じました。まだ、1年生なのですが、少しずつ、現場を見せてあげると、モチベーションがあがるのです。

で、最後の授業だったので、腰原さんの話をしました。あと3年って言われても、あきらめなければ35年。世のため、人のため、自分のために、手術で片肺になった肺活量を高めるために、篠笛を始めて、ガンの方だけでなく、うつの人や、介護で疲れている人に、元気をあげようと、お教室をいくつも立ち上げたこと。そして、「桜」を2人で演奏してきました。こんな先生はいないので、みんなびっくりしながらも、拍手で終わった1年生の授業でした。

みんなとの約束は、「夢や目標をあきらめないこと」。「こつこつ、継続していると、いつか、なりたい自分になれるよ」そんなことでした。

来年もまた、1年生を、1年間で8回の授業を担当します。若い人たちと、同じ気持ちで時間を共有できる場があること、とてもうれしく思います。こちらも教わることやパワーをもらうことが、いっぱいあるからです。健康第一で、たのしまなくっちゃ。

ミーちゃん、ご協力、ありがとう！

2010年1月16日（土）ペット｜固定リンク

コメント

教えることは学ぶことの近道ですね！また春から新入生との新しい出会いが待っていますね！応援しています。

投稿：JACKのママ｜2010年1月16日（土）00時46分

学生にとっては貴重な授業ですね！教材研究も大変ですね！

投稿：梅｜2010年1月16日（土）06時49分

藍ちゃんの教室で篠笛と取り上げてもらってありがとう。
二人で吹いた篠笛の音色は受講生の心に深く残るだろう。講義の幅が広くなったね。よかったよかった。ありがとう。
夢や目標を持って、諦めずに、「負けてたまるか」で、この次は「上を向いて歩こう」にしようかね。
ありがとう。
生きていてよかった。と思った。

投稿：お篠｜2010年1月16日（土）08時26分

今日の藍弥生さんのブログで、授業の内容を伺って感動させられました。学生さんにとってキット忘れられない素晴らしい授業になったことと思います。
いつもブログで勉強させていただいていますが、これからもヨロシク！

投稿：ライス｜2010年1月16日（土）08時57分

藍ちゃんの授業風景が目に浮かび素晴らしい講義を受けられた生徒さん達もすごく勉強になり、感謝されていると思います。
そしてミーちゃんとミーちゃんのパパの頑張っている姿に先月お会いした時に心に伝わってきましたし、これからも見守っています。

投稿：霞｜2010年1月16日（土）10時11分

こちらこそ、いつも有難うございます。院長先生、宏子先生やスタッフの皆さんに応援して頂きながら、ミーも頑張っています。ミーの症例が学生さん達の学習に少しでもお役に立てばと、嬉しく思います。現在のところは16歳と6ヶ月とは思えない程、元気な毎日です。これからもどうぞ宜しくお願い致します。

投稿：ミーちゃん｜2010年1月16日（土）10時32分

腰原さんのお話は、きっと生徒さん達の心の中に、希望と根性という種となったことでしょう。素晴らしい芽がでて、育ってくれるのが楽しみね(^^♪

投稿：撫子｜2010年1月16日（土）10時44分

霞さん、有難うございます。我が家のミーは、天国のミーちゃんに見守られ、ミーちゃんの分まで元気に頑張っています。

投稿：ミーちゃん｜2010年1月16日（土）16時52分

授業の中に篠笛さんの話を入れれば、誰だって感動するよね。親父さんが大変に喜んでいるね。

図6-9　ある日のブログより

シーマちゃんが教えてくれたこと

小さな娘が
天国に
いったみたい
22歳の猫を
見送って

暮れから食べなくなって、お尻尾だけしか動かなかったのに、毎日点滴していたら、お気に入りのネズミのおもちゃで遊んだり、トイレも自分で行ったり、ちょっと怒ってみたり、そんなしぐさも見せてくれたシーマちゃん。40日間、密度の濃い、アピールいっぱい、一人占めの時間でした。

うちの末っ子のひとつ下。長いこと、家族だったわけで、なんだか、ふっと、そこにいそうで、踏まないように歩かなきゃ、とか、薬の時間だ、とか、習慣化された行動が、サッとは抜けずに過ごしているそうです。

家族、私たち、そして本人(猫)、みんながあきらめないと、もう一度、普通の生活ができること、教えてくれました。亡くなる時間も、みんなに会ってから、静かに大好きな人の横でお仕事の時間でなく、ゆっくり過ごせる夜中を選んでくれました。家族思いのシーマちゃん、ガンバリ屋さんを、人にも見せてあげたいなあって思いました。

動物たちは、言葉以上のことを、伝えてくれたりします。励まされたりもします。わたしたちも，シーマちゃんの根性見習って、さりげなく毎日こつこつ、歳を重ねていけたらいいですね。

千の風になって、をふけるようになったので、二人で吹きました。明日は、シミド笛教室、2時からです。聴きたい方は、のぞいて見たい方は、どうぞ。

愛された命って、心の中でずっと生き続けて、みんなの絆になってくれますね。

投稿：ゆめちゃん | 2010年2月4日 (木) 18時47分

もう千の風なった子の名前、つい、呼んじゃったり、雨戸のレールに、毛が残っていたり、ふとしたところに、残像やシルエットや想い出がころがっていて、急に涙が出てくることもあったりするから、困っちゃう･･･。動物達の力って、忘れないでね!なんて一言も言わないけど、心のウエイトいっぱい占めていて、いなくなっても逆に存在感が出てきたり、想い出が膨らんだりしますね。

投稿：清水宏子 | 2010年2月4日 (木) 18時56分

シーマちゃん、よく頑張りましたね。先日、偶然会えた時の可愛い顔が忘れられません。沢山のかけがえのない思い出をくれたシーマちゃん。これからも皆の心で生き続けてくれますね。

投稿：撫子 | 2010年2月4日 (木) 19時24分

シーマちゃんよく頑張ったね！体張って色々なことを私たちに教えてくれたんだなと思います。きっと天国でお友達と仲良く遊んでいると思います。

投稿：JACKのママ | 2010年2月5日 (金) 00時41分

みなさまの温かい気持ちにまた涙してしまいました。清水先生御夫妻には言葉に表せない程お世話になっております(現在進行形)🙏 シーマやすでに風になって久しい🐾たちに教わったことを忘れずに、今居る🐾たちと前に進んで行きます。みなさまありがとう、先生ありがとう。これからもよろしくお願いします。

投稿：シーマの永遠の家族 | 2010年2月5日 (金) 10時15分

シーマちゃん！
22歳！すごい！！
あきらめないこと。
教えてくれてありがとう。

投稿：夏海 | 2010年2月5日 (金) 21時52分

図6-10　コメントは，心のたまて箱

4．自分のモチベーションを上げるには

他の人のモチベーションを上げるのは得意ですが，自分のモチベーションを上げるのは友達だったり，仕事仲間だったり…。みんなからもらったモチベーションUPのアイデアをご紹介します。

1）3つの仕事

自分のモチベーションを上げるアイデアの1つは仕事！しかし，仕事一筋はステキなことですが，1つに決めないで「3つのしごと」を心がけます。仕事と志事と使事です。

(1) 仕　事
タスクワークの仕事です。生計を支える収入を得るためのものです。家事，育児，介護などをしながら果たさなければならない義務の仕事です。私達の病院でしたら，動物病院での小動物の臨床獣医師としての生業，営みです。

(2) 志　事
ライフワークで自分のやりたいことです。これで人や動物を幸せにしたり恩送りのおはじき効果が出ると，自然と自分にも幸運がまわってきます。この「志事」が見つけられて充実していると，お金は少なくても心が元気なので楽しく生きられます。ボランティアのつもりが仕事に結びついたりもします。私の場合は，ラジオのパーソナリティーや毎日更新している「ブログ：藍弥生の世界」「フェイスブック」です。動物を飼っていない人にも動物の有用性が伝えられたり，会ったことのない著名人の方（小松田勝さん）がご自分の著書『ディズニーの感動』にサインを入れて送ってきてくださったり，ネットコラム（メリアル・ジャパン）やセミナーを頼まれたり，楽しんで取り組んでいることが思わぬ展開をすることもあります。

(3) 使　事
いわば使命です。人として生きるとき大切なことは，愛すること，学ぶこと，自分の生まれてきた意味，生かされている使命を伝えていくことです。自分らしい自分の役割で，私達の病院だと動物が亡くなったときに出すお悔みのハガキ（図4-2，120頁および図6-25，285頁参照）です。それを世界の言葉にして世界の獣医師に届けています。その動物の生きた証になったり，ペットロスを共感してやわらげて次のステップ（2匹目の動物だったり…）につなげるお手伝いです。

この3つの「しごと」を友達に教わったりしながらバランスよく続けていき，人として成長するために自分を磨くことが，充実した人生につながると思います。成功している人は，誰にもできない大きなことを成し遂げた人か，誰にでもできる小さなことを誰にもまねできないくらいコツコツ続けた人だそうです。そんなことを病院全体で考えながら，自分もスタッフも共に育ち合いたいですね。

具体的なヒントになると思うので，異業種交流会で学び作製した「ブームは自分で創ろう」「Top は何をすべきか」「マーケティングは道しるべ」「意識と行動を継続するために自分がしていること」などを添えておきます（図6-11）。

2）目標設定のアイデア

自分のモチベーションを上げる方法の1つに目標設定があります。ところが，いきなり目標設定といわれても思いつかない人もいます。そこで，その前にちょっと過去1年の自分を振り返ってみます。そうすることで何か見えてきたりします。紙に手で書くことがお勧めです。手書きの方が頭に残るからです。例えば，次のような問いかけをしてみましょう。

① 昨年一番自慢できることは？　仕事・家庭・社会に対して1つずつ，あげてみます。
② 精神的なコンディションの月別グラフを作る。ベストな状態でなかったときの理由を考えてみます。
③ 昨年一番お世話になった人は？

コラム6-1

カキクケコ人生訓

膵臓がんだった父が，聖路加病院のホスピスで最期に作った五行歌です。

カ…感謝で暮らす
キ…気力で勝負
ク…苦労に負けるな
ケ…健康は宝物
コ…恋をしなさい

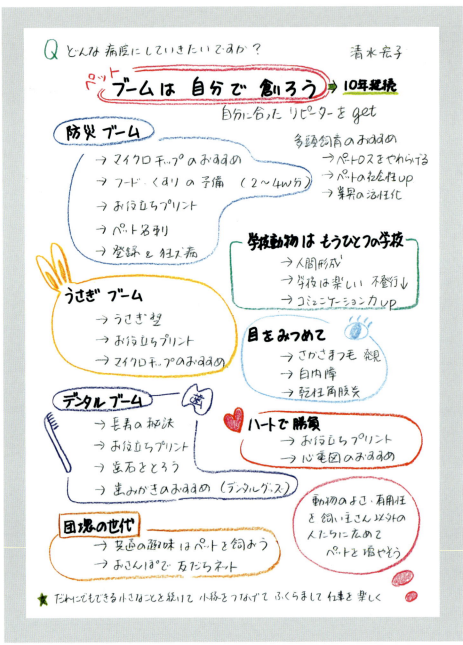

図 6-11a 仕事に対する姿勢の例（ブームは自分で創ろう）

パワーパートナーになってくれた人は？
誰に感謝していますか？
④ 昨年自分の心・体・頭は成長しましたか？
　現状維持か？
　あるいは低迷気味だったか？
　その原因は？
　どんな努力をしましたか？

⑤ 自分のもっている力を 100％発揮しましたか？
　もし発揮できなかったとしたらその原因は？
⑥ どのような行動や活動が成果を生みましたか？
　逆に，どんな行動が成果や成功の足を引っ張りましたか？
⑦ 結果をだすためにどんな良い習慣，悪い習慣があるか考えてみる。必要なら新しい習慣を考えてみましょう。

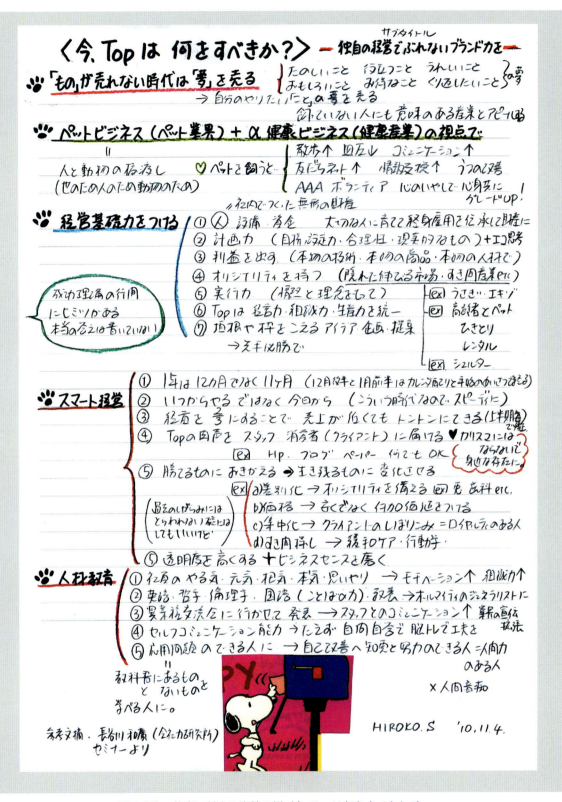

図 6-11b 仕事に対する姿勢の例（今, Top は何をすべきか？）

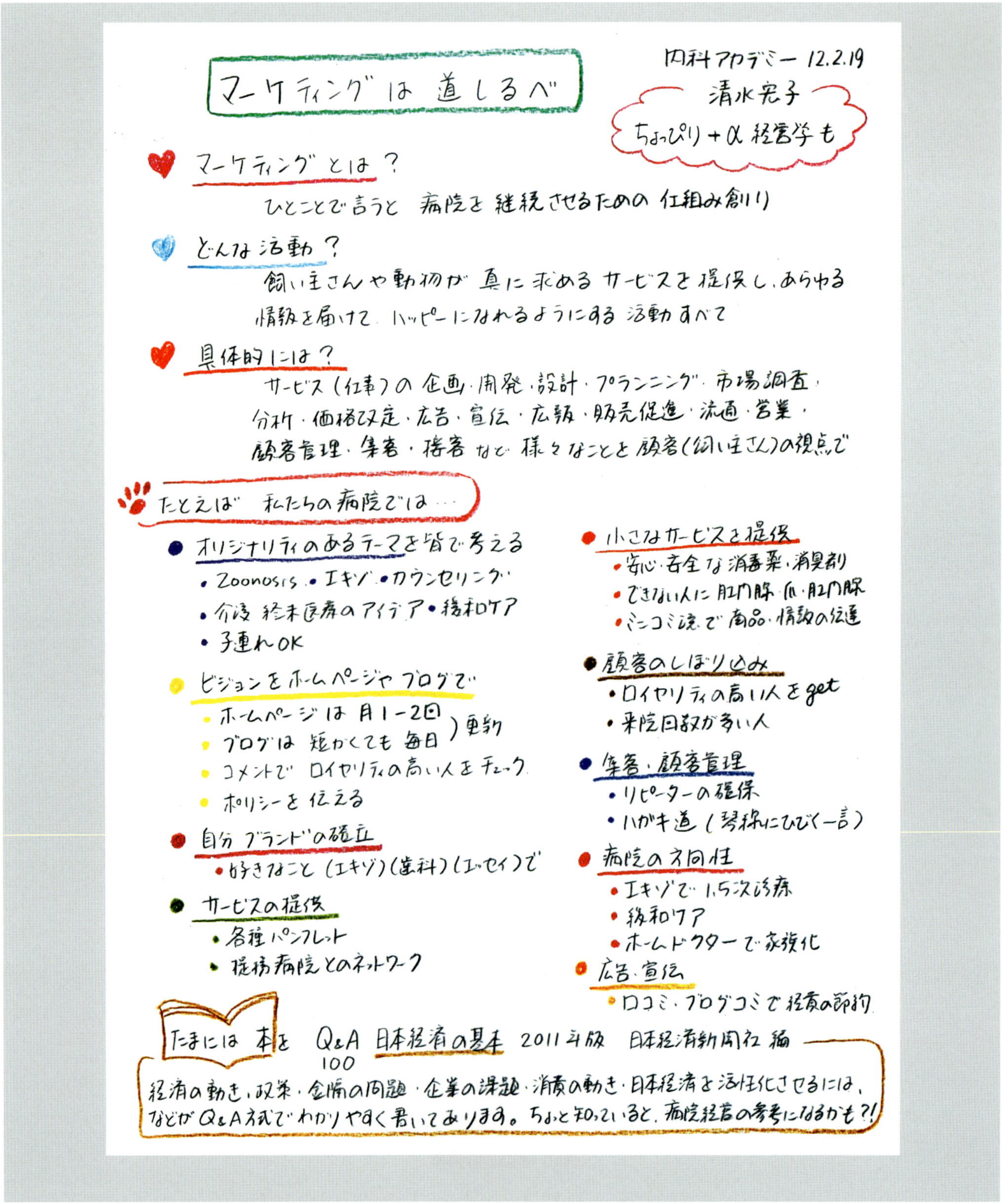

図 6-11c　仕事に対する姿勢の例（マーケティングは道しるべ）

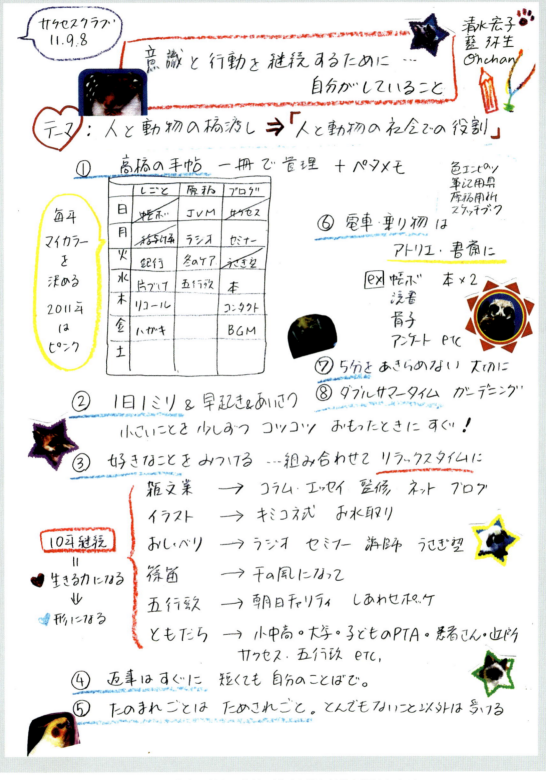

図 6-11d 仕事に対する姿勢の例（意識と行動を継続させる）

コラム 6-2

どんな動物病院，どんな先生が好き？

農林水産省により調査が行われました。どんな動物病院が人気があるかというと，1番はその病院の獣医師やスタッフが信頼できる，2番は医療技術のレベルが高い，3番は近所・友達・ネットなどで評判が良いでした。

飼い主さんはどんな先生を求めているかというと，1番は病気や治療について分かりやすく説明してくれる，2番が飼い主さんの話や心配や動物の症状をよく聞いてくれる，3番に専門的な知識や技術を習得し多くの症例経験がある，でした。

では，どの程度の技術レベルを飼い主さんが要求しているかというと，1番はよくある病気に対応できる技術があるということ，2番が高度医療（CT，MRC，腫瘍科など）や専門医（眼科，整形外科，歯科など）とのネット（連携）ができていて，セカンドオピニオンとして紹介してもらえることだそうです。

「最新設備がなくても」「小さい病院でも」「学位がなくても」「専門医でなくても」，必要に応じて紹介できるシステムを持ち，良いサービスを受けられるようにして差しあげると，飼い主さんは安心してついてきてくれます。

好きなことを勉強し，得意な分野を作り，周囲に認められ知れ渡るようになるには約10年かかります。でも逆に考えると，10年こつこつ続けていると，それでいつの間にか好きなことを中心にした診療室ができあがります。仕事がさらに楽しくなります。自信も出てきて自分のことが好きになれます。

楽しくイキイキ仕事をしているところには元気なスタッフが集まって手伝ってくれます。飼い主さんもリピーターになって口コミ，ブログコミ，フェイスブックなどで応援してくれます。経費も減っていき少しずつ収益も上がってきます。スタッフの満足度の高い病院は，顧客満足度も高くなります。1つのご提案として，過去の1〜12月の売上げ÷来院数の数字を出してみましょう。1件当りの高い月を基準に経営指針を立てるのではなく，低い月の数値で経営計画を見直してみるとゆとりのある経営対策ができます。

強いて言えば，一般にはお金の計算や経営やマネジメントより，勉強や技術に時間を使う獣医師が多いです。しかし，ただひたすらに診療に時間を使うのではなく，ほんの少し数字を把握していることで落ち着いて，安心した仕事ができます。余計な心配をしないで仕事にエネルギーを使えます。地域社会や動物達のための病院として順調に経営していくことも，獣医師の仕事に対する姿勢の1つかもしれません。

---

⑧ やりかけのこと，手をつけられなかったことはありましたか？
⑨ 今年やりたいことは何ですか？ 仕事・家庭・社会に対して5つ以上書き出してみます。
⑩ 目標は心・体・頭・人間性のバランスのとれたものかどうか考えてみましょう。

いつからでもよいので，1年を振り返ってこんなことを書き出してみると，次の年の自分が何となく見えてきます。毎年これを継続していると，少しずつ目標の絞り込みができるようになります。スタッフ，家族と一緒に書き出してみるのも，お互いの目標が応援できたり，公表することで良いプレッシャーになり，達成度が高くなります。後に引けなくなることで自分を奮い立たせて成長に近づくのです。目標を応援してくれる人も現れます。

ほんとうに叶えたいことは逃げていかない

コラム 6-3

めざせ！お金持ちより時間持ち
時間とお金の粋な使い方

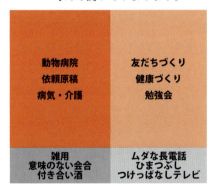

私たちの生活は大きく分けると上の4つに分類できます。そして使う時間とお金は次の3つになります。

浪費？
消費？　　Q：今夜のビールは3つのうちのどれ？
投資？　　Q：この本は3つのうちのどれ？

いつもちょっと
考えて使ってみましょう。

例えば私なら，

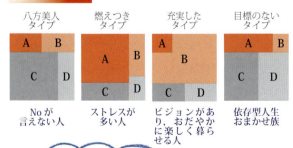

タイプ別分析

八方美人タイプ	燃えつきタイプ	充実したタイプ	目標のないタイプ
Noが言えない人	ストレスが多い人	ビジョンがあり、おだやかに暮らせる人	依存型人生おまかせ族

Q みんなはどれかな？
ムダの効用もあるけれど…
燃え尽きないで楽しく素直に一生懸命でいこうね！

コラム 6-4

リフレイミング（視点を変える）の達人になろう

長所	←裏返し→	短所
もったいない	⇄	けち
明朗活発	⇄	さわがしい，騒々しい
謙虚	⇄	消極的
こだわりがある	⇄	がんこ
優しい	⇄	あいまい
面倒見がよい	⇄	おせっかい
親切	⇄	情に流される
友だちが多い	⇄	気が多い
のびのび	⇄	わがまま
まじめ	⇄	おもしろみがない
段取りが早い	⇄	短気
行動的	⇄	落ち着きがない
冷静，クール	⇄	冷淡，冷たい
きちょうめん	⇄	細かい
おおらか	⇄	おおざっぱ
じっくり対処する	⇄	のろま
がまん強い	⇄	無理しすぎ
言葉を選ぶ	⇄	口下手
落ちついている	⇄	暗い
思慮深い	⇄	優柔不断
誉め上手	⇄	調子がよい
オリジナリティ	⇄	奇人変人
テキパキしている	⇄	せっかち
きめ細やか	⇄	うるさい
論理的	⇄	理屈っぽい
デリケート	⇄	気が小さい
ぬかりがない	⇄	神経質
完璧	⇄	正論で人を傷つける
夢を語る	⇄	ホラを吹く

（本当は何がいいたいのかをさぐる／何を言われても気にしないで）

★長所は短所，短所は長所かもしれません。
リフレイミングの達人になって，自分のことを見つめなおして長所を上手に活かしましょう。

5．書くことは真剣に生きること

「好きなことは何ですか？3つあげてください」と聞かれたら…『書くこと』『描くこと』『しゃべること』かな。作文教育に超熱心な小学校で，小4～小6までの3年間，365日の毎日，400字の日記，週1回作文，週1回詩を提出。放課後までにそこに二言三言，朱色の筆で先生のコメントがついてもどってくる。その先生がなんと獣医師の資格を持った人でした。50年以上たった今でも同窓会があると，「あの頃は大変だったよネー」と語り草になりますが，もしかしたらあの3年間がなかったら今の私はなかったかも⁉＜培う＞（ツチカう）という言葉がぴったりの教育方針でした。1度だけ作文を書いていかなかった日があって「忘れました」とうそをついたら「そうか，待っててやるから取って来い」と言われ，往復2時間の道のりを家にもどりました。会話体を頻繁に使ってマス目を埋めた「ボクはロン」という愛犬の作文を書き，学校に着いたのは夜7時。そんなこともありました。ところがこの作文が秀作に選ばれ，小学校の同級生は「オーチャンはあの頃から動物大好きだったよね」と，皆がその作文を覚えているのです！早く終わらせようと会話ばかりで成り立っているので印象に残ったようで，人生ってスゴロクみたいだ，とふと思うひとこまです。（※旧姓が大竹なのでオーチャンがニックネーム）

愛用しているものは2Bのシャープペンシル，消しくずがまとまるフォームイレーサー，院長がエクセルで作った500字原稿用紙（書きやすい文字間隔，25字×20行，100字のブロック，コピーで消えるライン，見出し付き，図6-22）または友だちがくれたライフC164の400字A4原稿用紙。

1）連載記事

報知新聞でコラム：「人間大好き・動物大好き」連載
インターズークリニックポスト：Q&A「こんなときどうしたらいいの」連載
別冊PHP：よい性格とは
Z会：おしごとBOX
朝日小学生新聞：獣医さんの診療日記イラスト付き6年間毎週連載
毎日小学生新聞：「宏子先生の動物大好き」
別冊マイン（講談社）：「こんなときどうする」
第一勧銀ハウジング月刊誌：「獣医さんは大忙し」
アニファ：うさ通信とコラム連載
スタジオ・エス：うさぎがピョン連載
おはよう奥さん：ヘルシーニュース（学研）
清流：「動物病院の現場から」
朝日日曜版：怪傑ちからこぶ「ヒゲ」「しっぽ」
わんにゃんぷれす：イラスト付き五行歌とコラム連載
別冊PHP：動物病院奮戦記　五行歌と写真入りで連載
インターズー：as，クリニッククラブ，VEC, Provet
小学生向け読み物特集：「クリスマスにご用心」（学研）
グルーミング・ジャーナル：トリマーのための「犬種別ヘルスチェック」イラスト付き連載
文永堂出版：JVM「ほっとひといき」

2）書　籍

『動物病院26時』（文園社）
『やさしいエキゾ学』（インターズー）
『ペットの秘密』（東京堂出版）

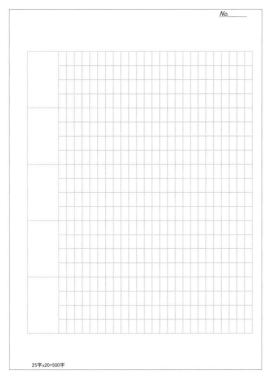

図6-12　オリジナル500字原稿用紙
清水動物病院ホームページよりダウンロード可

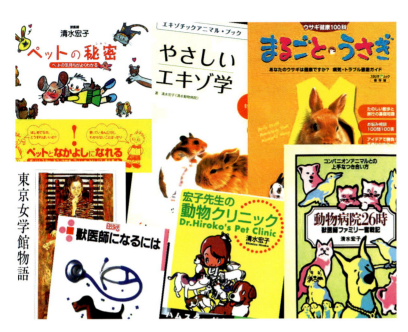

図 6-13　書籍

『まるごとウサギ』『ウサギ』（スタジオ・エス）
『宏子先生の動物クリニック』（近代映画社）
『しあわせポッケ』（桜出版）
『快適な動物診療』（文永堂出版）

3）本に登場

『獣医師になるにはブック』（ペリカン社）
『東京女学館物語』（東京女学館）

4）出版や連載のきっかけ

　書くことが多くなったきっかけは，案外小さいことなのです。「おしゃべり」だったり，「1枚のハガキ」だったり，「何気ないメール」だったり，コツコツ毎月の連載だったり，たったわずか10分の番組をたまたま聴いていたことだったり，趣味の五行歌で知り合った友だちに動物の読み物の執筆を頼まれたり…そんな感じ。

　本を出すまでは，FM放送やラジオ番組に温かいエピソードをお便りしたり，朝日新聞やダスキンの新聞に投稿したり，大学時代から書くことが大好きでした。朝日新聞に出たときはさすが全国紙だけあって，全国各地の友だちから「見た見た」と電話をもらい，こんなプラスαのお楽しみも，ごほうびの1つでした。

■『動物病院 26 時』

　あるとき，読売新聞の記者の知人が，「いくら何百枚投稿が活字になっても，雑誌や新聞は消耗品だよ。いずれ消えてしまう。だからそれより1冊だけでもいいから本を出しなよ」と言われました。「本なんて無理！ 時間もないし文章力もいまいちだから，カルチャースクールでも行ってからにする」と答えたら，「いくら字面やフレーズがきれいでも，今の感性で今の現状を言葉にしたほうが人に感動が伝わる文章になるよ。文字打ちをして出版社も探すから書きなよ」と口説かれました。

　実はその知人の家族は鳥の患者さんでもあり，子ども同士が学童保育で一緒だったため，夜や休日の急患のとき，わが家の3人年子を宿題，夕食，お風呂を済ませてくれる強力な応援団だったのです。「高齢出産でね…」「しつけができてなくて交通事故だったの」「動物虐待があって少し心配なの」と，お迎えに行ったときの会話を奥でいつも聞いていたのが，読売の記者をしていただんな様でした。あるとき，ひょっこり書斎から顔を出し，「清水さんの話，動物の話のはずなのに何だか現代の人間模様にマッチするから，本出さない？」ということになりました。そして1冊目の本，日々の診療日記に私のカットを入れた『動物病院 26 時』ができたのです。

動物たち，子どもたち，共働き…この忙しさがあったからこそ，おかげさまで本ができたように思います。執筆の時間がいっぱいあったら，もっといろいろなことが書けるのに（?!）と思うこともありますが，逆に人との交わる時間が減って題材も少なくなったり，刺激や書くエネルギーがもしかしたら少なくなるのかもしれません。

■『ペットの秘密』

日本動物臨床医学会の大阪での学会の帰り道，新幹線の待ち時間つぶしに立ち寄った本屋さんでパッと手に取ったのが『恋の五行歌』（講談社）の単行本。サラサラと読んだら，最後のページに「あなたも2首作って出してみませんか」と書いてあったので新幹線の中で作った2首をハガキで出したら，「横浜五行歌会」からお誘いが来ました。月1回夜だったので試しに行ってみたら，会費が千円。この会に入ったことがきっかけで，うちの病院ではお悔みの五行歌カードを作ることになりました。五行歌事典に，はさまっていた1枚のハガキに「イラスト付き動物五行歌も書けます」と遊び心で出したところ，東京堂出版（主に教科書や辞典を作る会社）の方が病院に。プロフィールをお渡しして雑談をしているうちに，「動物事典のもっとやわらかいものをイラスト付きで書いてほしい」ということに発展。コラムを入れた8種類のペットの特徴，躾，病気のノウハウ本ができました。

■『宏子先生の動物クリニック』

3冊目は，文化放送さんの10分の小さな番組「宏子先生の動物クリニック」をたまたま聴いていた人が，近代映画社の編集者さん。スタジオに訪ねて来てくださり，あっという間に番組の内容が本になりました。リスナーさんからのQ&Aや募集した川柳も入って，寝転がって読める楽しい本に仕上がりました。

■『やさしいエキゾ学』

4冊目は，動物看護師さん向けの本に約3年間イラスト付きで毎月連載していたものが1冊にまとまりました。30年以上前，私が大学2年生，夫が研修をしていた都内の動物病院がその頃からエキゾチック・アニマルを診ていたことがこの本のきっかけかもしれません。急にこれだけのボリュームのものを書いてと言われても，日常の診療の中で時間を見つけることは困難・不可能に等しいのですが，毎月連載で締切りに追われながらもいつの間にか積み重ねてきたものがまとまるのはうれしいものです。

■『ウサギ』『まるごとウサギ』『しあわせポッケ』

これらも長年の連載が1冊になり監修をしたものです。連載が1冊というと簡単にできそうなイメージですが，時代の流れとともに治療や飼い方が変わってきたり，全体を統一する必要がでてきたり，思った以上に労力と気力と時間がかかります。でもできあがった本が手元に届くと疲れは一度にふっとびます。

イラスト付き五行歌とエッセイの『しあわせポッケ』は，お悔みカードや五行歌の月刊誌への掲載がきっかけになりました。そしてこの趣味の本は，動物好きの人をつないでくれました。プライベートとビジネスのオン・オフが行ったり来たりで一体化した日々を過ごしています。

母校110周年記念本の『東京女学館物語』に載ったり，ペリカン社の『獣医師になるにはブック』の小動物臨床医のところの取材に協力したりもしました。

■『快適な動物診療 技術のアイデアと心のマネージメント』

本書です!!

5）本を出版したい人への私からのミニアドバイス

①本を出す目的は何か，を見つめてから

②読者層を決めたり調べたりしてから

③出版社選び（全国に販売ネットがあるか？ノンフィクションorフィクション？出したい本のジャンルに強いか弱いかなどを調べます。

④リスク（著者側のノルマや出費）の少ないところ

⑤インフォームド・コンセント，つまり出版をお任せにしないできちんと取り決めをしながら，本を作る。

⑥原稿，校正，イラストをできれば取りに来てもらえるようにすると，往復の時間，交通費，労力が助かります。来ていただけたときは，お礼にお菓子や情報やネタのおみやげを用意する配慮をします。こんな小さなコミュニケーションがその会社との2冊目，3冊目のチャンスにつながることも夢でなくなります。

⑦はじめは，こちらから出版社に出向くと，どんな会社で何人くらいの人がどんな仕事ぶりか，逆面接ができます。

⑧出版に関しての注文など言いたいことが出てきた場合

は，まず感謝の気持ちを述べてから，おもむろに「ご相談なんですけれど…」と切り出します。言葉だけの取引（口約束）は後で問題になることがあるので，覚書きを文書で手渡しし，コピーをお互いに持ち確認します。

⑨帯は本の顔にもなるので，楽しくわかりやすく読者層に合わせ，まず手に取ってもらえるようなデザインで，落ちてもはがれても役に立つようなものにします。

⑩簡単な文字校正のやり方を，この際身につけておくと便利です。

⑪できあがった本は，いつも持ち歩き，時には名刺代わりに差し上げます。理解を深めていただくための負担と考えています。そしてそれが大きな発展につながることがあります。

⑫印税で家が建つとかベストセラーなどは，ほんのひと握りの人で，印税は少ないと3～5％，最高でも10％なので，例えば1,000円の本が1冊売れても手元に入る金額は30～100円なのです。自分の書いた本を著者割引で買っても，友だちに郵送したりすると赤字になったりもします。利益は期待しないほうが無難です。書くための資料作り，下調べ，書く時間，校正に当てる時間，そのために使う金額と時間とエネルギーも，想像を超えるものがあります。それと目に見えませんが，家族やスタッフの協力や犠牲も多大な理解と時間を費やして，やっとのことで1冊の本が一人歩きしていきます。どの本も一度は「やめようかな」と思うハードルを乗り越えて生まれました。

6）出版の醍醐味

それでは出版の醍醐味はどこにあるのか？というと，1冊目の本『動物病院26時』が出て，一番すてきなことは，本を出さなかったらまず会えなかった人との出会いです。書店で手に取った赤の他人，報知新聞の社会部のTさん。「あなたの文章は一生見ますから，コラムを連載しませんか」と私を口説き，その後，どこに出す文章も合わせて約400～500本の原稿を見てくれました。無料のカルチャー教室の個人教授は何よりも私の一生の宝物です。

読者のお便りも私へのかけがえのない贈り物です。「自殺しようと思っていたときにこの本に出会い，死ぬのをやめました」「老後の生きがいを見つけました」「うつ病で悩んでいましたが，少しずつ元気になっています」などです。

朝日小学生新聞に毎週イラスト付きのエッセイを6年間連載，専門学校の授業，セミナー，教育委員会の講演，中学生新聞やヘラルド朝日の取材，ラジオのパーソナリティなど，本がきっかけになって友だちができ広がった仕事がいっぱいあります。

そして，いろいろな形で自分の分野を動物病院に来てくださる方以外の，動物を飼っていない方にも伝えることができています。人生にちょっとエッセンスを一味プラスして，おいしく楽しく深く味わっています。

7）本作りへの日頃の心がけ

①**人のKeep**：エディターやアートディレクターの友だちを獲得し，文字，イラスト，レイアウトの相談をします。文章を読んでくれる異業種の友と同業の友をもち，感想を集めます。世の中の仕組みをよく知り，広い視野をもつ思慮深い友人がそばにいると心強いです。

②**ネタ集め**：肌身離さない手帳，ネタBOX（寝室，トイレなど），ブログを毎日更新，ミニコミ誌を継続，異業種交流会でのブレインストーミング，日々の診療からのヒントが基礎資料になります。

③**アンテナをはる**：テーマをもって歩いていると，いろいろな方角から楽しいきっかけが飛び込んできます。

④**インプットとアウトプット**：どっちの力もつけておいて本作りの夢を伝えておくと，自分の中にあるネタが提供でき，逆に皆からの刺激をもらって形になります。

⑤**継続は力なり**：すべてのことは，ひとかけらの文字，ひとつまみの思考，小さなひらめき，取るに足らないチリが積み重なっていくように思います。

⑥**すき間時間**：電車は動く書斎，アトリエ，寝室。立ったら読書，座れたら原稿，運行が止まったら予備原稿，待ち時間は夢時間。3分をあきらめないとけっこう残高がたまってきます。

読者の皆様も，世の中に伝えたいことがきっといっぱいおありのことと思います。人生約3万日。じっくり，ゆっくり，ていねいに過ごせば4万日分。あくせく，またはボーッと考えずに過ごすと2万日分に減ってしまうかも。あの世に行っても活字は残ります。多くの経験を自分の形で伝えることで，お手本は無理でも見本になって少しお役に立てたらなあと思います。

6. トークを磨くアイデア

実は，幼稚園時代は近所でも有名なひと見知りする子でした。3月生まれで皆よりひと回り小さく，3年保育で幼稚園の門をくぐったときは，「下のお子さんですか？」と言われたほど。いつも母の後に隠れている子でした。

当時，小学校でウサギとニワトリを飼っていて，飼育委員と放送委員になってから，おしゃべりが大好きな積極的な子になりました。通信簿の『家庭への連絡』の欄に「授業中のおしゃべりが多い」とよく記入されたほどでした。

小学校2年生〜高校2年生まで放送研究班で，アナウンサーをめざし部長を引き受け，日曜日には恵比寿にあったアナウンスアカデミーに通いました。そこでは最年少だったので，クラスの皆や講師の人にかわいがっていただいたのも，なつかしい思い出です。

高校2年生の秋，犬の散歩で善福寺川公園を歩いていたとき，いつも動物病院に連れていく係だった私は，大学でしか学べない獣医学を先に教わりたくなりました。アナウンサーは，後でも専門学校に通えるから…と。

ところが，臨床獣医師として，かれこれ20年たった頃，そのおしゃべり大好きの成果がついに実を結び発揮する日が到来。ソニーの井深 大さんの会「幼児開発協会」で『愛について』の講演を皮切りにセミナーやトークの他，DVD制作の依頼，機会が多くなりました。

普通なら出会えない人や，異なる分野の人に，自分の分野や生き方をお伝えできるチャンスがあるのは，とてもありがたいことです。

過去の主なセミナーや講演の依頼元は，動物看護師の会，専門学校，保健センター，ラジオ，テレビ，獣医師会，大学，教育委員会，ペットフード会社，出版社，異業種交流会，国内外の動物病院，動物医療発明研究会などです。

主な内容は，心温まるエピソード，共働きと子育て，子ども向け動物の秘密，目標の作り方，頼りになる動物看護師とは，飼い主さんとのコミュニケーション，ペットもの知りクイズ，ペットともっとなかよし，老齢動物との接し方，トラブル解決法，猛暑でペットに注意すること，ウサギの診療のコツ，学校飼育動物の飼育管理，ビジネスマナー，心に何を植えて生きていきますか，臨床のアイデア，心のアイデア，高齢動物の接し方，仕事から家族までのアラカルト，ツボカビ症注意報，動物介在活動ふれ愛を求めて，動物の病気や躾のQ&A，動物看護師としての倫理観，人間大好き動物大好き，ウサギにやさしい診療などです。

小学校の担任の先生に「おしゃべりで仕事できるようになった」と伝えると「やったな！よし，通信簿持ってこい。書き直してやるぞ」と喜んでくれました。

とは言っても，始めた頃は四苦八苦で，ドキドキハラハラ。そこで，皆に教えて育ててもらったトークを磨くアイデアを公開します。これで少しずつ楽しくバージョンアップ，らせん階段を登るように，ゆっくりじっくりただ今成長中。これを読むと，誰でも皆トークショーができますよ！

1) 準備について

旅行や学会と同じ，セミナーもトークも準備をした分だけあとで楽しめる！と思って，時間をかけましょう。

①印象に残るタイトルを考える。ちょっと相談できるコピーライターやエディターの友だちがいると，とても心強いです。

②骨子を決める。マインドマッピング*で話したいことをA4シートに記入していくと，自然に話したいことが，湧き出ます。いろいろな分野の人に原案をチェックしてもらうと，専門分野特有の偏りが是正されます。

③B5のカードに小見出しを1つ書き，キーワードを並べる。

④暇を見つけては作っておきます。隠しメニューのシートも作って，講演時間が余ったときの調整に使う。

⑤並べ替えたり，減らしたり，増やしたり，プログラムを組みます。

⑥原稿（台本）を，A4の原稿用紙（ライフC164，または院長考案500字原稿用紙，図6-12）で作る。B5カード1枚から，約1枚分のA4台本（400〜500字）をつくり，1枚分を3〜4分でお話します。聴診器とタイマーは必需品で，耳にはめてヘッドをマイクに見立てて練習します。自分の声を直接耳から聴くと，実感がつかめるのと，頭に言葉が直接ストレートに入ってきて覚えられます。

---

* **マインドマッピング**：マインドマッピングは魔法の手法です。自分の未来像，自分史，スピーチ，講演，寄稿，研究発表などで，骨子を決めるのにたいへん役立ちます。シートの真ん中にテーマを書いて，そこから枝葉を伸ばします。

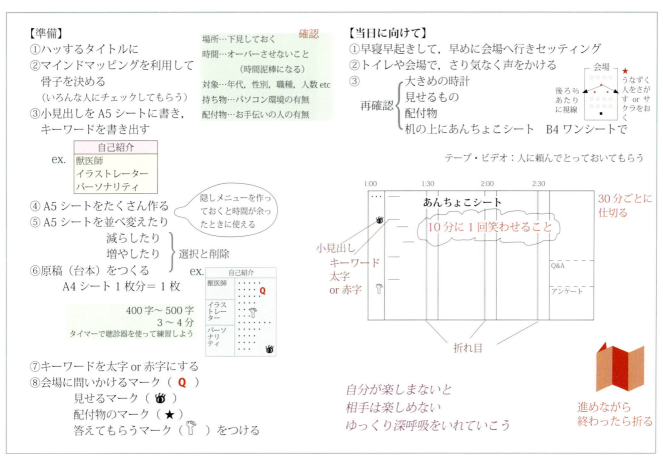

図 6-14　セミナーのスピーチを楽しむポイント

⑦キーワードを太字またはマーカーを入れる。大切な言葉や伝えたいポイントを抜かさないように，原稿の文字を太字または赤字にします。

⑧原稿にマークをつける。会場に問いかけるマーク（Q）や見せる物のマーク（👁）や配付物のマーク（★），アンケートに挙手で答えてもらうマーク（✋）など，色分けしてマークをつけます。文字だけよりも分かりやすくほっとします。なおかつ直観的で，実施漏れが防げます。

⑨パワーポイントを作成する。知人に，ビジュアル資料をもとに作成してもらうのも一方法です。

2）セミナー当日に向けて

（1）確認しておくこと

①場所：下見をし，会場までの時間を測定しておきます。遠方や多忙で無理なときは，会場の写真や見取り図をメールやインターネットなどで事前に入手しておきます。心が落ち着くからです。

②時間：自分の前に司会の人やあいさつに使われる時間も聞いておくとベストです。長引いて自分の時間が減っても，定刻をオーバーしないように終わらせます。サービス精神のたっぷりトークショーになっても，相手にとってはご迷惑で時間泥棒になることもあります。

③会場の聴衆：対象の年代，性別，職種，人数などをあらかじめつかんでおくと，ふさわしいトークができます。

④備品：パソコン，ホワイトボード，カラーペン，マイク，ポインター，掲示用磁石などを調べておきます。

⑤配付物：枚数。配る順番とタイミング，アシスタントの有無も，打ち合わせをしておくとスムーズです。

⑥録音・録画：記録と反省と成長になるので，主催者側に頼んでとっておいてもらいましょう。老後の楽しみにな

図 6-15 動物看護師さん向けのセミナー　講演台にて

図 6-16 パワーポイントとプロジェクターでわかりやすく講演

るばかりでなく，自己アピールの一品になります。友だちにプレゼントしても喜ばれます。

(2) 本番を迎えた日の気持ちの用意

自分が楽しまないと，聞き手，相手は楽しめません。早寝早起き，嫌なこと，心配なことは忘れて，ゆっくり腹式呼吸（息を3秒で深く吸い2秒間止め，15秒で吐く）。プラス思考でうまくできたイメージだけを描いて出発します。終わったら○○…自分へのごほうびも考えておきます。

(3) 早めに会場に行きセッティング

インターネットで交通ルートと時間を調べておきますが，乗り換え案内「駅すぱあと」はエキスパートではありません。アクシデントで交通機関が遅れることもあるので，1時間前に現地に着いてカフェなどで時間調整をします。主催者側にも安心していただけます。パワーポイントのスライドの映り方や部屋の照明が，暗すぎないかの確認を済ませておきます。私たちの心掛けとして，遅くとも30分前には着くようにしています。

(4) 会場やトイレでさり気なく先に声をかける

これは，私のあこがれの彼（?!），同い年の腫瘍学の権威，Dr. オグリビーを見て教わったことです。展示物や会場のセッティングが完璧でも，講師控え室にこもらずに，会場に来てくれている人に「今日はありがとう。どこからいらっしゃったんですか？」「暑い中大変でしたね」と話しかけます。するとなかには，「あっ，連載読んでます」とか「ラジオ，母が好きで毎週聴いているんです」なんて応えてくれる人が必ず1人，2人いるのです。そうしたらしめたもの。セミナーは半分成功したような気分でリラックス。いつもの「実力4割，のり6割」が発揮できます。

(5) セミナー中に使用する物をスタンバイ

セミナー中にお見せするものと配付物（順番に並べておきます）を準備し，演台の机の上には大きめの時計とパソコンとフローチャート（B4 ワンシート）だけにして台本は見ません。ワンシートは，アコーディオン式，半分に折ったところが時間の中間地点にします。小見出し，マーク，キーワードはわかりやすく色付け，忘れやすいところもアンダーライン，話を進めながら終わったら折っていくと，大まかな時間配分がくずれません。最後の方であわてて走るように話したり，時間の関係で飛ばしたりするのは落ち着かないし，聴いている人も，さみしく残念な気持ちになります。

(6) セミナーがスタート

主催者，会場，聴衆の方々の時間をいただくので，このきっかけに一言感謝してから始めます。うなづいてくれる人が必ずいるので，視線は会場の後方3分の2辺りをベースにして，右，真ん中，左と弧を描くように変えながらお話を進めます。その辺りに知人が座っていると安心です。前の方の席だけ見たりしないで，最後部席も含めあちこち見ることができれば一瞬でも目を合わせると，お互いに微笑み返しができて，心が通じているようでうれしいものです。パワーポイントのおかげで，メモは少なくて済みま

す。また，視覚に訴える資料や，私が描いたイラストで関心や理解が深まり，受講者の顔を見ながら話せます。ところで，最近はプロジェクターがたいへん明るくなりましたので，部屋は暗くし過ぎないようにすると演者も聴衆も快適です。

私に，新聞のコラムを頼んでくださった編集長が，一番最初に伝えて下さったことは，
「10分に1回，笑わせること。集中力が続くのは平均10分だから」
「1つや2つ，原稿や台本やシナリオに入っていることを言い忘れても気にしないで続けること。だって皆は原稿を見ていないんですから。そして言い残したことは最後か質疑応答のときにでも付け足せばOK」
「人の頭に残ることはせいぜい3つだから，『この3つだけ，今日は覚えていってくださいね』と自分が一番伝えたいことをしぼって終わらせること」
「ボディーランゲージで仕草もカラフルにできると目が離せませんね」
そんなアドバイスもいただきました。

（7）フリースペース式アンケートの回収

質疑応答ができないと一方通行になり，聴衆は消化不良になるし，自分にとっても成長ができません。特にアンケートは貴重です。たとえ講演料をもらえなくてもアンケートさえもらえれば何よりの宝物となり，今日からの自分にとって大切な参考資料になります。時間内に配りその場で集めてもらってくるのがおすすめです。お互いに気持ちが新鮮なときの言葉は，心にも響くからです。

アンケート用紙は，今までいろいろな形でやってみましたが，ⓐおもしろい，ⓑふつう，ⓒつまらない，に○×をつけたりするものは集計しやすいのですが，適切な答えがなかったり本音が聞けないので，集めても意味がうすくなります。無地のフリースペースにし，ⓐ感じたことを何でも書いてください，ⓑ悩んでいること，困っていること，質問，ⓒこんなことを伝えてほしい…などの方が生の声を聞けたり，絵を描いてくれる人がいたり，字の大きさや筆圧や文字数でその人の気持ちが表れて，こちらにとっての手ごたえとなり，教わることがいっぱいあります。

（8）おみやげを作る

聴きに来てくださった人に，感謝の気持ちを形にして伝えるために，小さなおみやげを作っています。お役立ち情

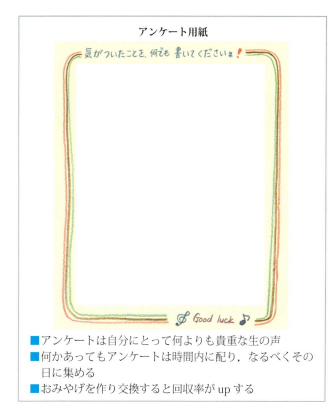

■アンケートは自分にとって何よりも貴重な生の声
■何かあってもアンケートは時間内に配り，なるべくその日に集める
■おみやげを作り交換すると回収率がupする

図6-17　アンケートのコツ

報…「人にたとえたら何歳かな？動物別年齢方程式」や「歯は何本？各動物の歯の数」「おっぱいいくつ？各動物のおっぱいの数」etc…。聴衆の対象に合わせて，薬品メーカーやフードメーカーの友だちに，倉庫に眠っている販促品の使わなくなったものなども何かもらえると得した気分，幸せな気持ちになるので不思議です。

アンケートは自分で回収し，そのときおみやげと交換するとアンケートの回収率がアップするばかりでなく，1人1人にお礼のご挨拶ができたり，励ましのメッセージが伝えられて，小さなことですがほっとします。

「後輩は，自分を移す器」だそうです。心技体ともに自分を磨いて次のトークに生かします。その日のうちにアンケートをまとめます。手伝ってくださった人たちと反省会を兼ねたご苦労さん会を行うと，アンケートが1歩前へ歩き出します。

図6-18　おみやげグッズ

7. パーソナリティのつぶやき

10年近く続いたラジオの番組『宏子先生の動物クリニック』は，リスナーさんからのQ&A，季節のワンポイントアドバイス，トピックス，動物五行歌，暖かいエピソード，ペット自慢などで構成されていました。

動物と人の橋渡しを，ラジオという媒体を通して小さな感動の触媒になれたら。獣医師の夢とパーソナリティの夢で1＋1＝3。皆様の心の奥にストンと届く一滴の潤いになれたら。…パーソナリティ冥利に尽きる一瞬です。スタートのcue（合図）が出ると何年たってもドキドキですが，ワクワクに変えてオンエアを満喫していました。

1）きっかけ

ペットロスの癒しにもなる五行歌で月1回会う友だちに，「60歳になったら，ペットの相談しながら好きな曲かけて，ラジオでDJやりたいな」と話をしたことが，文化放送「宏子先生の動物クリニック」のスタートのきっかけになりました。

2）ラジオ

2003年10月～2004年3月までは野村邦丸さん，2004年4月～2005年3月までは寺島尚正さんと太田英明さん，2005年4月～2006年3月までは大野勢太郎さん，2006年4月～2007年9月までは千田正穂さん，2007年10月からは鈴木光裕さん（ラジオ大阪も1年間）と，そして2012年12月で10年目を迎え，長寿番組になりました。日本ヒルズ・コルゲートさん3年，共立製薬さんで4年，メリアル・ジャパンさんで1年，テルモさんで2年と，スポンサーの担当に携わって下さった皆々様や手助けを下さった方々により，夢が実現できたことは幸せいっぱいです。

小さい頃からテレビはあまり見ない代わりにラジオがお

図 6-19　文化放送ホームページより

気に入りで，セイヤング，オールナイトニッポン，パックインミュージックなどに，イラスト付きのリクエストハガキを投稿するマニアでした。翌朝学校で「オーチャン，ゆうべも読まれてたね！」と言われるほど，深夜放送を聴いて育ちました。小学校から高校2年生まで放送委員，放送研究班だったため，ラジオのアナウンサーは，青春時代の夢でした。

　五行歌の友だちと同年代の，文化放送の定年を控えたディレクターさんが，大の猫好きで交通事故で半身不随の猫の世話をしていました。彼は定年までに動物の番組を作りたいという夢（構想）があったのです。

　朝日小学生新聞6年分の連載の束と著書を名刺代わりにお渡ししたところ，文化放送のスタッフも動物大好きでしたので話はとんとん拍子に進み，獣医師という夢に加えてついにパーソナリティというもう1つの夢も実現したのです。動物業界の会社がスポンサーとなって，業界全体の活性化につながるからと，快く協力してくださっていることに感謝しています。

　「ツボカビのこと話して」「猛暑の注意事項，伝えて」「市民フォーラムの告知お願い」と，各分野の獣医師，友人に頼まれることもあって，こんなふうに世の中に役立つ情報もお伝えできることもあり，うれしく思いました。

3）ラジオから見えるもの

　わずか10分の小さな番組ですが，お相手のアナウンサーさんはもちろんのこと，ディレクターさん，広告代理店さんなど，みんなの力でできあがっています。夫婦で獣医師で臨床現場から外に出る機会が少ないと，獣医師の常識・世の中の非常識のように，少し偏った生活になっていたりします。ラジオの台本を作っていると，わかりきっていることと思い込んでいる言葉が，専門用語ということに気づかされます。文字がなく音声のみなので，伝わりにくいこともあります。例えば，家庭と過程，講堂と行動，企画と規格，などは文章なら区別できますが，ラジオでは同じ発音になります。3つと6つもわかりにくいので3コと6コといったほうが安心だったりします。さらっとさり気なくあっという間の10分の裏には，実は大きな下準備もあるのです。臨床の現場でも，聞いている飼い主さんにも，区別がつきにくい言葉があるのではと？　反省します。専門学校でも，置きかえられる言葉は，なるべく重ならない言葉でお話しします。

　「ウサギの前歯ってね，1年間に10センチも伸びる」

↑
鈴木光裕アナウンサーと

千田正穂アナウンサー，日野美歌さんと ➡

図 6-20　ラジオ放送風景

って話したときなんて，お相手の邦丸さんが「ウッソー！」と言いながらドドーンとイスごとのけぞって，ひっくり返りそうになりました。私がびっくりして「ねえねえ，見えないのにどうしてそんなに大げさに驚いてくれたの？」と後で聞いたら，「ラジオは見えるようにやること！が大切なんですよ。宏子先生も声に笑顔のせてね！」それ以来，なるべく「こんにちは」のはじめの挨拶はドレミの「ソ」の音から始めていつもよりワントーン上げてお話したり，音の出る物を持っていってみせたり，身振り手振り，相槌のうなづく角度などもできるだけオーバーリアクションを心がけています。今のマイクはとても性能が良いので，わざわざマイクに向かわなくても，上手に周りの声をひろってくれるのです。1つの仕事をしていたらわからない，世の中の知恵や発展など，いろいろ教わることがあります。

専門学校のビジネスマナーの授業のときや，病院でもスタッフに「疲れているときは声のトーン，ワントーン上げていこうね」「忙しいときこそ，声に笑顔，心にゆとり，背中に微笑み，見せるようにね」なんてラジオで仕入れてきたコツや，パーソナリティの真髄を導入しています。

4) 思いがけない収録のエピソード

思いがけないエピソードを披露すると…ちょっと1か所つっかえたときのこと。収録だったので「もう1回やりなおそう」と言ったら，「いえ，このままでいきます」と言うので，「どうして？」とお聞きしたら，「さーっと流暢に話すのもいいけど，たまにちょっとつまづいたほうが生放送っぽく仕上がったり，アレ？と立ち止まって聞いてくれたり，人間味を感じてくれたりして，聞き流されないこともあるんですよ。パーソナリティを身近に思えて，

ファンができたりもするんです」へえー，正直で等身大もよいのかも？そういえば最初の打合せのとき，「アカデミックな私，ふつうの私，バラエティっぽい私，どんな私がいいのかしら？」と聞いたとき，「全部！ おもしろい宏子先生，まじめな宏子先生，楽しい宏子先生，いろいろな宏子先生，全部出してほしい」と言われて，とまどいながらも「なるほど，リスナーさんの求めている私は，いつも同じ宏子先生1つじゃ，つまんないんだ」と納得。

さすがプロと感心した裏話は，収録後ディレクターさんに，「宏子先生，今日何かあった？」と聞かれて「え，どうして？」と聞いたら，「他の人には誰にもわかんないと思うけど，少しだけいつもより声がこもっていたから」事実，いつも一緒の夫すらわからないくらい，ほんの少し風邪気味だったのです。プロは健康管理，体も心もパーフェクトにしておかないと，ラジオはパーソナルで1対1で聴くものだから，熱烈なファンにはわかっちゃうかも？と反省しました。

私たちの動物病院の仕事は見えないところが大切で，そちらのほうがたくさん時間を必要として成り立ちます。一見，華やかで人にうらやましがられる職業の反面，消毒薬で手が荒れていたり，休みがなかったり，時間が不規則だったりします。ラジオ番組も，目立つようで地味な1つ1つの小さなことの積み重ねで，10分間の番組が作られています。どの仕事もまわりに見えるところは氷山の一角で，ベースは同じなのかもと思いました。

いただいた，この10分間のラジオ放送を大切にして，動物を飼っている人はもちろんですが，動物を飼っていない方にも，動物たちの心のつぶやきを聞いていただけたらと思いました。そして，動物の有用性やうるおいを世の中にお伝えできたらよいなと思います。

そういえばこの番組を受け持っている間に，時代の流れを感じています。社員の動物が亡くなったとき社長から香典が届いたり，忌引きがもらえたり，動物にも扶養手当が出る会社ができるなど，「ペットも家族の一員」が現実になっていることが数字で出てきています。

チリも積もれば充実感，小さなつぶやきが集まればチカラになります。

8. 未来アルバム

「未来アルバムを創ろう」このごろ，こんなテーマでお話を頼まれます。テーマをもって歩いていると，少し辛いことがあったり，ちょっと嫌なことがあったり，疲れたなあと思う日々があっても，自分の居場所があってぶれないで進めることができるのです。仕事の他にもう1つやりたいことをイメージした未来アルバム，または人生の設計図をもって歩きませんか？目標があると歳を重ねることも楽しみになります。

由紀ちゃん

VT歴26年の由紀ちゃんは，愛犬来夢ちゃんと優良家庭犬の教室に通って，躾をしつつ行動学をテーマにしています。飼い主さんからの躾や行動学の悩みは，由紀ちゃんが担当して適切に答えてくれます。少しむずかしいときは，今まで週1回来てくれていた行動学の専門医，五十嵐和恵先生が，ニューヨークからメールでアドバイスしてくれます。

動物だけでなく植物を育てることも好きな由紀ちゃんは，病院のガーデニングも担当しています。

明日香

VT歴12年の長女，明日香は，中学時代に結成したバンド「TOQUIWA」（トキワ）のボーカルで，音楽活動をしながらの勤務です。全然異なる仕事ですが，ライブで子猫のもらい手さんをみつけたり，被災地にペットフードを持ってチャリティライブに行ったり，動物相談を引き受けたりしています。小さい頃から動物病院で育ったので，保定や予防の説明が得意で助かっています。

邦一

発明家になりたかった院長は，小さい頃から器用貧乏と言われており，創意工夫の日曜大工が大好き。私だけが「横浜のエジソン」と呼び続けて38年。どこからともなくお声がかかり，獣医療のアイデアを連載してもうすぐ160回になります。とるに足らない小さなことでも積み重ねると，このごろは，プロミクロスさん，テルモさん，フクダMEさん，オサダメディカルさん，林刃物さん，ソルブさん，

宏子(ひろこ)

　父が膵臓がんになり，国立がんセンターで2か月，その後聖路加のホスピスで1か月過ごしました。父の病気は発見されたときには末期でしたので，抗がん剤も手術も適応ではありませんでした。逆に心のケアとシステムの行き届いた緩和医療のすばらしさを，目の当たりにできました。聴診器を左手で温めてから当ててくださる先生で，本人も家族も心穏やかに，満足と感動の中で死を受け入れることができました。24時間面会できて，病室に動物OK，携帯OK，ふつうの生活に近い，家族に囲まれた日々でした。

　私たちの未来アルバムには，やりたいことがいっぱい貼ってあります。緩和医療，遺族外来のようなペット・ロスのフォロー，学校動物の飼い方と意義・飼育管理（生徒向けと先生向け），シェルター，獣医師と動物看護師の倫理観を含めたビジネス・マナー，楽しく仕事ができるモチベーション・アップのコツ，エキゾチックアニマル，ストレス対策，ブログやフェイスブックで毎日ペット情報の発信，他院での院内セミナー，動物介在活動（AAA）のセミナーなどです。AAA活動では介護認定5の義父も動物を見てうれしそうでしたが，職員の方も動物たちの来る日を楽しみにしてくれました。義母も義父に昔の笑顔がもどったと大喜び。こんな動物たちのチカラ，もっともっと皆にアピールしたいです。

　健康第一で，ロングテールで勝負，継続はチカラなりで，自分たちのできることを，少しずつ続けていきたいと思っています。

　津川洋行さん，トップさん，ウーリーさんなど，商品のアイデアを聞きに来たり，新商品を開発にあたってのアドバイスをもらいに来たりします。「ここのところはひょっとしたらうちのアイデアかもね?!」とカタログをめくったり，雑誌を見たりするのも楽しみの1つです。

小学校での動物の授業のひとこま　　　　　　　　　　しつけ教室にて

図 6-22　臨床獣医師としての社会活動の一環

図6-22 清水宏子の人生の設計図

夢を叶える私のリスト

記入日 ＿＿＿＿＿＿＿＿
作成者 ＿＿＿＿＿＿＿＿

ジャンル		20＿＿年の私の姿（状態）	現在の私の姿（状態）	今年度末の私の姿（状態）	自己評価
心（メンタル）	精神面 人間関係 家族 パートナー 友だち				
技（仕事）	経済面 ビジネス マナー 知識面 教養面 趣味 社会との交わり				
体（健康）	健康 旅 運動				
オリジナル	テーマ				

- 20＿＿年は，将来のいつでもOK（3年後，5年後，10年後）
- 現在形で「〜する」 シンプルに書く
- 具体的な内容で書く（5W1Hで）
- 心技体バランスよく
- 本音で無理のないように
- 継続して毎年書く

評価基準
A 100%以上
B 75〜99%
C 50〜74%
D 25〜49%
Z 0〜24%

図 6-23 夢を叶える私のリスト
この表を毎年，作っています。ふしぎですが，書いて公表した夢は叶っていきます。あなたもリストを作ってみませんか？

9. 絵心を添えて

小さい頃，絵を描いたことのない人は1人もいないのに，なぜか大人になると皆「絵なんて描けないよ」「絵心がないからネ」と，絵を描くことを忘れてしまいます。

実は，同居していた祖父の大橋 城(きづく)は洋画家で，17歳のとき船で米国に渡り，アメリカ大使館に勤めながらココラン美術学校で油絵を学び，86歳で亡くなる日まで，日本では城(きづく)，米国ではJoeという雅号で絵を描いていました。正しくいうと，絵しか描いていませんでした。自分の名前が城だからと城の門だけを描き続け，NHKの『スタジオ102』に出たりしたことや立派な画集があったりしましたが，まったく貧乏な絵描きさんでした。

私と弟の遊び場はアトリエで，ミロのヴィーナスの裸体の後に手を伸ばすと，中村屋のかりんとうや明治のキャラメルが隠してあって，よくこっそりと食べたものでした。極貧だったので，祖父母にお小遣いやお年玉をもらったりした思い出は1つもありません。祖母は嫁いできたときに，里から持ってきた着物も帯も指輪も質屋さんに出して飢えをしのぎ，そのまま，とうとうすべてのものは祖母の手に戻りませんでした。そんなこともあって，私と弟は，「何があっても絵描きにだけはなりなさんな」と言われて育ちました。私たちは祖母との約束を守り，私は獣医師に，弟は塾に勤めていますが…なぜか2人とも絵を描くことが好きなのです。

大きな声では言えませんが，私の小・中・高校のノートの端には必ず漫画入り，めくると動くイラスト付き。文化祭では看板，ポスター，ちらしを描く係。黒板には次の授業の先生の似顔絵をそっくりに描いてしまい，しかられたこともあったっけ。子どもが保育園時代，昼の会合には動物病院の仕事で出席できないので，バザーの案内，父母会だよりなどを担当しました。家で夜できるのでイラスト係を年子3人分引き受けるのも苦ではありませんでした。学生時代，実習先でも「ただいま現像中」「手術中」「往診中」の動物イラストつきプレートを作っていました。「えっ，獣医さんなの？ イラストが本職かと思った」と言われた時もあったくらい。美術大学やデザイン学校は行けなかったので，基本を学んでいないけれど絵を描くのは大好き。

1) 過去の実績

そんなわけで，病院の看板の絵，ハンコの絵，病気の説明のプリントの絵，計算書のワンポイントメッセージのマーク，お悔みカードのイラスト，ご紹介ありがとうカード，封筒のシール，院内のポスター，チャリティーカード，病院案内のプリント，病院のエコバックのイラスト，依頼を受けたセミナーのパワーポイントのイラストなどは，趣味と実益を兼ねて(?!)私が描いています（図6-24）。

この頃はイラスト付きで連載を頼まれたり，「本のイラストを見たのですが，この人にうちの会社の営業の4コマ漫画を描いてほしい」なんて言われることもあります。他県の獣医師会のホームページのイラストを頼まれたり，農業共済新聞に牛のイラスト12か月，会社のホームページのイラスト付きコラム，カタログの絵，社内報のカット，テキストのイラスト，旅行社や生命保険会社のFAXシートのイラスト…楽しい仕事をもらうこともしばしばあります。

2) イラストの効用

そんなとき描く前に必ずお願いすることがあります。例えば，不動産関係の会社でしたら「イラストのどこかに動物を入れてよろしいですか」と。家を見に行くイラストの横に犬も，契約のハンコを押す机の下に猫，リニューアルしたマイホームの屋根に鳥etc…です。そう！ こんな形でも「動物との暮らしは楽しいよ」とか，「ペットともっとなかよし！」を，さり気なくコツコツ飼っていない方にも伝えられるのです。

友だちの中には「忙しいんだから関係ないことやめろよ」とか，「遊んでる場合じゃないよ」なんていう人もいますが…実はこれだって，けっこう深くて濃い仕事なのです。盲導犬をレストランの店内に入れたりして，身体障害者補

第6章 コミュニケーション力

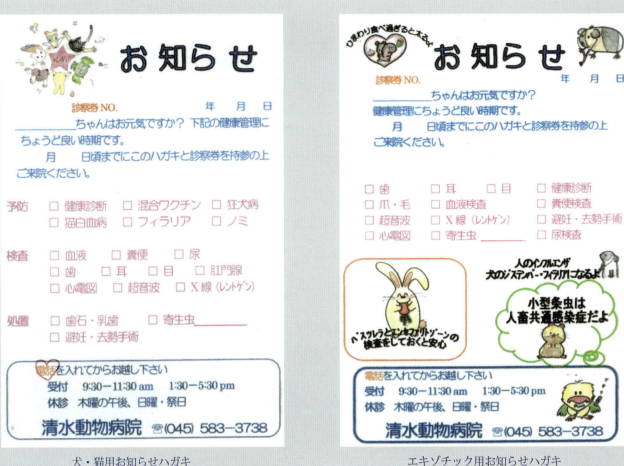

犬・猫用お知らせハガキ　　　　　　　　　エキゾチック用お知らせハガキ

ご紹介お礼のハガキ

図6-24　手作りカード

図 6-25　五行歌お悔みカード

助犬法をじわじわ知らしめることだってできるのです。
　絵は，視覚に訴えることができるので，言葉だけより心に届いたり印象に残ったりすることもあって，子どもやお年寄りまで広く優しく楽しく伝えられることもあります。

3）イラスト付き五行歌

　15年前に始めた動物のイラスト付き五行歌は（図6-25），リヨンの学会で行ったポール・ボキューズでたまたま隣になった獣医界の有名人，W先生が「清水先生，絵が好きなんだから，これでお悔みカード作ればいいのに」

図 6-26　県立がんセンターのポレポレ通信より

と言ってくださった一言がきっかけです。趣味は仕事のアイディアを生んだりヒントをくれたりします。

　イラスト付き五行歌はがんの子どもを守る会の会報，県立がんセンターのポレポレ通信（図 6-26），香川県の介護の施設の新聞，朝日チャリティ美術展，東大寺のお水取りなどにもボランティアで毎年連載・出品しています。

　仕事の3原則は何？　って聞かれたら，「収入」「やりがい」「社会貢献」。収入はないと病院に還元もできないので必要ですが，やりがいもないと長続きしません。そしてもう1つ，本業を添えた社会貢献が自分のできる形で無理なく続けられると，心のバランスがとれて人生が楽しくなります。達成感も大事ですが，充実感があると温かい気持ちで仕事

ができます。少しつらいこと，悔しいこと，嫌なことがあっても，へんにいじけたり，ムキになったりしないで穏やかでいられます。祖父のDNAがもしあったら…私達の子どもたちにも，そしてまだいないけれど孫たちにも伝えていきたいなあと思います。遊び心って，実は学ぶことみたいな気がしています。好きなことの延長線上で仕事ができると幸せですね。学ぶことは，自由になるためかもしれません。

10．就職先（実習先）の選び方

　専門学校や大学で講師をしていると，よくある質問の1つに「実習先（就職先）をどうやって決めたらいいですか？」があります。学生のみなさんや若手の獣医師の方には，次のことを参考にして，選ぶことをおすすめしています。

1）就職・実習の面接の前に

（1）職種の選択
自分はどんな獣医師，動物看護師をめざしているか？

A　臨床をやりたいのか。
　　診たい動物は何か。大動物，小動物（犬，猫，エキゾチック），野生動物など。
B　動物園や水族館などの施設を希望したいのか。
C　基礎や研究をやりたいのか。
D　公務員として検疫や公衆衛生に携わりたいか。
E　大学や専門学校など教育関係に行きたいのか。
F　関連企業の営業，販売，開発，研究などをやりたいのか。
G　出版関係またはその他の会社に行きたいのか。

　動物が好きで動物と接する仕事でも，様々な職種があります。自分が好きなことと，向いていることが別のこともあります。頭で描いている仕事と実際にやってみるのとで違うこともあります。

（2）インターンシップ

　自分がつきたい仕事が決まったら，学生時代に休日や放課後を利用して，実際に研修，アルバイト，ボランティア…どんな形でもよいので，インターンシップのように現場で実習をしてみましょう。有名な病院でも自分に合わないこともあるし，小さな病院でも教わることが多いこともあるし，憧れの先生でも，著書などのイメージと実際の言動と異なることもあります。

　現場を見ると，本当に自分らしさが発揮できるか分かることもあります。また，はじめは向いていないかもと思っていたことが，やっているうちにおもしろくなってくることもあります。行動して活動してみることは，新鮮な発見や感動と，頭で考えていることとのギャップを見つけることにつながり，とても大切なことです。

（3）ホームページをチェック

　ホームページやブログで企業の情報を集めておくと，方針，ポリシー，通勤時間，就業時間，スタッフの状況などが分かる時代になりました。ある程度把握し知識として確認しておくとお互いに安心です。

（4）履歴書をつくる

　当日の持ち物は，事前に問い合わせておくと完璧ですが，特に言われなくても履歴書を用意していくと，先方にとっては親切になるし印象に残り，きっかけ作りの一端になることも多いです。

　履歴書は当然ですが自筆で，経歴はもちろん志望動機，特技など先方の情報をチェックしながら記入します。自分の言葉で，気持ちが届くようになるべく空欄を埋めると，ひと目見て「やる気がありそう」「情熱がある」と思ってもらえます。親や友達に書いてもらったり，筆圧が弱かったり，細字過ぎたり，あまり字が小さいと一緒に働くスタッフとして不安になります。相手の立場に立って，読みやすい字や見やすい文字組みにして心を込めて丁寧に描きましょう。

（5）質問を書き出す

　面接時に確認しておきたい事項について，自分なりに整理をし書き出しておきます。例えば，実際の勤務時間（ホームページの病院の時間とは異なることもよくあります），社会保険，給与および賞与，交通費，時間外手当，研修期間，有休の有無，仕事の内容，試用期間などです。

2）面接の当日

（1）身だしなみなど身の回りのチェック

　髪の長さ・色などは，清潔感で勝負しましょう。爪の手入れ，色をチェックしていることもあります。薄化粧で口紅の色，まつ毛や眉毛の形，イヤリングやピアスの大きさ。服装はブランドでなくてよいので働きやすい服装で。例えば，ひらひらしたスカートや派手な色のものは避けます。

（2）乗り換え案内の確認

　前述しましたが，乗り換え案内「駅すぱあと」などはエキスパートではないので頼りすぎないこと。確認することは必要ですが，ぴったりの時間で行くと事故やトラブルなどのアクシデントに遭遇すると遅刻します。最寄りのところに30分前には着くようにして，コーヒーショップなどでひと息入れるくらいの気持ちで出発しましょう。

（3）あいさつは丁寧に

　受付の扉のノックの仕方・開け方からすでに面接はスタートしています。院長でない受付の人にもおじぎの角度などに考慮し相手の目を見て丁寧にスタートしています。

（4）分かりやすく意欲的なアピールを

はきはき元気にゆっくり，自分らしさが出るようにアピールします。背伸びして無理をすると後で疲れます。前向きで熱意が伝わる姿勢を心がけましょう。

（5）交通費やアルバイト代を頂いたとき

何気なく出されても，受け取る態度や領収書の字の書き方をチェックしている場合もあります。当たり前のように手に取ったり，乱暴な字で書いたり，"領収致しました"の字を間違えないように書きましょう。

（6）最後の最後まで気を抜かない

椅子の出し入れ，ドアの開け閉め，スタッフへの会釈など，面接や実習の間だけでなく，全ての態度に真心が伝わるようにします。また，過度なふるまいにならないようなスマートさが大切です。

（7）もし寝坊や忘れ物をしたら

しないにこしたことはありませんが，電話で状況を伝え，あきらめないで誠意を込めてまず謝り，次に理由を聞かれたら話します。そのとき，マイナスのことでも，素直な気持ちが伝わって逆に人間味が出て，受け入れてもらえることもあります。何でもそうですが，マイナスをプラスに変える逆転力を付けましょう。

（8）お礼状を書く

あまり気に入らないところだったとしても，相手の時間を使っているので，必ずお礼状を出します。ハガキ1枚で良いので，動物病院だったら院長先生だけでなくスタッフの名前も入れて勉強になったところ，感動したことなどを見つけて書きましょう。たった1枚のハガキで就職が決まったり，そこに勤めなくても人と人との絆ができて，今後の人生にアドバイスを頂けたり，相談にのってもらえることもあります。小さなきっかけやさり気ない気遣いが，あとで大きな"人生のプレゼント"につながることもよくあります。

3）非喫煙者になる

たばこは，どんなに気をつけても社会の公害になります。他の人に完璧に煙を吸わせないようにすることは不可能です。服に付着したタバコのヤニでさえも，単に悪臭だけではなく，健康被害を及ぼします。

もちろん本人にも癌や，肺気腫など治療困難な病気へのリスクがあり，社会の財産であるその人を失うことになります。

家族や動物や勤務先にも迷惑がかかることになるので，非喫煙者になることを実習生におすすめしています。

> コラム 6-5

社会人基礎力

　経済産業省が，産学の有識者による委員会を開き「職場や地域社会で多様な人々と仕事をしていくために必要な基礎的な力」を3つの力（12の能力要素）からなる「社会人基礎力」として定義づけています。それを紹介いたします（ホームページ参照）。

前に踏み出す力（アクション）

一歩前に踏み出し，失敗しても粘り強く取り組む力

主体性　物事に進んで取り組む力。指示を待つのではなく，自らやるべきことを見つけて積極的に取り組む。

働きかけ力　他人に働きかけ巻き込む力。「やろうじゃないか」と呼びかけ，目的に向かって周囲の人々を動かしていく。

実行力　目的を設定し確実に行動する力。自ら目標を設定し，失敗を恐れず行動に移し，粘り強く取り組む。

考え抜く力（シンキング）

疑問を持ち，考え抜く力

課題発見力　現状を分析し，目的や課題を明らかにする力。目標に向かって，自ら「ここに問題があり，解決が必要だ」と提案する。

計画力　課題に向けた解決プロセスを明らかにし，準備する力。課題の解決に向けた複数のプロセスを明確にし，「その中で最善のものは何か」を検討し，それに向けた準備をする。

創造力　新しい価値を生み出す力。既存の発想にとらわれず，課題に対して新しい解決法を考える。

チームで働く力（チームワーク）

多様な人々とともに，目標に向けて協力する力

発信力　自分の意見を分かりやすく伝える力。自分の意見を分かりやすく整理したうえで，相手に理解してもらうように的確に伝える。

傾聴力　相手の意見を丁寧に聴く力。相手の話しやすい環境をつくり，適切なタイミングで質問するなど相手の意見を引き出す。

柔軟性　意見の違いや立場の違いを理解する力。自分のルールややり方に固執するのではなく，相手の意見や立場を尊重し理解する。

情況把握力　自分と周囲の人々や物事との関係性を理解する力。チームで仕事をするとき，自分がどのような役割を果たすかを理解する。

規律性　社会のルールや人との約束を守る力。状況に応じて，社会のルールにのっとって，自らの発言や行動を適切に律する。

ストレスコントロール力　ストレス発生源に対応する力。ストレスを感じることがあっても，成長の機会だとポジティブに捉えて肩の力を抜いて対応する。

　これらの力は，単に覚えればよいというものではなく，様々な経験を通して徐々に身に付くものです。大学ではゼミ・研究活動やサークル・部活動，アルバイト，留学，友人との付き合いなど，いろいろなことにチャレンジし，その経験を通して養成されるのです。ぜひ，充実した学生生活を送って社会人基礎力を育成しましょう。

第7章　生活の輝き

1．楽しく生きる7つのポイント
2．アンチ・エージング
3．与え好きになろう
4．子育てのアイデア
5．寄り道，回り道　－子育て余談－
6．老後の見積書
7．資産・貯蓄の管理簿をつくろう

成長の土台

　過去は礎で，人生にとって大切な土台。その積み重ねで現在があって，その続きが未来だから。

　でも，あまり過去の栄光や成功に安心していると，世の中の変化に気づかなかったりします。学歴などは半減期のごとく消えていくこともあります。

　逆に，過去の失敗や挫折にこだわっていて，そのせいにしていると，右の一歩が出ません。右足が出ないと左足も出ないので，道を創って歩くこともままなりません。

　どんな過去もさらに磨いて，成長の土台にできるといいなあと思う，人生の後半です。

過去の
経験は
ときに
成長を
妨げる

1. 楽しく生きる7つのポイント

楽しく生きることが，やる気・元気・根気の基になります。若さの秘訣にもつながると思います。自分の人生のハンドルを自分で握っている人は，セルフコミュニケーションの達人になって自分をコントロールできるようになるそうです。そこで，楽しく生きる7つのポイントを考えてみました（図7-1）。

1) 家族化

周りの人を皆「家族化」，「友達化」します。仕事もプライベートも頼まれたとき，「もしこの人が家族だったら」とか「友達だったら」を基準に考えると，自然と大切にできます。そうすることでお互いにパワーパートナーになれて，各分野のプロの仲間が手を取り合うことができます。広くて深くて濃いつながりや仕事に発展します。自分がSOSを発信できる他人も備わったら最高です。注意することは距離の取り方です。プレッシャーや重荷にならない，ほどほどの距離がベストです。なれなれしい，よそよそしいにならないようにします。

2) Give and Give

一般にGive and Takeとよく言われますが，今はさらにバージョンアップしてGive and Give。自分のできる分野でのお手伝いを見返りを求めないで進んでやることです。そのためには人様のお役に立てるだけの実力をつけること。そして，相手から笑顔をどれだけ引き出せるかです。もちろん，お金を引き出せるかではありません。仕事も恋愛も人間として成長するためのもの。与えた愛は空に飛ばし，受けた愛は心に刻むと心が豊かになります。

3) 3つシリーズ

人生の選択肢はいつも3つの中から選ぶことをお勧めします。ちょっと頭や心が柔らかくなれて，安定感が出て揺れない自分になれるからです（図7-2）。

(1) 仕事・家族・趣味

仕事はもちろん重要ですが，心の寄りどころになる家族も，ないがしろにせず同等に大切です。また，趣味があるとストレス解消になったり，仕事にヒントを与えてくれることもあります。

(2) 愛・心・脳

愛は情熱的で何にも変えがたいものですが，それだけだと不安になることもあります。愛に思いやりの心を添えることで絆に発展することもできます。時には冷静に理性を持って，脳をコントロールすることも必要だったりします。

(3) 歩く・走る・立ち止まる

仕事も恋もこつこつ歩むことは，目標達成の一番の近道のように感じます。でも時には思い切って走る日も必要で，メリハリがつきます。また，立ち止まってじっくりゆっくり考えてみる日があっても，それが新しいさらなるスタートになることだってあります。

(4) 収入・やりがい・社会貢献

この三拍子に加えて，＜スキル・マナー・思いやり＞で＜友達・先輩・後輩＞と仲良くして，＜自分・地域・社会＞を大事にしていきたいですね。

＜良い習慣・悪い習慣・新しい習慣＞など，3つシリーズを書き出してみるとちょっとワクワクしてきます（図7-3，表7-1，表7-2，第2章図2-7参照）。

(5) 仕事・志事・使事

生計を支えるサラリーの仕事，自分のやりたいライフワークの志事，自分ができる役割で使命の使事。この3つのしごとのバランスを上手にとって，後味のよい仕事をしましょう。

4) 10年継続

好きなことを見つけて10年間続けていると，継続は力なりで，いつの間にか形になります。イラスト付き五行歌の「お悔みカード」が商品化されたり（第6章図6-25，285頁参照），おしゃべりの機会を多くもてるようにしていたらラジオのパーソナリティが実現したり（第6章

＜楽しく生きる！7つのポイント＞

元気に，素直に，一生懸命でおはじき効果❤

★自分の人生のハンドルを自分で握っている人は，自分のコントロールができるよ！

		ツボ	コツ
①家族化	みんなを家族化，友達化 もし家族だったら ┐ もし友達だったら ┘でスタート	パワーパートナー，仲間づくり 各分野のプロ探し デート→広くて深くて濃い仕事に	プレッシャーを与えない距離の取り方 SOSを発信できる人も…
② Give and Give で ＞ Give and Take	自分のできる分野でのお手伝い そのために実力をつける	笑顔をどれだけ引き出せるか 仕事は人間として成長するため	与えた愛は　空に飛ばす 受けた愛は　心に刻む
③3つシリーズ	選択肢はいつも3つの中から 　Yes・No・保留 　やる・やめる・考える	3つの力は安定感 ぶれない自分になれる	家族＆仕事＆趣味 愛＆心＆脳 歩く＆走る＆立ち止まる
④10年継続	好きなことを見つけて 　10年続ける 　ex. 仕事，趣味，恋，音楽 etc…	継続は力なり いつの間にか形になる	あきらめない ex. 仕事，五行歌，絵，文， 　　おしゃべり，篠笛 etc…
⑤1日1ミリ	毎日コツコツ何でも1ミリ 誰にも分からない位でOK	昨日と違う自分になる 明日の自分を考えて寝る	次の目標をもっている人は 必ず伸びていく
⑥等身大弱	ゆとり＆エネルギーを 他人のためにとっておく ボランティアは生きがい	がんばり過ぎると疲れる 家族，友達，地域，社会 に還元を	実力4割・ノリ6割で楽しむ 周りが見ていても 楽しい人に
⑦どまん中に愛	頭・心・体のどまん中に愛を置く 　×お金　×数字 　（むなしくなる日が来る）	愛は，端っこでなくどまん中に 師弟愛，地域愛，仕事愛， 家族愛，動物愛，植物愛， 地球愛 etc…	土台を何にするか決めて 愛を中心にして 自分との約束を守ろう!! ex. 読書，言葉，命，恋，音楽， 　　スポーツ，アイデア，教育， 　　心 etc…

Q みんなの7つのポイントは？

図7-1 専門学校や看護師さんのセミナーで配布しているプリント

3つシリーズ
足が3つあると倒れにくい・ブレない

- 1 家庭（族）
- 2 趣味
- 3 仕事

- 1 聞いてあげる
- 2 分かってあげる
- 3 褒めてあげる

- 1 モノクロ
- 2 カラー
- 3 グラデーション

- 1 理系
- 2 文系
- 3 体育系（芸術系）

- 1 収入
- 2 やりがい
- 3 社会貢献

- 1 書く（描）
- 2 読む（詠）
- 3 話す

- 1 海
- 2 空
- 3 土

- 1 和食
- 2 洋食
- 3 和洋折衷

- 1 スキル
- 2 マナー
- 3 思いやり

- 1 友達
- 2 先輩
- 3 後輩

- 1 枝
- 2 木
- 3 森

- 1 ○
- 2 ×
- 3 △

- 1 自分
- 2 地域
- 3 社会

- 1 愛
- 2 現実
- 3 はざま

- 1 歩く
- 2 走る
- 3 止まる

- 1 知る
- 2 好む
- 3 楽しむ

- 1 現在
- 2 過去
- 3 未来

- 1 黒
- 2 白
- 3 グレー

- 1 捨てる
- 2 拾う
- 3 保留

- 1 良い習慣
- 2 悪い習慣
- 3 新しい習慣

- 1 愛
- 2 心
- 3 脳

- 1 好き
- 2 嫌い
- 3 曖昧

- 1 続ける
- 2 やめる
- 3 考える（その他を）

人が喜びを感じる3つ
- 1 コミュニケーション→感動
- 2 創造→インスピレーション
- 3 （無垢なものに触れる）育てる

- 1 仕事
- 2 志事
- 3 使事

- 1 なれなれしい
- 2 よそよそしい
- 3 ほどほど

- 1 乗る
- 2 降りる
- 3 見守る

あなたの3つシリーズは？
1
2
3

- 1 心
- 2 技
- 3 体

- 1 消費
- 2 投資
- 3 浪費

- 1 ありがとう
- 2 楽しい
- 3 うれしい

図 7-2　3つシリーズ

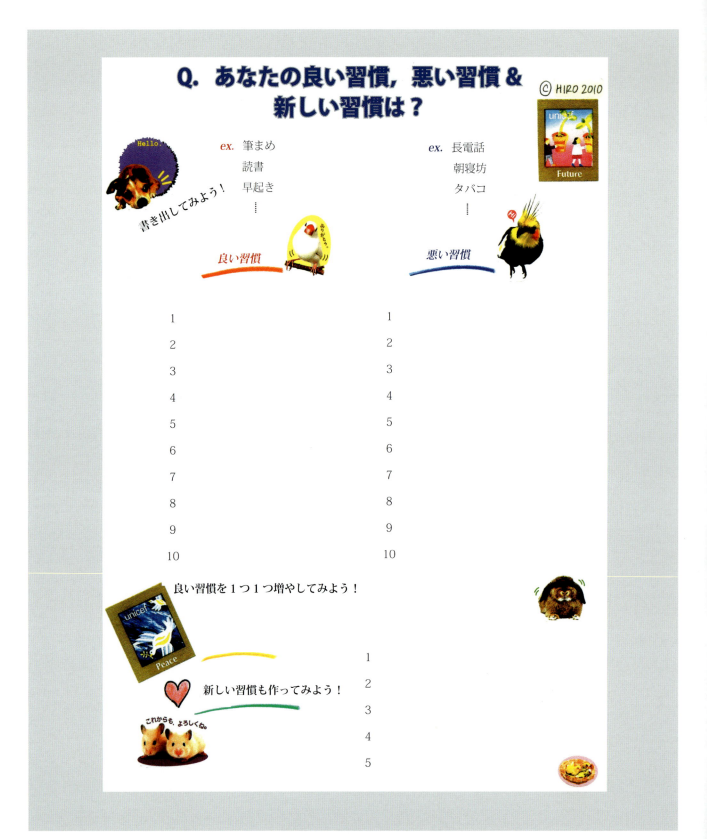

図 7-3 習慣のチェック表

表7-1　良い習慣，悪い習慣，新しい習慣の例
良い習慣
規則正しい生活習慣（決まった時間に起きる・寝るなど）
挨拶
正しい食事習慣（お弁当作りなどの料理）
時間を守る
適度な運動
悪い習慣
不規則な生活習慣（寝坊・夜更かし・休日にだらだらなど）
時間の無駄使い（時間がない，いそいそしている）
携帯依存
面倒くさがり
やらなくてはいけないことを後回し
新しい習慣
規則正しい生活（早寝・早起きなど）
運動
ネガティブにならない（毎日楽しく生きる・挑戦するなど）
始めたことは最後までやる
ニュースを見る

表7-2　良い習慣をつくる7つのステップ
1．できるところから始める
2．志は高く，行動はコツコツ
3．毎日記録
4．進歩・成果は自分でほめる
5．最高のステージを想像
6．3週間続けると，習慣化する
7．うまくいかなかったら，保留

表7-3　目標達成への7つの行動
1．小さいことの積み重ね
2．尊厳する（模範となる人）を持つ
3．集中力（時間，エネルギー，お金，情報）
4．ネットワーク（仲間を作る）
5．失敗は過程，継続は力
6．インプットよりアウトプット
7．イメージの種は早く蒔く

表7-4　望む未来　手に入れる7つの法則
1．人生は，選択と削除
2．運命は自分で変えられる
3．すべての出来事は，必然
4．満足していると，成長は止まる
5．成功の結果より過程
6．あきらめない
7．潜在意識を大切に

276-279頁参照），ものを書き続けていたら本になったりと。全てあきらめないで続けることがポイントです。

5）1日1ミリ

毎日，地道に何でもよいので1ミリ分，誰にも分からない位でOK。昨日と違う自分になれます。明日の自分を考えて寝ると早いスタートができます。次の目標をもっている人は必ず伸びていくそうです。1ミリでも1年で365ミリ。10年で3.6メートル。誰もが認める成長になります。

6）等身大弱

等身大に見られたかったり，時には背伸びして等身大以上に認めてもらえたらと思う日があるかもしれません。でも，本当の自分以上の評価に近づこうとがんばり過ぎると，長続きしません。ゆとりがなくなって，エネルギーを他人のためにとっておいたり，家族・友達・地域・社会に還元できなくなります。ボランティア精神も生まれてきません。気持ちをリラックスさせて，「実力4割・ノリ6割」位で楽しむ力をつけると，見ている周りの人まで楽しくなって元気をもらえます。

7）ど

頭・心・体のどまん中に愛を置きましょう。お金や数字が中心になると，いつかむなしくなる日が来るように思います。やはり愛は端っこでなく，まん中に！師弟愛，地域愛，仕事愛，家族愛，動物愛，植物愛，地球愛など，いろいろあります。土台を何にするか決めて，何であっても愛を中心において，自分との約束を守りましょう。

みなさまの楽しく生きるポイントは何ですか？

2. アンチ・エージング

「"若さの秘訣"っていうテーマも書かない？」と有名人N先生のリクエスト。人も動物も仕事も病院もがんばっていても、加齢・老化は少しずつ進みます。でも心や年輪のしわだったら、工夫や努力や日々の鍛錬でピッピッと伸ばせるかもしれません。そして老化のスピードをちょっと遅らせることができそうです。

　If you look young for your age, you will live longer.
（見た目の年齢が若い人は長生きする）

デンマークの研究者によると、若々しく見える人たちは年齢より老けて見える人たちよりも、長生きする可能性が高いそうです。

そこで、参考になるかどうか分かりませんが、我が家の心がけている11か条を発表します。

- **一条**　友達は5つの異を心がける…異業種、異国籍、異年齢、異性。異次元の友達は刺激がたくさんあります。好奇心をもって知らない世界を素直に学ぶと、自分の力になります。また、おはじき効果で異分野の人たちに自分の分野を次々に伝えられ、輪が広がります。
- **二条**　約束を守る…原稿の締め切り、待合わせの時間、自分との約束など。たまには自分を追い詰めることも大事です。プロになるための第1歩は、相手や自分との約束履行です。
- **三条**　篠笛で健康管理…篠笛（横笛）の呼吸法は、姿勢を正し、深い呼吸で血液の循環を良くし、内臓の働きを高め脂肪を燃焼させてエネルギーに変えます。姿勢が悪いと良い音が出ないのです。背筋が伸びてリンパの流れが良くなります。病や悩みを吹き飛ばす効果もあります?! 篠笛の先生は、元捜査一課長のデカさんで、肺がんであと3年の命と言われて41年生きています。なんと13回入院し17回も手術を受けています。手術で片肺になったため、肺活量を高める目的で篠笛を始めて、今では健常の方の倍の肺活量です。「Don't give up for me. あきらめなければなんでも叶うよ」と、＜JBK友の会：じょうぶでぼけずにころりんこ、のブログ＞を立ち上げ、がんの方に情報と勇気を発信、悩み相談にもお答えしています。獣医界の有名人T先生が同じ病気で落ち込んでいたとき、会ったこともないのに手紙のやりとりをして支えてくれた人です。

もう1つ篠笛の利点は、軽くて場所をとらないので持ち運びが楽です。世界の学会の交流会のときに活躍します。「さくら」「荒城の月」「上を向いて歩こう」「ふるさと」「赤とんぼ」「黒田節」など、曲を通して日本の伝統をちょっぴり紹介できます。動物が亡くなったときも、心をこめて「千の風になって」を吹いて差しあげます。

- **四条**　食事の管理…ワンパターンではなく、変化のある食生活とバランスのとれた食事を規則正しくとります。ジャンクフード、揚げ物、味の濃い物は控えめに。緑黄色野菜をたっぷり。野菜は無農薬の物や自家or他家栽培が最高。買った物は農薬の多い長ネギの分かれ目やタマネギ、キャベツなどの一番外側の1枚は、除きます。

腹七分（年齢に相応して量を減らす）を心がけ、活動量の少ない休日はブランチ（昼食を兼ねた遅めの朝食）と夕食の1日2回にしています。この方法は貴重な休日の時間をゆったり有効に使えます。焦げた物、辛過ぎる物、熱い物、カビの生えた物は避けて、口や食道や胃を大切にします。食べるときは口に入れたら一度箸を休めて30回よく噛みます。食材を味わえるとともに、満腹中枢に命令が届くので太りません。何を食べるかも大切ですが、誰と食べるかはもっと大事なことです。一緒に食べると楽しい人で、タバコを吸わない人を選べるとよいですね。また、環境のためにマイ箸をいつも携帯しています。

- **五条**　体の管理…立ち仕事なので足がむくまないようにうっ血を防ぐテルモさんのジョブストッキングを着用し

たり，なるべく座る時間を作って予防します。万歩計で1日8,000～1万歩が目標，適度な運動として，邦一は日本泳法，テニス，毎晩ストレッチ，宏子は大またで歩く，8階（義母の一人暮らしを1日2回チェック）の昇り降りを階段で，トイレとお風呂でオリジナルメニューのミニ体操。

六条 好きな人，好きなこと，好きな物を大切にする…逆に言うと苦手な人とは何気なく距離を置きます。得意なこと（絵，文，おしゃべり）を着々と続けて趣味から仕事にできる位までがんばってみたり，こだわりの物に囲まれた生活は毎日がイキイキします。ちなみに私のお気に入りは次の物です。

- 万年筆…CARAN d'ACHE, PLATINUM, NANCY WOLFF
- 原稿用紙…邦一オリジナル500字
- 画用紙…MOREAU
  　　　　100％コットン専門家用水彩画紙，粗目
- 色鉛筆…STABILO 60色（Germany）
- シャープペンシル…OLEeNU（プラチナ），0.5mm，芯は2Bで

七条 お気に入りの店をもつ…珈琲なら銀座のウエスト，スターバックス，シャンプー・リンスなどはロクシタン，仏料理は東京半蔵門のトライアングル・横浜鶴見のシェ佐山，図書館は川崎武蔵小杉，本は丸善，文具は銀座のITO-YA，画材は渋谷のウエマツ，小物のセレクトショップはネットのアイ・スペシャルなど，行きつけの店に顔なじみの人ができるとわがままも聞いてもらえます。

八条 心と体とお金にゆとり…等身大弱の生き方は，余力を人に分けてあげられます。身の丈の経営は，心穏やかに過ごせます。がんばり過ぎると心や体が壊れていくこともあります。自分のことだけで夢中にならず，相手のことを思いやる時間ができて，どうやって相手から笑顔や元気が引き出せるかを考えられるようになります。

九条 中途半端のススメ…完璧主義は横において見るだけにします。1つの仕事が終わったら，そこで区切りをつけずに次の仕事を少しかじって芽を創ります。「0」から始めるより「1」からの方が助走期間中に少し考えが広がることもあるからです。

十条 夢は叶えたり支えたり…夢は紙に頭に心に描き，人に語り，世の中に伝えていると不思議ですが叶います。いつの日か夢が叶ったら，ありがとうの心を込めてお返しをします。叶えるだけでなく，人や世の中の夢を支える側に回るのも，同じくらい達成感があります。喜ばれるとそれがまた自分の夢のエネルギーにもなります。

十一条 相手や環境を受け入れる…何があっても，相手を責めたり憎んだり恨んだり，見返りを求めたりしないこと。今の環境を生かしてできることを工夫すると，解釈力や交渉力がついて心の領域が少し広がって気持ちが楽になります。そのときマイナスと思えたり傷ついたりしたことも，時が解決してくれて人生の肥料になります。自分を育ててくれるものは，まっすぐな応援団だけではないことも多いです。

誰の心にも1本の小さな木があります（図7-4）。みんなからたっぷりもらった肥料が入った地面に，育ててくれる人，学校，会合，物，本など，根っこを増やします。落ちてしまった夢のかけらや，ボツになった仕事の切れ端も，土に溶け込んで全部肥料になります。ちょっと疲れたり病気になったり，そんなことも文章の行間，画用紙の余白，沈黙の時間が，思いや愛を言葉以上に伝えてくれることだってあるように，見えないところにも大切な何かや必要なことがいっぱいあります。

アンチエージング，心の中に枯れることない木を植えてみませんか？あなたはどんな木を育てていくのでしょう。今夜は夢のたな卸し…叶った夢，捨てた夢，手放した夢…

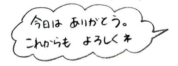

図7-4 セミナーなどで配る自己紹介のプリント

もう一度拾って書き出してみるのも楽しい時間になるかもしれません。

ね！歳とっている時間，ないでしょ!?

3．与え好きになろう

1)「与え好き」－ Give and Give －

一般的には，Give and Takeでいこうというのが主流ですが，これからはGive and Give。見返りやお返しを期待しないで与え好きになろうというのがお勧め。原 克之さんのホームページからe-Book『【与え好き】の法則』が無料でダウンロードできます。読んでみると，自分のできそうなことでの与え好きが次々と浮かんできます。みんなのおかげでいただいたライセンスや環境を，いろいろな形で生かせたらなあって思います。

大切なことは，おせっかいと与え好きは違うことです。同じ行為でも，相手の心の負担になったらおせっかいです。ニーズに合わせて距離も上手にとって喜んでもらえることがよいですね。

2）私の与え好き　実例案

　自分のもっている情報をホームページやブログで発信したり，お悔みカードを出したり，動物相談にのってあげたりボランティアセミナーをしたりと小さなことでも与え好きを続けてみましょう。自分の好きなことや得意なことが見えてきたり，生きがいにつながったりします。

　思いがけない決定版は，イラスト付き動物五行歌が東大寺のお水取りに3年間参加できたことでした。東大寺お水取りでお供えする丸餅のお下がりが毎年届きます。日本の伝統行事のお手伝いを，いながらにしてできるぜいたくで嬉しいボランティアでした。

　仕事，家族，趣味など，各々の場所で与え好きができるように自分を磨きたいものです。

　例えばお悔みカードでしたら，なるべく早めに一言添えてハガキで出します。亡くなった後なので直接的には収入につながりません。表面的には獣医師としての仕事は終わっているようにみえます。その飼い主さんがもう動物を飼わなければ，次の仕事や予約につながったりもしません。

　でもハガキを受け取った方は，すぐに読むこともできるし，少し落ち着いて自分が読みたくなってから目を通すこともできるし，見るのも辛かったら捨てることもできます。動物が亡くなった日はもう1つの誕生日：スタートで，そこから新しいもう1つの仕事，心のフォローができるかもしれません。「辛」いときでも1つの力を添えると横棒が1つ増えた「幸」せという字になります。「哀しみは半分こ」にできるかもしれません。お悔みカードをもらった人が，友達の動物が亡くなったときに同じようなカードを送ったり，友達にカードを見せて思い出を話したり，そうしているうちに次の動物を飼うきっかけになったりもします。機会があったら，篠笛で千の風になってを吹いて差しあげると上手でなくても喜ばれます。

　与え好きを続けていると，すぐに答えが出なくても相手の心が温かくなるとこちらの心も自然とほんわか幸せな気持ちになり，楽しく生きることができます。

　ミニシェルターやペットロス・サロン，動物の知識やエピソードをテープに吹き込む耳の図書館など，やっていること，やってみたいことはまだたくさんあります。健康に気をつけて，与え好きを続けていきたいと思います。

4．子育てのアイデア

1）子育てミニコミ誌を作ろう

（1）きっかけ

　お産のときに病室が一緒だった保母さんと，「子育て新聞を作ろう」「自分たちの不安なことを定期的に連絡し合っていこう」ということが，子育てミニコミ誌のはじまりでした。

　保育園の友達や近所の人たちと少しずつ仲間を増やし，多いときは十数名が参加して毎月発行していました。編集長は順に持ち回り制で，毎回「テーマに対する記事」と「アンケート」の2本立てにしていました。

（2）内　容

　テーマは例えば「夫の育児参加」「2人目の子育て」「保育園の選び方」「育児と仕事の両立」「今の世の中に伝えたいこと」「共働きの秘訣」「幼児教育について」「今年の目標」「元気の素は？」など。各々の意見や提案，ポリシーを800字位で書きます。

　アンケートは忙しくて書けないときのために，軽くて短くて書きやすいものを用意します。箇条書きでもOKなもので，例えば「今読んでいる本」「子連れで行けるレストラン」「お気に入りの遊び場」「簡単おやつのレシピ」「ストレス解消法」「子どもの好きな番組」「今，はまっていること」などでした。

　テーマやアンケートはどんなことを書いても大丈夫。書いたら，切手を貼った返信用の封筒を入れて今月の当番の

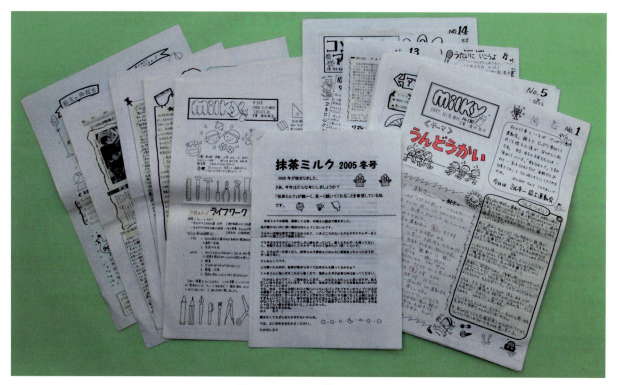

図 7-5　ミニコミ誌　Milky

人に送ります。その人は届いた原稿をぺたぺた貼ってコピーして全員に発送します。発送するときに次の担当の人と次回のテーマとアンケートを決めます。そして，その他年1回，みんなで集まって交流を深めます。紙面上でしか知らなかった人と初顔合わせ，なんていうのも楽しい発見があります。15年以上続いて150号近くなった「Milky」というミニコミ誌，子どもたちも大きくなったので「抹茶ミルク」に改名し，半年1回の発行になりました。京都のお茶の老舗を経営している獣医さんから本物の「元祖・抹茶ミルク」を会員分の数をいただきました!!

(3) 効　用

動物病院という仕事はどうしても友達が獣医師ばかりになってしまいがちですが，このミニコミ誌があったおかげで保母さん，学校の先生，主婦の方など，さまざまな人のバラエティに富んだ意見がもらえました。毎月これが届くことはとても楽しみでした。

アンケートやテーマ以外でも，例えば「今子どもが，いじめにあっているんだけど…」とか「不動産の契約や借入金の相談に強い人いる？」など，悩みを投げかけると次の新聞に「私はこう乗り切ったよ」とか「ここに相談してみたら？」と返事が集まってきます。何でも相談できる友の愛の決定版かも？と思います。

ポストを開ける楽しみと紙の温もりはありませんが，今だったらネットで簡単に展開もできそうですね！

ともすると孤立しがちな子育てです。皆同じ気持ちなので，思いきって自分から声をかけると，皆で子育てしている気分になれます。

2）極貧子育てを楽しむアイデア

（1）マイナスからのスタート

　我が家は2人ともゆとりの少ないサラリーマン家庭で育ったため，夫は育英資金で国立を卒業し，私は成人式の着物代を入学金に変えて授業料は返納する約束で大学へ行かせてもらいました。知らない土地でゼロからのスタートというよりは病院のローンのほか，育英資金の返済もあったのでマイナスからの出発でした。

　「借金も財産のうち」と言う先輩の話も励みになりました。

（2）計画出産

　そんなわけで，動物病院が比較的ヒマになる秋から冬にかけての出産を選択。どっちみち大変な育児なら3人年子に挑戦。結果は2人も3人も同じ。効率の良い多頭飼育？なおかつ，保育園は2人目からは保育料が半額になるし，お下がりを片付ける間もなく続けて着せることができました。この無謀といえる作戦は大成功（?!）して，10/24生まれの女の子，翌々年3/9生まれの男の子，さらに翌々年の1/22生まれの女の子，3人年子の子育てが始まりました。このパターンでは，なんと七五三も一度で済みました。

（3）子育て奮戦記

　自転車の4人乗り（オフレコです）や3人をぞろぞろ連れて歩いていると地域の名物になり，「あらスゴイ」と古着やランドセルなどがいつの間にか手元に集まります。「孫には新品を買ってあげるね」という口約束のもと，お古のランドセルで登校。お風呂の水は噂を信じてメーターが動かないよう，ポタポタ1滴ずつ24時間かけて溜め（?），風呂水保存剤（風呂水ワンダー）を利用して，翌日は沸かし直し湯。さらに家族5人が一度に入り，水道・光熱費ともに最小限に抑え，その排水は毎日山と出る洗濯に利用（夫は30年前の極貧の習慣が残っていて，いまだに私と一緒にお風呂に入っています），今，注目の省エネオンパレードでした。

　忙しい朝のトイレもなるべくサッとまとめて済ませ，一度に流すことを試み，毎朝"うんちくらべ"というイベントを作り表にしました。「ハーイ，拓馬が1番でした！」「麻由ちゃんのが立派でした！」「明日香ちゃんのかわいい！」とどれも褒めつつ，3人分一度に済ませ1回で流すのです。みんな競ってトイレに並びます。渇水時の節水にも大協力。

　借金をしてくるのは私の役目でした。欲しい心電計が仮に200万円とすると，機械屋さんに「一番高い心電計の見積書を持って来てね」と頼み，「先生，ホントにいいんですか？」と持ってきてくれた350万円の心電計の書類を持って金融機関へ行きます。ペットブームの情熱と見通しを明るく元気に語り，担当の人を説得。それでも目一杯は貸してもらえないので，ちょうどうちに見合った手頃な金額が借りられるというわけ。

　冬の夜は暖房費節約のため「おフトンの国のお話し会」と称し，ひとかたまりになり布団にもぐって読み聞かせをし，寒さを温もりに変換。子どもたちが好きだった本は『小さなおうち』『泣いた赤鬼』『フランダースの犬』『ごんぎつね』『マッチ売りの少女』『一房のぶどう』『かさじぞう』『ゆうびんやさん』

　「明るい貧乏と暗いお金持ちと，どっちが好き？」と聞くと，小学校6年生までは3人声をそろえて「あっかるいビンボー!!」と答え，これを合言葉にさまざまなイベントを乗り越えてきました。

（4）本との出会い

　ここで，先輩や友達に勧められたり，ふと手に取ったり，子育ての応援をしてくれた懐かしい本を紹介します。

その1つ，『いまが人生の花－仕事と子育てを生きる』は，各々職業は異なりますが，仕事と子育ての両立の工夫や悩みが詰まっていて，同じ目線で共感できて勇気が沸いてきます。動物看護師さんの専門学校や今講師をしているところで「お勧めの本は？」と生徒さんたちに聞かれたときにも役立ちました。2DKの団地時代，お小遣い稼ぎの原稿は，子どもたちが起きるといけないのでトイレが書斎。机はなんとふたをした洋式便器でした（!!）。この本は懸賞論文を集めたものです。私も投稿し，優秀賞をいただいたことが，書く楽しみの原動力になりました。専門分野での執筆活動のきっかけにもなっています。そして今，書くことがライフワークになりました。「直木賞と芥川賞，どっち狙っているの？」と聞かれると「ノーベル文学賞」と答えることにしています。ウソはついちゃいけないけれど，ホラは吹いてもよいそうです（?!）。

5．寄り道，回り道 －子育て余談－

1）回り道も気付きになる－長女の骨肉腫事件－

（1）骨肉腫の疑い

大きな病気もせずに心配かけずに育つ子もいれば，思い当たる原因もないのに，ある日突然難病や高度医療の対象に入るような病気を宣告されることもあります。

長女が5年生の秋，リレーの選手で毎日遅く帰ってきていたある日，「足が痛いんだ」と足を引きずっていました。小さい頃からがまん強く，自転車の4人乗りをして家にもどると，一番に飛び降りて家の電気を全部つけて「お母さん，お帰り！おうちが明るいとさびしくないでしょ？」というおませな子です。両足を触ってみると，片方の脛骨の一部が腫れているので，すぐに近所の外科に連れていきました。医師は触りもせずに「あ，お母さん，よくある成長痛です」とさらっと一言。「…？」で，「すみません，ちょっと触ってもらってもよいですか？何かちょっと腫れてるみたいで…」とおもむろにお願いすると，「あ，すぐに検査します」とX線室に。出てきたときは車イスで「歩かせないで」と，X線を見たら骨の真ん中が黒く抜けていて，ふつうの骨折ではありません。「境界が不明瞭なので骨肉腫の疑いがあるから大きい病院に行ってください」と聖マリアンナ医科大学の難病担当を紹介されました。

（2）心の支えは応援団

普段は超明るいノーテンキの私も，「10歳，やっと1/2成人式を迎えたばかりなのに…」と涙が出て仕方ありませんでした。このときスタッフのVTの由紀ちゃんが私の机の上に「宏子先生が明日香ちゃんのところに少しでも早く行けるように私もがんばるから…」と手紙がそっと置いてありました。家族のように心配してくれたり，励ましてくれたり，涙を乾かしてくれたり，スタッフの存在の大きさとありがたさを感じました。

3人の子どものうち2人を脳腫瘍で亡くした獣医師の友達は，「男は泣きたくても泣けないんだ。お母さんが落ち込んでいると，清水は娘と2人分の心配しないといけないから，どんなときも母は太陽でいろ！」と言いました。「月だと満ち欠けがあるから太陽だぞ」と。「専門書は読むな！心配は医者に任せて，身近にいる人はいくら診断が正しくてもそんなことより希望をもって接すること」「不運なことと不幸なことは別のことなんだから，1日を大事に。今できることの中に幸せを見つけていくこと」「カラ元気も元気のうち」。この時のアドバイスは今，臨床獣医師としてがんなどの難病が分かったときに飼い主さんに伝えています。また長女が大きな病気をしたことで，飼い主さんの

表7-5 お勧めの本

こんなとき	書名	著者・出版社・本体価格	内容
成功したい人へ	7つの習慣 ティーンズ	ショーン・コヴィー キングベアー出版 1,500円	親子の夢へ直結 成功への原則はコレ
	まんがでわかる7つの習慣	ショーン・コヴィー 宝島社 1,050円	
究極の生き方	与え好き	原 克之 ホームページ（無料）	Give and Give
心を広げたいとき	Mind Mapping 人生に奇跡を起こすノート術	トニーブザン きこ書房 1,500円	図を描くうちに考えが次々と発展
マンガで人生論	ブッダとシッタカブッダ	こいずみ吉宏 メディアファクトリー 951円	マンガでなるほど人生
ペットロスが心配なとき	永遠の贈り物	ローレン・マッコール著 おくだひろこ監修	千の風になった動物に聞きたい5つのこと
プロのVTを目指すなら	月刊as	インターズー 1年（12冊） 18,000円	アニマルスペシャリストのためのワークマガジン
エキゾチック・アニマル	やさしいエキゾ学	清水宏子 インターズー	6種類の動物の特徴・飼育法・主な病気
ペットの基礎知識	ペットの秘密	清水宏子 東京堂出版 1,600円	犬・猫・エキゾチックアニマルなど8種類 イラスト豊富な豆知識
しつけの勉強	テリー先生の犬のしつけ方教室	テリーライアン 日本動物病院福祉協会（JAHA） 10,000円	広くて深い行動学
人獣共通感染症を知りたいとき	ペットとあなたの健康	メディカ出版 1,300円	予防法も載っています
自然保護に興味があったら	フー太郎物語 森におかえり	絵：葉 祥明，文：新妻香織 英訳：スネル博子 1,600円	絵もステキ，文は英訳付き
子育て中に何回も読みましょう	まんが こどもに伝えたい「大切なこと」100	ブティック社ムック よしだひでき 900円	こどものまっすぐな成長のために親子でいっしょに読む本
子育てのアイデア	いまが人生の花	全国私立保育園連盟編集	働くことと子育ての懸賞論文30編
子育てに迷うとき	あたりまえだけど，とても大切なこと	ロン・クラーク 草思社	子どものためのルールブック
やさしくなりたいとき	子どもが育つ魔法の言葉	ドロシー・ロー・ノルト著 PHP研究所 580円	皇太子様のおすすめ
動物の楽しい・ためになる話	宏子先生の動物クリニック	清水宏子 近代映画社 1,460円	文化放送での放送内容とリスナーさんの質問
ほっとしたい 元気が欲しい	しあわせポッケ	清水宏子 桜出版 1,000円	イラスト入り五行歌 楽しいコラム

立場や逆境を経験できました．そして，インフォームド・コンセントは医師の身を守るための防御策にならないように，不安をあおる伝え方を控えるようにしたいなあと思いました．

（3）いつもポジティブ

長女は親の心配をよそに「冬だからギプスはあったかくてちょうど良かったね」「妹の麻由だったらまだ小学2年生だからかわいそうだし，お母さんも大変だったよね」「足がなくても命があれば車イスで学校も行けるしね」，骨移植のときは，「お母さんの足は動物たちのための大事な足だからいらないよ」と，次々に前向きの言葉だけしか言いません．動物たちのことと，親や飼い主さんの気持ちを考えてくれているんだなあと思う日々でした．

CT，MRI，PETなどの検査の結果，幸い良性の線維腫であることが分かりました．摘出手術をして本人の骨盤2か所からの骨とセラミックが入り，2か月間の入院でした．

今VT歴10年目，ミュージシャンとしてもデビューし，バンド活動でロンドンやケベックへと，元気に世界を馳せる足になっています．

担当だった整形外科の先生は，実は獣医師になりたかったという4代目の医師．国家試験に受かったら獣医師になってもよいと言われて育った人でした．「病気になったからといって勉強の環境を変えたりする必要はないよ．友達と楽しく行っている塾なら，やめない方が本人の心の負担も少ないから」そんな細かい部分にも配慮してくれました．「動物のためなら何でもお手伝いします」と言う先生とは，20年以上経った今も新しい検査法や抗がん剤の使い方などさまざまな情報交換をしています．

そのときはマイナスやどん底に見えたことも，後で考えるとプラスになっていたりします．飼い主さんの気持ちに1歩近づいたり，家族やスタッフと心をひとつにしてハードルを乗り越えた自信につながったりします．子育ての回り道・迷い道は，私たちの財産になりました．

（4）イギリスCDデビュー

長女はその後も音楽を続けています．バンド名は「Pinky Piglets」から，自分たちの母校からとった「TOQUIWA（トキワ）」という名前になりました．

Japan Timesに出たり，イギリスでCDデビューをしたり，アメリカ・カナダツアーに行ったり，イギリス，フランス，アイルランドツアーに行ったり，イギリスのBBCラジオで生演奏をしたりと，国内外でライブをしながらVTの仕事を続けています．病院ではさり気なくシャンプーや院長の考案したアニマルホルダーバッグ（第5章図5-230，213頁参照）などを売るのが得意です．小さいときから積極的でポジティブなので「若院長いる？」と飼い主さんに聞かれて，アラ⁉︎私のことかしらん？と思ったら長女のことだったりします．ライブで鍛えた笑顔と，その場の空気を読んでアドリブで相手に合わせたおすすめの仕方で売ってしまうので，我が家では営業本部長と呼ばれています．そんなわけで頼りになるため，2足のわらじですが欠かせないスタッフの1人です．バンドが売れた方がよいのか，このくらいがちょうどよいのか，ちょっと迷う私たちです．

2）寄り道も心の財産－長男のタバコ事件－

（1）学生寮でタバコ

まっすぐ何事もなく反抗期もなく育つ子もいれば，毎朝作るお弁当をそっと捨てて，友達とつるんで学食に行く子も！ サッカー部でミッドフィールダーの長男は，都の選抜チームに入った日から中高一貫の受験校よりサッカー人生を選び，高校はサッカー推薦で長野に行きました．

真冬の夕暮れ時でした．長野の学校から電話，またケガでもしたのかと思いきや寮で友達とタバコを吸ったとのこと．禁煙家族で動物病院も半径1km以内・来院30分以上禁煙となっている我が家では，タバコは学校の規則以前に社会のルール．夫はその足で即，憤慨と落胆の思いを抱いて長野へ向かいました．真冬の夜8時過ぎというのに，担任とサッカー部の監督がストーブを焚いて夫を待っていてくれました．長男と4人で膝を突き合わせて今回の反省と今後のことについて約2時間話し合いました．留守宅で私が沈んでいたら，そのとき連載をしていたH新聞社の人から電話が入りました．「ハイ，清水です」だけで何も話していないのに「元気がないけど何かあった？」と．「なーんだ，それなら良かった，親の姿を見せるチャンスが来たんじゃない！ピンチはチャンス．優等生のお子さんだったら親の出番なしで終わっちゃう」と励ましてくれました．

（2）長野にパパがいっぱい

県大会のリーグ戦を控えていたこともあり，このタバコ事件という部員の不祥事で，出場停止など，サッカー部の

子どもたちの夢を壊すようなことになったら大変と，サッカー部の父母会長にすぐ電話をかけました。「うちの子，今すぐに退部にして。みんなに迷惑かかるといけないから」と。

私の話を聞くと父母会長の彼は静かにこう答えました。「シミちゃん，何言ってるんだ！今辞めさせてどうするんだよ。今こそ守ってあげなくてどうするんだよ。うちのサッカー部は勝つためのサッカー部じゃないよ。こういうときのためのサッカー部じゃないか。シミちゃんは『寒くない？』『風邪ひかないように』今はそれだけ言えばよい。オレたち長野のサッカーパパが必要なことは全部言うから，それ以外何も言うな」私は受話器を握りしめて，一言一言がありがたくて涙が止まりませんでした。

一方，サッカー部の子どもたちは，自分たちで仲間のために何ができるかを考えました。そして監督に言われたわけでもないのに，長男の謹慎期間中，毎日ずっと学校から駅までの30分の道程のゴミ拾いと草取りを始めました。誰も彼を責めずに，連帯責任だと先輩も後輩も黙々と寒空の下で，謹慎が解ける日を待っていてくれました。

同じ時期，同い年の高2の甥っ子が退学しました。駅で友達と初めてタバコを吸っていたところを教師に隠し撮りされ，一度も注意されることもなく「これが証拠だ」と写真を突きつけられました。今までのこともこれからのことも話し合う機会はなく，見守ってくれる人もいませんでした。甥っ子の高校もサッカーの強豪校で，息子と2人で「国立競技場で会おう！」なんて言っていた夢もなくなりました。

（3）教育とは愛・Eye

「教育」。たった2文字の中にいろいろな形があります。家族，教師，友達。人と人との交わりの中で，教育とは「愛」と「Eye（見つめること）」かもしれません。何かあったとき，親の心を伝えるときがきたのかも?! と思うと前向きになれます。突き放したり逃げたりしないで向かい合うと，教わることが山ほどあります。

今長男は30歳，つまんない位まじめなサラリーマンになり，IT会社でシステムカードのソフトを作っています。国からの定額給付金を「あてにしていなかったから母さんにあげるよ。今までの人生の何か1つ欠けても今の自分じゃないから感謝してるよ」なんてさらっと言うから，子育ては自分にしかできない永遠の大プロジェクト。寄り道も大切な過程で宝物です。

（4）長男の結婚

2012年12月，DJで知り合った9年間仲良しだった1つ上のSちゃんと，キハチのレストランウェディング。一人一人に手書きのメッセージカード付きでした。全て2人の手作りで，生い立ちのビデオのBGMは2人で選曲した山下達郎さんの「ずっと一緒さ」でした。会社の社長や上司と初めてお会いしましたが「拓ちゃん」と呼ばれていて，お渡ししたお車代は「二次会で使いなさい」と返して

くれて，自分で選んだ会社，一部上場とか大きな会社ではありませんが，等身大で自分の居場所がある会社で安心しました。花束贈呈のとき，「あとで読んで」と手紙もくれました。

　父さん，母さん，ここまであきらめることなく，優しく大事に育ててくれてありがとう。中学校，高校と何度呼び出してしまったか… 片手では数えられないね… ごめんね。呼び出されたときもタダでは帰らない母さん，校長と仲良くなっていたり，今思うとさすが母さんです。父さんは小学校までは厳しかったけど，中学，高校になると何をしても優しく見守ってくれたね。そんな父さんだけど，変なところでガンコだよね。何をしても怒らないのに，ちょっとした細かいことで注意したりするよね。そんな父さんに最近似てきた気がするよ。やっぱり親子なんだね。

　これから「祥子」という，英語が得意で優秀な優しい家族が増えてよかったね。よろしくお願いします。なるべく迷惑はかけないようにするよ（笑）。たまには4人で旅行でも行こうね。　最後に，父さんと母さんの子どもに生まれて"清水家"にいられて本当に幸せです。本当にありがとう。　　　　　　　　　　　　　　　　　　　　　拓馬

「どの1日がなくても今の僕にはならなかったから良かったよ」という名言!?をくれた長男と，人生をともに歩んでくれる人ができました。♡母，宏子の誕生日が初孫が生まれる予定日　超親孝行でしょ!?　共働きで忙しくても，チャンスがあれば若い先生方に赤ちゃんを産んで，子育てもしてほしいなあと思います。

3）世界へ飛び出そう：次女の国際結婚
（1）中高寮生活
　3人年子の末っ子の次女は，中学受験で長女と同じ学校にも合格していましたが，6年間寮生活の学校を自分で選びました。自然が大好き，植木鉢の中のダンゴムシを見つけて「ここにも小さな世界がある」と感動する子でした。受験の日，大雪で，川越の雪野原を見て「こっちの方が自然がいっぱいありそうだから」と，親元を離れて2人1部屋の寮生活。他人と一緒に24時間過ごすなかで，末っ子のわがままとやさしさ，甘えん坊と面倒見の良さ，他人とぶつかったときの交渉力，歩み寄り，友だちへの思いやりや団結力など，生きる力を養った2,000日だったかなと思います。

（2）カナダへ留学
　高校を卒業後，「これからは英語ができないとダメだからカナダで英語の勉強に行ってくる」と自分でカナダ大使館へ行き，「私の英語力だったらどこの学校がいいか調べてほしい」と勝手に決めてきて，1人も知り合いがいないのにバンクーバーへ行ってしまいました。世界の国々の人が英語を習いに来ているため，片言の英語も伝わらない学校でいろいろな国の人や文化を目の当たりにしてきました。

　中国人，韓国人もいらしたので，学校では教わらなかった戦争の歴史に関心をもち，図書館で英文の本を読んだりしました。日本の感覚で机の上に何気なく置いた計算機や電子辞書は，ふっと消えていくことも体験してきました。4つの異（異性，異年齢，異業種，異国籍）の中で，バンクーバーとプリンスエドワード島での，寮とホームステイを織り交ぜた2年間でした。そのおかげで世界のどの国にも1人で旅したり，時にはインターンシップで難民の保育園に行ったり，私たちが参加する世界小動物会議（WSAVA）の飛行機やホテルを英文のインターネットでさっと予約してくれたりができるようになりました。

（3）国際結婚
　帰国後は経理と産業カウンセラーの資格を取り，我が家の経営のチェックやペットロスの飼い主さんやうつの友だちのアドバイスなど，客観的な立場と視点で提案してくれる頼もしい存在になりました。末っ子でちょっぴりわがままで超甘えん坊だったのに，一番早くカナダ・モントリオー

> **コラム7-1**
>
> ### 幸せの創造10か条
>
> *By* フォレスト・シャクリー（1894～1985）
> 医者・哲学者・事業家（シャクリーコーポレーション創立者）
>
> 1. 幸せは自分が生み出す。
> 2. 幸せは他人を幸せにすることによって巡ってくる。
> 3. 愛によって他人を幸せにしなさい。そうすれば多くの幸せがあなたに帰ってきます。
> 4. 今現在を楽しく生きなさい。
> 5. 幸せの道に立ちふさがる障害物（恐れ，心配，怒り，憎悪，嫉妬）をどけなさい。
> 6. あなたを幸せに導いてくれるような考え方をし，心の意識の中に幸せの思考を植え付けなさい。
> 7. 他人に対してやさしく，そして親切で温かい心をもちなさい。そうすれば幸せはあなたのところへやってきます。
> 8. あなたが自分が幸せな人間であると感じるまでは，決して幸せな人間ではありません。
> 9. 幸せと満足は行為からくるものであり，ただ願うだけではやってきません。
> 10. 今日という1時間1時間を充実させながら生きなさい。過去の不愉快な出来事については，ほんのちょっぴりでも思い出すことをやめなさい。今日この瞬間の幸せを創り出すことを考えなさい。
>   その理由は，
>   　人の思いはその人の雰囲気となり，
>   　人の思いはその人の行動となり，
>   　人の思いはその人の人となりをなす，からです。
>
> 【2013年4月11日　編集　サクセスライフ支援センター　田口誠弘】

ル出身のジェフという男の子と結婚して，我が家の家族が1人増えた気持ちです。

かなり遠回り，皆と違う道順を歩く次女には，私たちの未経験の世界を見せられてハラハラドキドキの連続ですが，信頼して待つことが次のステップにつながるのかなと思います。

オタワに住んでいる次女に「老後は日本でもカナダでもいいんだからね」と震災の原発事故直後に言われ，考えてもみなかった選択肢に，世界を丸ごと視野に入れて暮らすものおもしろいなと思っています。

モントリオールはフランス語圏なので，私たちはフランス語も少し始めました。子育てって，仕事の邪魔になると

か子どもを産んでいる暇がないという人もいますが，自分が育ったり教わったりすることも多いです。

若い人たちは，チャンスがあったら世界の将来のためにもう1つの大仕事に挑戦してほしいなと思います。

6．老後の見積書

手術や歯石除去など麻酔時の見積書はいつも作っていても，毎日の仕事に追われて老後の見積書を作る時間は案外なかったりします。会社や組織にいる人は，定年や上司がいるので老後の計画を何となく立てなくちゃ！と思います。でも自営業だと，うすうす考えてはいても自分が心がけないと，退職金の積み立ても定年も，具体的な行動には至っていないこともしばしばです。

そして，還暦を迎える頃になって，年金の手続きの書類がきて慌てることもあります。老後になってから老後のことを考えても，少し疲れてくるとじっくり考えるのも面倒になります。

まだまだ先と思っても1日1日年を重ねているのは事実なので，たまには立ち止まって老後の見積書を老前に一

	K	H	A	T	M	甥っ子
2014	66　年金開始	59	31	30　結婚	28　結婚	高1
2015	67	60　A保険満期	結婚予定	第1子誕生	第1子誕生	高2
2016	68	61	第1子誕生	マイホーム予定	カナダ在住	高3
2017	69　ローン終了	62　ローン終了				大学
2018	70　B保険満期	63				
2019	71	64				
2020	72	65　年金手続				

子どもが小さいと，いつ小学生でいつ中学生とかが一目瞬時にわかります．塾のお金とか保険の満期とか記入できます．

図 7-6　家族の人生見積り書の例

度作ってみておくと，本人はもちろんですが家族にとっても安心です．もし作ってみて不安だったら，今のうちに心穏やかに楽しく過ごせる老後の計画を立てましょう．

1）どんな財産があるか？

まず家族，5年，10年，20年後に家族が何歳になってどんな予定か表をつくり（図7-6），左に西暦，右に年齢や学年などを入れてみましょう．子育ての終わる時期や親の介護が始まる年もうっすら見えてきます．

健康も何よりも大切な財産なので，何年後になっても元気でいられる計画を立てましょう．

貯蓄などの動産，土地などの不動産などがある人は，関係書類の入っている場所を他の家族にも伝え，後でややこしくならないようにしておきます．お金，金，プラチナ，株，保険などは，処分するときの方法や連絡先も書き留めておきましょう．

友だちも立派な財産です．「苦手な人とは付き合わないのが長生きの秘訣だよ」と教えてくれた人もいます．逆に，本当の友だちは「喜びは倍，悲しみは半分こ」にしてくれます．仕事をくれるのって実力より友だちだったりすることもあります．老後になる前に大切な友だちをもう一度洗い出し，絆を大切にしましょう．

仕事は，今の仕事の他にセカンドライフで今までの経験を生かした，人が喜ぶ役に立つ仕事を考えておきましょう．ローンの終わる時期や，研究会の役員などの任期も書いておきます．

夢も立派な財産で生きる力になります．夢の棚卸をしてみて，忘れかけていた夢やあきらめていた夢をもう一度掘り起こしてみましょう．昔なりたかったパーソナリティ，学校の先生，アニマルジャーナリストに挑戦したり，友だちとコラボして，世のため人のため動物のために何かできると，老後はもっと楽しくなります．

テーマがあるのとないのとでは，老後のネットワークも違ってきます．若い頃からテーマをもって仕事をしていると，知らず知らずのうちに似たようなポリシーの人がアンテナに引っかかってきます．たとえ小さくて変わったテーマでも，コツコツ投げていると形になり，老後は輝いてくることもあります．

年金や退職金の準備は，若い頃から少しずつでも区役所，社会保険事務所，中小企業退職金共済事業団などに相談して，自分のできる形で積み立てておくと，それがまた元手になって借りたりもできるので，急なことがあっても少し安心です．

貯めるだけでなく捨てることも，すっきりさわやかな生活の財産になったりすることもあります．元気なときに生前贈与（お金，器具，本など）も喜ばれるかもしれません．

尊厳死の宣言書（リビング・ウイル　Living Will）

　私は，私の傷病が不治であり，かつ，死が迫っている場合に備えて私の家族，縁者ならびに私の医療に携わっている方々に次の要望を宣言いたします。

　この宣言書は，私の精神が健全な状態にあるときに書いたものです。

　したがって，私の精神が健全な状態にあるときに私自身が破棄するか，または撤回する旨の文章を作成しない限り有効です。

1　私の傷病が現代の医学では不治の状態であり，すでに死期が迫っていると診断された場合は，死期を引き延ばすための延命処置は一切お断りいたします。
2　ただしこの場合，私の苦痛を和らげる処置は最大限に実施してください。そのため，例えば麻薬などの副作用で死ぬ時期が早まったとしても一向にかまいません。
3　私が数か月以上にわたって，いわゆる植物状態に陥ったときは，一切の生命維持処置を取りやめてください。

　以上，私の宣誓による要望に，忠実に果たしてくださった方々に深く感謝申し上げるとともに，その方々が私の要望に従った行為一切の責任は，私自身にあることを付記いたします。

　　年　　月　　日

　　　　　　　　　　　署名　清水宏子

図 7-7　宏子のリビング・ウイル

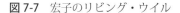

図 7-8　宏子の戒名

少しずつ片づけないと，祖父母，両親の遺した物に埋もれた生活は大変です。

　思い出も楽しい財産になるので，できるときに好きな形で旅，映画，ライブなど，かけがえのない人と時間を生み出して，思い出作りも心がけましょう。

2）エンディング

　生き方も大切ですが死に方も同じくらい大事です。自分は良くても残された家族や友だちが，迷ったり困ったり負担になったりします。どんなふうに死にたいか，終末期医療の希望をリビング・ウイル（図 7-7）などで明記しておくと，スパゲッティ症候群（管だらけの延命処置）にならずに済みます。

　最近では，書籍として企画されたエンディングノートの種類も増えてきています。またホームページでも，書き残しておきたい事項を見つけることもできます。

　ちなみに私は，お坊さんの友だちが私にぴったりの戒名を書いてくれたので，お別れ会用の若々しい写真も用意してあります（図 7-8）。葬式というより友だち作りの場になるような，香典，献花はなしで 1 人 1 品持ち寄りの名刺交換パーティーの合コンが夢です。BGM は文化放送の「宏子先生の動物クリニック」の番組を流し，皆で楽しい飲み会，食べ会にできたら… と考えています。

　患者さんの小さなレストランを貸切にして，普段着でワイワイにぎやかなひとときにできたら，最高のしめくくりだ！と思うのです。

7．資産・貯蓄の管理簿をつくろう

　経営学，マネージメントのノウハウは，昔と違って本やネットで入手することもできる時代になりました。でも，「知っている」のと「分かっている」のと「やっている」のはえらい違いだったりします。そのつもりになっていて，うまく回っていないこともしばしばあります。

　我が家はここ数年で双方の両親が亡くなって，いらないとしても遺産分割協議書にサインをしたり印鑑を押したり，誰でも必ず通る道もあります。そのときつくづく思ったことは，資産や貯蓄の管理簿があったら，あちこち探さなくて済むので，一連の手続きが楽ちんだろうなということです。

　日々，月々の家計の管理はもちろんですが，将来のライフプランを立てたり，10年後，20年後の資産や負債の見通し，子どもの教育費，結婚費用，老後の計画や医療対策なども視野に入れて生活することができるので，一度資産・貯蓄の管理簿をつくってみましょう（図7-9）。

　資産の中に，預貯金の他，土地，年金，国債，株，保険，負の資産（ローン）も入るのをつい忘れがちです。1年に1回，年末年始に見直してみると，特に保険などは子どもが小さいときやローンをたくさん抱えていて万が一を考えた若いときと，老後の病気が心配になる，夫婦2人だけの無借金経営になったときでは，掛け方や掛金や保険の種類を考える必要も出てきます。

　その人によって，会社と個人を考える必要があったりいろいろだと思いますが，webで「資産管理簿」と検索す

表7-6　我家のお金にまつわる約束ごと

借金について	①身の丈の額を借りる（国民金融公庫，銀行，自分の入っている保険など）。
	②それ以上の事業・仕事には，手を出さない。
	③借りる前に返せる実力をつける（ケータイ代など通帳の残金が不足していると，額にかかわらず落ちないことがあると，ローンが組めなくなります）。
	④親・兄弟でも貸借には，少なくても利息をつけ，通帳などで記録を残す。
	⑤貸せない時は，あげたつもりで無理のない額をプレゼント。
	⑥いつか困ったとき借りられるように中小企業退職事業団で，お金の積み立てを事業開始直後から，少額でも始める（最高月7万までできるので，節税にもなるし，積立額により低金利で借りることもできる）。
	⑦何があるか一歩先は読めないので，返せる時は繰り上げ返済を試みる。返し終わっても安心しないで，まだローンがあると思って生活を変えない。
	⑧借金はもちろん，人にお金を貸すときも，家族に内緒にしないで，まず相談する。
	⑨お金や権利は，貸さない借りない方が，自分も相手も身も心も軽くすごせる。
ふだんから気をつけること	①たとえお金が山ほどあっても，貸せるお金はないふりをする。
	②お金はないそぶり身ぶり言いっぷりで，謙虚に生きる。
	③お金のない理由を明確に伝える（うそも方便）。 Ⓐ子ども，孫の教育費，Ⓑ家，事業のローン，Ⓒ親の介護・借金，Ⓓ家族，親族，配偶者の稼ぎが悪い，Ⓔ家のリフォーム，新築，引っ越し，Ⓕ親，兄弟，親戚がやっかいな病気（がん），Ⓖボランティア（義捐金）のお手伝いを始めた
	④人様（親，兄弟，友だちを含む）には，一生お金を借りなくてよいような身の丈の生活をし，元気にすごせたら感謝の気持ちで毎月少しずつでも貯金をし，株など（あずき相場，牛・森林・温泉などの資産運用）で増やそうと思わないで，コツコツ郵便局・銀行でためておく。

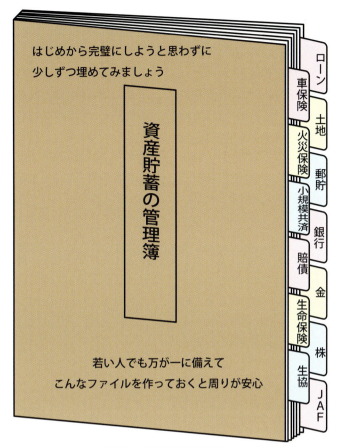

図 7-9 資産貯蓄の管理簿

れば無料ダウンロードもできます。

1) 資産の統括表

A：郵便局・銀行・信用金庫などの預金（普通・定期）の他，年金，国債や株などの有価証券，貯蓄性の保険，金・プラチナなどの金融資産があると思うので表にしてみましょう。

B：負の資産（住宅ローン，医療機械・設備のローン）

C：土地・建物（住宅・病院・その他）の不動産など

　家族で思い返して書き出し，各々の名義も念のため調べておきましょう。特に保険は終身型や貯蓄型がありますし，受取人の名義などは子や孫の数や関係が違ってきていることもあるのでたまにチェックし，あとで後悔しないようにしましょう。

　病院の規模や形態にもよりますが，病院と家庭と別々の管理簿が望ましいでしょう。

2) 有価証券

　銘柄，購入年月日，取得時の価格を記入しておくと，株価の上下の他，増資・減資，手放すタイミングなども考えるきっかけになります。

3) ローン備忘録

　住宅や設備資金のローンの金額，返済条件，金利・返済日，返済口座，毎月の返済金額，返済完了日，連絡先の電話番号など，ひとまとめに表になっていると返済条件の変更を提案したり，借り返しの話をするときにスムーズです。こちらがある程度きちんとよく分かっている印象にもなって，交渉が有利になったりするかもしれません。

つい，いったん組んでしまうと日々の生活に追われ惰性で返済していますが，金利や経済は絶えず変化しています。開業当初はけんもほろろで相手にもしてくれなかった金融機関が，実績を重ねたり時代の背景などで窓口に行くと，支店長が挨拶に来るようになったりすることもあります。ちょっぴり経済の動向も勉強し，「長プラ マイナス 0.5%は？」とか相手の言いなりではなく自分の条件も一言添えて，それにならなくても双方が歩み寄る交渉力を身につけましょう。そんなとき，異業種の友だちがいるとプロのアドバイスも聞けるので，日頃から各業界に信頼できる友だちを作りましょう。

4）自動引き落としのワナ

カードがあると現金もある錯覚に陥りやすいのですが，気がつかないうちに残高不足で引き落とし不能になることがあります。何回かそれがあると，いざ大切なローンを組もうと思ったとき，その履歴は各銀行・信用金庫・保障協会などに回っていて，別の金融機関にしてもローンが組めなくなることがあります。そのときだけは便利なカードが，後で足を引っ張り大きな大切な買い物ができなくなります。履歴が消えるのに2年くらいかかることもあるので，カードは架空の資産と思って気をつけて使いましょう。

5）年　金

会社にしていると厚生年金ですが，自営業だと国民年金を忘れていたり払っていなかったりしている人もいます。日々の仕事にかまけて年金の手続きをなおざりにしていることもあります。60歳，65歳という節目の年数になる頃には，周りの人とも情報交換をして忘れないようにしましょう。年金のことが分かりやすく出ている本をご紹介します。

『これで安心！年金をしっかりもらう本』
（戸田博之 著，秀和システム）

できあがった資産貯蓄の管理簿は，みんなに見せびらかすものではありませんが，今はまだ早いと思って自分だけ分かるところに大切にしまっておいて，うっかり自分が忘れたりするともう二度と出てきません。家族会議で理解を深めたり信頼できる人2人くらいに，「ここに大事な書類がひとまとめになっている」とだけでも伝えておきましょう。どんなにがんばり屋さんで元気な人でも，100％死に向かって歩いているわけで，万が一とは背中合わせです。1人で生きていけると思っている人でも，自分から棺桶に入ることはできません。最期は誰かの世話になることになります。財産のあるなしにかかわらず，資産貯蓄の管理簿は，残される人へのプレゼントですね。

コラム 7-2

償却資産の調査について

Q. 償却資産の実地調査が来ることになりました。どんなことをしてどのくらい時間がとられますか？注意することはありますか？

A. 地方税法第408条の規定で，病院の償却資産の状況が申告書と合っているかの確認に来るのです。本来なら年1回調査したいそうですがなかなか回れないそうで，私達の病院には開業して34年目に初めて来ました。

訪問日時

あらかじめ○月○日○時という書類が来ます。経理担当者（私達の病院は有限会社にしているので税理士）の立会いのもとで行いました。

指定の日時に手術が入っていたり，学会だったり，立ち会う人の都合が悪かったりする場合は，日時の変更は可能です。15分くらいで終わることもありますが，30～60分くらい予定しておくと診療の妨げになることを防げます。

場　所

動物病院，事務所，倉庫など，償却資産の設置されているところを見に来ます。書類に載っている機器類はもちろんチェックします。事前にあらかじめホームページやブログを見て，私達の病院にあるものはチェックしてからいらっしゃいます。ホームページには載っているのに書類に載っていないと，資産を隠していることになり，固定資産税を納めていないことになります。機械の金額にもよりますが，分からないときは償却資産センターに問い合わせ，申告漏れのないようにしましょう。

調査担当者

私達の病院には財政局主務部，償却資産センターの女性2名男性1名の3人でいらっしゃいました。調査員の方々は各々身分証明書をお持ちなので，念のため確認させていただきましょう。油断できない世の中なので，大切な書類を「預かります」といって取られたりしたら困ります。

用意するもの

① 法人税（所得税）の申告書：直近に提出したもので付表を含みます。

②「減価償却資産の償却額の計算に関する明細書」，「固定資産台帳」（建物，自動車など全ての減価償却資産が記載されている書類で，鶴見区内に所在する全ての資産について記載のあるもの）

③ その他，必要に応じてリース契約や工事見積書など私達の病院の場合は上記の書類は全て税理士さんが揃えてくださいましたので，当日までに用意するものは何もありませんでした。

当日の流れ

税理士さんには約束の時間の5分前に来ていただきました。約束の時間に3人来られて，お互いに名刺の交換をしました。

まず，どうして来られたのか聞いてみましょう。私達の病院の場合は無作為に抽出していらしたそうです。何か理由があったときは，次回にその部分で注意した方がよいからです。

調査中は，提出した書類を照らし合わせて2人で数値の読み合わせをして記入に誤りがないかどうかをチェックしていました。ホームページに載せている医療機械（X線装置，人工呼吸器，デジタル体重計付き診察台，内視鏡，超音波，心電計など）は，どこにあっても，耐用年数を超えていても所有しているものは帳簿に載っているかを確認します。捨てるまで台帳に載せているかを問われるので「もちろん全て載せています」とお答えしました。

最後に，リースの契約書はありますか？病院や事務所の内装工事の見積書などはありますか？を聞かれます。どっちもしていないので「特にありません」と答えました。外の看板はいくらくらいのものですか？10万円以下ですか？と聞かれました。多分，内装や看板を償却資産に入れていない方が多いのかもしれません。

私達の病院では15分で終わりましたが，60分くらいかかるところもあるようです。「何か質問や要望はありますか？」と最後に聞かれたので，償却資産の棚卸はどこも1月1日ですが，会社の決算日だとありがたい旨をお伝えしました。めったに来ない調査ですが，慌てないためにもいつ来てもよいように，固定資産台帳などの書類とホームページに載せている機器類（10万円以上のもの）は，チェックしておきましょう。

第8章　海外学会への参加

1．海外学会参加にあたって
2．世界の獣医師とアイデアで会話
3．英国のペット事情
4．ニュージーランドのペット事情
5．カナダのペット事情

五行歌 & Essay

マイ・ロード

　自営業って，小さくても大きくても，すべてのことを自分で考えて行動しないと始まりません。それがまた嬉しかったり大変だったり思い通りに行かなかったり。でも，自分が選んだ形にできることが一番のぜいたくかな。

　年1回の世界小動物会議がその1つ。また年子3人が小学生の間は，夕食だけは皆で食べて，その後夜の診療をしたり。同業の友に「わがままな病院だなあ」と言われたけど，その分飼い主さんのわがままも聞いてあげて，「先生のケータイ教えて」と言われると，「ハイ，どうぞ」。

　人生にカーナビも最終目的地もないけれど，Mind Mapping，心の地図を描いてみない？

夢のパズル
みたいだね
こころを
合わせて
形にしている

1．海外学会参加にあたって

非日常の中から，日常に役立つ大きな発想やヒント，パワー，そしてリラックスをもらえることが，少なからずあります．時には海外にも出かけてみましょう．

1）効　能

（1）交　流

海外で人に会うことは，初めて会う方でも，知人でも，国内で触れ合うのとは，明らかに異なります．海外に来ているという共通感により，たいへん開放的でフレンドリーになることが可能です．

通常では近づきがたいリーダー的存在の方とも，会話をすることができ，親しくなることができます．

もちろん他国の人と触れることは，大きな冒険ですが，その国の現状や動物の医療事情を知ることができたり，友人となることもあります．その時に自己紹介のカード（図8-1）や資料，おみやげグッズ（後述）を持っていると，話しがはずみます．

（2）勉　強

講演の英語を直接聴いて十分に理解するのが難しい私達ですが，1つ興味のあるテーマを持って参加すると，抄録やスライドの説明から理解ができ，私達がベストと思っている治療法と同じだったりすると，元気や自信がわきます．

（3）展示会場

片言の英語でも出展者と会話を楽しんだり，新しい機器の情報を得たりすることができます．日本では見かけない新しい薬や楽しいものを発見したり，便利だったりします．必ず日本人のスタッフもおり，助けを求めることもできます．

（4）当事国を知る

学会の前後そして合間にその国の文化・歴史・自然を見たり，知ったりすることは，楽しみです．獣医療はもちろんですが人生観も大きく刺激を受けます．

2）準　備

（1）休診の案内

私達の動物病院は少人数ですので，完全に休診にします．旅行日程に1日プラスの予備日を設けます．予備日は，帰国後の整理と翌日からの診療に対する準備の時間となります．明るい昼間に外出活動もすると，体内時計が正常に近づき，時差ボケの解消に役立ちます．万が一に何らかの事情で帰国が遅れても，安心です．

約半年前から飼い主さんには，休診日のお知らせをお渡しします．動物や飼い主さんの希望に合わせて，休診中の推奨できる病院の案内も記入しておくと安心です．もちろん帰国後，お世話になった病院には，学会の資料やおみやげでお礼をするようにします．

（2）特別に用意したい物

§ *私達の常備薬と救急セット*

内服薬（抗生物質，トラネキサム酸，トラニラスト，酪酸菌，プレドニゾロン），外用薬（ポビドンヨード2％液），目薬（ヒアルロン酸点眼液）

§ *現地公用語のカード*

リスニングが難しくても文字を見せれば通じます．あいさつ，道を尋ねる，お礼の言葉…などの意思伝達カードをイラスト付で作っておきます．

§ *時差時計やレート換算表*

かわいいイラスト入りのカードサイズにして，知りあった人に差しあげます．

§ *ポリビニール袋*

いろいろ用途はありますが，食事をして余ったものを持ち帰ると，非常食，夜食，軽食として経済的で役立ちます．

§ *海外携帯*

現地で友人との連絡に必需品です．

図8-1　英語版の名刺

3）航空機利用の裏ワザ

（1）スーツケース

§シール粘着のり対策

手荷物に貼られたシールがのり残りして汚くならないように、スーツケースの表面にカーワックスを塗っておくことで、簡単に剥がれます。布製であれば、撥水剤をつけておくのも1つの方法です。

§スーツケースの破損

重みのあるスーツケースは、手荷物として航空会社に預けて破損することがあります。補修用に荷造り用テープを、板状に巻いて持っていきます。破損した場合は、言葉の通じやすい帰国した空港内の航空会社に、その旨を伝えます。

（2）機内で体をリフレッシュ

ゆとりの少ないエコノミークラス席でも、工夫すれば快適なフライトとなります。座席はすぐ席から出られる通路側座席（Aisle seat）が安心です。非常口席（Emergency row）は緊急時に協力するという条件つきで、少額の追加料金が必要となることもありますが、足は伸ばし放題で、サッと席を立つことができます（図8-2）。機会を見つけては歩くようにし、少しスペースのある場所で、ストレッチをします。体がリラックスし、急性肺動脈血栓塞栓症（ロングフライト塞栓症）の予防にもなります。

（3）機内時間を楽しむ

限られた空間と長い時間の中で、食事の時間が楽しみですが、ほとんど動かないため消費カロリーも少ないので、腹八分に心掛けます。パンなどは残して非常食にすることができます。ポリビニール袋は必需品です。また、動物病院の現場の仕事を離れて他のことに集中できる自分専用の時間です。読書、勉強、絵を描く、原稿書き、映画や音楽の趣味を楽しむなど、飛行機内の束縛をハッピーな時間に変えるチャンスです。

4）時差ボケ対策

（1）現地のイメージング

出国手続きが済んだら、時計を現地時間に合わせ、気持ちもそれに合わせてイメージします。出発前は寝不足ぎみ、目的地では早寝早起きし、できるだけ明るい所で活動し、体内時計をコントロールしている松果体を刺激します。

（2）帰国後の予備日

日本に帰った直後は、時差ぼけが解消されにくいので、1日は予備日とすると仕事を頑張れます。まれには、天候の不順や運行の遅れなどで帰国日がずれることもありますので、予備日は必要と思われます。

2. 世界の獣医師とアイデアで会話

とてもわがままなことですが、1年に1回、飼い主さんたちからお休みをいただいて、世界小動物獣医師会（WSAVA）大会などに参加させてもらっています。その代わり、ふだんはみなさんの「わがまま」も聞いてあげています！

今まで訪ねたところは、モントリオール（カナダ）、リヨン（フランス）、グラナダ（スペイン）、バンコク（タイ）、バンクーバー（カナダ）、ロードス島（ギリシャ）、プリンスエドワード島（カナダ）、シドニー（オーストラリア）、ダブリン（アイルランド）、チェジュ島（韓国）、バーミンガム（英国）、オークランド（ニュージーランド）です。

英語は苦手ですが、弱点克服の年齢から長所を伸ばす年代に入った私たちは、イラスト付きのカードやプリントを準備して、学会ツアーに参加します。非日常的なこの空間は、また新しい気持ちで元気にがんばろう！と思うエネルギーを異国の獣医師や動物たち、一緒に参加した先生方や業者さんからGETできます。

異なる土地で初めて出会う人たちに、自分たちの生き方を凝縮した英文のプロフィールや獣医療のアイデアの英文

図8-2　Emergency rowで趣味を楽しむ

図8-3　学会の受付

図8-4　韓国チェジュ島でのWSAVAオープニング

プリントやオリジナルお悔やみカードなどをばらまいてみると…同じような価値観や人と動物の接点やひと味違った文化のおもしろさが見えてきます。こんなとき，普通の海外旅行にはないテーマをもった旅の充実感を覚えます。各国の一番よい季節に，わが家ご自慢のイベントを実行させてもらえる学会ツアーは，私たちのリセットボタン，バージョンアップ，バイタリティの源となります。

1）資金の秘密

コツコツためた雑収入が資金です。専門誌のイラスト，巻頭エッセイ，疾病のコラム，専門学校の授業，各種のセミナー，ラジオのパーソナリティ，新聞の連載など，プラスαの日々の努力の積み重ねで海外へ出発します。

2）文化を調べる

仕事も趣味も旅もそうですが，準備した分楽しめます。そこで，まずその国のことを調べます。情報収集は，図書館とインターネット。子ども向けの本もお勧め。その国の地理・歴史・環境・経済のポイントが抽出されてわかりやすくまとめられているからです。

まず，お気に入りのノートを1冊用意し，チェックポイントを記入していきます。アイルランドの時は，世界一の紅茶消費大国，1人1日4〜5杯飲むとか。ダブリンの住宅街にあるオシャレな紙の専門店を抜けると，中庭のある「ザ・ケーキカフェ」があるそうで，そこでアイリッシュ・コーヒーの予定。イングリッシュマーケットでチーズやベーコンもつまんでみたい。ムール貝入りサフラン風味のポテトスープやアイリッシュシチューのお店もチェック。

文学の国でも有名。『マイ・フェア・レディ』『ガリバー旅行記』『幸福の王子』などもこの国の作家の作品です。行きの飛行機でその国の文学にふれるのが恒例の至福のひととき。たとえ仕事でも，誰にも邪魔されない空間が，私にとってはエコノミー席でもファーストクラスです。

留守を頼んだ友だちへのおみやげは，ヘリークポタリーの陶磁器，アランニット，クリスタル花瓶，カカオの比率別アイリッシュ・ハンドメイド・チョコレートなど，選ぶのも楽しみの1つです。内緒ですが，義理おみやげの場合は海外おみやげの通販を出発前に注文し，帰国翌日の配送日指定も身軽で便利です。

3）持ち物

イラストや写真付きの自己紹介カードを，その国の言語で作成。にわか勉強でフランス語やスペイン語を覚えても発音は難しく，なかなか通じません。「トイレはどこ？」「出口はどちら？」「タクシー乗り場は？」よく使いそうなものを作っておくと重宝します。病院の紹介も，「こんな施設」「犬，猫，エキゾチック，診ています」「私たちの病院の動物別病気ベスト5」「お悔みカードのその国バージョン」etc…準備が間に合わなかったときは，空の上で追加カードを。色鉛筆は機内持込みの必需品。組立て式の携帯マイ箸は，ポケットにおさまり，環境に優しく，日本の文化を伝えることもでき，話題のきっかけにもなります。

時差時計のイラスト付きの日本語名刺は，日本人のお友だち作りの一品です（図8-5）。

4）世界の獣医師向けのおみやげグッズ

オリジナリティのあるプレゼントは，意外性があるのかとても喜ばれます。毎年用意するセットをご紹介します（図8-6）。

①ホームページの案内の英語バージョン。世界のどこからでもアクセスできるので，イラストや写真を多めに入れてEnglishのページも作ってあります。

②私たちの病院で，よく診療する動物別多い病気5を英語で紹介したものと，動物別お悔みカードの英語版。

③院長の作ったアイデアグッズ，ウサギの切歯カッターとコーヒー用の使い捨てマドラー。試し切りで感覚をつかんでもらえます。英文の説明書をお見せしながら，身振りと手振りとイラストで，どんなものかは伝えられます。そうしているうちに，お友だちになれるのです。これがきっかけで，タイでセミナーを頼まれたり，韓国の先生にはネクタイピンとカフスボタンをいただいたり…小さなきっかけで世界が広がります。

④一味違った折りたたみ名刺。プロフィール，自己紹介を兼ねたアファーメーション（自己表現 積極宣言）も，英語版で作っておきます。「I speak English just a little」（英語は少ししか話せないの）片言の英語でも，このプリントやおみやげがあれば，こわいものなしで気持ちは伝わります。英訳してもらえるＢＦ（ベストフレンド）は人生の必需品です。

5）一般の方へのお礼セット

町で道を尋ねたり，レストランや商店で親切にしてもらったり，写真を撮ってくれた人にお礼で使います。ファスナー付きの透明ビニール袋に，私のイラスト付きThank youメモ，古切手5枚（なるべく日本らしい絵柄のもの），日本茶のティーバッグ，個別包装のおせんべいを入れたものです。これを30〜50個作っておきます。そして，その国の言葉で「ありがとう」（英国ならサンキュー，フランスならメルシー，スペインならグラシアス，タイならコップン）を言うだけで，旅というか学会は10倍楽しくなります。

6）写真の記録

学会会場，ペットショップ，動物病院，大学など，訪問した場所は税務対策上も大切なポイント地点なので，必ず証明する写真として撮っておきます。クローズアップもできる機種にして，仕事に役立つ資料や小物もまめに撮ります。せっかくの海外なのに，日本人だけで撮っても味気ないので，現地の小さな子に折り鶴を差し上げて一緒に写すと，みんな優しい笑顔になれます。折り紙やおみやげセットは，いつもポケットに入れておきます。

写真記録のポイントは，資料として何よりも大切な財産なので，毎晩必ずパソコンなどにバックアップしておくことです。万が一，カメラやiPadが壊れたり，落としたり，忘れても，その日の分までのデータは残るからです。

7）海外学会のメリット

（1）獣医界の著名人と知り合いになれるチャンス

国内ではなかなか声をかけにくい著名人も，海外では打ち解けて親切なおじさん，おばさんに近くなり，身近な存

図8-5　名刺の裏に時差時計を書きます

図 8-6　おみやげグッズ，資料の例

Useful medical tools that nobody taught you about!?

No.10   http://homepage2.nifty.com/s-ah/

Kunikazu & Hiroko Shimizu
Shimizu Animal Hospital
Aiming to be the Master of Skin Suture
Protection of Wounds Using Instant Adhesives
(Ways of Using Instant Adhesives-Applications)

We talked about a few tips on freely using an instant adhesive of cyanoacrylate derivatives (Aron Alpha ATM, Sankyo) in my last chapter. Have you bonded anything sience? Now, let talk about some applications.

In our hospital, we use the 5-0 or the 4-0 stainless steel sutures with tapered needles for skin suture. The instant adhesives are used to protect the incision after suture. It is applied in 1-2mm widths as lightly as possible over the incision line after suture, using adhesive-filled pipette tips introduced before. The key here is to try not to apply it inside the incision. By performing this ptocedure, the skin will stay flat even when the animal moves or licks the wound and the incision will heal amazingly, beautifully. The incision will be shielded from air, so the animal will feel less pain, and the wound will be protected from infections. Furthermore, the tissue under the adhesion will be kept moist, promoting recovery.

Now, in this case, we have a suture method we would like to recommend. This is another key point. That is, in this case, the suture should not bulge out but should rather be concave.

In that method, first you stitch a few places beforehand(basting stitches). Then, grab both sides of the incision with a rat-tooth forceps and start stitching. This will allow for the same lengths seam allowance on both sides and will produce the appropriate concave suture, leaving beautiful results. Stainless steel suture thread has less tissue reactions and enough strength, and may be the most advantageous. Moreover, it has a strong looping tendency, which lifts the thread slightly after ligation and makes for an added advantage of easy application of the adhesive under the suture thread.

Ever since we have adopted this suture method at our hospital, the animals have rately been bothered by the wounds. Even with the frisky animals or the delicate ones, the incisions rarely slip, we even had an owner say, "I should ask you to do the opratin on me, docter." By the way, most of the operations at our hospital are one day surgery, and since adopting this suture method, we feel easier about letting the animals go home.

院長のアイデアの英語版

図 8-6　おみやげグッズ，資料の例（つづき）

第 8 章 海外学会への参加

院長の開発したアニマルサポートバッグの英語説明

ラジオ番組の紹介

自己紹介の英訳付シート

図 8-6　おみやげグッズ，資料の例（つづき）

在になります（図8-7）。そこでサッと駆け寄って一緒に写真を撮ったり，名刺交換をしたり，お話を伺ったりもできます。著名人というのはオーラがあって，努力，ファイト，オリジナリティの塊で，エネルギーをたっぷりもらえます。さらに，クリニカルネットの基盤にもなります。その道のスペシャリストなので，困ったときには教えていただけたり，助けてもらえたりすることがあります。そしてこれは人生の財産になります。

（2）世界がみえる

平社員は課長をみて仕事をするとうまくいく。つまり，もし自分が課長だったら，部下にこうして欲しいだろうな，と考えながら段取りをするとスムーズ。そしてできる課長は部長を，有能な部長は社長をみてビジネスをこなすそうです。さて社長はどこを見るかというと世界を見る。そのように動く企業が伸びていくとか。で，うちもやっぱり世界を見よう！というわけ。学会会場でノートをとったり，展示会場をぶらぶら歩いたり，片言ながら他国の獣医師と話をしていると，これからどんな動物が増えそうなのか，今どんなフードが主流なのか，こんな薬やグッズもあるんだなど，さまざまなことを知らされます。そして世界の人々との交わりのなかで，社会の中での動物の位置づけや価値観などの変化がみえてきます。この辺りが海外学会旅行の醍醐味だったり，1つの成果だと考えています。

3．英国のペット事情

2012年4月に英国で開かれたWSAVAの訪問エピソードが文化放送の「宏子先生の動物クリニック」紹介されました。その内容を紹介します。聞き手は鈴木光裕アナウンサーでした。

Q．どこで学会があったの？

世界小動物獣医師会大会という獣医師や関連企業の集まりが英国のバーミンガムでありました。約7,000人の登録がありました。

「ラジオのパーソナリティーをしている獣医師－Veterinarian－です。リスナーさんの質問や診療日記をお話ししています－ *Doctor Hiroko's Animal Clinic. Q & A with listeners and the diary of clinic* －」と自己紹介してきました。

図8-8　バーミンガムWSAVAの学会の会場

図8-7　展示会場にて（腫瘍学のオグリビー先生と）

「*My happy time*」というと皆「*Oh! Wondeful!*」って言ってくれました。

Q. 長時間のフライトでしょ？

バーミンガムは直行便はないので，まず約11時間，オランダのアムステルダムまで。売店に色とりどりのチューリップがいっぱいの空港内を移動し，そこから1時間半バーミンガムへ，全部で13時間半。

Q. 長い時間で退屈しなかった？

大丈夫。飛行機の中で締切りのコラムや頼まれたイラストや薬品会社のアンケート，講演のセミナーの小見出しを考えたり，あっという間なの。非常口のところの通路側をとるのが（図8-2参照）長時間フライトの疲れないコツかも!?

なるべく寝ないようにするのも，時差ぼけ予防になります。

Q. バーミンガムは一言でいうとどんな街？

まず英国は緑が多くて，羊，子羊，牛，馬がのどかな田園風景の中にいて，心が癒される国です。ちょっと北海道みたい。バーミンガムは，菜の花畑と緑の平原に黒い屋根，茶色のかべ，白い窓枠が並んでいて，色彩を考えている街なの。英国の国民性なのかなと思いました。内陸部でも運河が発達していて，あちこちの小さな川のような所に，船が並んでいます。

図8-9　バーミンガムの田園風景

スーパーに入ったら，ウサギの形のチョコが半額セールで，ついカゴに入れてしまいました。ホラ，これ。

図8-10　動物のデザイン包装のチョコ

英国の車は日本と同じ左側通行なので横断も安心。

Q. 英国はどんな動物がいるの？

調べたの。フランスの会社の友だちの獣医さんとね。

犬800万頭で純粋種75％，雑種25％，犬の種類は200種余りで，いろいろな犬種を大切にしています。多い順だと，

ラブラドール・レトリバー
ボーダー・コリー
ジャック・ラッセル
ヨークシャー・テリア
ジャーマン・シェパード

となっていて，街で見かける犬は日本に比べると大きめの犬が多かったです。

Q. 日本と違うな，と思ったことは？

犬を入手，飼い始める経路が日本はペットショップですが，英国は「バタシー」と呼ばれる愛護センターからが32％（1/3）です。ここでは，攻撃性のある犬を人になつかせる「リフォーミング」ということもしています。次が友だちからで25％，ペットショップからは7％です。

Q. 猫は？

犬と同じ800万頭で，約9割が雑種です。

Q. ペットを飼っている家の割合は多いのですか？

英国は犬が18％，猫が26％，日本は犬が18％，猫が10％くらいなので，日本よりペットの飼育率は高いの。日本も本当は飼いたいと思っている人はその2倍いるんだけど…ね。

Q. 街で動物を見かけましたか？

犬も猫も人にすごく慣れていて，人を見ると寄ってきたり，猫なんてゴロンとおなかを見せてくれます。犬が人に吠えたり，猫がサッと逃げていくような光景はほとんど見ませんでした。きっと犬や猫，多くの人に接して育てられているので，人も友だちみたいに思っているようでした。躾も行き届いています。なので，電車やバスでもペットOKで，リードを付けたりして普通に乗っていました。

Q. 英国は公園も多いでしょ。

そう，parkではなくmeadowといって，草が生えた空き地みたいなところが国の方針もあってとても多いの。年配の方がペットと日なたぼっこしているのが典型的な英国の風景です。曇りや雨も多いのでお日様が出ているときを，人も動物も大切にしています。

動物愛護の思想は，飼っている人たちだけでなく，一般市民の方にも何十年も前から浸透しています。動物行動学といって，どうすると人と動物が心地よい生活ができて，動物にとってストレスや苦痛が少なくなるかという研究や動物行動学も早くから取り組んできた国です。

動物の虐待防止にも力を入れています。一般市民から通報が寄せられると，インスペクターという視察官が警察官と一緒に現場にかけつけて改善の指導をしたり，虐待していた人を裁判にかけるシステムも，法律で整っています。

図8-12　菜の花がいっぱい

Q. ロンドンも行った？

初めはロンドンには行けないかなとあきらめていたのですが，ちょっと大きめのペットショップも見学したかったので，特急電車で1時間半くらいなので，ハロッズという高級百貨店のペットショップを見てきました。英国では公共の場でのペットの販売を禁止しているので，ハロッズのみ英国居住者にかぎり購入可能です。ペットを青空の下で販売したり，免許を持たない販売業者にペットを転売したりもできません。ちゃんとしていない人が売ったり買ったりできないシステムです。12歳以下の子どもや，経済力や生活環境の審査や犬の知識のテストに通らなかった人は買えません。

Q. 何かおもしろいものはあった？

ハロッズのモスグリーンの陶器の食器があって，1つ買うと1つ付けてくれるというので，うちの猫のギズモとコロリンにおそろいで買いました。700円が350円！になりました。

びっくりしたのが，犬用の瓶入りのビールを売ってたの。もちろんノンアルコールだけど，ハロッズのビールで約600円なので人のビールより高いの。首輪やリードもかわいいんだけどちょっと飾りがごっつくて重いので，見るだけに…。

あ，そうそう，ロンドンは公共トイレが少なくて，駅のトイレは30ペンス1回40円くらい。

図8-11　手入れのゆき届いた公園

ペットショップ

トリミングルーム

犬用ビール（ノンアルコール）

リード

ペットショップの注意書き

図8-13　デパートのハロッズにて

図 8-14　英国のトイレ

Q. 動物病院の特徴は？

　ペットの数は，犬 800 万匹，猫 800 万匹，ウサギと鳥とモルモット 100 万匹，ハムスター 50 万匹くらいいて，英国の動物病院は運営の仕方が 2 つに分かれます。

　1 つはチャリティー団体がやっているところで，専属のチャリティショップの売上げで運営されています。ここに不用品やお金を寄付すると，病気やケガをした動物を助けることができるシステムです。

　もう 1 つは日本と同じ普通の動物病院ですが，本院と分院でやることを分けていたり，専門医制度が確立されていて発達しています。

図 8-16　チェスターのトリミングショップの前で

Q. どんな専門医がいるの？

　皮膚科，整形外科，眼科，歯科の他，内科，呼吸器科，脳神経科の他，心療内科もあります。たくさん勉強して専門医の資格をとるの。

Q. 学会参加で何か目的は？

　私は 2 つあってね，私はイラスト付き五行歌のお悔みカードの英語バージョンを他の国の獣医師にプレゼントします（図 8-6 参照）。

夢の中で	In a dream world
会えたら	If I could
もう一度	See you again
抱っこして	You can get
あげるね	My big hug

　院長は，自分のアイデアが製品化されたウサギの切歯を整えるカッターや，動物を安心して診られるアニマルサポートバッグの英語の説明書を世界の獣医師にアピールします（図 8-6 参照）。

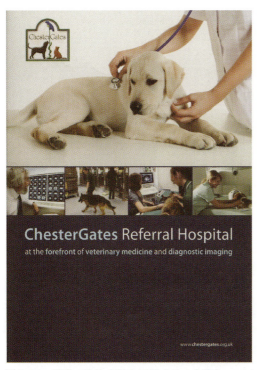

図 8-15　世界の動物病院を見学するのも楽しいです

図 8-17　展示会場のパンフレット

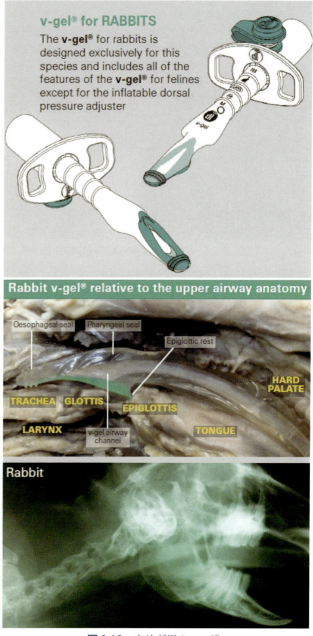

図 8-18　ウサギ用の v-gel®

Q. もう 1 つは？

学会の展示会場やセミナーで新しい情報を仕入れてきます。今回のトピックスは，麻酔時の気道を確保する新しい喉頭マスクが出ていました。普通は気管内チューブを気管にさし込むのですが，それはさし込まずに気管の入口にくっつけてしまう種類のものです（日本で発売予定 2014 年秋）。

セミナーでは，多頭飼育のおすすめがありました。いくつかの動物が一緒に暮らすと，動物同士だけでなく人との関係もうまくいくことが報告されていました。

このごろ人気のウサギの会場では，切歯が週に 2 〜 4mm，臼歯は月に 2 〜 4mm 伸びるので，牧草を中心にして高カロリーのドライフルーツやおやつを避けてごほうびは野菜で，という話がありました。私たち日本の病院の考え方と世界の考え方が同じで，再確認できてちょっとうれしくなりました。

Q. 次回はいつ，どこで？

2013 年の 3 月にニュージランドで開かれます。いつも片づけながら次の準備をしています。日本からもっと参加して国際交流がさかんになるといいなあと思います。

（以上，文化放送の収録より）

西田さん（左，タイのWSAVAの時，講演用のOHPを貸してくれた）とソプラノ歌手の奥様（右）

小関 隆先生とパブの夕食にて情報交換

図8-19 英国でのスナップ

4．ニュージーランドのペット事情

1）出入国

（1）パスポート

「滞在日数＋3か月」以上の残存期間があればOK。現在日本はニュージーランドと"ビザ免除協定"を結んでいるので，3か月以内の滞在なら訪問者ビザの取得は不要です。

（2）入国カード

必要事項を全て書いて申告します。ペストや絶滅危惧種や動植物の病気を防止・保護するために，動物の皮，毛，羽，サンゴや卵や貝殻を使用した製品，果物，野菜，肉，種子，処方箋のない薬の持込みが禁止されています。ニュージーランドの友だちから頼まれたおみやげは，チェック欄にマークをし，おせんべい，のり，サブレー，羊かん，玄米抹茶，梅干し，みそ漬けなど，聞かれたときに英語で答えられるようにします。諸外国からの病原体侵入リスクを最小限にするよう，港や空港で細心の注意を払っています。ニュージーランドの農牧産業には世界中で多くみられるような害虫や動植物の病原体による被害は，今のところみられません。

（3）成田出発

2013年WSAVA大会参加のため出発。車を成田空港近くのパーキングに1日500円で預け空港へ。頼まれている原稿（このWSAVAレポートや本書の他の原稿…etc）を待ち時間にコツコツ。携帯電話も借りて使い方をマスター。気になる人とはLINEをつなげます。

座席を前が広いエマージェンシー・ロウに移動できたら…と思ったのですが，修学旅行の団体で満席のため断念。

ニュージーランド航空でクライストチャーチまで11時間40分，そこからオークランドまで70分。原稿のほか，ふだん読めない分厚い本（『母の遺産』水村美苗，中央公論新社）も手荷物に入れました。

空の旅は記憶の断片を運んでくるから不思議です。ふと座席正面のモニター画面を見たら，トラック諸島の上空でした。千の風になった義父のエピソードを思い出しました。

25歳だった義父はここで爆撃を受け，肩に大きな傷があり，3度死にかけたうちの1回だと教えてくれました。2回目は防空壕に入るとき，大きい防空壕と小さい防空壕があって，義父は女性と子どもを先に安全な大きい防空壕に「先に入りなさい」と譲り，そこが満員で入れなくなったので別の小さい方に走ってやっとの思いで逃げ込んだところ…なんと大きな防空壕が爆破されたのです。そして3回目は終戦記念日，日本へ帰る船がやはり満員で，「自分は次の船で帰るから」と部下に譲ったところ，戦争が終わったことを知らなかった敵が船を襲撃し沈没してしまったのです。強運の義父でしょう!? それにしても戦争は，悲惨この上ないできごとです。

(4) 出国

オークランドからの出国は，2008年7月より出国税は免除ですが，クライストチャーチやウェリントンでは，国際空港にて25 NZドルの出国税が義務付けられています。

2）ニュージーランドってどんな国

一言でいうと風光明媚。日本の約4分の3の面積で人口は443万人，羊の数はその4倍。どの国からも，とても遠く，南極を除けば人類が探検していない最後の大きな陸地でした。1893年，世界で初めて女性に参政権を与えた国です。また，完全な福祉制度を導入した国で，全ての国民に薬と医療が無料で提供されています。ニュージーランドに嫁いだ友だちのお母さんがニュージーランドを訪れて骨折をしたときも，手術など費用は無料でした。

義務教育は6～15歳ですが19歳まで学費は無料で，ラジオによる通信教育も可能です。中・高を卒業して国家試験でパスすると，大学へ入学できます。

一番人気のスポーツは「ラグビー」で黒のユニフォームのオールブラックスは有名です。次の人気は「トランピング」と呼ばれているハイキングで，世界一美しい散歩道と呼ばれるミルフォード・トラックの山歩きは，めずらしい動植物と出会える小旅行になります。そして猫が大好きな国民です。

日本との時差は3時間（夏は4時間）です。ジェームス・クックが発見した島なので今も英国の文化ですが，移民も多く国際色豊かな多人種社会を築き，多国籍文化が楽しめるところもニュージーランドの魅力の1つです。公用語は英語と先住民が使っていたマオリ語ですが，日常的には英語です。

(1) 南島と北島

南島はゆっくりペースの生活で，南島最大の都市クライストチャーチがあります。1860年代にゴールドラッシュを迎えました。ゴシック様式の建物が点在し，ガーデニング文化が根付いています。当初この地でWSAVAが開催される予定でしたが，大地震があったので急遽，北島のオークランドに変更になりました。

北島は人口密度が高く，ニュージーランドの人口の4分の3が住んでいます。風の街と呼ばれる首都ウェリントンと，経済の中心地オークランドがあります。オークランドはヨットが盛んなことから「帆の街」とも呼ばれ，南半球一の高さのスカイタワー（328m）があります。3月のオークランドは夏の終わりで，日本でいうと軽井沢の夏，昼は半袖，夜は長袖，さわやかな季節です。セミが鳴いていました。

(2) 野生動物

海，山，川，湖，活火山，雨林，氷河，泥の池，砂丘，海岸線など，見ごたえのある地形なので，動物もバラエティに富んでいます。オットセイ，クジラ，爬虫類，野鳥，いろいろめずらしい動物が多いなか，一番有名なのは飛べない鳥類「キーウィ」です。ニュージーランドの国鳥となっています。1日のうち20時間は眠り，夜の数時間だけ虫，カブトムシ，ザリガニ，ベリー類を食べます。鋭い嗅覚の持ち主で地面を嗅ぎまわり，食べ物をゲットします。おもしろいのは，巣を作るのも卵を温めるのも雄で，卵の上に南を向いて80日間座り続けます。

3）ニュージーランドのペット事情

(1) 飼育頭数

ニュージーランドでは68％の家庭がペットを飼育していて，ペットの数（500万頭）は人口（430万人）を上回っていて，ペットの飼育率は世界第1位です[*]。猫が犬より人気で飼育率が世界第1位です。猫の飼育頭数は141万頭で，48％の家庭で飼われています。20％の家庭は多頭飼育です。犬は70万頭で29％の家庭で飼われています。大型犬や中型犬が主流ですが，小型犬が増加傾向にあります。3番目が魚で68万匹，4位が鳥で53万羽，5位がウサギで9万羽で，英国の文化の影響でペットはとても大事にされていて，日本と同じようにペットは大切な家族で，年々絆が強まっています。

(2) 人気犬種

犬は全部で140犬種が登録され，その順位は①ラブラドール・レトリーバー，②ジャーマン・シェパード，③ゴールデン・レトリーバー，④ボーダー・コリー，⑤ロットワイラー，⑥ボクサー，⑦ブルドッグ，⑧スタフォーシャー・ブルテリア，⑨キャバリア・キングチャールズ・スパニエ

---

[*] ユーロモニターの調査で，2012年の猫の飼育世帯率は日本10％で，米国32％，フランス30％，英国26％，ドイツ16％となっている。また犬は日本18％で，米国37％，フランス22％，英国18％，ドイツ13％。

ル，⑩ロングコート・チワワの順で，最近はニュージーランド・ハイタウェイという牧羊犬種の人気が出ています。

犬は，3か月齢以上の犬は地方のカウンセル（自治体）への届け出が必要で，1年に1回更新が必要です。その都度，犬たちの住民税が必要になり住民票としてのタグ（図8-20）をもらいます。小型犬も大型犬も同じ大きさのタグで，ニュージーランドの友だちに言わせると大きくて，かわいくないそうです。避妊・去勢しているかどうかで登録料が違います。手術をしている犬の方が安く65ドル（約5,200円），していない犬は高く95ドル（約7,600円）です。この登録を怠ると「アニマル・コントロール」のオフィサーが来て，2,000ドル（約16万円）の罰金が科されます。

ニュージーランドは島国のため外国の伝染病が少なく，BSE（牛海綿状脳症）や狂犬病はありません。ニュージーランドに犬や猫を連れて行く場合には厳しい検疫があります。

ニュージーランドには「ドッグ・コントロール・アクト」という法律があり，これに基づいて犬のしつけというより，飼い主に最低限のマナーを守るように義務付けられています。「散歩に連れて行っていないらしい」「やせ過ぎている」などの連絡が入ると，ボランティアですが絶大なる権限をもつSPCA（Society for the Prevention of Cruelty to Animals）という団体からオフィサーが調査に入り，犬種の保護にあたります。この法律で日本の土佐犬など数種類の犬種はニュージーランドへの輸入が禁止されています。

こんな法律やルールに守られているニュージーランドの犬種ですが，移民大国になりつつあるニュージーランドなので，ペットに対する考えやポリシーも違うので問題はたくさんあるそうです。ニュージーランドのペット事情は少しずつ変わっていきそうです。

(3) 猫の情報

猫の飼育率48％は先進国でもトップクラス。猫大好きな国民です。なのに「野鳥保護のために国内から徐々に猫を排除していくべきだ」という提案がなされて，議論に発展しているそうです。

ビジネスマンのガレス・モーガン氏が「ニュージーランドの飛べない鳥，キーウィやペンギンなど，野生動物の保護のために猫を新たに飼うことを制限し，現在飼育中の猫には避妊や去勢を義務付け，登録を徹底する」という提言をしています。

この提案に愛猫家たちは一斉に反対し，70％が反対意見で「猫が与えてくれる癒しや家族としての絆を勝手に奪わないでほしい」「野鳥の卵をねらうネズミの退治にも必要だろうから逆に野生動物保護の面でも猫は必要」などというコメントが寄せられているそうです。

科学者のデビット・ウィンター氏は「猫は少なくとも6種類の野生動物の絶滅に関与している」と述べています。

世界一の猫の飼育率ならではの悩みも多いのだ，と思いました。

(4) フード

ペットフードは83％がスーパーマーケットで販売されていて，残りが動物病院やペットショップです。猫のフードのタイプは，51％が缶詰かパウチで，38％がドライ，11％がチルドで，ドライとチルドが増加傾向にあります。犬のフードは45％がドライ，42％がチルド，13％が缶詰かパウチで，ドライが増加傾向にあります。

ニュージーランドで人気のあるペットフードはヒルズ，ユカヌバ，ロイヤルカナンで，一般食ではフィスカ，ペディグリー，ファンシー，プロプランなどです。

(5) その他

経済的規模としては，ペットに関する市場は15億8,380 NZドル（約1,235億3600万円），内訳はフードが7億6,600ドル，動物病院が3億5,800ドル，健康管理商品が1億6,600 NZドルで，今後も伸びていく傾向です。

動物病院は約500軒，ペットショップは約90軒，ブリー

図8-20 犬の登録タグ（左）。右はマイクロチップを付けているというタグ。

ダーは不明です。ニュージーランドではブリーダーはあまり認知されていないからだそうです。

4）WSAVA プログラム

私たちが聞いたところでは学会の登録は1,300人で，内訳は獣医師約500人，動物看護師約300人，出展企業約500人ということでした。ちなみに登録料は1650 NZドル（128700円）〔1日登録800 NZドル（62400円）〕。

2013年3月5日

初日はプレコングレスという学会前のセミナーがあって，「栄養学をナビゲートする」というテーマで，よくあるQ&A，コンプライアンス向上のコツ，食事管理を実施する方法などを，通訳付きで大学の先生や動物病院の先生が講演しました。日本ヒルズ・コルゲート株式会社のチムさん，獣医師の坂根先生，後輩の中尾先生から聞き逃したことを聞けました。日本ではなかなか会えない北海道の小関先生（ゆーから動物クリニック），DSファーマアニマルヘルス株式会社の菅さん，徳永さんとFacebookの承認をしたりしているうちに，ウェルカムパーティー。ワインや生ガキが展示会場で配られました。

3月6日

朝8:30から登録開始。9:15からOpening Ceremony 開会式。毎日10時にはMorning Tea，12:30からLunch，15:30にはAfternoon Teaがありました。コーヒー，豆乳，ミルク，バラエティに富んだ紅茶，ケーキ，パン，サンドイッチ，果物（リンゴ，洋ナシ，ブドウ，バナナ，オレンジなど）が自由にとれるスタイルになっていました。この時間になると，展示場は人があふれて満員電車のようですが，講義が始まる時間になるとサーッと人が引けて皆とっても勉強熱心！

この日は，細胞学の落とし穴，犬の脱毛症，腫瘍学で古い化学療法薬の新しいアプリケーションのほか，金本先生（茶屋ヶ坂動物病院）が右心房の治療手術について，盆子原先生（日本獣医生命科学大学）が肥満細胞腫に対する分子標的薬について，伊藤先生（日本獣医生命科学大学）が組織球肉腫に対する抗がん剤について，石田先生（赤坂動物病院）が尿検査と術前のスクリーニング検査についての発表を行いました。夜はHill's社主催のディナーパーティーがありThe Wharf（波止場）から，フェリーに乗って離島のようなところに行きました。世界の獣医師が約180人，台湾，スリランカの獣医師と友達になったり，重田先生（日本獣医臨床フォーラム），関先生（セキ動物病院），ディクソン獣医師（元日本ヒルズ・コルゲート株式会社社長）とも久しぶりに会えて，おいしくて懐かしいひとときを過ごしました。

3月7日

遺伝学，猫の真菌症，猫のヘルペスウイルス，犬のリハビリテーション，歯科診断用ツール，眼科学などのほか，大学の先生による日本語ランチョン付きセミナー「臨床における食事管理の現在と未来」があり，フードの歴史とバーベキューを楽しみました。日本語付きなので各会場にちらばっていた日本人の先生方が集まり，廣田先生（アリスどうぶつクリニック）や安田先生親子（安田獣医科医院）たちに会えたり，横浜市青葉区の女性獣医師や韓国のスヌーピー動物病院の女性獣医師と名刺交換をして，いつか病院見学をする約束をしました。

3月8日

エキゾチックの発表では，ペンギンの油汚染，カカポ（ニュージーランドに生息する夜行性の飛べないオウム）の保護，鳥の放射線学などがありました。展示会場では，おもしろいものを見つけました。染み込まない猫砂は，尿が液のまま球形になるので尿検査が楽ちんなのです（図8-22）。食道カテーテル用の小さな首カバーは，柄がかわいく色もきれいで楽しくなりそうでした。がっつき犬用のへびのようなグルグル溝のついた食器も犬がその周りをくるくる動きながら食べていてかわいかったです（図

図8-21　学会場の入り口の院長

図 8-22　展示会場で試せる猫砂

図 8-23　ポスターセッションでみつけた興味深い研究の１つ。ここで使用された海産脂質抽出物は日本で発売中。

図 8-24　企業による日本語セミナー

5-218，205 頁）。ペットロスで有名な鷲巣月美先生（日本獣医生命科学大学）や内田先生（AC プラザ苅谷動物病院市川橋病院），眼科専門医の齋藤先生（トライアングル動物眼科診療室）とも会いました。夜は，スカイシティホテルのピーター・ゴードンのレストランで，企業の方から経営やマネージメントの相談を受けました。そこの英国の有名なシェフがジャパニーズテイストも得意で，見ても食べてもおいしいお料理をごちそうしてくれました。

3月9日

齋藤先生の「涙液：眼瞼機能について」，薬理学，VT セミナー，VT のための術後のケア，ペインコントロール，犬のバベシア症，災害救助犬などのプログラムがあって，早くも閉会式でした。

せっかくニュージーランドまで来たのだからと，当地に嫁いだ友だち（兄は日本の獣医師）（図 8-25）が大型ペットショップ（図 8-26）と猫専門病院と動物病院（図 8-27）に連れて行ってくれました。大型犬が多いので，並んでいる各社のフードの袋が全部大きくてびっくり。動物病院向けのノミ，マダニの薬もペットショップで高めの価格で買えるシステムでした。公園には犬のトイレ用ビニール袋とトイレポストが置いてあったり（図 8-28），「放すと罰金 200 ドル」の看板があったり（図 8-29），咬傷事故が発生した後，すぐに全部の犬にマイクロチップが義務付けられ，ノーリードの犬は禁止されました。よいことはすぐに実行に移す国です。

図 8-25　友人宅にて

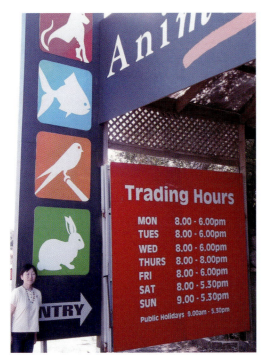

図 8-26　大型ペットショップの入口にて

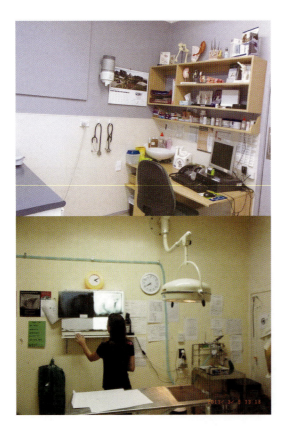

図 8-27　見学した動物病院

図 8-28　公園のトイレ用ビニール袋のスタンドとトイレポスト

図 8-29　「放すと罰金 200 ドル」の看板

5）まとめ

　ツアー参加ではなく個人で成田を飛び立つのはハラハラドキドキですが，わくわくも同じだけあります。動物でつながる世界のイベントは，なんとか心が通じて国際交流をした気分。今回，韓国の先生が「日本と韓国の国交が気ま

図 8-30 ニュージーランド土産あれこれ

ずくても，私たちはいつまでも仲良くしましょうね」と握手して情熱たっぷり。お互いにつたない英語でしたが，「小さなところから 1 歩ずつ絆を作っていけたらいいね」と言ってオークランドで別れました。お互いの病院見学に行く約束を交わしました。

2014 年は 9 月に南アフリカのケープタウンで開かれました。そして，2015 年 5 月はタイのバンコクの開催です。WSAVA に行ってみませんか？

5．カナダのペット事情

2013 年にカナダのバンクーバーを訪れました。そこでの見聞を紹介します。

1）ペットの入手法

カナダでは，犬や猫を飼いたくなったとき，多くはペットショップより動物保護団体（例えば SPCA：Society for the Prevention of Cruelty to Animals など）を通じて手に入れます。

しっかりした活動により，捨て犬や捨て猫を路上で見かけることはないそうです。

様々な事情で保護された動物は有料で引き取られます。避妊・去勢の手術を受け，マイクロチップの装着や耳にシリアルナンバーの入れ墨を施されて，新しい飼い主を待つことになります。

2）ペットを店頭で売らない運動

ペットショップでペットを売らないようにする活動が，米国に続いてカナダでも広がっています。ペットショップチェーン「PJ's Pets」では，自ら子犬の生体販売を中止するとともに，保護された動物が適切な家庭に行けるようにCSPCA（カナダ動物虐待防止協会）やレスキュー団体，シェルターなどと協力していく態勢だそうです。

新しい家族を見つけるプログラムに取り組みたいと"Every Pet Deserves A Home Program"と称して，店舗を利用して啓発活動を行っています。この企画は，ペットショップに保護活動のパンフレットやチラシの他，譲渡の申込書，保護動物の写真などを設置して，多くの命を救うお手伝いをアピールしています。愛護精神や動物福祉に対する人々のモチベーションの向上をはかる目的です。

米国の ASPCA（米国動物虐待防止協会）によるハピーミル（利益だけを求めて犬や猫を繁殖させる業者）撲滅キャンペーンと同様のカナダでも始まったこの動物保護活動です。日本でもこのような活動が少しずつ注目されて，適正ブリーダーさんが増えていくとうれしく思います。

3）住宅事情

賃貸物件はペット可と不可が半分ずつで，新築になるほどペット不可が多くなるようです。

ペットでもほとんどは"猫に限る"で，犬OKの物件は少ないので，犬の飼い主さんは持ち家か購入マンションです。

4) ペットの飼育

2008年にカナダ獣医師会が調査した資料によると，全世帯の56%が犬か猫を飼育しているそうです。猫だけが23%，犬だけが20%，両方飼育が13%。また魚は12%，小鳥は5%，ウサギ・ハムスターを飼っている世帯は2%です。トカゲ，馬，モルモット，ヘビ，カエル，フェレットまたはスナネズミを飼っている世帯は1%です。猫の35%，犬の33%が8歳以上，1歳未満は8%以下と，ペットの高齢化が進んでいます。

カナダの友だちからのペット情報のデータなどを見ると（表8-1），日本と同様でペットの数は増えていませんが，ペットにまつわる製品（トイレの砂，ケアグッズ，サプリメント，おもちゃなど）は年々伸びています。

表8-1 カナダのペット飼育率

	2010年	2011年	2012年
猫	38.5%	38.5%	38.7%
犬	35.0%	35.0%	34.9%

5) 犬専用の公園とビーチ

カナダは愛護団体や愛犬家の熱心な働きかけにより，犬専用の公園やビーチがたくさんあります。

寄付金で作られた犬専用の公園，Off Leash Parkが市内に何か所かあり，かなり広いです。犬はノーリードで思いっきり走ったり，他の犬とたわむれたりすることができます。

世界五大湖の1つのエリー湖のほとりには，犬も一緒に入れる「ドッグビーチ」があります。ウィスラーの湖にも

図8-31 ドッグビーチ

第 8 章　海外学会への参加

図 8-32　公園の看板

図 8-33　排泄物処理用のビニール袋のボックス

図 8-34　見学した動物病院（Anderson Animal Hospital）

同様のビーチがあり，ボールやフリスビーで犬とゲームを楽しむことや泳いだりもできます。

隣は人用のビーチで，犬が苦手な人や小さな子どもが遊んでいます。ドッグビーチ以外はリードを義務づけた看板と排泄物処理用のビニール袋のボックスが設置され，マナーを守れるようになっています。

犬に優しい環境のカナダでは，犬も大自然の中で自由に駆け回れるので，人も犬ものびのびしています。

6）マナー

ペットショップの一部に，子犬のしつけのためのパピー教室や成犬のトレーニング教室が併設されています。犬に

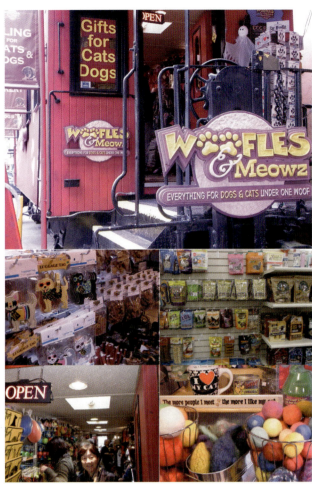

図 8-35　2 件のペットショップ

社会性をつけて，人と犬との生活がより楽しめるようにしています。

　子どもも大人も，かわいい犬を見かけても急に触ったりせずに「なでていいですか？」と飼い主さんに聞いてから触ることが普通になっています。マナーの悪い犬はあまりいないので，公園，ビーチ，カフェなどでも和やかな犬との時間をエンジョイしています。

7）イベント

　毎年夏には飼い主さんと犬との大きなイベントが開催されています。費用は愛犬家と企業の寄付金でまかなわれており，もう 25 年以上続いています。

8）カナダのペットに関する法律

　カナダは連邦政府が決めた法律の他に，各州各地方自治

体ごとに条例があるので，一概にカナダでは…とは言えないようです。

　カナダ全土で適用されている連邦法は，＜動物および鳥を故意に傷害や苦痛を与えてはならない＞です。例えば，夏，車の中で犬だけ留守番をさせて熱中症にしたり，飲み水が空のまま放置したりを通行人が警察に連絡すれば，飼い主は逮捕されます。外国からの観光客でも適用されます。有罪となると2,000ドル（約20万円）または6か月の懲役刑となります。

　市の条例により，飼育にはライセンスが必要です。鑑札をつける，リードを外さないなど正しい管理のための規則も制定されています。

　ある市では，避妊・去勢，予防接種の有無で登録料に差をつけています。犬の繁殖はプロのブリーダー以外が行うことを否定的な姿勢をとっています。飼い主さんの管理責任も厳しく定められています。

　①犬が逃げる，②人や他の動物に危害を与える，③吠え続けたり遠吠えなどにより近所に迷惑をかける，④公立の場所で物を破壊する，⑤公共の場所で糞を放置する，⑥許可されている場所以外でリードをつけない，などです。違反した者は最高5,000ドル（約50万円）の罰金または最高30日間の禁固刑です。さらに市は犬を没収することもあります。

9）まとめ

　バンクーバーやウィスラーのペットショップをのぞいてみると，鳥や魚も多く，おもちゃも種類が多く，動物病院が併設しているところもありました。

　ブリティッシュコロンビア大学（UBC）は1つの町のように広く，キャンパスの木々の間でリスがチョロチョロはねていました。あちこちの公園には必ずうんちとりのビニール袋のボックスがありました。

　2020年には日本でオリンピックが開催されます。美しくきれいでさわやかな日本にするために，私たちの夢は「便はさせないで」という看板や貼り紙ではなく，公園にスマートにうんちBOXを設置したらよいかも？と思っています。もう1つ，吸い殻を拾い食いしてきたり，散歩中にタバコの灰が目に当たりそうになって心配している飼い主さんも多いので，禁煙国のブータンとまではいかなくても，カナダくらいの禁煙先進国に日本も近づいたらうれしいなあと思いました。

図8-36　ラズベリーパイ

まとめの言葉

　2011年3月，東日本を襲った地震，津波，原発事故につきましては，日本の国土の半分以上が大きな被害をこうむりました。被災された方々やご関係者様，そして動物達に，心よりお見舞い申し上げ，亡くなられた人々や動物達のご冥福をお祈りしたいと思います。そんな状況においても私達は滞ることなくその分がんばって勉強し，一生懸命丁寧に生きていくことが私達の努めと思います。

　直接被災していない地域でも，計画停電，品不足，風評被害などがあり，人の心の動揺が動物達にも伝わったり，デリケートな動物では体調を崩したりしました。何年も過ぎた今でも元の生活にはなっていません。私達獣医師は，大動物・小動物の臨床に関わらなくても，世の中からさまざまなアドバイスや工夫を求められる立場にいます。

　百年に一度の大不況（リーマンショック）のときもそうでしたが，少しすさんできている人の気持ちを，動物たちが温かくしてくれたり守ってくれたりすることはいっぱいあります。時代や世の中のせいにする前に，今できる身近な小さなことから始め，そして行動することで，まわりに一歩ずつ元気を振りまくことができます。

　さて，もしかしたら獣医療は愛情業かもしれません。

　人も動物も高度な診断器材が発達し，たのもしい反面，数字や画像診断が中心になり，体全体をていねいにさわってもらえなかったりすることもあります。動物の病気だけを診るのではなく，動物全体と飼い主さんの心も診られる人になって，さらに手応えのある仕事をしていくことが求められています。診療時間はそれぞれ決まっていると思いますが，心は24時間OK，自分達のできる形で日本の未来のために1歩ずつ，みんなと力を合わせていけたらよいですね。

　この本の中で「自分だったらこうする」とか「これはおもしろそうだからマネしてみよう」，そんなことを1つでも2つでも見つけて未来の自分の教科書作りにしていただけたら幸甚です。

　人と動物の橋渡しの仕事を選んだ私たち獣医師と動物看護師さんが，動物たちの力を借りて毎日潤いと精進を重ね，1日1ミリ好きなことを続けて，活気のある世の中への一役を担えたらよいですね。

　動物医療の臨床現場にいると，私たち獣医師は，人と人との交わりの中で癒されたり，成長したりもします。また，飼い主さんにこちらの想いが伝わってこそ，良い仕事につながっていくと思います。飼い主さんとの信頼が生まれると，それも，動物が元気になる薬のひとつになっていくように感じます。

　嘘をつかない，悪口をいわない，相手の立場になって考える，人の話をよく聞く，あいさつをしっかりする，ストレスをためない，勉強が好きになるように努める，ご飯をきちんと食べる，睡眠時間をとる，失敗は成功への進化の過程，よかった探しをする，夢に向かってチカラをつける… 小学校時代の道徳の時間に習ったことなのに，忙しいと忘れて過ごしています。ちょっと立ち止まって，昔の道徳が獣医療にも活かせたら，と思う日々です。

　サイエンスをベースにメンタルを添えて，高度医療と緩和医療をバランスよく組み合わせることによって，「動物病院行って獣医さんと出会い，こころ穏やかに過ごせて動物を飼ってよかった！また動物を飼いたい」と思い願う飼い主さんが1人でも増えたら，至福の思いです。

　私達人間をハッピーにしてくれる動物達，その動物の健康維持に携わる仕事は，たいへん重い使命感を要求されます。でも，それだけに感謝してもらえることがたくさんあり，喜びにも繋がります。そんな仕事の中で，動物病院スタッフ，飼い主さん，そして動物達のハッピーを少しでも拡げていくことができれば，生涯，尽きない生きがいのある職業の1つとなります。いつまでも現役で，現場でできる小さなことを積み重ねて，健康と夢と現実のバランスを楽しく保っていきたいと思います。

索 引

A
ASPCA　339

C
CSPCA　339

E
Every Pet Deserves A Home Program　339

F
Festina lente　189
FNB　151

G
Give and Give　293, 300

M
mAs　140
MR　234

P
Pet Lovers Meeting　123

S
SPCA　334

U
UBC　344

W
WSAVA　320

あ
アイコンタクト　251
相づち　232, 251
アイデアの英語版　324
相手の心　28
相手を受け入れる　299
あいまい語　243
あいまいな言葉　117
明るいトイレ　16
アサーション　255
朝手術　12
アシドーシス　119
与え好き　300
与え好きの法則　62
温かい診療　153
温かいニュアンス　249
温め（点耳薬）　211
アドソンピンセット　182
アトピー性皮膚炎（パンフレット）　27
アニマル・コントロール　334
アニマルサポートバッグ　61, 143, 170, **212**, 215, 325, 330
暴れる動物　66
アファーメーション　322
ありがとう　235
アルファキン　10, 223
　－（ウサギ）　9, 220
アルファキサン　10
アルミ蒸着保温シート　154
アレルギー（子どもの）　107
アロンアルファA　223
アンケート　47, 275
アンケート用紙（フリースペース式）　275
安心袋　212
安全性（麻酔, 手術の）　7
アンチ・エージング　298
アンプルカット法　165
アンプル剤の汚染防止　166
アンプルの保管　165
安楽死　121
　－についての念書　122
　－の基準　121

い
慰安旅行　61
Yes, Yes, No の法則　4, 108, 232
家で過ごす時間　117
生き方　311
異業種交流会　81
遺産分割協議書　312
意識と行動を継続させる（パンフレット）　265
イソフルラン気化器　175
イソプロピルアルコール　136
痛みの少ない縫合　164
1日1ミリ　297
1年後の自分　68
1.5次診療　82
犬専用の公園とビーチ　340
犬も猫も歯みがきをしよう（パンフレット）　93
命の授業　113
イヤークリーナー（温める）　155
医薬情報担当者　234
イラスト　283
イラスト付き五行歌　285
色鉛筆　321
インスリン注射　197
インスリン注入器　195
インスリン用シリンジ　164
インタードッグ（パンフレット）　27
インターンシップ　287
院長とのコミュニケーション　54
院長に必要な資質　83
院長をやる気にさせる　231
院内感染予防　135
院内展示　40
インフォームド・コンセント　7
　－7つの約束　249

う
ウエルチアレン・ルミビュー　170
ウサギ　106, 270
ウサギ臼歯用ダイヤモンドやすり　170
ウサギの
　－切歯の切削　168

索　引

―気管内挿管　219
―吸入麻酔　218
―躾（パンフレット）　88
―手術　223
―診察　212
―内服処置　216
―肥満度チェック表　206
―の保定　213
うなずく　232, 233
馬つなぎ結び　131
裏ワザ
　　航空機利用の―　320
　　注入器の微量調節の―　195
　　ペットシーツの―　149
噂話　56

え
英国のペット事情　326
英語版の名刺　319
英文のプロフィール　320
液体チッ素綿棒　187
エコー検査のおすすめ（パンフレット）　90
絵心　283
X線カセッテの情報　227
X線撮影条件のグラフ　142
X線撮影台　138, 140
X線撮影の条件表　140
X線フィルム記入　227
エピソード　123, 278
エポキシ樹脂　169
エレベータ（歯根）　168
塩酸ケタミン　10
塩酸ブピバカイン　182
エンディング　311
エンパイヤニードル電極　188

お
押手　198
オウム病　59
大型犬の薬用量　193
オークランド　332

お金　241, 267
お金にまつわる約束　312
オキシドール　135
お気に入りの店　299
お悔みカード　79, 285
　　―英語版　322, 323
お悔みの手紙　125
お悔みのハガキ　119, 120, 123
雄猫の尿道閉塞　162
お大事に（常套句）　78
お試しパック　40
オピニオンリーダー　78
おみやげグッズ　323
おみやげ（セミナー）　275
親子当番方式　109
オリジナリティ　26, 40, 59
オリジナルカルテ　17
オリジナル500字原稿用紙　268
お礼状　288
お礼セット　322
温度差（院長との）　61

か
カーテンレール　14
カーマルト鉗子　182
買い置き　206
海外学会　319
　　―のメリット　322
　　―旅行　326
外耳炎　211
外耳道内の毛　210
回虫　59
快適トイレ　208
飼い主さん
　　―の求める診療　78
　　―参加型　3, 81
　　絞り込んだ―　59
　　―重視の診療　77
　　新患の―　59
　　―とのコミュニケーション　86
　　妊娠中の―　59

―の心を開く　242
―のモチベーション　98
―の要望　84
―への声かけ　56
―への自己紹介　59, 81, 86
―を大切に　4
戒名　311
カウンセラー　127
カキクケコ人生訓　261
書くこと　268
学生言葉　59
学生寮　306
貸出文庫　79
画像プレゼント　79
家族化　26, 293
家族全員の同意　121
家族を育てる　250
学校飼育動物　106
学校動物の意義　108
カナダ　308
カナダ動物虐待防止協会　339
カナダのペット事情　339
カナダ連邦法　344
金の貸し借り　56
蚊の吸血　146
カプセル剤の飲ませ方（人）　194
カプノサイトファーガ　94, 148
　　―（パンフレット）　27
ガラス製の乳鉢　191
体の管理　298
カルテ　17, 95
　　―の収納法　20
　　補充用―　18
カルテ用紙　18
乾いた口調　124
換気システム（臭いが出にくい）　13
換気扇（熱交換式の）　13
環境を受け入れる　299
感謝　233, 240
浣腸　200

がんばって　235
カンピロバクター（パンフレット）　27
管理手順（糖尿病）　197
緩和医療　80
緩和ケア　117
　－（パンフレット）　118

き
キーワードの反復　232
義援金BOX　103
気化器ダイヤル　178
気化器ダイヤル目盛　177
気化器の液量計　177
気管虚脱　202
気管内挿管（ウサギ）　219
気管内チューブ結紮ヒモ　221
気管内チューブの固定（臍帯結紮ヒモ）　221
危機管理　246
　－（ウサギ）　212
聞き上手　231
危険をはらむ言葉　242
帰国後の予備日　320
技術料　195
キシレン　153
キシロカインゼリー　164, 221
喫煙　288
きっかけ作り　253
キッチンタイマー（麻酔管理）　175
危篤　118
機内時間　320
気まま（獣医師の）　62
逆くしゃみ　201
虐待防止　328
急患
　院長不在時の－　58
　－の来院　5
救急病院　119
臼歯カッター　170
　－（温める）　155

臼歯カット（無麻酔）　170
休日の予約　6
臼歯の不正咬合　169
休診の案内　319
急性肺動脈血栓塞栓症　320
吸入麻酔（ウサギの）　218
給与の低さ　57
教育　307
狂犬病予防（パンフレット）　87
凶暴な猫　61
嫌われる　252
禁煙先進国　344
緊急連絡　119
禁句　243

く
クイック・ストップ　133
空調の工夫　13
苦情　56
薬投与　191
薬の説明書　32
ぐち　56
口コミ　24
クッション言葉　249
曇り止め　157
クリヨペン　187
グルーガン　158
グルコース測定　196
グルコン酸クロルヘキシジン液　168
クレーム　246
クロージング　100, 235
クロルヘキシジン液　168

け
経営学　30
経営コンサルタント　82
経営（身の丈）　30, 40
経営理念　81
計画出産　303
経口輸液　117
敬語の使い方　59
計算書　20, 124

携帯電話　119
啓発活動　90
経鼻カテーテル　185
痙攣　119
外科用接着剤　133, 225
　－（皮膚縫合）　183
　－（利用の工夫）　184
消しゴム　226
毛玉取り　158
ケチな飲み屋　241
血圧計のカフ　180
血液検査結果　12
結婚生活　54
結膜伸長症　226
ケトアシドーシス　196
血糖曲線　196
ケトン体　196
毛の切り方　159
毛のストリッピング　210
ゲルウォーマー　154
減価償却　315
現金払い　30
健康カット　210
健康記録　79, 96
健康診断
　術前の－　7
　－のおすすめ（パンフレット）　89
原稿用紙（オリジナル）　268
連載記事　268
検査室　137
現像液
　－の酸化防止　139
　－の劣化　139
現像時間補正表　139
現像補充液　139

こ
交換日記　61
航空機利用の裏ワザ　320
口腔内の消毒　167
高周波メス　188

索引

抗生剤感受性試験　211
行動学　92
後輩の指導　59
小売業部分（消費税）　21
顧客満足　31
五行歌　285
国際結婚　308
極貧子育て　303
極細ハサミ　158
極細ポリエチレン・カテーテル　162
午後手術　12
心　240
心得（スタッフの）　3
心配り　52
心の支え　304
心のたまて箱（コメントは）　260
心のトーン　124
心を開く　248
誤刺防止　161
子育て　301
答え方　247
COX II 選択性の NSAID　10
骨肉腫事件（家族の）　304
言葉
　あいまいな－　117
　暖かいニュアンスの－　250
　危険をはらむ－　242
　クッション－　249
　避けたい－　117
　心配になる－　243
　スタッフが不満を抱く－　241
　－の宝物帳　50, 253
　－のトラブル　246
　プラスになる－　118
　魔法の－　231, 234, 239, 242, 250, 252
　水かけ－　243
子ども達　106
子供用グッズ　132
小鳥の飼育で気を付けること（パンフレット）　92
小鳥のついばみ（食餌の慣らし方）　203
小鳥の内服処置　217
粉薬　191, 192
　－の飲ませ方　194
コミュニケーション　23, 69, 86, 98, 119, 255
　院長との－　54
　スタッフ同士の－　70
コミュニティ作り　81
コミュニティの絆　80
ゴロ合わせの工夫　65
転がり防止　196
怖がりの猫・ウサギ　61
コントラアングル　168
コントロールパネル（消毒）　190
コンパニオンアニマル　79
　－の死　127
コンプライアンス向上策　26

さ

サージテル　223
サージトロン　188
サービス業部分（消費税）　21
ザイアンスの法則　26
災害　79
細菌汚染防止（室内の）　168
採血　144
最後の言葉かけ　124
最期の場所　117
財産　310
細針生検　151
臍帯結紮糸（ヒモ）　221
採尿　149
再発防止　29
細胞診の染色　153
細胞診の塗抹　153
避けたい言葉　117
撮影部位別の条件調節表　142
里親募集　59
座布団カバー　142
差別用語　243
サマータイム　102
三角針　185
サンキューカード　240
産業カウンセラー　82
酸素発生器　117
酸素流量計（体重目盛）　177
散歩（終末期）　117

し

ジアゼパム注射液の白濁　193
幸せの創造10か条　309
しあわせポッケ　270
CSPCA　339
飼育小屋　106
飼育動物の休日の対策　109
飼育率（猫の）　334
ジェネレーション・ギャップ　48
シェルター　127
自潰した腫瘍　184
耳介の静脈（血糖測定）　197
次回の診察日　124
しかられたとき　233
しかり方　234
時間　241, 267
　－外診療　84, 119
　－外料金　119
　－の有効利用　5
　－予約制　4
耳鏡スペキュラ　155
耳鏡（側視鏡つき）　170
死腔（麻酔回路）　173
止血　189
自己紹介　59, 86
自己紹介カード　321
自己紹介の英訳付シート　325
自己紹介（プリント）　300
自己中心　28
仕事　240
仕事探し　55

事故の防止　143
自己表現　255
しこりを見つけたら　152
時差時計　319
時差ボケ対策　320
資産・貯蓄の管理簿　312
持針器　182
舐性皮膚炎　184
歯石除去鉗子　167
歯石染色剤　167
持続硬膜外麻酔用カテーテル　162
自宅で看取る　80
躾（犬，猫）　92
躾教室　94
　　優良家庭犬の一　93
躾と食餌　205
実習　286
湿度（麻酔回路内の）　175
死に方（死の迎え方）　311
死の伝え方　110
篠笛　125，127，298
自分を元気にさせる　252
自慢話　56
シミドライブラリー　93，94
下ネタ　56
社会人基礎力　289
社会保険　64
写真効果　140
写真の記録　322
借金　312
習慣　67
習慣のチェック表　296
宗教　56
十字切開（膿瘍の）　187
就職　286
10年継続　293
収納法（カルテの）　20
終末期医療　117
終末期の現象　119
静脈穿刺　144

手術
　朝一　12
　ウサギの一　223
　午後一　12
　一後の注意事項　11
　日帰り一　6，7，12，80
術者の安全　143
術前の健康診断　7
出張旅費　69
出版　269，270
腫瘍（自潰した）　184
省エネ　101
生涯現役　113
上顎マスク　222
償却資産　315
錠剤　192
消臭剤　15
消毒　133
　一（コントロールパネル）　190
　床の一　135
消毒用エタノールの保温　154
消費税（小売業部分・サービス業部分）
　　21
消費税事業区分用　21
静脈注射　144
消耗品費　186
食育　202，204
食育で防げること　208
食育（パンフレット）　207
食事管理　298
食餌の切り替え方　202
食餌の変更　205
食道内体温　181
職場のムード　57
書籍　268
初対面　56
所得補償　58
処方料　194
シリコーンシート　166
シリコーン製雄猫用尿道カテーテル

　　163
シリコーンチューブ　144
シリンジの先を落とす　201
シリンジの死腔　164
シロップ剤　202
新患の飼い主さん　59
人工鼻　175
人ざい　239
震災特集号（パンフレット）　104
診察券　5，6
診察室　133
診察台　133
診察の手順（ウサギ）　214
資産の統括表　313
人獣共通感染症　94
　一（パンフレット）　59
新人獣医師　55
人生の設計図　281
人生はギャンブル　254
人生見積り書　310
心臓病（パンフレット）　238
人畜無害　135
心電感度　179
心電図　151
　一電極コード　137
　一電極の装着部位　151
　一電極ペースト　151，179
　一倍率　180
心配　48
心配になる言葉　243
新聞紙利用のトイレ　209
信頼関係　119
診療
　スムーズな一　5
　一の具体例　77
　見せる一　3
　　　　す
推奨給餌量の落とし穴　206
垂直切開法（結膜）　226
SWOT分析　80

スーツケース　320
好きな動物病院，先生　266
好きを大切に　299
スタッフが不満を抱く言葉　241
スタッフ紹介　81
スタッフ同士のコミュニケーション　70
スタッフと仲よく　239
スタッフが多い動物病院　57
スタッフの
　－心得　3
　－の指導　69
　－の仲　57
　－の勉強会　69
スタッフミーティング　69
ステンレススチール縫合糸　186
ストレス　47, 63
　－解消法　49
素直に聞く　233
スピーチ　273
スプレー容器　134
スポイト（ジャバラ・先丸）　216
スポットライト（コールドミラー付き）　13
スムーズな診療　5
3P コンセント（アース付きの）　13
3P プラグ　13

せ

請求書　30
政治　56
精神保険福祉士　127
生体モニターのポンプ機能　173
成長期終了時の食欲不振　208
世界小動物獣医師会　320
赤外線式鼓膜体温計　144
責任転嫁　233
清貧を楽しむコツ　37
咳を止めるツボ　201
セクハラ　69
赤血球容積の低下（麻酔下）　10

切歯カッター　172
切歯の抑制矯正　169
切歯の予防的切削　169
接着剤（シリコーン樹脂）　163
セッティング　274
節電　101
説明書　28
　薬の－　32
セミナー　273, 274
セルフコミュニケーション　231
セレニア注　202
先丸スポイト法　192
選択権を与える　99
千の風になって　125, 127
専門医（終末医療の）　117
専門学校の生徒　62
専門病院を紹介　4
専門用語　8, 26, 79, 243, 244

そ

双眼ルーペ　159, 223
総蛋白の低下（麻酔下）　10
卒業証書　198
その場しのぎ　243
ソモギー効果　196
尊厳死　311

た

ターミナルデジット方式　20
第一印象が大切　3
退院後の連絡　10
退院時間　10
体温計　144
体温計プローブ　181
体温測定　144
対極板　188
退職金　309
退職（中間層の）　61
大震災　101
耐震粘着マット　166
体表面積　193
タイミング　232

ダイレクトメール　87, 92
唾液腺管への挿入　163
蛇管の固定　176
ダクト　13
立ち合い　121
多頭飼育　36, 127
楽しく生きる7つのポイント　293
タンク式手現像　139
団子3つ法　193
炭酸ガス吸収剤　173
断耳　210
男女の相談　56
断尾　210

ち

地域参加型方式　109
畜産学科　58
注意事項　124
　手術後，麻酔後の－　11
注射嫌いの子供　165, 194
注射針
　新しい－　165
　－ 24G × 5/8"（ワクチン）　165
　－ 26G　149
　－の交換　161
　－のみの採血　147
　－利用の縫合　164
注射法のコツ（飼い主さん向け）　197
注水孔　169
注水ノズル　168
中途半端のススメ　299
注入器の微量調節の裏ワザ　195
超音波スケーラー用W型万能チップ　167
超音波ゼリー　154
　－保温器　154
超小型聴診器　144
超コンパクト保定台　138
調剤法（シロップ剤，点眼剤）　218
聴診器（超小型）　144
超低流量麻酔　173

つ

痛点をさける　165
使わない方がよい言葉　4
次の動物　127
爪切り　157, 210
　－（痛み）　158
　－振動止め　158

て

手洗いボウル　136
提案BOX　57
TPR（体温・脈拍・呼吸）　66
ディズニーランドのポリシー　16
ティッシュペーパー　136
丁寧な言葉　60
データの貼付け（カルテ）　18
テーパー針　185
テーマをもつ　253
手書き　88
手紙　25, 246
手現像　139
電圧　140
点眼瓶（3mL）　217, 218
電極　190
　－コード　137
　－の固着防止　189
電卓の繰り返し機能　193
電池切れの応急処置　156
電話　246
　－相談　106

と

トイレ　208
　明るい－　16
　人用－　15
　付加価値－　16
　汚れにくい－　16
　－を拭く習慣　16
同意書
　（犬・猫）　8
　（ウサギ）　9
　麻酔時の－　8

糖化アルブミン　196
動産　310
等身大弱　297
糖尿病　197
　－の管理記録　198
　－の指導管理料　195
闘病日記　117
動物が亡くなった　59, 66, 110
動物看護師　47
　－が長く続く　242
　年下の－　56
　－になるきっかけ　62
　－の心がけ　63
　－の資格　65
　－の仕事　72
　－のストレス　47
　－の底力　61
　－の悩み　47
　－のフォロー　61
　－のやりがい　63
　ベテラン－　55, 62
　－へのアンケート　47
動物のホスピスケア－Part II　123
動物の名刺　34
動物病院　昔と今　79
動物病院26時　269
動脈のシール　189
投薬のトレーニング　218
トーク　273
　－を磨く　272
トキソプラズマ　59
戸棚　14
ドッグ・コントロール・アクト　334
ドッグビーチ　340
Topは何をすべきか（パンフレット）　263
友達　298
トラウマ　210
トラブル　58
　－解決法　246

　－防止策　28
　－レター　29
トリート　132
鳥インフルエンザ　107
ドレインチューブ　182
どんな飼い主さんも　4

な

内服
　（ウサギ）　216
　（小鳥）　217
　（ハムスター）　217
長生きの10のポイント（パンフレット）　26
悩み　47, 54

に

2次診療　124
二重ガラス　14
ニッパーのメインテナンス　158
日本語セミナー　337
ニュージーランドのペット事情　332
ニュースレター　25
乳鉢　191
尿処理　144
尿道カテーテル　162
尿道閉塞　162
人間力　62, 70
妊娠中の飼い主さん　59
忍耐力　62

ぬ

布製袋　142

ね

猫の飼育率　334
熱交換式の換気扇　13
ネットで買う人への対応　32
ネットワーク　41, 82
年金　309, 314
念書（安楽死）　121
年齢方程式　95

の

脳死　119

索　引

膿瘍の十字切開　187
ノボペン 300 デミ　195
ノンベベル針　167

は
パーソナリティ　276
ハートビジネス　38
バーミンガム　326
排泄のエチケット　208
排泄物処理　341
配線ダクト　13
バイポーラ電極　188
ハガキ　25
　　お知らせ－　284
　　－活用術　40, 79
　　紹介お礼の－　284
吐き気止めシロップ　202
白熱電球による加温　156
パコマ L　134
ハサミ　159
抜歯のトラブル　85
撥水剤　16
バネバカリ　160
母は太陽　304
ハムスター
　　－の骨折　184
　　－の処方例　217
　　－の内服処置　217
バリカン消毒クリーナー　136
バリカンの保管法　137
針生検　151
針のみ生検　151
針綿棒　167
パルスオキシメータ　180
ハロッズ　328
パワーパートナー　42
パワハラ　69
反省　233
反論　100

ひ
POMR　18

日帰り手術　6, 7, 12, 80
皮下織の縫合　182
皮下輸液　117, 160
鼻腔内チューブ　222
非再呼吸回路　173
被災地対策　205
ビジネスマナー　74, 251
人での薬の服用　194
人手不足　54
人にお役立ち（しゃっくりが止まるツボ）　201
人用トイレ　15
避妊去勢のおすすめ　59
避妊手術時の皮膚切開の部位　223
皮膚切開部位（避妊手術）　223
皮膚で傷口を隠す　224
皮膚の縫合　223
皮膚縫合　183
ピペットチップ　223
肥満（パンフレット）　35
ヒューマンチェーン Map　70, 86
美容　210
病院経営　23, 77
宏子先生の動物クリニック　270

ふ
ファン　59
不安（復職・ブランクの）　59
フードカード　236
フード購入　33
封入剤　153
ブームは自分で創ろう（パンフレット）　262
フェイスブック　24, 258
フェリウェイ　61
フェロモン　61
付加価値　79
付加価値トイレ　16
深さ目盛（エレベータ）　168
不況　79, 86
不況を乗り切るコツ　37

復職の不安　59
付箋　38
不動産　310
ブトルファノール　10, 202
　　－（ウサギ）　219
負の資産　312
ブピバカイン　182
　　－（ウサギ）　219
不平　56
不満　56
ブラインド　14
プラスック用ニッパー　157
プラスになる言葉　118
プラスのストローク　240
ブランクの不安　59
フルクトース加維持液　196
プレコングレス　335
プロ意識　58
フローチャート　274
ブログ　81, 255
ブログコミ　24
プロピレングリコール溶液　211
プロフィール（英文の）　320
文化　321
分割払い　30
文化放送　331
文具の活用　226
糞便持ち帰り法　208
分包剤の 2 分法　192

へ
米国動物虐待防止協会　339
ペインコントロール　7
ベストな関係　235
ペタメモ　38
ペットシーツ　144
　　－の裏ワザ　149
　　－の尿回収　150
ペットに関する法律（カナダ）　343
ペットの死　その時あなたは　127
ペットの秘密　270

ペットロス 123
　－エッセイ コンテスト 123
　－教育・研修 127
　－についてのエッセイ 126
　－の軽減サポート 127
　－のフォロー 127
　－への対応 123
　－への手紙 125
　－ホットライン 127
ベテラン動物看護師 55, 62
ベトルファール 10, 202
ヘパリンシリンジ 147
便秘症 200
ペンローズドレイン 182
便を崩す 201

ほ

縫合
　痛みの少ない－ 164
　注射針利用の－ 164
　皮下織の－ 182
縫合糸保持用ピンセット 182
膀胱穿刺 149
縫合創の保護 10
防災のポイント（パンフレット） 105
ホームページ 25, 81, 322
　－案内英語バージョン 322
　－とブログとフェイスブック（パンフレット） 257
保温剤 79
保温シート（保定台） 175, 176
保護フィルム 228
ポジティブ 306
補充用カルテ 18
ポスター貼り 228
ポストカード 93
ホスピタリティ 58, 61
発作 119
保定 144
　－（ウサギ） 213
　－のコツ 66

保定台
　超コンパクト－ 138
　（保温シート） 175, 176
ボディ・ランゲージ 232
ホメホメサンド 57, 61, 240
ほめる 232, 251
ポリエチレン・チューブ 162
ポリプロピレン製粘着テープ 227
ポリプロピレン縫合糸 163
保冷剤 156
保冷剤（温める） 156
本作り 271
本との出会い 303

ま

マーカイン 182
マーケティングは道しるべ（パンフレット） 264
マイクロチップ 59, 99
　－普及（パンフレット） 237
マイナス面（予約制の） 6
埋没縫合 223
マインドマッピング 272
麻酔回路内の湿度 175
麻酔ガスによる汚染 175
麻酔管理（キッチンタイマー） 175
麻酔後の注意事項 11
麻酔時の注意 8
　－（ウサギ） 9
麻酔時の同意書 8
麻酔・手術時チェック表 175
麻酔，手術の安全性 7
麻酔バッグ
　（自家製） 173
　（ゴム手袋製） 174
麻酔薬 121
待合室 58, 131
マドラー（スプーン型） 201
マニー株式会社 185
魔法の言葉 231, 234, 239, 242, 250, 252

マヨネーズ法 192
まるごとウサギ 270
丸針 185
マルチカード 91
マロピタント注射液 202
回り道 304
間を作る 232
慢性腎臓病 202

み

味覚嫌悪学習 202
味覚嗜好学習 203
未収金 59
　－対策 30
ミシン油 135, 136
水かけ言葉 243
見せる診療 3
身だしなみ 72
ミダゾラム 9, 10, 220, 223
3つの仕事 261
3つシリーズ 293
見積り 21
看取り 119
ミニコミ誌 25, 301
身の丈経営 30, 40
未来アルバム 279
未来を手に入れる 297

む

無影照明 14
無借金経営 312
無水エタノール 133, 186

め

名刺
　英語版の－ 319
　（動物） 34
メインテナンス（プラスチック用ニッパーの） 158
メリット 100
面接 287
面談の記録 28

も

目標設定　261
目標達成　297
モチベーション　47, 261
　　－アップ　57
　　飼い主さんの－　98
求められる診療　95
モラルアップ　57
問題意識　98

や

夜間病院　84
約束を交わす　28
約束を守　298
役立ちたいこと　49
薬用シャンプーの上手な使用法（パンフレット）　91
やさしいエキゾ学　270
薬価　23
　　－の決め方　194

ゆ

有価証券　313
有効利用（時間の）　5
優先順位　57
郵便振替えの口座　30
優良家庭犬の躾教室　93
床と壁の境の丸み　14
床の消毒　135
ゆっくり話す　26
ゆっくり，早く（急げ）　189
ゆとり　299
夢　299
夢を叶える私のリスト　282

よ

良い習慣　297
陽性強化　145
幼稚園　111
翼状針　161
よく使う言葉　60
汚れにくいトイレ　16
4つの人ざい　239

4つの報酬　240
予約
　　休日の－　6
　　－なしで来院　5
　　－の受け方のコツ　5
予約制　4, 80, 84
　　－のマイナス面　6
予約表　4
寄り道　304
喜ばれる診療　79

ら

来院（急患，予約なし）　5
来院数を増やす　38
ライバル意識　57
ラクツロース　200
ラジオ　78, 102, 276
ラジオ波メス　188
ラブレター　251
ラベルの保護　227
ランタス注　195
ランチミーティング　69, 127

り

リード掛け　131
リクエスト BOX　61
理想体重　208
リッツカールトン至高のホスピタリティ　61
利点　6
リピーター　59
　　－対策　24
リビングウイル　311
リフレイミング　267
流量計ダイヤル　178
履歴書　287
臨床とことば　127

る

涙管洗浄　163
ループ状両面テープ　228
ルミビュー　171

れ

霊園　125
レール式コンセント　13
レクリエーション　61
レベミル注　195
レンズの曇り止め　221
連続縫合　224
連絡ノート　61

ろ

ロイヤリティ　78, 82, 91
老後　309
労働基準局　57
ロープの固定具　136
ローン　312
　　－備忘録　313
露出の効果　141
ロングフライト塞栓症　320
ロンジュールの改良　170

わ

ワクチン接種　165
輪ゴム（こぶ付き）　190
WSAVA プログラム　335
話題作り　56
悪口　56

謝　辞

　JVMの特集のきっかけは，日本獣医内科学アカデミー学術大会の動物医療発明研究会の教育講演に，文永堂出版の社長の永井富久氏（現 会長）と編集部の松本 晶氏が参加されていて，5年間8月号で特集号を連載して下さったことです。

　夢の続きを楽しんでいるみたいな5回の連載にさらに加筆して，この度の1冊の単行本になり，夢はあきらめなければ叶う！と思うくらいのうれしさです。

　小さな工夫を文字にしたことがスタートで，それがご縁で全国で講演を頼まれ，新しい友達もできました。逆にまた新しいアイデアを教えて頂き，歳を重ねるたびに世界が広がっています。

　小さなアイデアを連載し発明の楽しさを育ててくださった『インターズーさん』，『NJKさん』，「書き続けることの大切さ」や「書くことは真剣に生きる姿を見せること」をたゆみなく教えてくださった玉木雅治さん，写真を提供し編集の協力をしてくださった光川十洋さん，いつもよきアドバイスと熱い励ましをくださったサクセスクラブおよび五行歌の方々，学生時代の友人たち，動物病院の仕事の他，心も日々支えてくれる動物看護師や家族そして動物たち。また10年パーソナリティをしている文化放送の「宏子先生の動物クリニック」に動物のチカラや絆を何気なく伝えてくれたリスナーさんたち。たくさんのつながりに，絶えず助けられ励まされて，心の底から感謝の気持ちで開業から38年経ちました。そのあふれる心・文字・イラスト・写真をJVM編集部の松本 晶さんにカラフルにまとめて頂きました。さらには，帯広畜産大学 同窓の千村収一氏にほのぼのと心暖まる作品を表紙にご提供いただき幸せな気持ちです。これを機に，幸せな気持ちを人と動物の橋渡しのエネルギーに変えて，さらに環境にも目を向けた人と動物とのハッピー・ライフにお役に立てるように楽しくがんばります。

　2011年は人生観を変えるような大きな災害がありました。その分，家族，友達，今まで出会った人達との絆をあらためて感じたり，生活に工夫が必要になる出来事でした。「いつか」を「今」にして，毎日丁寧に生きることを再確認しました。1日も早くコンパニオンアニマルとの穏やかな生活に戻れることを祈りながら，自分のできることをできる形で少しずつ世の中に役立てていけるような人になりたいねと話しています。

　JVMの読者の方々からの励ましにも，この場をお借りしまして，深く感謝申し上げます。

清水邦一　清水宏子

プロフィール

清水邦一 Kunikazu SHIMIZU

1970 年　帯広畜産大学獣医学科卒業
製薬会社にて開発業務のち 3 年間動物病院にて研修
1976 年清水動物病院を開業 現在にいたる
動物医療発明研究会会長

　診察動物は，犬，ネコ，ウサギ，モルモット，ハムスター，リス，小鳥，フェレットなど。『PROVET』で 18 回連載後，『NJK』で「小さな商品の大きなアイデア ?!」を 2003 年 4 月より連載中。『小動物看護用語辞典』，『イヌ・ネコ家庭医学大事典』分担執筆ほか。WSAVA の世界大会で，モントリオール，リヨン，グラナダ，バンコク，バンクーバー，ロードス島，シドニー，ダブリン，ジュネーブ，チェジュ島，バーミンガムなどに夫婦で参加。香川，旭川，北見，大阪，富山，山形，東京，群馬，長崎などで「臨床のアイデア」を伝える。2011 〜 2013 年のエキゾチックペット研究会で症例やアイデアを発表。また 2006 〜 2015 年日本獣医内科学アカデミーで教育講演。

清水宏子 Hiroko SHIMIZU

獣医師　パーソナリティ　エッセイスト　イラストレーター　おひつじ座　AB 型
東京女学館高校を経て日本大学獣医学科卒業　インターン時代に知り合った邦一と結婚　横浜市で清水動物病院開業
邦一と協力しあい一男二女の三人年子の育児と診療を両立
日本女性獣医師の会理事 動物医療発明会会員 異業種交流会サクセス幹事
藍 弥生（筆名）ブログ「藍弥生の世界」
http://aiyayoi.cocolog-nifty.com　◎毎日更新中
フェイスブックにリンクしています　https://www.facebook.com/ 清水宏子
1988 年「女性が働くことと子育て」のテーマ懸賞論文で優秀賞を受賞

著書：『やさしいエキゾ学』（interzoo），『まるごとウサギ』（スタジオ・エス），『宏子先生の動物クリニック』（近代映画社），『ペットの秘密』（東京堂出版），『動物病院 26 時獣医師ファミリー奮戦記』（文園社）
新聞・雑誌連載・書籍・DVD など：
　獣医師向け
　　『JVM（獣医畜産新報）2008 年〜 2012 年毎 8 月号 5 回大特集「清水邦一・清水宏子の小動物臨床のアイデア」，『JVM（獣医畜産新報）』連載「くにかず＆ひろこのほっとひといき」，『VEC』
　その他
　　『毎日小学生新聞』連載「清水宏子の動物大好き」，動物看護師向け『as』，ペット情報誌『アニファ』『クリニッククラブ』，トリマー向け『グルーミングジャーナル』，6 年間『朝日小学生新聞』にイラストつき診療日記，など。学研小学生向け読み物特集。『クリスマスにご用心』，イラスト付き五行歌集『しあわせポッケ』（桜出版）。メリアル・ジャパン DVL「ノミ・マダニインタビュー」，医療情報研究所 DVD「ウサギにやさしい治療」「ウサギに多い病気の病状・治療・予防」など
ラジオパーソナリティ：『宏子先生の動物クリニック』文化放送・ラジオ大阪。文化放送『太田英明のナマ朝』5 日連続。文化放送

ニュースの電話出演。FM 東京『温かいエピソード』。インターネットラジオ『Care Fit Culture ホスピタリティ』

インターネットコラム：Web サイト「メリアルクラブ」に「教えて！宏子先生」掲載中　https://www.merialclub.jp テルモ株式会社イントラネット教材

セミナー：日本獣医内科学アカデミー学術大会にて教育講演〔臨床のアイデア〕2015「薬の作り方・飲ませ方のアイデア」「ウサギに優しい診療のアイデア」, 2014「快適！臨床のアイデア」「発見！心のマネージメント」, 2013「小さなことから始めよう」「トラブル予防のアイデア」, 2012「ハッピーを見つけよう」「心でモチベーションを上げる」, 2011「いきいき臨床の醍醐味」「原点は光芒の芽」, 2010「臨床の小さなアイデア」「セルフコミュニケーション」, 2009「教科書にないアイデア」「心にひびく魔法のことば」, 2007「毎日が快適」「毎日がシナリオ作り」, 2006「すぐに役立つアイデア」「ホスピタリティ」, 2009 北海道小動物獣医師会「楽しいエキゾ学」、日本小動物獣医師会「ビジネスマナー」、横浜市教育委員会「学校飼育動物の適切な飼育管理」2005 〜 2009 品川区教育委員会「少年少女ペット教室」、横浜市鶴見福祉保健センター「猫を室内で飼おう」「動物介在活動　新規ボランティア養成講座」、横浜市南区福祉保健センター「シニアな動物との暮らし方」、日本動物看護士の会セミナー「長寿動物の接し方」、平成 22 年日本獣医師会 動物臨床講会（四国地区）「臨床の醍醐味」、広島県獣医師会「人間大好き動物大好き」、新潟県獣医師会「未来アルバムを創ろう　心温まるビジネスマナー」、埼玉県動物指導センター「人と動物の橋渡し」、群馬県牧羊会「人生を楽しむアイデア」「人と動物の橋渡しへの道」、日本女性獣医師の会「快適な動物診療」、ヒルズ VT セミナー「飼い主さんとのコミュニケーション」、長崎県佐世保市や東京都渋谷区などの動物病院で院内セミナー，シモゾノ学園・青山ケンネルカレッジ「心で触発，7 つのポイント」「こころをこめて　ビジネスマナー」、ソニー幼児開発協会「愛・心・脳」、インターペットでトークショー「食育」「ペット Q&A」他

講師：東京農業大学・非常勤講師「楽しいエキゾ学」「楽しく生きる 7 つのポイント」、国際ペット総合専門学校・シモゾノ学園「ビジネスマナー」「VT のプロ意識」「クライアントエデュケーション」

快適な動物診療 －技術とアイデアと心のマネージメント－

定価（本体 23,000 円＋税）

2015 年 1 月 22 日　第 1 版第 1 刷発行　　　　　　　　　＜検印省略＞

執筆　清水邦一・清水宏子
発行者　福　　　　毅
印刷　㈱　平　河　工　業　社
製本　㈱　新　里　製　本　所

発行　文 永 堂 出 版 株 式 会 社
〒 113-0033　東京都文京区本郷 2 丁目 27 番 18 号
TEL　03-3814-3321　FAX　03-3814-9407
URL　http://www.buneido-syuppan.com
E-mail　buneido@buneido-syuppan.com
振替　00100-8-114601 番

©2015　清水邦一，清水宏子

ISBN　978-4-8300-3254-7